AF003200

Yoram Shalit ·
Nicht-Muslime und Fremde in Aleppo und Damaskus
im 18. und in der ersten Hälfte des 19. Jahrhunderts

ISLAMKUNDLICHE UNTERSUCHUNGEN · BAND 197

begründet
von
Klaus Schwarz

herausgegeben
von
Gerd Winkelhane

KLAUS SCHWARZ VERLAG · BERLIN

ISLAMKUNDLICHE UNTERSUCHUNGEN · BAND 197

Yoram Shalit

Nicht-Muslime und Fremde in Aleppo und Damaskus im 18. und in der ersten Hälfte des 19. Jahrhunderts

KLAUS SCHWARZ VERLAG · BERLIN · 1996

Alle Rechte vorbehalten.
Ohne ausdrückliche Genehmigung des Verlages
ist es nicht gestattet, das Werk oder einzelne Teile daraus
nachzudrucken oder zu vervielfältigen.

© Gerd Winkelhane, Berlin 1996.
Klaus Schwarz Verlag GmbH, Postfach 41 02 40, D-12112 Berlin
ISBN 3-87997-249-4
Druck: Offsetdruckerei Gerhard Weinert GmbH, D-12099 Berlin

Vorwort

Immer wieder haben sich Wissenschaftler für das Thema der Nicht-Muslime und Fremden in den islamischen Ländern interessiert. Die vorliegende Studie beschäftigt sich im Rahmen dieses Themas mit zwei arabisch-muslimischen Städten des Osmanischen Reiches innerhalb eines klar umrissenen Zeitraumes. Der Schwerpunkt liegt auf dem Mikro- und nicht auf dem Makrobereich und gemeinsame sowie unterschiedliche Aspekte der jeweiligen Lebenssituationen dort werden, mit besonderer Berücksichtigung der folgenden Themenbereiche, untersucht:

1. Das Verhältnis der Zentralregierung und ihrer Repräsentanten in der Stadt zu den Nicht-Muslimen und Fremden.
2. Die Stellung der Nicht-Muslime und Fremden innerhalb des politischen, gesellschaftlichen und ökonomischen Gesamtgefüges.
3. Die Beziehung der Nicht-Muslime sowohl untereinander, als auch zu den Fremden, sowie die verschiedenen Wechselbeziehungen innerhalb und unter den Gemeinschaften der Fremden.

Da der Anteil der Nicht-Muslime an der Gesamtbevölkerung in Damaskus im Laufe des 18. Jahrhunderts noch geringer als in Aleppo war, und da es darüberhinaus in Damaskus im 18. Jahrhundert weder ausländische Konsulate noch Geschäftsniederlassungen gab, liegt der Schwerpunkt somit auf Aleppo. Damaskus wird lediglich zum Vergleich herangezogen. Es stellt sich die Frage, was als Ursache für dieses unterschiedliche Zahlenverhältnis anzusehen ist? Warum gab es im Damaskus des 18. Jahrhunderts keine Fremden und was führte zu ihrem Auftreten in dieser Stadt gegen Anfang des 19. Jahrhunderts?

Für eine Analyse und zum Verständnis dieses Forschungsthemas ist es zunächst erforderlich die folgenden Fragen zu klären:

1. Welche Stellung hatten Nicht-Muslime und Fremde im Osmanischen Reich? Eine Klärung dieser Stellung ist von Bedeutung, da sie als Vergleichsbasis für das Ausmaß der praktischen Umsetzung des Gesetzes in den untersuchten Städten dient.
2. Die Wirtschaft Aleppos und die Stellung der Nicht-Muslime und Fremden.
3. Wie sah das politische und gesellschaftliche Gefüge in Aleppo und Damaskus aus, auf das die Nicht-Muslime und Fremden, mit denen sich diese Studie auseinandersetzt, stießen und in dem sie lebten? Ohne eine Untersuchung dieser Frage wäre eine Analyse, ein Verständnis und eine Beantwortung der Themenbereiche dieser Studie schwierig.

Die Studie stützt sich hauptsächlich auf Primärquellen. Zur Verfügung standen: Biographien, Chroniken, Historiographien, Memoiren, Dokumentensammlungen von Personen jener Zeit und Orte (Muslime und Nicht-Muslime):

1. Das Buch des Muslim aṭ-Ṭabbākh, Lehrer aus Aleppo, der gegen Ende des 19. Jahrhunderts lebte. Aṭ-Ṭabbākh gehörte zu einer Familie in Aleppo, aus der *'ulamā'*, Händler und Mitglieder der Ṣūfī-Orden hervorgingen. Das Buch umfaßt sieben Bände, die die politische und soziale Geschichte sowie die Biographien von Schlüsselfiguren (darunter vor allem *'ulamā'*) in Aleppo behandeln.

2. Das Buch von al-Ghazzī, ebenfalls ein Muslim. Das Buch umfaßt Bände, die sich mit der politischen und sozialen Geschichte Aleppos auseinandersetzen.

3. Das Buch von Ferdinand Taoutel, ein Jesuitenpater, der in seinem Buch eine Sammlung von maronitischen Archivdokumenten und deren Zusätzen zusammentrug. Diese Dokumente beziehen sich auf die Geschichte der Christen in Aleppo zwischen 1606 und 1827.

4. Das Buch von Qarā'li. Dort werden wichtige Abschnitte der Geschichte der Christen Aleppos behandelt. Das Material stützt sich auf die nicht gedruckten,

und nur handschriftlich erschienenen Memoiren des maronitischen Bischofs in Aleppo von 1788 bis 1851, Paul Aroutine.

5. Das Buch des al-Muḥibbī, ein *'ālim* aus Damaskus gegen Ende des 17. Jahrhunderts. Es beinhaltet Biographien muslimischer Notabeln des 17. Jahrhunderts, vor allem aus dem "fruchtbaren Halbmond".

6. Das Buch des al-Murādī, des hanifitischen *muftī* von Damaskus im letzten Viertel des 18. Jahrhunderts. Das Buch umfaßt Biographien der muslimischen Notabeln aus der oben erwähnten Gegend im 18. Jahrhundert.
Beide Bücher wurden von *'ulamā'* geschrieben, denen auch der Großteil der Biographien gewidmet ist. Das Buch von al-Murādī wurde aus der Sicht eines äußerst wohlhabenden *'ālim* geschrieben, der zur führenden Spitze der damaszenischen Elite gehörte.

7. Die Bücher von al-Maqār und al-Qāri, zwei Handwerksmeistern aus Damaskus im 18. Jahrhunderts, die die osmanischen Gouverneure und *qāḍīs* aus Damaskus zum Thema haben.

8. Das Buch von al-Budairī. Ein damaszenisches Buch, das das alltägliche Leben in Damaskus zwischen 1741 und 1761 beschreibt und eine lebendige Darstellung der Aufstände in der Stadt aus der Sicht eines Angehörigen des einfachen Volkes liefert.

9. Das Buch von al-Buraik, ein griechisch-orthodoxer Geistlicher, der die Aufstände in Damaskus und vor allem das Leben seiner Gemeinschaft in den Jahren 1725-1780 beschreibt.

10. Das Buch des aṣ-Ṣiddīq, welches die Aufstände in Damaskus zur Zeit von Abū adh-Dhahab, 1770-1771, behandelt. Ein wichtiges Buch, das nicht nur Licht auf die Aufstände dieser Zeit wirft, sondern auch auf das Gefüge der Beziehungen

zwischen Gruppen der Elite und deren politische Funktion.

11. Das Buch von Mikha'īl, ein *kātib*, ein katholischer Grieche, der in Kürze die Aufstände in Damaskus und im Libanon zwischen 1782 und 1841 beschreibt.

12. Das Buch des al-'Aura, einer der christlichen *kātibs* von Sulaymān al-'Ādil, der die Amtszeit von Sulaymān al-'Ādil in der Provinz Sidon und in Damaskus gegen Anfang des 19. Jahrhunderts beschreibt.

13. Das Buch Mudhakkirāt, dessen Verfasser unbekannt ist und das von al-Bāshā Qustantīn herausgegeben wurde, beschreibt im Detail die Aufstände in Damaskus vor der ägyptischen Eroberung.

Diese Quellen weisen einen Mangel an Subjektivität auf, da die Autoren von ihrem persönlichen Standpunkt aus als Repräsentanten einer Gruppe oder Gemeinschaft berichten. Das Resultat dieser Art von Schriftstellerei ist, hinsichtlich dieser Forschungsarbeit, daß muslimische Autoren weder Nicht-Muslime noch Fremde in gesellschaftlicher und wirtschaftlicher Hinsicht ausführlich erwähnen, weder als Individuen, noch als Gruppe. Die christlichen Autoren konzentrieren sich auf die Beziehungen zwischen den christlichen Gemeinschaften und in diesem Zusammenhang auf die Beziehungen zu den Repräsentanten der osmanischen Regierung.

Der Vorteil dieser Quellen liegt in ihrer Authentizität, in ihrem Wortlaut.

Es standen weitere Primärquellen zur Verfügung, die ebenfalls an Einseitigkeit litten. Jede Quelle hat ihre eigene Wahrheit: Fragen und Antworten von Rabbinern, das Montefiore Archiv und die Protokolle der französischen und britischen Konsuln und Kaufleute. Die letzteren befinden sich in Regierungsarchiven in Frankreich und Großbritannien. Die Vielfalt der Quellen repräsentiert das politische, gesellschaftliche und wirtschaftliche Gefüge und ermöglicht ein ausgewogenes Bild. Moderne Reiseberichte und Forschungsarbeiten waren ebenfalls von Hilfe.

Diese Studie wurde als Komparativstudie angelegt, welche den Themenbereich in gesellschaftlicher und wirtschaftlicher Hinsicht untersucht. Da es in Damaskus zu dieser Zeit keine europäischen Fremden gab, konzentriert sich die Studie auf Aleppo. Aleppo dient somit als Grundlage der Arbeit, während Damaskus zur Kontrolle und zum Vergleich herangezogen wurde.

Ich betrachte es als angenehme Pflicht meinem Lehrer und Doktorvater Prof. Dr. Thomas Philipp, einem hervorragenden Wissenschaftler und Lehrer, für seine Anweisungen, Anleitungen und Geduld meine Dankbarkeit auszusprechen.
Seine Erläuterungen und Erklärungen sind von unschätzbarem Wert.
Herzlicher Dank gebührt auch meinen Lehrern Prof. Dr. Wolfdietrich Fischer und Prof. Dr. Hans Christoph Schmitt für ihre Anleitung, Anteilnahme und Unterstützung.
Besonderer Dank gilt Frau Almuth Lessing und Frau Antje Naujoks, die mir bei der Übersetzung ins Deutsche und der Überarbeitung des Textes eine große Hilfe waren.

Yoram Shalit, Tel Aviv, Dezember 1994

Inhalt

		Seite
	Vorwort	I - V
	Inhalt	1- 4
1.	**Der Status der Nicht-Muslime und Fremden im Osmanischen Reich**	
1.1.	Der Status der Nicht-Muslime im Osmanischen Reich	5 - 13
	1.1.1. Der Wandel im 19. Jahrhundert	13 - 16
1.2.	Der Status der Fremden im Osmanischen Reich	16 - 20
1.3.	Die Nicht-Muslime unter fremder Schutzherrschaft	20 - 22
2.	**Die Wirtschaft Aleppos und die Stellung der Nicht-Muslime und Fremden**	23
2.1.	Der Handel in Aleppo	
	2.1.1. Der Transithandel	24 - 32
	2.1.2. Der Binnenhandel	32 - 33
	2.1.3. Die Händler	33 - 36
2.2.	Industrie und Handwerk und die Stellung der Nicht-Muslime	36 - 42
2.3.	Die Nicht-Muslime und ihre Eingliederung in die Kaufmanns- und Handwerksgilden	43 - 48
2.4.	Der wirtschaftliche Wandel in Aleppo	48 - 49
	2.4.1. Faktoren, die auf der globalen Geschichte, Politik und Wirtschaft beruhen oder mit dieser in Verbindung stehen	49 - 52
	2.4.2. Faktoren, die auf Prozessen, welche das Osmanische Reich durchlief, beruhen oder damit verbunden sind	52 - 53
	2.4.3. Faktoren, die auf der Stadt Aleppo beruhen oder mit dieser in Verbindung stehen	53 - 55
	2.4.4. Die ägyptische Periode	55 - 57
3.	**Das politische und gesellschaftliche Gefüge in Aleppo**	
3.1.	Unterteilung in Gruppen	58 - 61
	3.1.1. Die osmanische Verwaltung	61 - 63
	3.1.2. Eine säkulare Interessengruppe in der Stadt - Die *janitscharen*	64 - 73
	3.1.3. Eine säkulare und religiöse gemischte Interessengruppe der Stadt - Die *a'yān*	73 - 77

3.1.4. Eine religiöse Interessengruppe in der Stadt - Die *'ulamā'* 78 - 86
3.1.5. Die *ashrāf* - Eine genealogische Interessengruppe 86 - 92

3.2. Der Machtkampf um die Regierung der Stadt 92-101

4. **Das politische und gesellschaftliche Gefüge in Damaskus**
4.1. Unterteilung in Gruppen 102
4.1.1. Die osmanische Verwaltung 102-104
4.1.2. Eine säkulare Interessengruppe - Die *janitscharen* 104-110
4.1.3. Eine religiös-säkular gemischte Interessengruppe - Die *a'yān* 110-113
4.1.4. Religiöse Interessengruppen
4.1.4.1. Die *'ulamā'* 113-116
4.1.4.2. Die *a'yān* 116-118
4.1.4.3. Die *ashrāf* 118-120

4.2. Der Machtkampf
4.2.1. Die militärischen Machtkämpfe 120-121
4.2.2. Die nicht-militärischen Machtkämpfe 121-125

5. **Die Nicht-Muslime in Gesellschaft und Politik in Aleppo**
5.1. Daten 126
5.1.1. Die Christen 126-131
5.1.2. Die Juden 131-132
5.1.3. Zahlenangaben 132-140

5.2. Die spirituelle Führung der Nicht-Muslime 141-142

5.3. Die gesellschaftliche Struktur der nicht-muslimischen Gemeinschaften
5.3.1. Der sozio-ökonomische Querschnitt 143-148
5.3.2. Ethnographische Zusammensetzung 148

5.4. Die Lebensweise der Nicht-Muslime 148-157

5.5. Die Beziehungen zwischen der Zentralregierung, deren Repräsentanten und den Nicht-Muslimen 158-169

5.6. Die Beziehung zwischen Nicht-Muslimen und muslimischer Bevölkerung 169-178

5.7. Die Beziehungen der Nicht-Muslime untereinander
5.7.1. Beziehungen auf Gemeindeebene 179-180
5.7.2. Beziehungen zwischen den Gemeinden 180-189
5.7.3. Erste missionarische Aktivitäten und ihr Einfluß auf die Beziehungen der Gemeinschaften untereinander 189-191
5.7.4. Die Beziehungen innerhalb der jüdischen Gemeinde
5.7.4.1. Struktur und Organisation 191-196
5.7.4.2. Die Beziehungen zwischen Christen und Juden in Aleppo 196-198

6. Die Fremden in der Gesellschaft und Politik Aleppos
6.1. Daten 199-203
6.1.2. Schlußfolgerungen und Fragestellungen 204

6.2. La Nation Francaise - Die französische Gemeinschaft in Aleppo
6.2.1. Allgemeines 205
6.2.2. Organisation und Struktur der Gemeinschaft 206-212
6.2.3. Institutionen der Gemeinschaft 212-213
6.2.4. Die gesellschaftliche Struktur der Gemeinschaft 214-220
6.2.5. Das Leben in der Station 221-228
6.2.6. Die internen Beziehungen der Gemeinschaft 228-240

6.3. Die englische Gemeinschaft in Aleppo
6.3.1. Allgemeines 241-242
6.3.2. Der organisatorische Aufbau der Handelsstation 242-249
6.3.3. Die gesellschaftliche Struktur der Angehörigen der Station 250-256
6.3.4. Das Leben in der Station 256-265
6.3.5. Die internen Beziehungen in der Gemeinschaft 265-267

6.4. Die Beziehung zwischen dem Niedergang Aleppos und dem Zahlenrückgang der Fremden 267-271

7. Synchronisierung der Systeme
7.1. Die Beziehungen zwischen der Zentralregierung, ihren Repräsentanten und den Gemeinschaften der Fremden 272-285

7.2. Die Beziehungen zwischen den Gemeinschaften der Fremden und den muslimischen Einwohnern Aleppos 285-298

7.3. Die Beziehungen zwischen den Gemeinschaften der Fremden und der Nicht-Muslime 298-304

7.4. Die Beziehungen der Gemeinschaften der Fremden untereinander 304-308

8. **Nicht-Muslime und Fremde in Damaskus**

8.1. Damaskus 309-310

8.2. Daten 311-313

8.3. Die Fremden in Damaskus und ihre Beziehungen zur Regierung sowie zu Muslimen und Nicht-Muslimen 314-319

8.4. Die interne Unterteilung der nicht-muslimischen Gemeinschaften in Damaskus 319

8.5. Die Beziehungen zwischen Nicht-Muslimen und Regierungsbehörden 320

8.5.1. Das Amt der Familie Farḥī in der Provinzhauptstadt Damaskus 320-323

8.5.2. Stellung und Macht der Familie Farhi in Damaskus 324-329

8.5.3. Das Amt Ḥaim Farḥis in Akko 329-331

8.5.4. Das Einbeziehen Haims in die Regierungspolitik 331-336

8.5.5. Warum sind in Damaskus Nicht-Muslime im Regierungsapparat integriert, jedoch in Aleppo nicht? 336-342

8.6. Die Beziehungen der Nicht-Muslime untereinander

8.6.1. Der individuelle und interne Aspekt der Gemeinschaften 343-345

8.6.2. Die Beziehungen zwischen den Gemeinschaften 345-352

8.7. Die Beziehungen zwischen Muslimen und Nicht-Muslimen 352-358

8.8. Nicht-Muslime und die Wirtschaft von Damaskus 358-360

9. **Zusammenfassung und Schlußfolgerungen** 361-363

10. **Bibliographie** 364-

1. Der Status der Nicht-Muslime und Fremden im Osmanischen Reich

1.1. Der Status der Nicht-Muslime im Osmanischen Reich

Den nicht-muslimischen Untertanen des osmanischen *sultan*, wie Christen und Juden, wurde ein besonderer, gesetzlich verankerter Status verliehen. Was die administrativen Auswirkungen diesbezüglich betrifft, so konsolidierte sich dieser Status im Laufe der Jahrhunderte und fand im 19. Jahrhundert seinen Ausdruck in dem Begriff *millet* oder *millet* -System. Der Begriff hat seinen Ursprung in dem arabischen Wort *milla*, (bzw. *milal*), das im Qur'ān die Bedeutung von "Religion" hatte. Danach erhielt der Begriff die Bedeutung einer religiösen, einer muslimischen Gemeinschaft. Eine grundlegende Wandlung erfuhr dieser Begriff im Osmanischen Reich. Im 19. Jahrhundert verstand man darunter die etablierten und gesetzlich anerkannten nicht-muslimischen Gemeinschaften. *Millet* war ein religiöser und kein ethnischer Begriff[1]. Bei der osmanischen Gesetzgebung handelt es sich um eine Kombination von *sharīʻa* und *qānūn*. Die islamische Gesetzgebung wurde durch *qānūns* oder bestimmte politische und administrative Richtlinien des *sultan* ergänzt und beide waren sowohl der Religion als auch dem Staat gegenüber verantwortlich[2]. Die Möglichkeit einen *qānūn* als Gesetz zu verabschieden, liegt darin begründet, daß das muslimische Rechtswesen nur die absolute Herrschaft eines Alleinherrschers kennt. Daraus folgt, daß die *sharīʻa* selbst das Recht des Herrschers anerkannt hat, die Rechte des von ihm ernannten *qāḍī* zu definieren und zu begrenzen. Ergebnis dessen sind viele Gerichtsurteile, die im Widerspruch zur *sharīʻa* stehen, auch wenn theoretisch deren absolute Vorherrschaft im Osmanischen Reich in Kraft blieb[3]. Das Verhältnis zwischen Osmanen und nicht-muslimischen Untertanen des *sultan* basierte auf der besonderen Einstellung des Islam bezüglich des Status' der "Leute der Schrift" (*ahl al-kitāb*), die unter besonderem Schutz standen (*ahl adh-dhimma*). Dieser besondere Status ist

---

1 Lewis, Emergence, S. 329. Weitere Artikel hierzu siehe: Lewis, Islam, S. 3-66 und 192-202; Braude, Foundation Myths, S. 69-70, 73-74, 82. Hinsichtlich der Unterschiede zwischen der gängigen Auffassung der Orientalisten - einschließlich der Bernard LewisÕ -, die im *millet* -System ein über Jahrhunderte lang institutionalisiertes System sehen und der Ansicht von Benjamin Braude, der den Begriff und das System dem 19. Jahrhundert zuordnet, siehe die im Verlauf dieses Kapitels folgende Diskussion.

2 Rosental, Political Thought, S. 225; Goitein, S. 40-41.

3 Hourani, Arabic Thought, S. 234; Goitein, S. 37-41.

auf einen Grundsatz aus der ersten Hälfte des 7. Jahrhunderts zurückzuführen, der den Angehörigen anderer monotheistischer Religionen die ungestörte Ausübung ihrer Religion gestattete. In dem Maße, wie hinsichtlich der Religionsausübung tolerant verfahren wurde, ließ man auch in Bezug auf den gesellschaftlichen und ökonomischen Status anderer Religionsangehöriger Gnade und Großzügigkeit walten. Jegliche Unterdrückung von Nicht-Muslimen, die unter dem Schutz des Islam standen (*ahl adh-dhimma*), galt in den Augen der Gläubigen als Verstoß gegen das Gesetz[4].

Das Gesetz der *sharī'a* (im Osmanischen Reich bevorzugte man die Ḥanafī-Schule)[5] legte für die Angehörigen des *ahl al-kitāb*, die unter dem Schutz des Islam standen, den Status eines *dhimmī* fest. Dieser Status basiert auf der Annahme, daß nur der Islam die endgültige und vollkommene göttliche Erkenntnis besitzt. Dadurch ergibt sich die Vorrangstellung des Islam gegenüber anderen Religionen (auch wenn es sich um monotheistische Religionen handelt), so wie es da heißt:

"إن الدين عند الله الإسلام"

- die wahre Religion in den Augen Gottes ist der Islam[6].

"والإسلام يعلو ولا يُعلى عليه"

- der Islam ist die wahre Religion (gegenüber allen anderen Religionen) und nichts übersteigt ihn[7].

Auf Grund dessen erkannte der Islam niemals die Gleichstellung der religiösen Gruppen im öffenlichen Leben an. Der juristischen muslimischen Auffassung zur Folge war die religiöse Gruppe der Muslime identisch mit dem souveränen Staat, so als ob es sich bei den nicht-muslimischen Untertanen nicht um einen Bestandteil der "islamischen Volksgemeinschaft" handelte, sondern um unter deren Schutzherrschaft stehende Personen. Zwischen dem muslimischen Staat und seinen nicht-muslimischen Bürgern bestand ein vertragliches Abkommen, nach dem der muslimische Herrscher für das Leben, den Besitz und die freie Religionsausübung

---

4 Goldziher, S. 33-34.

5 Hitti, S. 214.

6 Qur'ān, Sūra 3, Vers 19.

7 Bukhārī, bab. 79.

der Nicht-Muslime bürgte. Im Gegenzug verpflichteten sich diese zur Zahlung der *jizya* (Kopfsteuer) sowie der *kharāj* (Bodensteuer) und stimmten ihrer eigenen Benachteiligung auf gesetzlicher Ebene zu[8].

Die minderwertige Stellung der Angehörigen der Offenbarungsreligionen (d.h. hauptsächlich Juden und Christen) begründet der Islam mit einem Absatz aus dem Qur'ān:

" قاتلوا الذين لا يؤمنون بالله ولا باليوم الآخر ولا يحرّمون ما حرّم الله
ورسوله ولا يدينون دين الحق من الذين أوتوا الكتاب حتى يعطوا الجزية عن
يدٍ وهم صاغرون"

- "Kämpft gegen diejenigen, die nicht an Gott und den jüngsten Tag glauben und nicht verbieten (oder: für verboten erklären), was Gott und sein Gesandter verboten haben, und nicht der wahren Religion angehören - von denen, die die Schrift erhalten haben - (kämpft gegen sie),bis sie kleinlaut aus der Hand (?) Tribut entrichten!"[9].

D.h. somit wurden ihnen zusätzlich zu der Bodensteuer (*kharāj*) die Kopfsteuer (*jizya*) auferlegt, welche sie persönlich abliefern mußten. Dieses ist die weitläufig akzeptierte Interpretation des Ausdruckes *'an yadī* (aus der Hand) und ihrer darausfolgernden Demütigung. Ausleger und Weise der Religion sahen die Demütigung nicht nur in der eigentlichen Steuerabgabe, sondern meinten, daß im Zuge derselben ein Bedürfnis nach einem Akt der Erniedrigung des Zahlenden zum Ausdruck kommt (d.h. das wörtliche Verständnis des Ausdruckes *ṣāghirūn*)[10].

Vor der Auseinandersetzung mit den relevanten Aspekten in denen die Diskriminierung und der niedrige Status ihren Ausdruck fanden, sind die beiden folgenden Anmerkungen anzuführen:

---

8 Rosental, S. 2, 5; Hourani, S. 4; Gibb und Bowen, Teil 2, S. 208, 257; EI (alte Ausgabe) Leiden, London 1911, *dhimma*, Bd. I, Teil II, S. 958-959; Fattal, S. 71-76. Das Buch setzt sich hiermit umfassend auseinander und stellt die unterschiedlichen Versionen der verschiedenen Schulen dar. Siehe auch: Ashtor, "The Social Isolation" und "Levantine Jews"; Gottheil, JAOS 1921.

9 Qur'ān, Sūra 9, Vers 29. Das deutsche Zitat nach: Paret, Der Qur'ān, Stuttgart 1980, S. 134.

10 Aṭ-Ṭabarī, Bd. 9, S. 109-110; Aṭ-Ṭabrisī, Bd. 10, S. 45.

a. Dieser "Vertrag" verlieh den nicht-muslimischen Untertanen formale Immunität und gewisse Annehmlichkeiten, welche die Muslime, für die kein derartiger Vertrag bestand, nicht besaßen.

b. Wie im Weiteren noch zu sehen sein wird, gilt es diesbezüglich zwischen Theorie und Realität zu unterscheiden, d.h. in welchem Ausmaß das Gesetz überhaupt im Osmanischen Reich wortwörtlich und vollständig angewendet wurde und worin darüberhinaus die Diskrepanz zwischen der grundsätzlichen Einstellung und den tatsächlichen Ereignissen, insbesondere in Aleppo und Damaskus, bestand.

Die grundsätzliche Diskriminierung kam in den folgenden Aspekten zum Ausdruck:

1. Diskriminierung in der Besteuerung:

a. Die *kharāj* -Steuer: Diese Steuer wird auf den Bodenbesitz der *dhimmī* erhoben und bringt somit das generelle Besitzrecht der Muslime (als Gemeinde) über den Bodenbesitz der nicht-muslimischen Gemeinschaft zum Ausdruck. Dadurch wurde der *dhimmī* von seinem Boden vertrieben und zum Pächter[11]. In späterer Zeit wurde die Bodensteuer auch von muslimischen Landbesitzern erhoben. Mit der Umwandlung von privatem landwirtschaftlichen zu staatlichem Boden hatte die *kharāj* -Steuer im Osmanischen Reich ihren Sinn verloren, da sie dem Gesetz nach nur auf privaten Bodenbesitz erhoben wurde[12].

b. Die *jizya* -Steuer: Dieses ist die Kopfsteuer, deren gesetzliche Grundlage auf dem Qur'ān beruht. Durch die Bezahlung erhält der Nicht-Muslim die *dhimma* vom Muslim. Wie bereits erwähnt, kommt hierin eine symbolische Unterwerfung zum Ausdruck[13]. Die Entrichtung dieser Steuer verdeutlicht die Ungleichheit der Nicht-Muslime, da sie diese zusätzlich zu den üblichen staatlichen Steuern zahlen mußten, die auf alles erhoben wurden, wie zum Beispiel die *'ushr* -Steuer u.ä.[14]

---

[11] EI *kharāj*.

[12] Gibb und Bowen, Teil 2, S. 251.

[13] Qur'ān, Sūra 9, Vers 29; Siehe: EI, *Jizya* ; Al-Māwardī, S. 299, 301; Lewis, 'Alei Historia, S. 160; Fattal, S. 264.

[14] Siehe dazu: Anm. 12.

Die *jizya* wurde nur von männlichen, freien Personen erhoben, welche imstande waren ihren Lebensunterhalt zu verdienen. Demnach waren von dieser Steuer befreit: Frauen, Kinder, Sklaven, Alte, Invalide, Angehörige des Priesterstandes, Personen die im Verwaltungsapparat dienten und deren Familien. Hieraus ergibt sich, daß in der Periode des Osmanischen Reiches nur ein kleiner Teil der nicht-muslimischen Bevölkerung die *jizya* -Steuer entrichtete[15].
Das islamische Gesetz legte sogar die Steuermaße fest, veranschlagte Einheiten von 12, 24 und 48 *dirhams* und unterteilte somit die Steuerzahler in drei Kategorien. Erst im 17. Jahrhundert wurde die Steuer auf einheitlicher Basis erhoben. Es war Mustafa Köprülü, der festlegte, daß die *dhimmī* nach den oben genannten Kriterien und in Übereinstimmung mit dem genannten Verhältnis, 1, 2 und 4 *sherīfī* Goldstücke zu bezahlen haben[16]. Darüberhinaus waren die im Gesetz festgelegten Steuermaße lediglich theoretischer Natur, denn praktisch war dieses eine Frage der Verhandlung zwischen Machtgruppen auf der einen und Repräsentanten der Regierung auf der anderen Seite. Die Summen spiegeln nicht wider wieviel bezahlt wurde und um wieviele Personen es sich handelte, sondern deuten auf die Stärke - oder aber Schwäche - lokaler Gruppen gegenüber örtlichen Gouverneuren hin[17].

c. Andere Steuern: Gewerbesteuern und Wegzölle wurden sowohl von Muslimen als auch von Nicht-Muslimen entrichtet, wohingegen die letzteren jedoch höhere Summen zahlten und darüberhinaus Erpressungssteuern (*avania*), wie auch andere Zwangssteuern, erbringen mußten[18].

2. Ungleichheit in der Gesetzgebung: Im muslimischen Gesetz ist hinsichtlich Rechtssprechung, gerichtlichen Prozeduren, Strafmaßen und der Stellung von Muslim und Nicht-Muslim, eine eindeutig unterschiedliche Behandlung von Muslimen und Nicht-Muslimen festgelegt. So wurde zum Beispiel die Zeugenaussage eines Nicht-Muslim gegen einen Muslim vom *sharī'a* -Gerichtshof

---

15 Gibb und Bowen, Teil 2, S. 253-254.

16 Ibid. Die *sherifi* Münze hatte damals einen Wert von 12 *dirhams*. Es ist nicht bekannt, wann das erwähnte Maß in Syrien eingeführt wurde, da dort im 18. Jahrhundert das offizielle Maß 3:5:11 *piastres* pro Kopf betrug.

17 Andererseits sollte man berücksichtigen, daß im Laufe des 18. Jahrhunderts, als die Zentralregierung schwächer wurde, lokale Statthalter die Gelegenheit nutzten und mehr eintrieben (siehe dazu auch: Kap. 3.).

18 Gibb und Bowen, Teil 2, S. 251; Roux, S. 53, 86-87.

nicht anerkannt; ein Muslim, der einen Nicht-Muslimen ermordete, wurde nicht der Tötung angeklagt. Ein Muslim konnte eine nicht-muslimische Frau heiraten ohne daß diese zum Islam übertreten mußte. Ein Nicht-Muslim konnte jedoch keine Ehe mit einer Muslimin eingehen. D.h. also, daß sich auch bei Mischehen die Religion nach der Religionszugehörigkeit des Mannes richtete, denn der Islam erkannte das Prinzip der natürlichen Ungleichheit von Mann und Frau an und bevorzugte infolgedessen den Mann gegenüber der Frau[19].

3. Der Ausschluß der *dhimmī* von den im öffentlichen Dienst und in der Armee Dienenden: Dieses basiert auf Qur'ānversen und Überlieferungen aus dem *ḥadīth*. Im Osmanischen Reich herrschte das Prinzip, daß Nicht-Muslime nicht in gehobene Angestelltenpositionen gelangen und keinen Militärdienst leisten können. Letzteres beruht auf dem rechtlichen Grundsatz, demzufolge es einem Nicht-Muslim verboten war, Waffen zu tragen[20]. Die praktische Umsetzung des Grundsatzes, welcher Nicht-Muslimen den Eintritt in gehobene Angestelltenpositionen verweigerte, ist ein markantes Beispiel für dessen Flexibilität, sowie die jeweilige Ausrichtung nach Bedürfnissen und lokalen Gegebenheiten. In Wirklichkeit konnte man sie aber dennoch in höheren Angestelltenpositionen antreffen[21]. Auf Grund dieser Tatsache stellt sich die Frage, ob dieses Probleme mit sich brachte und gesellschaftliche Spannungen auslöste.

4. Religiöse Diskriminierung: Der Bau neuer Kirchen, Klöster und Synagogen war gesetzlich verboten. Nicht-muslimische religiöse Stätten waren der Öffentlichkeit unzugänglich. Prinzipiell und theoretisch war die Renovierung religiöser Stätten nur gestattet, wenn dafür eine Sondergenehmigung vorlag. Ein Nicht-Muslim konnte zum Islam übertreten, jedoch war einem Muslim der Übertritt zu einer anderen Religion nicht gestattet. Das kirchliche Glockenläuten, das Blasen der Shofar, ebenso wie das Ausstellen ritueller Kultgegenstände, waren verboten[22].

---

19 Qur'ān, Sūra 5, Vers 5 und Sūra 16, Vers 71; Fattal, S. 113-114, 116-117, 127-134, 344-363; Gibb und Bowen, Teil 2, S. 208; Goitein und Ben Shemesh, S. 36, 79, 83, 132.

20 Qur'ān, Sūra 3, Vers 28, 118 und Sūra 5, Vers 56; Fattal, S. 232; Hourani, Minorities, S. 18-21.

21 Siehe hierzu: Kap. 5., Abs. 5, Anm. 148; Braude, S. 71.

22 Fattal, S. 160-171, Gibb und Bowen, Teil 2, S. 208.

5. Kleidung, Trennung, Demütigung: Segregation und Demütigung haben ihren Ursprung im Qur'ān und kamen im Osmanischen Reich grundsätzlich in Bekleidung und deren Farbe zum Ausdruck, die sich von der der Muslime unterschied. Das Reiten auf Pferden sowie das Tragen von Waffen waren verboten und generell lebten die Nicht-Muslime in eigenen Wohnvierteln[23]. Diese Auflagen und Begrenzungen waren in vielen Fällen allerdings nur theoretischer Natur.

Unter den Orientalisten herrscht die gängige Meinung vor, daß sich das osmanische Regime im allgemeinen nicht um die Nicht-Muslime als Individuen kümmerte, sondern in ihnen Angehörige einer nicht-muslimischen Gemeinschaft sah, die in seinem Herrschaftsbereich siedelten. Dieses war zum Teil einerseits Ergebnis der generellen Struktur der osmanischen Gesellschaft, die ihrem Wesen nach kooperativ war, und andererseits Resultat des heiligen Gesetzes, welches eine religiöse Unterteilung der Gesellschaft in Muslime und Nicht-Muslime vornahm. Hieraus geht auch die Stellung des Nicht-Muslims als Angehöriger einer Schutzgemeinschaft hervor, die im Rahmen der *millet* organisiert war[24]. Es handelt sich hierbei um eine religiöse, gesellschaftliche und administrative Einheit, die vom osmanischen Staat anerkannt wurde und eine weitreichende interne Autonomie hinsichtlich des religiösen Lebens, sowie in Bezug auf Gesetz und Recht genoß. Diese Grundsätze galten für Griechisch-Orthodoxe und Juden von Anfang an. Der *millet* war keine Volksgemeinschaft im modernen Sinne, da er einzig und allein auf religiöser Einheitlichkeit aufbaute. Im allgemeinen waren die Angehörigen von *millets* nicht als eine moderne Volksgemeinschaft innerhalb eines bestimmten Territoriums konzentriert, und nicht alle sprachen die gleiche Sprache. Andererseits waren die *millets* auch keine Kirchen im engeren Sinn dieses Wortes, da sie ein Teil des staatlichen Apparates darstellten und Funktionen erfüllten, die Staatsangelegenheiten zugeordnet werden müssen. Die Führer der *millets* vertraten ihre jeweilige Gemeinschaft sowohl in allgemeinen als

---

[23] Qur'ān, Sūra 2, Vers 141; Sūra 4, Vers 48; Sūra 5, Vers 18; Sūra 6, Vers 114; Sūra 7, Vers 154; Fattal, S. 96-112; Gibb und Bowen, Teil 2, S. 208 und das Kap. über die *dhimmī*, S. 207-261; Morison, S. 155.

[24] Gibb und Bowen, Teil 2, S. 211, 212; Siehe auch: Anm. 1-3, oben.

auch in privaten Angelegenheiten gegenüber der "Hohen Pforte" und ihren Gemeinschaften gegenüber fungierten sie als Vertreter der Zentralregierung. Die Autonomie der *millets* basiert auf einem alten Brauch, der im 19. Jahrhundert an Hand von Erlassen erneuert wurde. Die Hegemonie der *millets* stützte sich auf drei Ebenen: auf die religiöse Ebene, welche den kirchlichen Gehorsam erzwingt; auf der administrativen Ebene wurde dem *millet* die Vollmacht der Überwachung von Vermögen und Besitz gegeben (einschließlich der Oberaufsicht über Friedhöfe, Kirchen und Erziehung); und auf gesetzlicher Ebene bedeutete dieses die Befugnis des Vollzugs von Eheschließungen, Scheidungen und Alimenten sowie des Brautpreises und der Testamentvollstreckung. Gerichtsurteile, die von den Gerichtshöfen der *millets* gefällt wurden, wurden - für den Fall, daß es sich hierbei um Angelegenheiten handelte, die in den Bereich ihrer Rechtssprechung fielen - vom Staat vollstreckt. Das *millet* -System ermöglichte den nicht-muslimischen Untertanen des *sultan* zumindest eine große Kontrolle über ihr eigenes religiöses Leben und ihre gesellschaftliche Stellung[25].

Im Gegensatz zu dem bisher Erwähnten behauptet Braude, daß der Begriff *millet* vor dem 19. Jahrhundert nicht auf die *ahl adh-dhimma* angewandt wurde, und daß Forscher, die diesen Begriff auf frühere Perioden anwenden, Begriffe und Perspektiven des 19. Jahrhunderts rückprojezieren. Für die Zeit vor dem 19. Jahrhundert hat eine Bezugnahme auf die nicht-muslimische Gemeinschaft, die Untertanen der Hohen Pforte waren, mit dem Begriff *taife*, oder *cemaat* , und nicht mit dem Begriff *millet* zu erfolgen. Wenn man für diesen Zeitraum den Begriff *millet* verwendet, dann bezieht sich dieses nicht auf die osmanischen Christen oder Juden als eine Gruppe, sondern ist als eine Ehrenbezeichnung für den Einzelnen aufzufassen. Der Fakt, daß ein allgemein administrativer Begriff fehlt, führt zu der Schlußfolgerung, daß es überhaupt kein administratives System oder Institution gab, welche sich mit dem Nicht-Muslimen auseinandersetzte. Das Fehlen eines solchen Begriffes weist auf die Abwesenheit einer, sich auf die Nicht-Muslime beziehenden, institutionalisierten Politik hin. Somit war das sogenannte *millet* -System - oder besser das "Gemeinschafts-System" - keine

---

[25] Hourani, Minorities, S. 20-21; Gibb und Bowen, Teil 2, S. 214, 216, 219, 222; EI, *millet*.

Institution oder organisierte Struktur, sondern bestand vielmehr aus Arrangements (oftmals auf lokaler Ebene) unterschiedlichen Charakters zu verschiedenen Zeiten und an unterschiedlichen Orten[26].

Hinsichtlich der hier behandelten Angelegenheiten ist nicht der Begriff *millet* an sich wichtig, sondern das was er repräsentiert. Darüberhinaus ist m.E. gerade die fehlende Konsolidierung und Institutionalisierung das eigentliche Charakteristikum der Lokalautonomie und der Existenzbeweis eines Systems. Demzufolge werden in dieser Studie die Linien untersucht, die das Verhältnis des Osmanischen Reiches zur Gemeinschaft der Nicht-Muslime in Aleppo und Damaskus charakterisieren. Untersucht werden soll, ob hierbei tatsächlich das Verhältnis der Regierung in Zentrum steht oder ob es sich vielleicht um ein Verhältnis lokalen Gepräges handelte, welches von Stadt zu Stadt (Aleppo und Damaskus) variierte. Ebenso soll untersucht werden, ob eine hierarchisch geprägte Beziehung zwischen den Institutionen der Gemeinschaft in Aleppo oder Damaskus zu denen in Istanbul bestand[27].

1.1.1. Der Wandel im 19. Jahrhundert

Im Zuge des sich beschleunigenden Niedergangs des Osmanischen Reiches und des zunehmenden europäischen Einflußes verschlechterte sich die gesellschaftliche Stellung der Nicht-Muslime im Osmanischen Reich, während es ihnen paradoxerweise wirtschaftlich besser ging. Anstatt die Europäer zu verachten, wie dies bisher der Fall gewesen war, begannen die Osmanen die Europäer zu fürchten und sie sogar zu hassen. Je mehr Kontakte die Nicht-Muslime mit den Fremden knüpften, desto mehr verloren sie auch das beschränkte Maß an Respekt, das ihnen die Osmanen bisher entgegengebracht hatten.

Daraus folgt, daß an den Orten, zu denen Europäer begrenzten Zugang hatten, die Beziehungen zu den Nicht-Muslimen freundlich blieben[28]. Das konkrete Verhältnis

---

26 Braude, Foundation Myths, S. 69, 71-74, 83.

27 Siehe im Folgenden: Kap. 5.

zwischen Muslimen und Nicht-Muslimen veränderte sich jedoch fundamental und selbst die theoretische Grundlage von Freundschaft und Kooperation verschwand völlig. Die traditionellen Beziehungen, die dem Nicht-Muslim einen fest definierten Status verliehen hatten, fanden durch neue Ideen und Ambitionen ein Ende. Liberale Grundsätze zwangen die Türken ihren Untertanen volle Gleichberechtigung zukommen zu lassen. Als europäische Mächte sich zugunsten der Untertanen einmischten, wurden diese durch national ausgerichtete Grundsätze zur Revolte ermuntert. Angesichts dieser Umstände ist es verständlich, daß Mißtrauen, Furcht und Haßgefühle die Einstellung der Osmanen gegenüber ihren nicht-muslimischen Untertanen veränderten. Die jüdischen Untertanen revoltierten nicht und hielten dem Reich die Treue, was wiederum erklärt, warum später die Muslime in Damaskus den Juden beistanden. Im allgemeinen führte die Schwäche der Osmanen, sowie ihre Unsicherheit gegenüber einer Invasion von außen oder einer internen Revolte, zu einer grausamen und brutalen Unterdrückung der Nicht-Muslime, deren Höhepunkt später (1915) im Zuge des Massakers an den Armeniern zum Ausdruck kam[29].

Am 3. November 1839 wurde der *hatt-i şerif* (oder auch: *gülhane*) veröffentlicht. Es handelt sich hier um den ersten der großen Reformerlasse, die in der osmanischen Geschichte als "Tanzimat-Periode" bekannt sind[30]. Der Erlaß legte Grundsätze fest, wie den Schutz des Lebens und des Eigentums der Untertanen, Aufhebung der Steuerverpachtung, organisierten und ständigen Einzug zur Armee sowie gerechte und öffentliche Gerichtsverhandlungen für die des Verbrechens Angeklagten. Das Dokument hält fest, daß "die Untertanen des erhabenen Sultanats, Muslime, wie auch die Angehörigen anderer Gemeinschaften (*milal*), sich ohne Einschränkungen dieser königlichen Gunst erfreuen werden. Wir verleihen allen Bewohnern unseres Landes, welches durch das Gesetz der *sharī'a*, Seele, Ehre und Eigentum schützt, vollste Sicherheit". Dieser letzte Paragraph symbolisiert

---

[28] Philipp, Syrians, S. 17-18; Gibb und Bowen, Teil 2, S. 258.

[29] Lewis, Emergence, S. 349-350; MaŌoz, Ottoman Rule, S. 207-209; Idem. Communal Conflict, S. 101.

[30] In der europäischen Literatur ist das Dokument als *hatt-i şerif* (nach der offiziellen Übersetzung des Dokuments) bekannt. Siehe: Hurewitz, Bd. 1, S. 113-116.

den radikalsten Bruch mit der islamischen Tradition. Die Toleranz, die die islamischen Gesetze, die islamische Tradition und der osmanische Staat den Nicht-Muslimen gewährten, basierte auf der Annahme, daß die unter Schutz stehenden Gemeinschaften segregiert und minderwertig sind. Somit wird deutlich, daß die Annulierung dieses Grundsatzes, der nichtexistierenden Gleichberechtigung und der Diskriminierung, den Muslimen ein großes Opfer abverlangte. Häretiker und Gläubige waren voneinander segregiert und die Einführung einer Gleichberechtigung zwischen ihnen hätte eine Provokation des Glaubens und des gesunden Menschenverstandes bedeutet[31].

Am 7. Mai 1856 wurde der *fermān* veröffentlicht, der die beiden Hauptinstrumente der Diskriminierung von Nicht-Muslimen annullierte: die Kopfsteuer und das Tragen von Waffen, bzw. den Militärdienst. Von diesem Zeitpunkt an konnten sich auch die Nicht-Muslime dieser Rechte erfreuen[32]. Der Richtigkeit halber wäre hier zu erwähnen, daß das Waffenverbot für die Nicht-Muslime auch einen Vorteil bot: Sie wurden nicht zum Militärdienst herangezogen. So waren die Christen über die Vorteile dieser Emanzipation - wie das Privileg Waffen zu tragen und in der Armee dienen zu dürfen - sehr viel weniger erfreut, als die Muslime zunächst im Sinn hatten. Der Versuch Christen zum Militärdienst heranzuziehen wurde deshalb schnell und zur Zufriedenheit aller eingestellt.

Den nicht-muslimischen Untertanen des Reiches wurde erlaubt sich von dem obligatorischen Militärdienst freizukaufen (*bedel*), eine Steuerzahlung, die in der Art ihrer Veranschlagung und Eintreibung der Kopfsteuer glich[33]. Auf diese Weise beruhigten die Reformisten ihr Gewissen.

Hier wurde aufgezeigt, daß Toleranz im Islam und im Osmanischen Reich gegenüber dem *ahl adh-dhimma* in Bezug auf die Erlaubnis der Religionsausübung (sowohl als Individuum als auch als Gemeinschaft) grundsätzlich mit einem

---

31 Lewis, Emergence, S. 105, 106.
32 Ibid., S. 114.
33 Ibid., S. 331.

diskriminatorischen System und der Unterwerfung der nicht-muslimischen Gemeinschaften unter den Schutz des Islams gleichzusetzen ist. Weiterhin wurde deutlich, daß in vielen Fällen das nüchterne Gesetz den Bedürfnissen nicht gerecht wurde, in der Realität in vielen Fällen dehnbar war und jeweils an die Bedürfnisse von Zeit und Ort angepaßt wurde. Im weiteren Verlauf dieser Arbeit sollen die Ausmaße der Verwirklichung der Grundsätze des Islams und des Gesetzes in Bezug auf Nicht-Muslime in Aleppo und Damaskus sowie deren Abhängigkeit vom Wohlwollen der Gouverneure, der lokalen Bevölkerung und der öffentlichen Meinung, überprüft werden.

1.2. Der Status der Fremden im Osmanischen Reich

Es gilt zwischen dem Status der Nicht-Muslime und dem Status der Fremden im Osmanischen Reich zu unterscheiden. Die letzteren waren nicht Untertanen des *sultan*. Ihr Status wurde, wie aus dem Folgenden zu ersehen ist, durch besondere osmanische Gesetze festgelegt.

Das osmanische Recht schöpfte seine Einstellung gegenüber Fremden aus dem islamischen Recht, nach dem der Fremde als *must'amān* gelten kann, d.h. jemand, dem seitens des muslimischen Herrschers *amān* - Schutz von Leben und Eigentum - versprochen wurde[34]. Dieser *amān* ist im allgemeinen zeitlich auf ein Jahr begrenzt, im Gegensatz zu einem *amān*, welcher einem Nicht-Muslimen (*dhimmī*) verliehen wird, der ein permanenter *must'aman* ist[35]. Ein Fremder, der für längere Zeit in einem islamischen Land leben wollte, mußte nach dem islamischen Recht zum Status eines *dhimma* mit den entsprechenden, oben erwähnten Implikationen überwechseln[36]. Um das osmanische Gesetz dem Geiste der Zeit und des Staates anzupassen, und damit Fremde sich im Reich aufhalten konnten, ohne dazu gezwungen zu werden ihren Status zu ändern und zu Untertanen des *sultan* zu werden, wurden ihnen von den *sultans* besondere Rechte verliehen, die

---

[34] Diese Auffassung basiert in ihrem Grundsatz auf dem Qur'ān, Sūra 9, Vers 6; Heffening, S. 15-37.

[35] Fattal, S. 73.

[36] Ibid.

auf Sonderverträgen und nicht ausschließlich auf der *sharī'a* beruhten. Diese Verträge wurden von den Osmanen direkt mit den Königen der westeuropäischen Mächte abgeschlossen, und hießen auf Türkisch *imtiyāzāt*, sind aber unter dem Namen "Kapitulationen" bekannt[37]. Sie stellten eine Erweiterung des byzantinischen, von den Türken übernommenen Brauches dar, nach dem sowohl die Venezianer, als auch die Genuesen, Kapitulationen seitens des griechischen Reiches im 11. Jahrhundert erhalten hatten, welche dann von den türkischen *sultans* erneuert wurden[38]. Genua, Venedig und Florenz erhielten frühzeitig Kapitulationen von der Hohen Pforte, da der Vertrag zwischen dieser und Frankreich vom Februar 1535 die Grundlage für die Regelung der Kapitulationen im Osmanischen Reich bildete, derzufolge andere westliche Länder dann ähnliche Privilegien erhielten[39]. Der Engländer Anthony Jekinson erhielt von *sultan* Sulaymān I. im Jahre 1553 Sonderrechte[40] und England unterschrieb im Juni 1580 ein Wirtschaftsabkommen mit dem Osmanischen Reich[41]. Bis zu diesem Zeitpunkt trieben englische Händler unter dem Schutz der französischen Flagge Handel[42]. Diese Verträge wurden nach dem Tode des *sultan* mit dem sie unterzeichnet worden waren, erneuert und von den nachfolgenden *sultans* bestätigt. Die Verträge wurden auf der Grundlage gegenseitigen Interesses unterschieben. Es handelte sich hierbei um bilaterale Verträge, die von Zeit zu Zeit verändert wurden, wie z.B. der endgültige Vertrag mit England vom September 1675[43]. Die Kapitulationen änderten sich mit der Zeit auf Grund der Stärke oder Schwäche des Osmanischen Reiches gegenüber den europäischen Mächten und den an den Tag gelegten Interessen (wirtschaftlich und religiös). Weitere Feindstaaten, wie Österreich und Rußland, erlangten ähnliche Verträge im 17. und 18. Jahrhundert, als sich das Reich im Prozeß des Niedergangs befand. Die Regelung bestand bis zum 9. September 1914. An diesem Tag annullierte die kaiserliche osmanische Regierung alle Kapitulationen[44].

---

[37] Gibb und Bowen, Teil 2, S. 213.
[38] Wood, S. 8.
[39] Wood, S. 8; Hurewitz, S. 1.
[40] Hurewitz, ibid., S. 5-6.
[41] Ibid., S. 7-9; Wood, S. 8; Hakluyt, Bd. III, S. 57-60.
[42] Wood, S. 6.
[43] Hurewitz., S. 25-35.
[44] Ibid., Bd. 2, S. 2-3.

Im Grunde waren die Kapitulationen aus einer Position der Stärke und Überlegenheit der Osmanen heraus und auf Basis gegenseitigen Einvernehmens unterzeichnet worden, d.h. osmanische Muslime sollten den Handel mit dem Westen fördern. Auf Grund dessen erhielten die Könige der europäischen Mächte und ihre Untertanen - die fremden Kaufleute - im osmanischen Reich Sonderprivilegien in Bezug auf Besteuerung und Zollmaße, die in den oben erwähnten Verträgen festgelegt wurden. Die Steuermaße und Zölle waren für Handel und Kaufleute von größter Bedeutung. Darüberhinaus - und daher das Thema der vorliegenden Studie - ergaben sich jedoch im Osmanischen Reich Probleme hinsichtlich der rechtlichen Stellung des einzelnen Fremden und der Fremden im allgemeinen. Dieser Aspekt, der im Folgenden analysiert werden soll, ist von besonderer Relevanz, sobald man seine praktische Anwendung in Aleppo und Damaskus im 18. und 19. Jahrhundert und seine Auswirkungen auf die Beziehungen zwischen Fremden und Nicht-Muslimen, Nicht-Muslimen und Zentralregierung, Fremden und Zentralregierung und den Nicht-Muslimen untereinander, untersucht. Das französisch-osmanische Abkommen vom Februar 1535 legte für französische Staatsbürger innerhalb der Grenzen des Osmanischen Reiches Folgendes fest[45]:

a. Bewegungsfreiheit, Aufenthaltserlaubnis und Schutz für Untertanen des Königs von Frankreich und deren Waren innerhalb der Grenzen des Osmanischen Reiches (Paragraph I).

b. Alle Unstimmigkeiten, "zivil-" und "straf-" rechtliche Verfahren zwischen Kaufleuten und anderen Untertanen des Königs von Frankreich werden vom französischen Konsul angehört, gerichtet und entschieden, ohne jegliche Einmischung und Störung von Richtern (*qāḍī*) und osmanischen Staatsbediensteten. Nur im Falle des Ungehorsams gegenüber seinen Anweisungen kann der Konsul sich an den *shūbāshi* oder andere Staatsbedienstete des Großwesirs wenden, die durch Gewaltanwendung den erwünschten Beistand leisten. Der *qāḍī* und andere osmanische Staatsbedienstete richten auf keinen Fall, auch dann nicht, wenn sie

[45] Für den vollständigen Wortlaut des Abkommens siehe: Hurewitz, Bd. 1, S. 502.

von den fremden Kaufleuten darum gebeten werden. Jedes Gerichtsurteil dieser Art, das gefällt wurde oder gefällt werden wird, ist von Grund auf ungültig (Paragraph III).

c. Bei Zivilklagen zwischen Kaufleuten oder anderen Untertanen des Königs von Frankreich und Untertanen des *sultan*, ist es untersagt die Untertanen des Königs vor Gericht zu laden, zu belästigen oder zu richten, ohne daß die Untertanen des *sultan* ein vom Widersacher oder dem *qāḍī* oder dem Konsul schriftlich verfaßtes "Dokument" vorlegen. Darüberhinaus kann keine Rechtssprechung ohne die Präsenz des *dragoman* erfolgen (Paragraph IV).

d. Eine strafrechtliche Klage zwischen Untertanen des Königs von Frankreich und Untertanen des *sultan* wird nicht angehört, sondern an die Hohe Pforte übergeben. Dort wird eine beiderseitig gültige Zeugenaussage abgelegt (Paragraph V).

e. Die Untertanen des Königs von Frankreich haben Glaubensfreiheit. Sie werden in Glaubensangelegenheiten nicht belästigt und auch nicht von *qāḍī*, *sanjaq beys* oder anderen Staatsbeamten gerichtet, mit Ausnahme der Hohen Pforte selbst. Untertanen des Königs von Frankreich werden nicht als Türken (Muslime) angesehen, es sei denn, sie wünschen es von sich aus und erklären dies öffentlich und ohne Zwang (Paragraph VI).

f. Sollte ein Untertan Frankreichs einem Untertan des *sultan* etwas schulden und der erstere hat bereits die Grenzen des Osmanischen Reiches überschritten, so sind der Konsul und die zurückbleibenden Untertanen des Königs nicht als für die Schuld verantwortlich anzusehen oder zu belästigen. Auch der König ist nicht als verantwortlich zu betrachten (Paragraph VII).

g. Ein französischer Untertan, welcher weniger als zehn volle aufeinanderfolgende Jahre innerhalb der Reichsgrenzen ansässig war, soll nicht gezwungen werden *jizya*-, *kharāj* -, oder *kasabiye* (*avania*)- Steuern zu zahlen, Waffen zu tragen oder Zwangsarbeit zu leisten (Paragraph XV).

Da, wie bereits erwähnt und wie im Folgenden weiter ausgeführt werden wird, dieser Vertrag die Grundlage für das Abkommen der Kapitulationen mit anderen Ländern bildet, bedeutet dieses, das hier die rechtliche Stellung der Fremden im Osmanischen Reich festgelegt wird. Gibb und Bowen stellen fest, daß diese unter der Oberhoheit des "Zivil"- und "Straf"-rechts ihrer Herkunftsländer standen, deren Repräsentanten die Konsuln waren[46]. Eine genaue juristische Analyse des Vertrags zeigt, daß es sich hier um eine weitgefaßte Formulierung handelt. Der Vertrag legt nicht nur die Machtbefugnisse der Konsuln fest, sondern auch die exteritoriale Stellung, Immunität der Fremden bei internen Angelegenheiten an Hand der Befreiung von der Oberhoheit des osmanischen Steuer- und Rechtssytems, und bei Angelegenheiten zwischen Fremden und Untertanen des *sultan*, ihre Befreiung von der Willkür des Regimes und der lokalen Rechtssprechung sowie die Verleihung von Privilegien die nicht im islamischen Gesetz festgelegt sind[47].

1.3. Die Nicht-Muslime unter fremder Schutzherrschaft

Die Privilegien und Rechte, die den Fremden verliehen wurden, schufen auf Grund der besonderen Beziehungen, die diese mit den Nicht-Muslimen (*dhimmīs*) unterhielten, bald eine Zwittererscheinung - eine Gruppe von Nicht-Muslimen mit der Stellung und den Privilegien von Fremden, wie z.B. wirtschaftliches und politisches Patronat.

Diese Entwicklung nahm im 16. Jahrhundert mit den Kapitulationen ihren Anfang, als Frankreich den sich auf osmanischem Territorium befindenden europäischen Katholiken, und deren Kirchen und Priestern, Patronat gewährte, das dann allmählich zum Patronat über alle osmanischen Katholiken (Nicht-Muslime - *dhimmīs*) und den unter ihnen tätigen Missionare ausgeweitet wurde. Zunächst

---

[46] Gibb und Bowen, Teil 2, S. 213.

[47] Eine genaue Untersuchung des Vertrags zwischen Sulaymān I. und dem englischen Kaufmann Antony Jeckinson aus dem Jahre 1553 (siehe: Hurewitz, Bd. 1, S. 5-6), der Handelsverträge zwischen dem Osmanischen Reich und England vom Juni 1580 (siehe: Hurewitz, Bd. 1, S. 7-8) und des Vertrags vom September 1675 (siehe: Hurewitz, Bd. 1, S. 25-32) bestätigt diese Feststellung. In den letzten Jahren gab es sogar, im Vergleich zum Vertrag mit Frankreich, Erweiterungen und Zusätze zugunsten des Konsuls und der Kaufleute.

handelte es sich um die Maroniten im Libanon. Als andere katholische Gemeinschaften an Bedeutung gewannen, fielen auch sie unter das Patronat anderer europäischer Staaten, wie z.B. Österreich. Die Paragraphen 7 und 14 des Küçük-Kaynärca-Vertrags aus dem Jahre 1774 bildeten die Grundlage für eine liberale und kontroverse Auslegung der Forderung nach Schutzherrschaft über die christlich-orthodoxen Untertanen des Osmanischen Reiches[48]. Das fremde Patronat verlieh den Angehörigen der nicht-muslimischen Gemeinschaften politische, kommerzielle und finanzielle Vorteile.

Was zunächst als religiöses Patronat begonnen hatte, erweiterte sich zu einer Verteidigung wirtschaftlicher Interessen. Das Patronat trennte den Nicht-Muslim (*dhimmī*) vom lokalen Rechtssystem und verlieh ihm die Rechte eines Fremden, einschließlich der Befreiung von Steuern. Um in diese Statuskategorie zu gelangen und den Sonderrechten Nachdruck zu verleihen, erwarben die Schützlinge gegen Bezahlung besondere Dokumente (*barā'as* und *nafar fermān*). Der *barā'a* wurde von der Hohen Pforte oder in deren Namen ausgegeben und von den fremden Konsuln an ihre Schützlinge vergeben oder verkauft. *barā'as* wurden ursprünglich für lokale Beamte und Händler im konsularischen Dienst ausgestellt. In Wirklichkeit wurden sie jedoch an eine wachsende Anzahl von lokalen Händlern vergeben oder verkauft. Der genaue Betrag, der an die Pforte für ein *barā'a* gezahlt wurde, ist unbekannt. Die osmanische Regierung trachtete diese Entwicklung zu zügeln und gegen Ende des 18. Jahrhunderts versuchte Selim III. mit den europäischen Konsuln in der Vergabe von *barā'as* zu konkurrieren, die er - ohne die Vermittlung der Konsuln - für 1.500 *piastres* an lokale christliche und jüdische Händler verkaufte. Diese *barā'as* verliehen das Recht mit Europa Handel zu treiben sowie auch fiskale Privilegien. So erhielten auch Nicht-Muslime (ohne fremdes Patronat) die Chance auf mehr oder weniger gerechte Weise mit den europäischen Kaufleuten zu konkurrieren. Gegen Anfang des 19. Jahrhunderts erweiterte sich das

[48] Hourani, Arabic Thought, S. 39-40; Hurewitz, Bd. 1, S. 24: Maronite Community of Lebanon placed under French Protection by Louis XIV., 28. April 1649 und Bd. 1, S. 54-61; Friedensvertrag Küçük Kaynärca, Russia and the Ottoman Empire 10/21. Juli 1774. Eine russische Oberhoheit über griechisch-orthodoxe Christen in Aleppo und Damaskus ist demnach fragwürdig; Hitti, S. 218.

Verteilernetz - gegen Bezahlung von 1.200 *piastres* - sogar auf muslimische Geschäftsleute. Ein *nafar* ist ein Dokument, welches bezeugt, daß seine Inhaber bei dem Besitzer eines *barā'a* arbeiten. Auch diese konnten sich einiger Privilegien erfreuen. Inhaber solcher Dokumente hießen *barā'atli* und *nafar fermānli*. Unter ihnen befanden sich Übersetzer, die für die Konsuln arbeiteten, Bedienstete von Inhabern von *barā'as* usw.[49] Dieses Patronat über lokale Untertanen wurde zu einer Quelle ständiger Ärgernisse zwischen den Konsuln und der osmanischen Regierung und erweckte den Neid von Muslimen und Nicht-Muslimen, die dieselbe nicht erhalten oder erlangen konnten. Im Folgenden soll das Thema im Kontext von Aleppo und Damaskus während des bereits erwähnten Zeitabschnitts untersucht werden.

---

[49] Der Ursprung des Begriffes liegt in dem arabischen Wort *barā'a*, welches Immunität und Sonderrechte bedeutet. Siehe auch: Gibb und Bowen, Teil 1, S. 122, Anm. 2. Sowie das arabische Wörterbuch: al-munjid fi al-logha wa'l-'alām, Beirut 1975. Der Begriff hat seine Wurzeln in dem Brauch Landbesitz an *sipahis* zu vergeben, die ein *barā'a* erhalten hatten, welches den Erhalt des Landbesitzes durch den *beylerbey* bestätigte. Siehe auch: Gibb und Bowen, Teil 1, S. 49, 50 und 122. In dem hier behandelten Kontext ist eine schriftliche Erlaubnis gemeint, die von der Hohen Pforte herausgegeben und von den ausländischen Konsuln verkauft oder an ihre Schützlinge vergeben wurde; Gibb und Bowen, Teil 3, S. 258 und 310; Lewis, Emergence, S. 448-449; EI, Leiden 1960, Bd. I, 2. Auflage, S. 1170-1174, *berāt, berātli*.

2. Die Wirtschaft Aleppos und die Stellung der Nicht-Muslime und Fremden

Die Wirtschaft Aleppos ist Teil des hier untersuchten politischen und gesellschaftlichen Systems. Das Fundament des wirtschaftlichen Systems von Aleppo wurde durch das menschliche Element geprägt: Händler, lokale muslimische Handwerker, Nicht-Muslime und Fremde. In der vorliegenden Studie soll die Stellung der Nicht-Muslime und der Fremden in Aleppos Wirtschaft, die Verbindung zwischen ihrer Stellung in Gesellschaft und Politik sowie die Frage inwieweit der Niedergang der Wirtschaft Aleppos ihre Stellung und Anzahl beeinflußte, untersucht werden. Das Florieren Aleppos und die Prozesse seines Niedergangs im Verlauf des 18. und zu Beginn des 19. Jahrhunderts stellen einen wichtigen Prüfungsrahmen für das Forschungsthema dar.

Für die Entwicklung und die wirtschaftliche Blüte Aleppos während des gesamten 17. und eines Teils des 18. Jahrhunderts waren folgende Faktoren förderlich:

1. Die geographische Lage Aleppos - seine Lokalisierung an einer Handelskreuzung - ließen es zu einem Knotenpunkt und einem wichtigen Umschlagplatz für den Handel werden.
2. Seine Funktion als administratives Zentrum sowie als Kreisstadt eines Agrarbezirkes mit Dienstleistungen für landwirtschaftliche Gebiete bildeten einen Markt für die dort erzeugten und bearbeiteten Produkte.

Zwischen diesen beiden Faktoren existiert, wie im Folgenden zu sehen sein wird, eine Verbindung, die ihren Ausdruck in verschiedenen Systemen findet, welche bis zur gegenseitigen Abhängigkeit miteinander verflochten sind:

1. Ein Transithandelssystem
2. Ein Binnenhandelssystem
3. Ein Industrie- und Handwerkssystem [1].

---

[1] Aṭ-Ṭabbākh, Bd. III, S.235; Burckhardt, Travels, S. 649, 652; Idem., Nubia, Memoires, S. XXIV, Brief 29.5.1809; Russell, Bd. I, S. 1-3; Volney, S. 269, 273-274; Browne, S. 481.

2.1. Der Handel in Aleppo

2.1.1. Der Transithandel

Aleppo besaß auf Grund seiner geographischen Lage eine zentrale Funktion im Handel. Hier befand sich das Zentrum, wo Waren und Produkte ankamen, konzentriert, gesammelt und nach Westeuropa weitervertrieben wurden. Bis Anfang des 17. Jahrhunderts handelte es sich hierbei hauptsächlich um Waren und Produkte aus den Anrainerstaaten des Indischen Ozeans, aus dem Fernen Osten und Zentralasien. Im Verlauf des 17. Jahrhunderts fand eine Veränderung in der Zusammensetzung der Waren statt. Aleppo wurde zu einem Sammel- und Vertriebszentrum für die nähere Umgebung. Die Waren aus der Gegend des Indischen Ozeans verloren quantitativ an Bedeutung. Aleppo behielt jedoch weiterhin seine Relevanz als Verbindungsstelle für kommerzielle Zwecke. Diese Situation bestand bis zum 18. Jahrhundert. Die wichtigsten Gegenden aus denen Waren hier zusammenkamen und gesammelt wurden, waren Basra, Baghdād, Mosul und Diyārbakr, die östlichen Städte der Türkei, Persien, Kurdistan, Armenien und Nordsyrien. Da Damaskus und Südsyrien hauptsächlich mit Arabia und Ägypten sowie dem Roten Meer Handel trieben, wurde Aleppo zum Verbindungsglied zwischen diesen beiden Handelskreisen. Im Grunde handelte es sich jedoch nicht um zwei, sondern um drei Handelskreise, da Aleppo auch ein Zentrum für das Sammeln und Lagern europäischer Waren und deren Verteilung und Vertrieb in den syrischen Städten und im Orient war[2].

Die Waren für die die Europäer größtes Interesse zeigten, waren Seide und Baumwolle für die Textilmanufakturen. Diese Waren repräsentierten eigentlich das wirtschaftliche Hauptinteresse der fremden Kaufleute, und um dieses Hauptinteresse herum bewegte sich ihr Transit- und Tauschhandel mit Aleppo. Während des größten Teils des 17. Jahrhunderts war Aleppo ein wichtiges Zentrum, in welchem Seide, wie auch teure Stoffe aus Persien und Rohstoffe für die Textilmanufaktur konzentriert und gesammelt wurden. Für die Engländer war

---

[2] Über die Gründe für die Veränderungen in Aleppo siehe im Folgenden: Kap. 2.4.; Aṭ-Ṭabbākh, Bd. III, S. 235; Volney, S. 274; Gibb und Bowen, Teil 1, S. 304-305; Davis, S. 36, 123; J. Sauvaget, Alep, S. 201; Masson, XVIIe S. 371; Al-Ghazzī, Bd. I, S. 145; Taoutel, Bd. I, S. 49, 66; Marcus, S. 146, 147; AE B I 76 cc Alep, Etat de la Ville d'Alep, S. 237, 1698.

Aleppo im 17. und zu Beginn des 18. Jahrhunderts der größte und wichtigste Markt für den Tausch von Wollerzeugnissen aus England gegen aus Persien importierte Seide und der einzige Markt, auf dem man syrische Seide erwerben konnte, welche die englische Industrie benötigte. Andere Produkte, die im Folgenden erwähnt werden, waren in Bezug auf ihren Umfang und Wert nebensächlich. Dies trotz der Tatsache, daß im Jahre 1700 eine Konkurrenz in billiger Seide aus China und Bengalen entstand. Ab 1730 nahm die europäische, darunter besonders die englische, Nachfrage nach Seide und Baumwolle aus der Levante ab und wurde durch Produkte der Karibischen Inseln ersetzt. Auch die Franzosen verringerten ihre Seideneinkäufe, kurbelten diese jedoch gegen Mitte des 18. Jahrhunderts wieder an, da die Baumwollindustrie und die Baumwollweber in Frankreich gerade diesen Rohstoff benötigten. Die französischen Westindischen Inseln konnten die gesamte Nachfrage der sich entwickelnden französischen Industrie nicht mehr decken. Darüberhinaus verloren die Franzosen ihre Baumwollquelle in Akko (Acre)[3].

Die folgenden Waren wurden aus Aleppo nach Europa exportiert[4]:

Herkunftsort		**Bestimmungsort**	
Aleppo	**Frankreich**	**England**	**Italien**
	Seide	Seide	Angorawolle
	(Angora)wolle	Galläpfel	
	Baumwolle	Ziegenhaar	
	Dung	Heildrogen	
	Asche		
	Galläpfel		
	Heildrogen		
	Pistazien		
	Watte		

---

3 Aṭ-Ṭabbākh, ibid.; Masson, XVIIe, S. 375; Davis, S. 27, 32; Philipp, Syrians, S. 9-10; Idem., Social Structure, S. 102; Marcus, ibid.; Paris, tome V 1660-1789, S. 415-416, 483; Luzky, Zion 6, 1940, S. 63; Zum Thema der Veränderung der Versorgungsquellen mit Rohstoffen, siehe im Folgenden: Kap. 2.4.

4 Sauvaget, Alep, S. 202; Al-Ghazzi, Bd. I, S. 150; Davis, S. 36; Masson, ibid.; Paris, S. 415, 416; AE B III, S. 277; Taoutel, ibid.; Bowring, S. 15-17; Wood, S. 76.

Aus Europa wurden die folgenden Waren und Produkte nach Aleppo, und für den Weitervertrieb von dort aus, importiert[5]:

Herkunftsland	Nach Aleppo
England	Manufakturprodukte, Textilbündel, Zucker, Reis, Baumwollfäden, Indigo, Stickstoffe, Blei, Zinn, Purpur, Stoffe
Frankreich	Zucker, rote Turbane (*fes*), Stoffe, Indigo, Purpur
Italien	Zucker, rote Turbane (*fes*)

Die meisten Produkte, die von Europa nach Aleppo im Rahmen des Transit- und Tauschhandels importiert wurden, wurden nicht in Aleppo konsumiert, sondern in Karawanen nach Baghdād, Mosul, Diyārbakr und Basra transportiert[6]. Der Transit- und Tauschhandel zwischen Aleppo, Irak (Mesopotamien), den Städten der Osttürkei und dem Hinterland umfaßte die folgenden Produkte: Baumwolle im Rohzustand, langfasrige Baumwolle, Seidenstoffe, Ziegenhaar und -wolle, Galläpfel, Kupfergefäße, Seife, Indigo, Trockenfrüchte, Importwaren aus Indien und Kaschmir, pflanzliche Farbstoffe und Schafe. Seidenprodukte wurden aus Aleppo auch in die übrigen Städte Syriens und nach Anatolien und Istanbul ausgeführt[7]. Im 18. Jahrhundert war Aleppo das Zentrum des Pistazien-[8] sowie des Sklavenhandels aus dem Kaukasus[9].

Eine Betrachtung der Liste der Exporte von Aleppo nach Europa und der Importe von Europa nach Aleppo deckt einen kritischen Punkt dieses Handel auf: Die Waren, die aus Aleppo exportiert wurden, - sowohl lokal produzierte Waren, als auch solche die in Aleppo gelagert waren - befanden sich zum größten Teil im

---

[5] Volney, S. 385; Paris, ibid.; Wood, S. 42-43; AE B III 277; Taoutel, Bd. I, S. 66; Sauvaget, Alep, S. 203; Bowring, S. 33-34, 77-80, 113; Al-Ghazzi, Bd. I, S. 149.

[6] Sauvaget, Alep, S. 202; Taoutel, Bd. I, S. 66; Gibb und Bowen, Teil 1, S. 307.

[7] Siehe: Anm. 2; Gibb und Bowen, ibid.; Bowring, S. 15-17; Taoutel, Bd. I, S. 49; Al-Ghazzi, Bd. I, S. 148, 150.

[8] Volney, S. 273-274.

[9] Al-Ghazzi, Bd. I, S. 148; Vergleich zu: Ibby, S. 246, der über den Handel mit georgischen Mädchen in Al-Hama im Jahre 1817 berichtet.

Zustand von Rohmaterialien und Agrarprodukten, während es sich bei den Waren, die von Europa nach Aleppo eingeführt wurden, um Manufakturprodukte handelte. Die Produkte aus Europa lassen sich in zwei Kategorien unterteilen:

1. Besondere Spezialprodukte, wie z.B.: Uhren, Waffen, chemische Produkte, Haushaltsgegenstände - diese waren auch mengenmäßig begrenzt.
2. Textilprodukte für den Tauschhandel.

Auf Grund des Tauschhandels wurden zum Teil lokale Produkte durch diese Produkte ersetzt. Dies hatte, wie wir später sehen werden, einen schädlichen Einfluß sowohl auf die Struktur des Binnenhandels als auch auf die Struktur und den Charakter des lokalen Handwerks und der lokalen Wirtschaft[10].

Wie ging der Tauschhandel vor sich? Wandten Engländer und Franzosen das gleiche Tauschsystem an oder bestanden eventuell Unterschiede?
Im Jahre 1718 nahm die "Levant Company" eine monetarische Einschränkung auf sich, indem sie die Ausfuhr von Geld und Goldbarren aus England für den Warenkauf untersagte, denn der Bargeldkauf beeinträchtigte den Export von Stoffen und Textilprodukten aus England[11]. Diese Begrenzung fand ihren wirtschaftlichen Ausdruck darin, daß der Tauschhandel in Aleppo nach dem Tauschsystem vor sich ging. In der Tat glichen die Engländer ihren Handel in Aleppo durch den Tausch von oder die Bezahlung mit Exportgütern nach England, mit Importgütern englischer Herkunft (wie bearbeitete und fertige Textilprodukte, z.B. moderne Textilwaren und Stoffe) [12] aus. Diese Methode paßte zur wirtschaftlichen Realität, daß Aleppo den Engländern - außer Seide - keine quantitativ attraktiven Produkte (wie z.B. Früchte, Baumwollfäden) anzubieten hatte. In der Tat benötigte die englische Handelsstation nur wenig Bargeld um den lokalen Tauschhandelmechanismus anzukurbeln. Auch die lokalen Händler waren mit dem System recht zufrieden, da es ihnen ersparte große Mengen Bargeld bereithalten

---

[10] Al-Ghazzī, Bd. I, S. 145-148; Qarā'li, S. 70-71; Gibb und Bowen, ibid.; Marcus, S. 146; Siehe im Folgenden: Kap. 2.4.
[11] Davis, S. 192; Wood, S. 103, 127.
[12] Siehe: Anm. 5; Davis, S. 32; Gibb und Bowen, ibid.

zu müssen, was sie fast automatisch in "Schwierigkeiten" mit den gewinnsüchtigen und geldgierigen Repräsentanten der Zentralregierung gebracht hätte[13].

Die englischen Kaufleute verstanden es auch mittels einer Art von "Kartell" Preise zu diktieren, indem sie den lokalen Händlern einen unter sich vereinbarten Preis vorschlugen und dadurch im Prinzip den Tauschpreis zugunsten der von ihnen nach Aleppo importierten Produkte festsetzten. Somit erhöhten sie auch den Preis ihrer Produkte im Verhältnis zum Wert/Preis der Seide und der Produkte, die sie zu kaufen beabsichtigten. Diesbezüglich wäre hinzuzufügen, daß dieses Kartell im internen Wettbewerb unter den Kaufleuten der Handelsstation in vielen Fällen auf unfaire Weise ausgenützt wurde, da einige nicht zögerten einen lokalen Seidenhändler zu erpressen, indem sie mit dem Kartell drohten. Auf diese Weise griffen sie vor und erwarben selbst die Ware, indem sie einen etwas höheren Preis zahlten, als die Kaufleute unter sich ausgemacht hatten[14].

Nicht der gesamte Handel wurde als Tauschhandel abgewickelt. Die lokalen Seidenhändler und die Fremden hatten auch Ausgaben vor Ort, die bar beglichen werden mußten. Demnach mußte etwa ein Viertel des Warenwertes an Steuern, Kommissionsgebühren und Zwischenfinanzierung bezahlt werden, bis die fertigen Importwaren zu Bargeld gemacht werden konnten. Die Bedarf an Barem wurden bis 1750 dadurch gelöst, daß die fremden Kaufleute einen Teil der aus Europa importierten Güter gegen Bargeld und nicht im Tauschhandel verkauften. Für ein solches Bargeschäft horteten die englischen Kaufleute der Handelsstation verschiedene Stoffe in den Lagern der Station und lösten sie bei Bedarf und/oder wenn der Verkaufspreis auf dem Markt stieg, ein. Andererseits gab es aber auch Zeiten, wie gegen Ende der 30er und 40er Jahre des 18. Jahrhunderts, in denen der Markt in Aleppo mit englischen Stoffen überflutet war und die Seidenhändler keine Stoffe annehmen wollten. Daraufhin sanken die Stoffpreise im Tauschhandel so stark, daß die in Aleppo verbliebenen englischen Kaufleute den Tauschhandel einstellten, da zwischen dem Seidenpreis und dem Stoffpreis ein zu großer

[13] Davis, ibid.
[14] SP 105.343, 1760; SP 110.43, pff 6299, 28. Oktober 1774; Davis, S. 155-156.

Unterschied entstanden war. Die Kaufleute waren gezwungen Bargeld für den Seideneinkauf einzuführen und verringerten im Grunde den Handelsumfang, da ihr Hauptkaufsvermögen im Tauschhandel lag[15].

Die Franzosen in Aleppo steigerten bis zum dritten Viertel des 18. Jahrhunderts ihren Handel und führten in gewisser Weise sogar eine Verminderung des britischen Handels in Aleppo herbei. Sie nahmen eine zentrale Position im europäischen Handel der Stadt ein [16] und verfügten über eine positive Handelsbilanz. Sie verkauften z.B. mehr als sie einkauften:

1. Zwischen 1700 und 1702 kauften die Franzosen in Aleppo im Werte von einer Gesamtsumme von 81.800 *livres* und verkauften nichts.
2. Zwischen 1750-1754 kauften die Franzosen im Werte von einer Gesamtsumme von 2.074.000 *livres* und verkauften im Werte von einer Gesamtsumme von 2.366.000 *livres*.
3. Zwischen 1785-1789 gab es einen Bruch in der positiven Handelsbilanz und die Franzosen kauften in Aleppo im Werte von 3.515.000 *livres* und verkauften im Werte von 2.130.000 *livres* [17].

Was nun die Handelsmethode der Franzosen anbetrifft, so handelten auch sie mit dem Tauschsystem, wickelten ihre Käufe und Verkäufe jedoch im Gegensatz zu den Engländern hauptsächlich in bar ab. Diese Methode wandten auch die übrigen Staaten (außer den Engländern natürlich) an. Die Franzosen liehen von den Engländern sogar Geld. Nachdem sich die Engländer entschlossen hatten den Einheimischen kein Geld mehr zu leihen, vielleicht weil sich diese nicht an die Rückzahlungsbedingungen gehalten hatten, waren Gelder freigeworden. Das Geld, welches die Franzosen von den Engländern geliehen hatten, ermöglichte ihnen Kreditgeschäfte mit den Einheimischen aufzunehmen und so einen Vorteil gegenüber den Engländern in der Finanzierung zu gewinnen. Nach dieser

---

15 Ibid., S. 34, 35, 38; SP 110.29 189, 1750.

16 Siehe im Folgenden: Paris, S. 414-416; AE B III, S. 277.

17 AE B III, Bobine 2, Renseignement sur le Commerce du Levant, 13. Mai 1825; Davis, S. 28-29; Masson, XVIIIe, S. 523; Paris, S. 415-416.

Kreditmethode erhielten lokale Käufer eine Kreditfrist von vier Monaten. In vielen Fällen wurde diese auf zwölf Monate verlängert. Die Rückzahlungen eines lokalen Händlers an die Franzosen hing von seinem Erfolg ab, die Ware zu verkaufen[18]. 1738-1740 verbrannten sich die Franzosen (auf ähnliche Weise wie zuvor die Engländer) die Finger, als die lokalen Händler ihre Schulden nicht zurückzahlten. Aus diesem Grund gingen viele französische Kaufleute in Konkurs. Die Franzosen stellten auf Grund dieser Bankrotte im Jahre 1738 ihr "Kreditsystem" ein und erhielten im Jahre 1740 die Anweisung gegen bar zu verkaufen[19]. Dies hieß nicht, daß die Europäer ihre Kredite an die lokale Bevölkerung im Verlauf des 18. Jahrhunderts gänzlich einstellten. Ein Beweis dafür ist die Tatsache, daß sich im Jahr 1786 ein fremder Kaufmann an das Tribunal des Gouverneurs wandte und sich darüber beschwerte, daß einer der Notabeln der Stadt, Ibrāhīm Bey, ihm Geld schuldete. Der Gouverneur verpflichtete Ibrāhīm Bey seine Schulden zu begleichen[20].

Wenn man bedenkt, daß:

1. nur die Franzosen im 18. Jahrhundert im Handel Aleppos dominierten, nachdem die Venzianer ihre Position dort bereits Mitte des 17. Jahrhunderts infolge des Krieges mit der Pforte verloren hatten; die Holländer ohne Konsul und unter französischem Patronat verblieben und die Engländer andere Handelsmöglichkeiten gefunden hatten;
2. zwischen 1671 und 1789 der prozentuale Anteil der Käufer aus Marseille sank (von 14,7% auf 9%);
3. in realen Werten (*livres*) von einer Stagnierung des französischen Handels mit Aleppo die Rede ist[21];

so wird deutlich, daß im 18. Jahrhundert eine Abnahme des europäischen Handelsumfangs in Aleppo stattgefunden hat. Ab 1775 handelt es sich um eine

---

18 Davis, S. 128, 192-193.
19 Ibid., S.210, 214; Bowring, S. 78; Taoutel, Bd. I, S. 73.
20 Burckhardt, Travels, S. 650.
21 Paris, S. 414-416; Philipp, Syrians; Masson, XVIIIe, S. 522-523.

drastische Abnahme. Während im Jahre 1775 dieser Handelsumfang bis zu ca. 18.000.000 Francs betrug, so betrug er im Jahre 1822 5.000.000 und 1846 nur noch 1.800.000 Francs[22].

Wie im Folgenden einsichtig wird, ist diese Abnahme nicht isoliert, sondern in Verbindung mit den politischen, wirtschaftlichen und kulturellen Entwicklungen und über den schwerpunktmäßig in den syrischen Küstenstädten vorherrschenden Handel hinaus, zu betrachten. Trotz der Abnahme des Handelsumfangs im Tauschhandel, kann man sagen, daß der Beitrag der Fremden an die Wirtschaft Aleppos und dadurch an seiner gesellschaftlichen und politischen Stabilität, nicht in Zweifel gezogen werden kann. Der Tauschhandel stellte die wichtigste Quelle des Reichtums und die wirtschaftliche Hauptgrundlage der Stadt dar und trug in gewisser Weise dazu bei politische und gesellschaftliche Unordnung in der Stadt zu bremsen.

Es besteht also ein innerer Widerspruch zwischen der Sicht von Gibb und Bowen[23] in Bezug auf die Zerstörung des Binnenhandels und des Handwerks auf Grund des Imports von fertigen und bearbeiteten Produkten, und zwischen dem bereits Erwähnten bezüglich des Beitrags des Tauschhandels zur gesellschaftlichen Stabilität der Stadt. Hierbei handelt es sich allerdings nur um einen anscheinenden Widerspruch, da es sich im 18. Jahrhundert noch nicht um Mengen handelte, die wesentlichen Schaden hätten verursachen können; zumal der durch importierte fertige Produkte verursachte Schaden an Hand der wirtschaftlichen Tatsache ausgeglichen wurde, daß der Tausch der Importwaren gegen Seide den Seidenherstellern Kaufkraft verlieh und vielen ermöglichte die industriellen und handwerklichen Erzeugnisse der Stadt zu erwerben und zu konsumieren. Diese Kaufkraft stellte eine Antriebskraft für die Wirtschaft der Stadt und ihrer landwirtschaftlichen Umgebung dar[24].

---

22 Sauvaget, Alep, S. 203; Gibb und Bowen, Teil 1, S. 305; Siehe auch im Folgenden: Kap. 2.4.
23 Siehe: Anm. 10.
24 Davis, S. 40; Sauvaget, ibid., und siehe im Folgenden: Kap. 2.2.

Bei näherer Betrachtung des Berichtes von Bowring wird deutlich, daß während des Großteils der ägyptischen Besatzungsperiode der syrische Außenhandel florierte. Es sollte allerdings hervorgehoben werden, daß es sich dabei ebenfalls um Transithandel handelte. Den wichtigsten Anteil hatte der Export von Rohstoffen aus Aleppo und der Import von Fertigprodukten nach Aleppo. Der Handel wurde nach einem Kreditsystem abgewickelt und die Verkäufe meistens durch Vermittler getätigt. Vom wirtschaftlichen Standpunkt aus gesehen, könnte man sagen, daß, nachdem der Import den Export überholte, die Import- und Exportbilanz ein Defizit aufwies. In den 30er Jahren des 19. Jahrhunderts gab es in der Stadt 50 Läden, die lokale Erzeugnisse, 19 Läden, die französische und belgische und 70 Läden, die englische Produkte verkauften[25].

2.1.2. Der Binnenhandel

Das Zentrum des lokalen Handels in Aleppo war der *bāzār*. Der dortige Handelsumfang war sehr groß und nach Qarā'li wurde, "was man in Aleppo an einem Tag, in Damaskus nicht in drei Monaten verkauft", und nach Al-Ghazzī, der den *bāzār* in Aleppo mit dem in Kairo, der "Mutter der Städte", verglich, verkaufte man dort selbst in 10 Tagen nicht die gleiche Menge.

Der *bāzār* selbst war in Sektionen, entsprechend nach Waren und Berufen unterteilt. Die Händler für Seide, Kleidung, Baumwolle, Parfüms, *fezs*, Krüge, Goldschmiedekunst und Schmiedehandwerk hatten ihre eigenen *bāzārs*. Im Ganzen gab es in Aleppo 45 verschiedene *bāzārs*, was somit eine starke Differenzierung und Spezialisierung bedeutete.

Die wichtigsten *bāzārs* konzentrierten sich um den großen *khān* herum. Gegen Anfang des 19. Jahrhunderts fand im Zentrum der Handel mit Stoffen, Textilprodukten und Kleidung statt. Die Läden mit anderen Waren wurden in die weiter entfernten Straßen verlegt. Die *bāzārs* bestanden aus schmalen langen Gewölben. Eine Ausnahme bildeten die *bāzārs* im Vorort von Bānqūsa, die nicht

---

[25] Al-Ghazzī, Bd. I, S. 147-152, 154; Bowring, S. 36-39, 80-83, 88-98; Hofman, S. 266.

mit Gewölben überdeckt und nicht nach Handwerk oder Ware getrennt waren. Dort boten die Beduinen ihre Waren feil[26].

Bei den Waren des Binnenhandels handelte es sich um die gleichen, die in Aleppo infolge des Transit- und Tauschhandels zwischen Europa und dem Orient und zwischen Aleppo und dem damaszenischen Handelskreis verblieben sowie auch um lokale Handwerks- und Industrieprodukte. Fertigprodukte, die für den lokalen Verbrauch in die Stadt importiert wurden, gab es in relativ begrenzten Mengen. Es handelte sich auch um besondere Waren, wie z.B.: Papier, Uhren, Haushaltsgegenstände, Waffen und chemische Produkte aus Europa sowie Teppiche und Tabak aus dem Iran[27]. Die Kaufkraft, die die lokale Bevölkerung auf Grund des Handels mit den Europäern erlangt hatte, kurbelte die Wirtschaft an. Es handelte sich hier um den lokalen Ausdruck einer Verbindung zwischen drei Handelskreisen. An dieser Stelle sollte erwähnt und betont werden, daß der europäische Handel im 18. Jahrhundert nur einen kleinen und relativ begrenzten Anteil im gesamten Tauschhandelsytem von Aleppo darstellte[28].

2.1.3. Die Händler

Die Händler von Aleppo, die sich mit Export und Import beschäftigten, waren eine reiche und respektierte Gruppe und ihre gesellschaftliche Stellung war im Vergleich zu Handwerkern oder Ladenbesitzern im *bāzār* sehr hoch. Sie waren die einzigen aus der Geschäftswelt, die in die Schicht der urbanen Elite aufstiegen. Die Muslime unter ihnen erhielten den Titel *çelebi* und *agha*, während ihre christlichen und jüdischen Kollegen den Titel *khawājas* verliehen bekamen[29]. Davis behauptet, daß in Aleppo im Verhältnis zur Bevölkerungszahl nur eine relativ kleine Gruppe im Handel mit den Europäern (und allem was dazu gehört)

---

[26] Qarā'li; S. 70, 71; Russell, Bd. I, S. 20-23, 225; Sauvaget, Alep, S. 220; Al-Ghazzī, Bd. I, S. 104, 146, Bd. III, S. 397-398, 265; Patton, S. 159; Durbin, S. 611-621; Der *bāzār* in Damaskus hatte denselben Charakter, siehe: Ibid., S. 61-62 und Lamartine: Bd. III, S.88.

[27] Marcus, S. 146; Zu den politischen und gesellschaftlichen Verbindungen siehe auch: Kap. 7., welches die Synchronisierung der Systeme behandelt.

[28] Ibid., S. 154.

[29] Ibid., S. 51; Al-Murādī, Bd. IV, S. 131; Gibb und Bowen, Teil 1, S. 302.

tätig war: einige Dutzend Händler, einige hundert Träger sowie *janitscharen*, Kamelführer, Beamte und Geldwechsler. Seinen Aussagen nach besteht kein Zweifel, daß diese reichen Händler ein soziales und wirtschaftliches Gewicht besaßen, welches die Anzahl der aktiv im Handel Beschäftigten überstieg. Ihr Einfluß beschränke sich jedoch auf das Bestechen von Beamten auf den unterschiedlichsten Ebenen, denn im Osmanischen Reich würden der Handel und die darin Tätigen - die christlichen und jüdischen Untertanen der Porte allerdings doppelt und dreifach - verachtet[30].

Außer Davis einleitenden Aussagen, die sich auf die Anzahl der im europäischen Handel Tätigen beziehen, sollten die folgenden Punkte kritisch betrachtet werden:

a. Der Islam verachtet weder den Handel, noch die in diesem Bereich Tätigen - im Gegenteil: er respektiert sie[31].
b. Die Beziehung zu den *dhimmīs* im Islam und Aleppo, war - was den religiösen Aspekt angeht - ihrer Stellung als Handelstreibende mit den Europäern, nicht abträglich. Viele waren außerdem *protégés*, da sie ein *barā'a* und *nafar fermānli* besaßen[32].
c. Die prominentesten und reichsten Mitglieder unter den Händlern, darunter Christen und Juden, machten Geschäfte in großem Umfang und unterhielten Vertretungen und Familienzweigstellen in anderen Städten. Diese gehörten ebenfalls den *a'yān* an. Wie im Folgenden ersichtlich werden wird, gehörten die *a'yān* zur urbanen Elite im "fruchtbaren Halb-mond". Sie waren die städtischen Notabeln, die auf Grund ihres Bodenbesitzes zu Machtfaktoren wurden. Zusammen mit einem Teil der *'ulamā'* stellten die *a'yān* eine Lobby gegenüber der lokalen Verwaltung dar[33].

Der Transit- und Tauschhandel befand sich zum größten Teil in den Händen der Nicht-Muslime, denen Maundrell die folgenden Begabungen und

---

30 Siehe: Kap. 5.1. für zahlenmäßige Daten; Davis, S.39.
31 Grunebaum, S. 215-216.
32 Siehe auch: Kap. 5.7., sowie Kap. 7.1. und 7.3.
33 Siehe auch: Kap. 3.; Al-Murādī, ibid.; Gibb und Bowen, ibid.

Eigenschaften zuspricht: sie betrügen bei jeder Gelegenheit, sind bei Verhandlungen scharfsinnig und fähig große Handelsrechnungen im Kopf zu behalten, ohne dabei Rechnungsbücher zu benutzen[34]. Im Verlauf des 18. Jahrhunderts, parallel zur Abnahme der Anzahl fremder Kaufleute, ergriffen und beherrschten die Nicht-Muslime den Handel mit Europa[35]. Aus dem Kreise der nicht-muslimischen Bevölkerung wäre besonders der Anteil der Armenier am Handel und wirtschaftlichen Leben zu erwähnen. Die Europäer suchten natürlich Kontakt zu demjenigen Element in der Bevölkerung, dem sie sich anschließen und durch das sie verdienen konnten. So suchten die Franzosen z.B. den Kontakt zum katholischen Element, wenn auch nicht ausschließlich[36]. Die Engländer in Aleppo kommunizierten vor allem mit den Armeniern und in den Küstenstädten mit den Melchiten. Die Armenier, deren Aufstieg in Aleppo tatsächlich mit dem europäischen Handel zusammenhing, hatten gute Familienbeziehungen nach Erzderum, Diyārbakr und Isfahan und stellten daher einen Konkurrenzfaktor für die griechischen, muslimischen und jüdischen Seidenhändlern dar. Diese Konkurrenz spielte natürlich den Engländern in die Hände und ermöglichte ihnen billig einzukaufen und zu verhältnismäßig niedrigen Preisen gegen die mitgebrachten Tauschwaren umzutauschen. So wie sie den Kontakt zu den Armeniern gefunden hatten, fanden sie auch den Kontakt zu den Juden mit ihren Familienbeziehungen in Livorno und anderen Ländern des Mittelmeerraumes[37]. Wenn man im 18. Jahrhundert Arabisch sprechende, christliche Nicht-Muslime in großer Anzahl vorfindet (Griechisch-Orthodoxe, Katholiken und Armenier), die Handel treiben und geschäftliche Beziehungen mit Europäern unter Ausnutzung ihres relativen Vorteils durch ihre Beziehungen zum Hinterland pflegten, so ist dies Zeugnis einer gesellschaftlichen und wirtschaftlichen Revolution, die diese

---

34 Maundrell, S. 197; Gibb und Bowen, Teil 1, S. 308-309; Volney, S. 385; Olivier, Bd. II, S. 307-308; Masson, XVIIIe, S. 159; Burckhardt, Nubia, S. XX, Brief, 22.5.1809.

35 Gibb und Bowen, Teil 1, S. 310; Sauvaget, Alep, S. 207; Sauvaget stützt sich auf das konsularische Archiv vom 17. März 1778, wo unter 35 Registrierten 20 Namen von Juden, 4 von Armeniern, 4 von Muslimen und 3 von Christen zu finden sind. Von 56 Geschäften wirtschaftlicher Natur aus dem Jahre 1810, die im Sekretariat des französischen Konsulats eingetragen wurden, kamen 28 durch die Vermittlung von Juden, 6 durch die Vermittlung von Muslimen und 5 durch die Vermittlung von Christen zustande; Über die Abnahme in der Anzahl der fremden Kaufleute siehe im Folgenden: Kap. 5.1.

36 Volney, S. 385.

37 Gibb und Bowen, Teil 1, S. 310; Sauvaget, Alep, S. 206; Olivier, Bd. II, S. 306; Davis, S. 158-159; Masson, XVIIIe, S. 383-387.

Gesellschaft gegen Ende des 17. Jahrhunderts - über den Übergang von Handwerk zu Handel hinaus - durchmachte[38].

Die Europäer unterhielten keine direkten Geschäftsbeziehungen zu den Seidenzüchtern und -herstellern, sondern nur zu den Händlern. Die Händler selbst stammten aus unterschiedlichen Gruppen in der Stadt: Griechen, Maroniten, Juden, andere Christen und Muslime. Diese Händler hatten Verbindungen zum Binnenhandel. Sie waren auch diejenigen, die in die Zucht- und Herstellungsgebiete reisten, um dort Seide einzukaufen. Wenn sie im Rahmen des Tauschsystems Tuch und Stoffe eintauschten, so trachteten sie diese schnell an die darauf spezialisierten Stoffhändler oder Ladenbesitzer in den *bāzārs* weiterzuverkaufen, oder sie in nahegelegenen Städten, wie Damaskus, oder in weiter entfernten, wie Baghdād, zu vertreiben[39]. Im Grunde bestand die Politik der Levant Company darin ihre Kaufleute in Handelsstationen zu konzentrieren anstatt sie zu verstreuen. Daher konnten auch nur einheimische Nicht-Muslime und Muslime Verteiler für die importierte Ware stellen. Im Jahre 1738 hingegen, als die Geschäfte auf Grund der Abnahme im Handel nicht in dem gewünschten Ausmaße liefen, begannen die englischen Kaufleute sich am Binnenhandel zu beteiligen. Sie fingen an selbst in den Verkaufsstellen (Pike) zu verkaufen und erweckten dadurch den Ärger der einheimischen Ladenbesitzer, die sich darüber beschwerten, daß die Fremden mit ihnen im Binnenhandel konkurrieren und dafür auch dieselben Steuern, wie z.B. den *ottomani*, wie jeder anderer Bürger auch, zu zahlen hätten. Infolge dieser Situation wandte sich der englische Botschafter in einem Aufruf an die Kaufleute den lokalen Handel einzustellen, da dieser das allgemeine Interesse gefährde[40].

2.2. Industrie und Handwerk und die Stellung der Nicht-Muslime

Aleppo hatte auch die Funktion einer Industrie- und Handwerksstadt für die Gegenden, mit denen sie Handel trieb. Wie im vorherigen Kapitel deutlich wurde,

---

[38] Sauvaget, Alep, S. 207; Siehe dazu: Anm. 35; Guys, S. 156; Eloy, S. 178; Philipp, Syrians, S. 16-17.
[39] Davis, S. 146.
[40] Ibid., S. 38, 124.

kurbelte die Beschäftigung mit dem Handel das Handwerk und die Industrie an, indem sie Kaufkraft und Käufer für die Industrie- und Handwerksprodukte der Stadt lieferte. Mehr als die Hälfte der arbeitenden Bevölkerung in Aleppo war im Handwerk tätig[41].

Aus dem Titel des Kapitels geht eine grundlegende und interessante Gegebenheit hervor: In Aleppos Industrie und Handwerk waren muslimische und nicht-muslimische Untertanen des *sultan* involviert. Fremde waren nicht in das lokale Wirtschaftsgefüge und Handwerk verwickelt, da es in der Weltwirtschaft der hier behandelten Periode nicht üblich war, industrielle Investitionen in Übersee vorzunehmen, sondern nur Rohmaterialien anzukaufen und Produkte zu vermarkten.

Während des 18. und 19. Jahrhunderts bewahrten die lokale Wirtschaft und das Handwerk ihre traditionelle Struktur und veralteten Produktionsprozesse. Änderungen fanden so gut wie nicht statt. Beide hatten einen größtenteils familienorientierten und spezialisierten Charakter. Der Beruf wurde vom Vater an den Sohn weitergegeben und war somit in vielen Fällen auf eine Anzahl von Familien, manchmal sogar auf nur eine Familie, beschränkt. Industrie und Handwerk hatten eine feste wirtschaftliche Grundlage, die auf lokal produzierten oder angepflanzten oder auf aus umliegenden Gegenden herbeigeschafften Rohstoffen, basierte. Als Bezahlung erhielten die Hersteller des Rohstoffes fertige Industrieprodukte, was uns wieder auf die bereits erwähnte Verbindung der Systeme bis hin zur gegenseitigen Abhängigkeit zurückverweist[42]. Aleppo wurde durch die Herstellung exquisiter Stoffe bekannt. Es handelte sich hierbei um Seidenstoffe, golddurchwirkte Seidenstoffe, mit Baumwolle durchwirkte Seidenstoffe und reine Baumwollstoffe[43]. Dieses Gewerbe basierte auf einer großen Menge Seide, welche in Aleppo eintraf und die fremden Kaufleute nicht erreichte, sondern von lokalen Händlern an die Einzelhändler im *bāzār* weiterverkauft wurde[44]. Diese lieferten

---

41 Marcus, S. 159.

42 Ibid., S. 147, 158, 160. 163, 169; Al-Ghazzī, Bd. I, S. 101-114; Davis, S. 156; Taoutel, Bd. I, S. 49; Gibb und Bowen, Teil 1, S. 281, 292-293, 296; Siehe dazu im Nachfolgenden.

43 Qarā'li, ibid.; Al-Ghazzī, Bd. I, S. 101-102.

44 Marcus, S. 147.

sie an die lokale Seidenmanufaktur in Aleppo und Damaskus, die Tausende von Handwerkern beschäftigte[45]. Die Stoffindustrie und ihre verschiedenen Branchen war in Werkstätten und Privathäusern untergebracht[46]. Ein sehr hoher Prozentsatz der Stadtbewohner war damit verbunden[47]. Hier sollte angemerkt werden, daß, wie später ersichtlich werden wird, die Quellen abgerundete und absolute Zahlen anführen. Gerade weil es sich um abgerundete und absolute Zahlen handelt, sollten sie nur als Indikation für einen Trend angesehen werden. Im Jahre 1819 gab es in Aleppo 12.000 Webstühle[48]. Im Jahre 1820 sank die Anzahl der Webstühle auf 6.000 und 1836 auf 1.200[49]. Eine derart drastische Abnahme wäre vielleicht damit zu erklären, daß während der Zeit der ägyptischen Besatzung der Import von Manufakturprodukten so stark anwuchs, daß die lokale Wirtschaft sehr darunter zu leiden hatte und es von daher zu einer Abnahme der Webstühle kam. Der Import englischer Manufakturprodukte ist ebenfalls Resultat eines Prozesses, der in England im Jahre 1764 durch die Erfindung der Feinspinnmaschine und des mechanischen Webstuhls von E. Cartwright sowie die Einführung von Verbesserungen, die alle Produktionsprozesse grundlegend veränderten und die handwerkliche Arbeit fast gänzlich vernichteten, seinen Anfang nahm. Die englische Industrie war seitdem imstande schnell zu produzieren und konnte so die Bedürfnisse des Marktes befriedigen. Das Ergebnis war, daß man nicht mehr die fertigen Fäden in Aleppo und im Orient kaufte, sondern nur noch den Rohstoff für die Herstellung in Europa. Dieser Rohstoff kehrte dann in überarbeiteter Form in den Orient zurück[50]. In einer Angabe für das folgende Jahr, 1837, gibt Bowring an, daß die Anzahl der Webstähle auf 4.000 gestiegen sei und erklärt dies mit dem

---

45 Davis, S. 159; Al-Ghazzī, ibid.

46 Russell, Bd. I, S. 161-162; Davis, S. 161.

47 Al-Ghazzī, ibid.; Qarā'li, ibid.

48 Ibid., S. 71. Qarā'li erläutert nicht wie er zu diesen Zahlen gekommen ist. Wahrscheinlich sind diese Zahlen übertrieben und die Verminderung von 12.000 auf 6.000 in einem Jahr muß besondere Gründe haben.

49 Bowring, S.70.

50 AE B III, S. 243, Bobine 2, Renseignement sur l'Etat Commercial et Politique de la Syrie, 1848, erklärt diese Abnahme an Hand von politischen Faktoren, welche den Staat zerstört hatten sowie durch eine Verwaltung, die den Import von fertigen englischen Produkten ermöglicht hatte und die zu einer Zerstörung der lokalen Industrie führte. Al-Ghazzī, Bd. I, S. 102, erklärt in Bezug auf das 19. Jahrhundert, daß die Einheimischen europäische Waren vorzogen, weil diese billiger und nuancierter waren. Siehe auch: Durbin, S. 62-63, der dasselbe in Bezug auf Gewerbe und Handwerk in Damaskus behauptet.

Import von halbfertigen Rohmaterialien[51], welches die Wiederaufnahme des Exportes ermöglichte.

Bei den in der Seidenmanufaktur Beschäftigten handelte es sich zum Großteil um Frauen. Das Weben von Wolle und Baumwolle war typisch für die Fellachinnen und Bewohnerinnen der Vororte. Der Zupfen der Baumwolle lag in den Händen der muslimischen Bewohner der Vororte, während die meisten Weber und Färber Christen waren, denen eine große Anzahl von Kindern half[52]. Frauen und Kinder stellten ebenfalls einen bedeutenden Teil der arbeitenden Bevölkerung und der Arbeitskraft[53].

Neben der Stoffmanufaktur gab es Hilfsgewerbe: Stickerei (*ṭiraz* und *zarksha*) Färbe- und Seilindustrie[54]. Das am weitesten entwickelte Hilfsgewerbe war das Färbereigewerbe. Die Anzahl der Färberinnen belief sich bis auf 100[55].

Die zahlreichen Olivenhaine lieferten den Rohstoff für eine fortschrittliche Seifenproduktion und eine kleine Kerzenherstellung. Qarā'li zählte in Aleppo 7 Werkstätten für die Herstellung von Seife, al-Ghazzī zählte 15 Werkstätten, erwähnt jedoch nicht, um welches Jahr es sich handelt. In der Seifenproduktion waren sowohl Muslime als auch Nicht-Muslime beschäftigt (d.h. Angehörige der drei Religionen)[56]. Bowring stellt in seinem Bericht über das Jahr 1836 dar, daß in Aleppo 200-250 *qanṭārs* Seife produziert wurden. 1/4 der Gesamtproduktion wurde in Aleppo aufgebraucht und der Rest nach Mesopotamien exportiert[57].

In Aleppo gab es ein fortschrittliches Gerberei- und Häuteverarbeitunggewerbe. Weiße, rote und gelbe Häute wurden verarbeitet. Die Schuhherstellung wurde in verschiedene Sektionen nach Religionszugehörigkeit aufgeteilt. Schuhe für

51 Bowring, S. 84.
52 Al-Ghazzī, Bd. I, S. 103, 108-109; Qarā'li, S. 70-71; Bowring, S. 85.
53 Marcus, S. 50.
54 Al-Ghazzī, ibid.; Qarā'li, ibid.; Gibb und Bowen, Teil 1, S. 297; Bowring, S. 85.
55 Al-Ghazzī, Bd. I, S. 103; Qarā'li, S. 71; Bowring, S. 108.
56 Gibb und Bowen, Teil 1, S. 298; Qarā'li, ibid.; Ya'ari, S. 529, der Autor des Briefes David d'beth Hilel bezieht sich auf das Jahr 1824; Al-Ghazzī, Bd. I, S. 107.
57 Bowring, S. 18.

Muslime wurden von Muslimen bearbeitet und hergestellt. Schuhe für Christen wurden von Christen bearbeitet und hergestellt. Es gab aber auch Schuharten, die von den Angehörigen aller Religionen hergestellt wurden, wie z.B.: *al-bābuj*, *qundara*, *ḥidhā'* und *bajīn* [58].

Die Kupferverarbeitung und die Herstellung von Kupfergefäßen in Aleppo war ebenfalls weitentwickelt. Die meisten Kupferschmiede waren Christen. Es ist das einzige Handwerk, das sich während der hier behandelten Periode weiterentwickelte und nicht im Rückzug begriffen war[59]. Die Schmiede befanden sich im *bāzār* neben Bānqūsa , im *bāzār* Bāb al-Nayrāb und im *bāzār* Bāb al-Jinān[60]. Die Schreiner wurden nach Spezialisierung aufgeteilt. Es gab solche, die auf Möbelproduktion und andere, die auf den Bau von Musikinstrumenten spezialisiert waren usw. [61]

Auch das Goldschmiedehandwerk und die Herstellung von Goldschmuck und Münzen gehörten zu den fortschrittlichen Gewerben. In Aleppo gab es 50 Läden, die mit Goldschmiedekunst und Edelsteinen handelten. Die meisten derjenigen, die in Handwerken beschäftigt waren, welche mit Silber und Gold zu tun hatten, waren Christen und Juden[62]. Lewis erklärt deren Konzentration im Gold- und Silberschmiedehandwerk (der dazugehörige Handel lag in muslimischen Händen) damit, daß fromme Muslime eine Beschäftigung mit den oben erwähnten Produkten als schädlich für die Seele erachteten[63].

Die *ṭābūn* -Bäcker waren Muslime, während die *furn* -Bäcker Angehörige der drei Religionen waren[64]. Im *sūq* al-'Aṭṭarīn gab es etwa dreißig Geschäfte für die Herstellung von Süßigkeiten und deren Vertrieb. Die Besitzer jener Geschäfte

---

[58] Qarā'li, ibid.; Al-Ghazzī, Bd. I, S. 104-105.
[59] Al-Ghazzī, Bd. I, S. 106; Gibb und Bowen, Teil 1, S. 299.
[60] Al-Ghazzī, Bd. I, S. 104.
[61] Ibid.
[62] Qarā'li, ibid.; Aṭ-Ṭabbākh, Bd. III, S. 238; Al-Ghazzī, Bd. I, S. 103-104; Gibb und Bowen, Teil 1, S. 297; Taoutel, Bd. I, S. 95.
[63] Lewis, 'Alei Historia [Hebr.], S. 169.
[64] Al-Ghazzī, Bd. I, S. 109. Ein *ṭābūn* ist ein in der Erde eingelassener Backofen.

waren Muslime und Juden[65]. Barbiere und Uhrmacher gehörten allen drei Religionen an[66]. Die Produktion von Arak, Wein und Branntwein lag in den Händen von Christen und Juden[67]. Aleppo zeichnete sich auch durch eine Schnupftabakherstellung (*ṣinā'at an-naschit*) aus. Die in diesem Bereich Beschäftigten waren so sehr für ihre Fertigkeiten berühmt, daß im Jahre 1833 Muhammad 'Alī Ibrāhīm Pascha den Befehl gab, die besten von ihnen von Aleppo nach Ägypten zu holen[68].

Eine Betrachtung der Liste der in den verschiedenen Gewerben Beschäftigten, führt zu dem Schluß, daß es keine Fälle gegeben hat in denen Juden und Christen in angesehenen Berufen gearbeitet haben und die weniger angesehenen den Muslimen überlassen hätten, oder umgekehrt. In vielen Berufen und auf vielen Ebenen sind Angehörige der drei Religionen beschäftigt. Die Angehörigen verschiedener Gemeinschaften arbeiteten unter demselben Dach, zusammen mit Muslimen für nicht-muslimische Arbeitgeber. Es gab besondere Berufe, in denen vor allem Christen und Juden anzutreffen waren, wie z.B. in der Wein- und Arakherstellung (aus religiösen Gründen), der Kopftuchfärberei und dem Kupferschmiedehandwerk (aus Gründen der Spezialisierung). Die ausschließliche Beschäftigung von Muslimen im Korbflechtgewerbe hängt damit zusammen, daß der Markt für dieses Produkt hauptsächlich ein Markt für die Beduinen war[69]. Nur wenige Juden waren im Handwerk tätig. Die meisten waren Bankiers, Händler, Hausierer, Lebensmittelverkäufer und Vermittler verschiedener Art[70]. Produktion und Handwerk erforderten auch finanzielle Investitionen, und Erzeuger und Handwerker verfügten nicht über große Geldsummen.

Diese wirtschaftliche Tatsache führte zu der Gründung von Teilhaberschaften (*mudaraba*), bei denen ein Investor eine Summe Geld als stiller Teilhaber

---

[65] Ibid., S. 106-107; Qarā'li, ibid.
[66] Al-Ghazzī, Bd. I, S. 109.
[67] Ibid., S. 107; Qarā'li, S. 66.
[68] Taoutel, Bd. II, S. 27.
[69] Ibid., Bd. I, S. 94; Al-Ghazzī, Bd. I, S. 101-110; Marcus, S. 44; Nach Browne, S. 443, 456-457, bezieht sich auf Damaskus, in der viele Muslime und Christen ihren Lebensunterhalt in der Weberei und Färberei von Seide und Baumwolle und in der Seifenproduktion verdienten.
[70] Aṭ-Ṭabbākh, Bd. III, S. 238; Russell, Bd. II, S. 60; Taoutel, Bd. I, S. 63.

investierte. Marcus führt Beispiele an, wie z.B.: die Witwe 'Ā'isha Rajab, die ihr Vermögen in der Seifenfabrik von Gissa für 2/3 des Profits investiert hatte. Im Jahre 1746 investierte 'Abd al-Raḥmān eine Geldsumme zusammen mit einem armenischen Christen, der bedruckte Kopftücher produzierte, für 1/5-1/6 des Profits der Fabrik. Im Jahre 1748 wurde 'Abd-Allāh Çelebi Haykal Zādeh der stille Teilhaber seines Sohnes und eines Christen in der Produktion und im Verkauf von Kleidung. Diese Teilhaberschaft dauerte drei Jahre. Von Relevanz für das hier behandelte Thema ist vor allem schon allein die Teilhaberschaft zwischen einem Muslim und einem Nicht-Muslim sowie Teilhaberschaften zwischen Christen und Muslimen und zwischen Muslimen und Juden[71]. D.h. Unterschiede in der Religionszugehörigkeit standen Vertrauensbeziehungen zwischen Geschäftsleuten und Herstellern nicht im Weg und waren diesen nicht abträglich. Im Grunde waren diese sogar produktiv, denn jeder Partner hatte zu einer anderen Bevölkerungsgruppe Zugang.

---

[71] Marcus, S. 169-182.

2.3. Die Nicht-Muslime und ihre Eingliederung in die Kaufmanns- und Handwerksgilden

Die für diese Studie herangezogenen Quellen vermitteln ein recht verschwommenes Bild der Kaufmanns- und Handwerksgilden in Aleppo für den hier behandelten Zeitraum. Bedacht werden sollte, daß dieses Bild dennoch ein gewisses Licht auf Struktur, Organisation und Charakter dieser Gilden wirft. Diese Studie setzt sich jedoch nicht mit Struktur und Organisation der Gilden auseinander, sondern vielmehr mit dem für das Verständnis der Eingliederung der nicht-muslimischen Kaufleute und Handwerker in die Gilden relevanten Kontext [72].

In den Quellen wird der Begriff *ṣinf* (Mehrzahl: *aṣnāf*) oder aber *ḥirfa* (Mehrzahl: *ḥiraf*) verwendet. Gildemitglieder werden als *ahl al-'arḍ* - nach der *'arḍ* -Steuer bezeichnet. Diese Steuer wird von den *ahl al-ḥirfa* erhoben, die manchmal in den Quellen mit dem Namen *ahl al-sinf wal-ṣinā'a* genannt werden. Die Kaufmannsgilden werden *ghurfat at-tijjāra* genannt [73]. Die meisten Einwohner, mit Ausnahme der *ashrāf*, der Reichen und der Angesehenen, waren in Handwerksberufen oder im Transportwesen tätig. Sie waren in Berufsgilden unterteilt, wobei jedem Berufsfeld ein *ra'īs* vorstand[74].

Die Struktur einer Gilde war hierarchisch, aber im Vergleich zu den europäischen Gilden flexibel ausgerichtet. In den unteren Ebenen waren Lehrlinge und Angestellte (*ghulam*) anzutreffen, im Mittelbau die Meister (*üstadh*) und an der Spitze befand sich eine Gruppe von alten und langgedienten *ikhtiyarīyya*, die Elite. Informell waren sie als diejenigen anerkannt, die die Richtlinien festlegten. Aus ihrem Kreis wurde der *shaykh* oder *ra'īs* oder *naqlb* gewählt, welcher der Gilde vorstand. Dieser Vorsitzende der Gilde mußte vom *qāḍī* und der Zentralregierung im Amt bestätigt werden, worauf letztere in ihm fortan den Verantwortlichen für die Ordnung innerhalb der Organisation sah. Disziplinarverfahren gegen Gildemitglieder bedurften der Genehmigung von Seiten des *qāḍī* und *maḥkama.*

---

72 Baer, Structure, S. 192.

73 Al-Ghazzī, Bd. I, S. 105, 317, Bd. III, S. 349, 350; Qarā'li, S. 98; Aṭ-Ṭabbākh, Bd. III, S. 239, 276.

74 Ibid., S. 239; Baer, Administrative, S. 29-32.

Die *ikhtiyārīyya* und der *shaykh* bildeten eine Ratsversammlung - ein Forum - welches für alle internen Angelegenheiten der Gilde sowie für die Beziehungen zwischen den Mitgliedern verantwortlich war[75]. Das Amt des *ra'īs* war keine feste Anstellung und Wechsel fanden häufig aus verschiedenen Gründen statt: Tod, Kündigung, interne Rivalitäten und Intrigen[76]. Aufgaben des *shaykh al-ḥirfa* waren: Leitung und Vorsitz bei den Zusammenkünften der Gildemitglieder; Überwachung von Einheit und Zusammenhalt der Gilde; Bestrafung derjenigen, die gegen Gesetze, Regeln und Einheit der Gilde verstoßen; Arbeitsbeschaffung für Handwerker und Aufteilung derselben unter den Gildemitgliedern; Festsetzung eines handwerklichen Ausbilders für Lehrlinge; Vertretung der Gilde gegenüber der Regierung sowie die Repräsentation der Regierung gegenüber der Gilde. Das wichtigste war jedoch die jährliche Steuer, die kollektiv von der gesamten Gilde eingezogen und vom *shaykh* auf die Mitglieder umverteilt wurde.

Einige der Gilden verteilten die Steuer gleichmäßig auf ihre Mitglieder, andere wiederum nicht[77]. Viele der Gildemitglieder, die Handwerke ausübten, konnten nicht ohne weiteres die Vorteile des Marktes nutzen oder ihre Betätigung erweitern. Die Gilde verhängte Einschränkungen und legte z.B. fest in welchem Umfang verkauft werden konnte. Um den Lebensunterhalt aller Mitglieder zu garantieren - wenn auch nicht gleichmäßig für alle - suchte die Gilde die interne Konkurrenz zu kontrollieren und zu regeln. Dieses geschah auf direktem Wege an Hand der Regelung des Zugangs der Mitglieder zu Rohstoffen und Festlegung der Arbeitsregelungen. Es gilt hierbei zu beachten, daß diese internen Regelungen von Gilde zu Gilde unterschiedlich waren, nicht nur in Bezug auf die Marktbedingungen, sondern auch hinsichtlich der Arbeitsverteilung unter den Gildemitgliedern. Es handelte sich um kein einheitliches Gefüge, sondern vielmehr um Dutzende unterschiedlicher Organisationen. Die kollektive Überwachung des Ertrags umfaßte nicht nur den Nutzen, der mittels eines Kartells erlangt werden kann, sondern beinhaltete auch eine gesellschaftliche Betrachtungsweise. Die

---

[75] Aṭ-Ṭabbākh, Bd. III, S. 239; Russell, Bd. I, S. 160; Gibb und Bowen, Teil 1, S. 281; Marcus, S. 52, 173, 175; Baer, Structure, S. 179-184, 186, 192.
[76] Ibid., S. 184-187; Gibb und Bowen, Teil 1, S. 292-293.
[77] Ibid.; Al-Ghazzī, Bd. I, S. 317-318; Marcus, S. 52, 165-168, 176.

Ungleichheit innerhalb der Gilden führte zu internen Spannungen, die ihren praktischen Ausdruck in Verbesserungsmaßnahmen seitens der benachteiligten Gruppe hätten finden können. Die benachteiligte Gruppe, die der schwachen Handwerker, suchte und fand Unterstützung in der Organisation mittels der in einer Organisation üblichen Mittel und Regeln. Auf diesem Weg wurden die gesellschaftlichen Spannungen vermindert[78].

Die großen Händler (*tujjār*) waren nicht der Oberherrschaft und Kontrolle der Gilden unterworfen und, wie es scheint, waren sie auch nicht organisiert[79].

Kaufmannsgilden bezieht sich hierbei auf die kleinen Händlergilden, die sich von den großen sowohl in ihrem Umfang als auch in ihren Expertisen unterschieden. Während die kleinen Händler kleine Geschäfte unterhielten, so wickelten die großen Händler Transaktionen im Großhandel ab. Was die Kaufmannsgilden anbetrifft, waren diese weniger starr als die Handwerksgilden. Höchstwahrscheinlich waren Struktur und Regelungen identisch mit denen der Handwerksgilden und beruhten ebenfalls auf den oben erwähnten Abwägungen und Motiven. Es gab Märkte, die nach Waren und Berufen unterteilt waren: eigene Märkte für Seidenhändler, Kleidung, Baumwolle, Parfüms etc. Jedem dieser Märkte stand der *shah bander* vor. Dieser wurde vom Großwesir ernannt. Er richtete die Händler, die es vorzogen von ihm, anstelle des *qāḍīs*, gerichtet zu werden[80]. Die Geschäftsinhaber waren frei Waren und Dienste ganz nach ihrem Belieben zu verkaufen. Diese Freiheit war allerdings durch selektive Preisregelungen eingeschränkt. Das Regime strebte nach festen Preisen. Die Preisreglementierung beschränkte sich jedoch auf den Lebensmittelbereich. Von 100 Artikeln, die im Jahr 1742 reglementiert waren (im allgemeinen in Zeiten der Knappheit), waren nur Brennholz, Baumwolle und Hufeisen als Nicht-Lebensmittel eingestuft. Nur einige Gilden legten einheitliche Preise fest [81]. Der Vorsitzende

---

[78] Ibid., und S. 173.
[79] Ibid., S. 170.
[80] Ibid., S. 170-171; Russell, Bd. I, S. 160, 161; Gibb und Bowen, Teil 1, S. 302-303; Aṭ-Ṭabbākh, Bd. III, S. 241.
[81] Marcus, S. 172.

der Händler war Mitglied im *diwān* [82]. Es liegen keine Kenntnisse über die Aufnahmezeremonien dieser Gilden vor.

Die Anzahl und Organisation der Handwerksgilden verlieh diesen Einfluß im politischen Leben. Mit dem Eindringen der *janitscharen* in die Kreise der lokalen Handwerker und Händler, sowie mit der zunehmenden Dominanz der Gilden und deren Wandlung zu Monopolinhabern, verstärkte sich ihr Einfluß auf die Administration und Gouverneure [83]. Ihr Wandel zu Monopol- und Kontrollinhabern innerhalb der Gilde wurde dadurch erleichtert, daß sie gewisse Privilegien besaßen und militärische Funktionen innehatten[84]. Die Schlachtergilde stand unter der Kontrolle der *janitscharen*. Al-Ghazzī beschrieb das Ausmaß ihrer Kontrolle und berichtete: "Niemand konnte etwas anderes zubereiten, als das, was der Schlachter ihm befahl. Es kam vor, daß man mehrere Tage lang dasselbe essen mußte, weil das Fleisch, welches der Schlachter geliefert hatte, für nichts anderes zu gebrauchen war. Jeder hatte seinen eigenen Fleischer und konnte bei keinem anderen kaufen, ohne dabei sein Leben zu gefährden". Die Antwort eines Ehemanns auf die Frage seiner Frau: "Was essen wir heute zu Abend?" symbolisiert die Kontrolle der *janitscharen* in der Gilde. Der Ehemann entgegnete: "Das was Raḥmān Agha will."[85]. Nach al-Ghazzī erhoben die Schlachter der *janitscharen* innerhalb der Gilde eine zusätzliche Steuer, die *dūmān* -Steuer, welche Fleischer, die nicht zu den *janitscharen* gehörten, zu entrichten hatten. Die Steuer wurde unter Druck und auf unterschiedliche Weise eingezogen. Nach al-Murādī und aṭ-Ṭabbākh war *dūmān* der Name für das Geld, das durch die *janitscharen* gesammelt wurde, die es gegen Zinsen für die Finanzierung ihrer Kontrolle über die Gilden verliehen. Um dieses Zinsdarlehen wieder einzutreiben, verkauften sie sowohl an Arme als auch an Reiche Fleisch zu übertriebenen Preisen. Ihre Machtübernahme der Gilde kam darin zum Ausdruck, daß Reich wie Arm aufhörten Fleisch zu verzehren[86]. Es wurden einige Versuche unternommen diese Schlachtergilde zu zerschlagen.

---

[82] Gibb und Bowen, ibid.

[83] Ibid., S. 294-295; Al-Ghazzī, Bd. III, S. 349, 350; Qarā'li, S. 98; Taoutel, Bd. I, S. 119; Burckhardt, S. 654.

[84] Gibb und Bowen, Teil 1, S. 288-289.

[85] Al-Ghazzī, Bd. III, S. 350-351.

[86] Ibid., S. 303-304; Aṭ-Ṭabbākh, Bd. III, S. 276.

Im Jahr 1762-1763 versuchte der *qāḍī* die *dūmān* -Steuer aufzuheben, scheiterte jedoch. Erfolgreich war im Jahr 1765 der Gouverneur (Azmzadeh), der die *dūmān* -Steuer aufhob, nachdem er ausgezogen war den Anführer der Schlachtergilde zu ermorden[87]. Diese Maßnahmen verfehlten sicherlich nicht ihren Einfluß bei den *janitscharen* , hinderten sie jedoch nicht, sich zu Herrschern über die *al-ḥirfa* wal-ṣinā'a zu machen[88].

Die nicht-muslimischen Einwohner (Aleppos) fügten sich in den Kreis der Handwerker ein. Unter ihnen gab es solche, die nur in für Nicht-Muslime spezifischen Berufen tätig waren [89]. Die nicht-muslimischen Handwerker waren gleichberechtigte Mitglieder in den Gilden. Die Religionszugehörigkeit der Händler und Handwerker war kein Hindernis innerhalb der Gilden in Schlüsselpositionen zu gelangen [90]. Gibb und Bowen sind der Ansicht, daß selbst ab Mitte des 17. Jahrhunderts das Amt der *katkhūda* sogar in den von Nicht-Muslimen dominierten Gilden sich in den Händen der Muslime befand. Plötzlich ging es auch in einigen Fällen in die Hände von Nicht-Muslimen über. Höchstwahrscheinlich, so meint Baer, handelte es sich hierbei in den meisten Fällen um getrennte und nicht um gemischte Gilden und darüberhinaus gab es mehr Fälle, in denen die Mitglieder und der Vorsitzende der Gilde ein und derselben Religion oder ethnischen Gemeinschaft angehörten, als daß sie aus unterschiedlichen Gemeinschaften stammten. Trotzdem gab es viele Fälle in denen in den Gilden der Nicht-Muslime die *katkhūda* Muslime waren [91].

In der Gilde wurde die Steuer nicht gleichmäßig verteilt und trug nicht nur zu Unterschieden in Bezug auf das Einkommen bei, sondern auch hinsichtlich der geschäftlichen Möglichkeiten. Die von verschiedenen Auflagen Befreiten (*ashrāf, janitscharen, 'ulamā'*) waren für Investitionen und Konkurrenz besser gestellt. So verloren z.B. in der Seidenmanufraktur die Christen ihre traditionelle Vorzugsstellung, da viele *janitscharen* und *ashrāf* in diesen Zweig eindrangen

---

87 Ibid., S. 341; Al-Ghazzi, Bd. III, S. 303-304.
88 Ibid., S. 350.
89 Ibid., Bd. I, S. 104-110.
90 Marcus, S. 4; Baer, Structure, S. 187.
91 Ibid., S. 194; Gibb und Bowen, Teil 1, S. 289.

und ihre Steuerbefreiung vorteilhaft nutzen konnten [92]. Die nicht-muslimischen Mitglieder der Gilden sahen sich bei Zeremonien der Gilde mit einer - in Bezug auf religiöse Aspekte - anormalen Situation konfrontiert. Auf der anderen Seite wurden ihre religiösen Bräuche respektiert und das "Vater Unser" ersetzte den muslimischen Schwur bei der Aufnahmezeremonie eines christlichen Gildeanwärters [93]. Die Gilden der Schreiber, Gold- und Kupferschmiede sowie der Tischler waren gemischte Gilden und umfaßten Handwerker aus dem Kreise der drei Religionen [94]. Demgegenüber waren in den Maurergilden nur Christen und Muslime anzutreffen. Zwar gab es eine einzige Schustergilde, doch war diese in mehrere Sektionen unterteilt. Es gab Schuhe, die nur von Muslimen hergestellt wurden, andere nur von Christen oder Juden und solche, die sowohl von diesen als auch von jenen angefertigt wurden. Die Schächter in Aleppo waren Juden. Dieses kann daran liegen, daß das Schächten nach jüdischem Gesetz auch im Kreise der Muslime anerkannt war. Auf jeden Fall waren die Schächter in einer Gilde organisiert und diese war die einzige, die auf der Grundlage einer religiösen Richtlinie - des für die Juden spezifischen Schächtens - organisiert war[95]. Religionsunterschiede hatten weitaus weniger Einfluß in den Bereichen der Arbeit und des Handels.

2.4. Der wirtschaftliche Wandel in Aleppo

Für Sauvaget war das Jahr 1775 das Schlüsseljahr in der Wirtschaft Aleppos, denn für ihn bezeichnete dieses Jahr den beginnenden Nieder- und Untergang der Wirtschaft Aleppos [96]. Wie im Folgenden einsichtig wird, ereignete sich der wirtschaftliche Niedergang keineswegs plötzlich, sondern war ein fortlaufender Prozeß; ein Prozeß, der von einer Anzahl von Faktoren, Ereignissen und Abläufen beschleunigt wurde, die oftmals als Indikatoren für dessen Existenz gewertet werden können [97]. Die Periode der ägyptischen Besatzung bildet eine Ausnahme,

---

[92] AE B I, Memoire 1777; Marcus, S. 177; Bodman, S. 98, 99.
[93] Gibb und Bowen, Teil 1, S. 281, 282, 293, 294.
[94] Al-Ghazzī, Bd. I, S. 101.
[95] Ibid., S. 110; Marcus, S. 159; Gibb und Bowen, Teil 1, S. 294.
[96] Sauvaget, Alep, S. 190, 203.
[97] Ibid., S. 180-190; Volney, Bd. II, S. 93, 151; Luzky, S. 47; Gibb und Bowen, Teil 2, S. 64.

denn während dieser erholte sich die Wirtschaft und erst nachfolgend setzte sich der Rezessionsprozeß fort [98]. Die hierfür relevanten Faktoren lassen sich in drei Kategorien unterteilen, die im Folgenden jede für sich behandelt werden sollen:

1. Faktoren, die auf der globalen Geschichte, Politik und Wirtschaft beruhen oder mit diesen in Verbindung stehen.
2. Faktoren, die auf Prozessen, welche das Osmanische Reich durchlief, beruhen oder damit verbunden sind.
3. Faktoren, die auf der Stadt Aleppo beruhen oder mit dieser in Verbindung stehen.

2.4.1. Faktoren, die auf der globalen Geschichte, Politik und Wirtschaft beruhen oder mit diesen in Verbindung stehen:

1. Die Veränderungen der internationalen Handelswege ließen das Gebiet überhaupt und Aleppo insbesondere in geographisch-ökonomischer Hinsicht an Relevanz verlieren. Diese Veränderungen brachten für die arabische Welt den Verlust ihrer Stellung als Vermittler und Brücke zwischen dem Fernen Osten, Indien und Europa mit sich. Der Handel wurde von nun ab über die Ozeane geleitet. Amerika und West-Afrika begannen die Stellung des Nahen Ostens einzunehmen und Syrien verschwand von der Landkarte des europäischen Handels. Infolgedessen büßte Aleppo seine Stellung als Vermittler zwischen dem Fernen Osten und Europa ein, behielt jedoch die Vermittlerrolle für nähere Entfernungen[99].

2. In der zweiten Hälfte des 18. Jahrhunderts verlor Aleppo auf Grund der Erneuerung des Handels mit Baumwolle und der Aufhebung der

---

[98] Al-Ghazzi, Bd. I, S. 147-154; Paton, S. 264-266, 270; Bowring, S. 29-20, 119; AE / B I 94, Bobine 1 Alep cc Tome 19, 1777-1779, Nr. 48, Memoire du 16. Avril 1777, insbesondere Kap. 6.: "Cause qui ont occusionne."

[99] Al-Ghazzi, Bd. I, S. 145, 157, 203; Hitti, S. 217-220; Holt, S. 67; Davis, S. 36. Die Entdeckung des "Kaps der Guten Hoffnungen" im Jahre 1498 sowie die Entdeckung Amerikas in den Jahren 1498-1502 stellen die Anfänge des Wandlungsprozesses der Handelswege dar. Im Jahr 1630 began die "East-India Company" - die englische und die holländische - mit direkten Seetransporten von Indien und dem Orient nach Europa. 1774 begannen die Engländer den kontinentalen Handel mit Indien über den Suez und das Rote Meer wiederzubeleben.

Exportbeschränkungen für Früchte von Seiten der osmanischen Regierung, seine Stellung als Zentrum für den englischen Handel an Izmir. Dies spiegelt sich sogar in der Tabelle über die Handelsschiffe der Levant Company wieder, welche in England aus Izmir und Alexandretta - dem Exporthafen Aleppos - eintrafen [100].

Jahr	**Izmir**	**Alexandretta (Hafen Aleppos)**
1733	7	2
1766	15	5
1777	16	2
1785	18	1
1790	22	1
1792	21	1

3. Bis zu Beginn des 18. Jahrhunderts war Aleppo, zumindest aus Sicht der Engländer, das Zentrum für den Seideneinkauf. Nach dem Jahr 1700 konnte man hochwertige Seide recht günstig in China und Bengalen kaufen. Diese hochwertige Seide stellte, zu einem günstigen Preis, einen Ersatz für die persische Seide dar, deren Produktion und Lieferung unter anderem durch den Zusammenbruch des Safaviden-Regimes im Iran beeinträchtigt wurde, das der Hauptlieferant für Seide nach Aleppo gewesen war. In den 20er Jahren des 18. Jahrhunderts sank also der europäische Verbrauch persischer Seide. Aus diesem Grund verlor Aleppo seine Stellung als großes Seidenzentrum im europäischen Tauschhandel [101].

4. Der kontinentale Handel war besonders anfällig für den Wandel in jenen Gebieten, die zwischen dem Osmanischen Reich und dem persischen Königreich umstritten waren. Es besteht eine Korrelation zwischen der Existenz des kontinentalen Handels und der politischen Lage in und zwischen diesen beiden Ländern. Ende des 17. Jahrhunderts und zu Beginn des 18. setzten in dieser Region Kriege und politische Veränderungen mit dem Beginn des Zusammenbruchs

---

[100] Sauvaget, Alep, S. 188-190; Luzky, S. 49; Gibb und Bowen, Teil 2, S. 64; Davis, S. 37; Aṭ-Ṭabbākh, Bd. III, S. 235; Masson, XVIIe, S. 380 (Alexandretta war seit 1612 der Hafen Aleppos); Idem., XVIIIe , S. 521-522.

[101] Davis, S. 27, 32-33; Luzky, S. 63; Hitti, S. 217-220; Marcus, S. 147; Philipp, Syrians, S. 9; Savory, S. 424-430; Lambton, S. 430, 440. Siehe dazu auch im Folgenden: Anm. 107.

der Safaviden im Jahr 1722 ein. Ohne Zweifel traf dieses den kontinentalen Handel - ein Schlag, der zusammen mit anderen Faktoren den wirtschaftlichen Untergang Aleppos herbeiführte[102].

5. Mit dem Ausbruch der Französischen Revolution im Jahr 1789 setzte eine schwerwiegende Krise im französischen Handel mit dem Orient ein. 1791 wurde in Marseille die "Handelsabteilung" aufgehoben, welche einen zentralen Faktor im Handel mit Aleppo darstellte. Die Entsendung französischer Truppen nach Ägypten war Ursache für eine Unterkühlung der französisch-osmanischen Beziehungen. Diese wurde von keinem anderen Element ausgenutzt: Venedig befand sich zu diesem Zeitpunkt in einem Prozeß des Abstiegs, England und Holland waren mit ihren Kolonien in Übersee beschäftigt, die anderen europäischen Mächte, die zu dieser Zeit im Osmanischen Reich tätig wurden, brachten alle zusammen genommen nicht den Umfang des bisherigen französischen Handels auf [103]. D.h., daß es sich hier um eine Rückkopplung handelt: Der Rückgang des französischen und englischen Handels war Katalysator für den Niedergang der Stadt Aleppo.

6. Der Import von Fertigprodukten schädigte die lokale Wirtschaft und somit waren die einheimischen Handwerker gezwungen ihre Arbeitsplätze aufzugeben und sich als Vermittler und Händler zu betätigen [104]. Folglich gingen Produktion und deren Umfang zurück, was wiederum ein weiteres Eindringen von zusätzlicher Importware nach sich zog.

7. Im 19. Jahrhundert setzt sich der Prozeß des Niederganges fort, wobei die Periode der ägyptischen Besatzung eine Ausnahme darstellte. Die Erfindung des Dampfschiffes, der weitverbreitete Gebrauch dieser Schiffe, welche Entfernungen verringerten, die Eröffnung des Suez-Kanals sowie die Einweihung der

---

[102] Holt, S. 103; Taoutel, Bd. I, S. 63, 67-68; Masson, XVIIIe, S. 521; Davis, S. 141; Bockelmann, S. 339-340; AE B I 94, Bobine 1, Alep tome 19, 1777-1779, Nr. 48, Memoire du 16. Avril 1777, Kap. 6., S. 31; Pococke, S. 221.

[103] Olivier, Bd. II, S. 307-308; Sauvaget, Alep, S. 190; Luzky, S. 62-63; Siehe dazu im Folgenden: Kap. 6, Anm. 1, Kap. 6.2. und Kap. 6.4.

[104] Siehe dazu: Kap. 1. und 2.; Sauvaget, Alep, S. 188-192; Gibb und Bowen, Teil 1, S. 307.

Eisenbahnlinie Iskandarūn-Suez trugen zum Abstieg Aleppos bei und verdrängten die Stadt fast völlig von der Landkarte des internationalen Handels [105].

2.4.2. Faktoren, die auf Prozessen, welche das Osmanische Reich durchlief, beruhen oder damit verbunden sind:

1. Das Osmanische Reich befand sich in einem Prozeß des Niedergangs und dies schlug sich in der Verminderung der nationalen Sicherheit nieder. Raubzüge und Überfälle auf den Straßen häuften sich extrem. Die sich verschlechternde Sicherheitslage führte zur Erschließung alternativer Handelswege. Die Tarbasun- und Erzerum-Straße nach Nordkurdistan und Mesopotamien beeinträchtigte die großen Handelsgeschäfte zwischen Aleppo und Diyārbakr, Mârdîn, Mosul und Baghdād. Die neuen Wege waren zum Teil zwar länger, dafür jedoch sicherer. Dies führte, einhergehend mit den geringfügigen Besteuerungen, dazu, daß britische Waren in Baghdād billiger als in Aleppo waren. Die Gefährdung von Transporten via Aleppo führte zu Einschränkungen, was wiederum einem drastischen Preisanstieg mit sich brachte[106].

2. Die Kriege zwischen Türken und Persern sowie die Invasion in Kurdistan zwangen den Großwesir, Personen und Lasttiere in die Armee einzuziehen, woraufhin die Bevölkerung aus Angst vor der Einberufung die Flucht ergriff. Diese Bevölkerungsflucht führte zum Verlassen der Provinzdörfer und folglich zur Zerstörung der Wirtschaft der Stadt. Der Ausfall des konfiszierten Viehs machte sich darüberhinaus in den Karavanenzügen bemerkbar [107].

3. Eine weitere sehr schwerwiegende Erscheinung, welche Einfluß auf das Wirtschaftsleben im 18. Jahrhundert hatte, war der Wertschwund der Währung -

---

[105] Ibid.; Al-Ghazzi, Bd. I, S. 147.

[106] Ibid., Bd. III, S. 288; Niebuhr, Bd. II, S. 176-178; Volney, S. 277-278; Masson, XVIIIe, S. 521-522; Burckhardt, Nubia Memoires 7. September 1811, S. 44; AE B I 94, Bobine 1 Alep tome 19, 1777-1779, Nr. 48, Memoire 16. Avril 1777, Kapitel 6., S. 30-31; Sauvaget, Alep, S. 190; Gibb und Bowen, Teil 1, S. 312; Bowring, S. 43.

[107] AE B I 94, ibid.; Burckhardt, Nubia, S. XXV Memoire 22. Mai 1809 und S. 44, Memoire 7. September 1811.

ein Prozeß, der bereits weit vor dem 18. Jahrhundert eingesetzt hatte - und Hindernisse und Schwierigkeiten im Handel verursachte. Der Währungsschwund zog einen Preisanstieg und Probleme bei Handelszahlungen mit fremden Kaufleuten nach sich, so daß der Handelsumfang zurückging [108].

4. Die jedes Jahr wechselnden Gouverneure zeigten sich dem wirtschaftlichen Niedergang gegenüber gleichgültig [109].

2.4.3. Faktoren, die auf der Stadt Aleppo beruhen oder mit dieser in Verbindung stehen:

1. Der Kampf zwischen den verschiedenen Gruppen in Aleppo hatte großen Einfluß auf das Wirtschaftsleben der Stadt. Manchmal brachen *fitnas* wegen übersteigerten Preisen aus, manchmal verursachten diese *fitnas* überhaupt erst die hohen Preise und die Lahmlegung des Wirtschaftslebens. Dieser Kampf trug darüberhinaus zur unsicheren Sicherheitslage bei [110].

2. Die Abnahme der Bevölkerung in Aleppo und der Provinz - ausgelöst von Einberufung zur Armee, Naturkatastrophen, *fitnas* und Machtkämpfen - wurde natürlich von einem wirtschaftlichen Niedergang begleitet. All diese Gründe zusammengenommen hatten Einfluß auf den Produktionsumfang, auf den Verbrauch und das Preisniveau [111].

3. Wie im Folgenden ersichtlich wird, verstärkte sich die Handelstätigkeit der Nicht-Muslime in Aleppo. Die Übernahme des Handels von Seiten der Nicht-Muslime und Fremden demotivierte und entmutigte die muslimischen Händler und Handwerker, was einer Erweiterung des Handels und einer Weiterentwicklung

---

[108] Gibb und Bowen, Teil 1, S. 308, Teil 2, S. 51, 52-58; Lewis, Emergence, S. 29, 109; Al-Ghazzi, Bd. III, S. 309; Barker, Bd. I, S. 60-61.

[109] Siehe hierzu: Anm. 106.

[110] Taoutel, Bd. I, S. 59, 70; Aṭ-Ṭabbākh, Bd. III, S. 296, 304, 316, 319; Al-Ghazzi, Bd. III, S. 300 und siehe in Folgenden: Kap. 3.2. zum Machtkampf in der Stadt.

[111] Russell, Bd. I, S. 97-98; Taoutel, Bd. I, S. 66, 74, 89, 94, 133; Olivier, Bd. II, S. 301; Volney, S. 272; Sauvaget, Alep, S. 236-238; Qarā'li, S. 62-73; Barker, Bd. I, S. 168, 321; Al-Ghazzi, Bd. III, S. 258, 263, 265, 293, 296, 297, 299, 300-302, 308, 320, 329, 331, 365.

des Handwerks abträglich war [112], denn dies war in vielen Fällen ein kommerzieller Wettbewerb zwischen Ungleichen. Die fremden Kaufleute und viele der nicht-muslimischen Händler erfreuten sich rechtlicher Privilegien durch die Kapitulationen, vor allem jedoch niedriger Steuerzahlungen.

4. Das osmanische Regime investierte Gelder in der Verwaltung und Armee, die deren Fortbestehen sichern sollten und unterstützte wegen der Steuerzahlungen den Import ausländischer Waren. Die Macht der urbanen Elite rührte, wie bereits erwähnt, von ihrem Bodenbesitz und ihrer Verwicklung im Handel her. Es handelte sich also um ein Regime und eine Regierung, die weder in die Infrastruktur noch in die Manufakturen investierte. Die schwachen wirtschaftlichen Bedingungen und die konservative Einstellung der Handwerker und ihrer Gilden trugen ebenfalls zum Abstieg bei. Die Übernahme der Gilden durch die *janitscharen* , das Monopol welches sie über den Handel mit den meisten Konsumgütern und einige der Handwerke innehatten, führten zu Preisanstiegen und Steuererhebungen [113].

5. Die lokale Verwaltung in Aleppo hatte großen Anteil am Abstieg. Manchmal verursachten die Händler eine Brotknappheit und infolgedessen hohe Preise. Im Grunde sollten der *qāḍī* und der *mutasallim* dies verhindern , da sie aber für Bestechung offen waren, intervenierten sie nicht [114]. Es gehörte zu den Aufgaben des Gouverneurs für ein einwandfrei funktionierendes Wirtschaftsleben Sorge zu tragen. Zu diesem Zweck intervenierte er in die Angelegenheiten des Marktes und der Gilden, legte Preise fest, zwang Händler zu Verkäufen und orderte Lieferungen von außerhalb der Stadt an [115]. Obwohl der Gouverneur Teil des osmanischen Regierungssystems und der Administration war - welche als Instrument, zusätzlich zu den staatlichen Anordnungen zu seinen Diensten stand -, so wirtschaftete er doch in die eigene Tasche: er hob die Preise an, beutete aus, unterdrückte,

---

[112] Siehe dazu: Anmerkung 32; Holt, S. 68; Gibb und Bowen, Teil 1, S. 310-311; Bowring, S. 115.

[113] Al-Ghazzī, Bd. III, S. 350-351; Burckhardt, S. 654; Gibb und Bowen, Teil 1, S. 292-295; Taoutel, Bd. I, S. 79; Marcus, S. 160.

[114] Al-Ghazzī, Bd. III, S. 291, 304, 365; Russell, Bd.I, S. 319; Aṭ-Ṭabbākh, Bd. III, S. 290; Bodman, S. 28; Burckhardt, Nubia, Memoire, S. 45, Brief vom 7. September 1811.

[115] Al-Ghazzī, Bd. III, S. 365; Aṭ-Ṭabbākh, Bd. III, S. 284; Bodman, S. 27,28.

sammelte willkürlich Gelder ein, mißbrauchte seine Position und verhinderte den Export von Rohseide - alles nur aus dem Motiv heraus das Monopol zu halten und Verdienste herauszuschlagen [116]. Dies bedeutet also, daß der Gouverneur, der Repräsentant der Zentralregierung, durch sein Verhalten und seine Taten die Stillegung des Handelslebens und der Wirtschaft verursachte.

6. In den 30er Jahren des 19. Jahrhunderts trat in Aleppo eine "Währungsflucht" auf. Während bestimmter Perioden war der Wert der Silber- und Goldmünzen, die in Aleppo und Damaskus in Umlauf waren, um 5-7% höher als die Kaufkraft der *istanbulī* Münzen. Diese Tatsache löste eine "Währungsflucht" der Kaufleute aus, welche ihre Silber- und Goldmünzen zu hohen Preisen verkauften, jedoch den Einkauf in der *istanbulī* Münze tätigten. Der Handel mit Goldmünzen fuhr fort und der Kursanstieg führte für einen gewissen Zeitraum zu ihrem Verschwinden aus dem Umlauf. Erst nachdem ein zusätzlicher Kursanstieg erfolgte, erschienen die Münzen wieder auf dem Markt [117]. Die auf Kredit abgeschlossenen Handelsgeschäfte wurden schwer beeinträchtigt. Den Kaufleuten wurde großer Schaden zugefügt, weil die Bankkunden dieser Geschäfte mit dem Wechselkurs die Zahlungen für die Waren zurückhielten.

2.4.4. Die ägyptische Periode

Das ägyptische Besatzungsregime in Syrien hielt durch die Schaffung von Bedingungen für eine wirtschaftliche Blüte den Prozeß des Niedergangs auf:

1. In den 30er Jahren des 19. Jahrhunderts wurden Schritte zur Zügelung und Ansiedlung der Beduinen in die Wege geleitet, da diese durch ihr Nomadentum einen schwerwiegenden und permanenten Störfaktor der wirtschaftlichen Stabilität darstellten [118].
2. Es wurden Maßnahmen zur Verbesserung der internen Sicherheit getroffen [119].

---

[116] Al-Budairi, S. 160; Aṭ-Ṭabbākh, Bd. III, S. 282, 290, 308; Qarā'li, S. 59; Al-Ghazzi, Bd. III, S. 300; Bodman, S. 28.
[117] Hofmann, S. 270-271.
[118] Siehe dazu: Anm. 106; Ma'oz: Ottoman Reform, S. 130; Hofman, S. 217, 227-229; Burckhardt, Travels, S. 217; Idem., Notes, S. 185; FO 78/280, Ainsworth, Bd. I, S. 258.
[119] Bowring, S. 29-30.

3. Interne und externe Straßen wurden ausgebessert [120].

4. Eine gute Polizei wurde aufgebaut [121].

5. Die Fremden wurden zur Ausweitung ihrer Handelstätigkeiten ermutigt[122].

6. Der große Konsum der ägyptischen Armee.

Infolge der veränderten Bedingungen wuchs der Umfang des französischen und englischen Handels; sogar der Charakter des englischen Handels änderte sich. Das System der Vorauszahlung löste die Kreditzahlungen ab [123].

Der Beweis läßt sich in der Tabelle über die Bewegungen im Handelshafen von Alexandretta und in Bezug auf den Importumfang aus England finden [124]:

Jahr	Schiffszoll	Importwert *	Exportwert *
1832	30	70.000	
1835	30	90.480	33.263
1836	16	151.228	32.773
1837	24	180.616	21.455

(* Angaben in Pfund Sterling)

Auf Grund der fehlenden Daten ist es schwierig den Export zur Zeit der ägyptischen Besatzung mit dem der vorangegangenen Periode zu vergleichen [125]. Da der Wechselkurs einer stabilen und permanenten Währung fehlt und weil der Wert der Waren in Pfund Sterling und Francs angegeben ist, ergibt sich über die tatsächliche Steigerung des Exportumfanges nur ein allgemeines Bild. Es scheint, als ob in der Phase des Aufblühens des Außenhandels sich dieser nur wenig auf die wirtschaftliche Situation der Einwohner auswirkte: die auf Importen liegende Steuer unterschied sich von der Exportsteuer; die lokalen Händler standen unter Aufsicht, ganz im Gegensatz zu den mehr Rechte genießenden europäischen Kaufleuten [126]. Mehr noch, da sich die meisten Waren im Transit

[120] Ibid.
[121] Ibid.
[122] Hofman, S. 262.
[123] Ibid.
[124] Bowring, S. 60-65.
[125] Gibb und Bowen, Teil 1, S. 299, Anm. 9.
[126] Volney, S. 385; Taoutel, Bd. I, S. 95, 103; Hofman, S. 173-177.

befanden, zeigt der Importzuwachs keinen Anstieg des lokalen Verbrauchs an. Es waren die Kaufleute - hauptsächlich die fremden -, die vom Zuwachs des Außenhandels profitierten. Mit dem Prozeß des Niedergangs des Osmanischen Reiches stehen in Verbindung: das Verlassen von Dörfern auf Grund von Einberufung; eine grundsätzliche Politik von Auflagen und Festlegung von Niedrigpreisen von Seiten der Regierungen; das Abstandnehmen von Investitionen auf Grund der Gefährdung von Leben und Besitz [127]. Die ägyptische Regierung, im Gegensatz zu der vorangegangenen, war an der wirtschaftlichen Entwicklung Syriens interessiert. Ibrāhīm Pasha sandte an die *shūrā* (Ratsversammlung) in Aleppo den Befehl die *'ushr* -Steuer, die auf Agrarprodukten lag, um 1/5 zu senken. Er orderte das Pflanzen von Bäumen und das Säen von Weizen und Gerste an [128]. Es besteht kein Zweifel, daß sich zu seiner Zeit ein Anstieg der landwirtschaftlichen Produktion abzuzeichnen begann [129]. Im Gegensatz zur Entwicklung der Agrarwirtschaft, wurde zur Zeit der ägyptischen Besatzung die Industrie nicht weiterentwickelt - mit Ausnahme der Seidenmanufaktur und -ausfuhr [130].

Die wirtschaftliche Lage des Einzelnen besserte sich unter der ägyptischen Regierung nicht. Das Konfiszieren von Vieh, der Einzug von städtischen sowie ländlichen Arbeitskräften, welche die Hälfte des üblichen Arbeitslohnes erhielten und die Erhebung der *ferde* -Steuer von den Muslimen, schädigten das Einkommen des Einzelnen. Und, wenn das Einkommen des Einzelnen parallel zu Preisanstiegen von Konsumgütern sinkt [131] (beruhend auf der Realität einer umfassenden militärischen Besatzung und dem Abzug eines hohen Prozentsatzes von Personen aus dem Produktionsprozeß auf Grund von Einberufung und Zwangsarbeit), so zeichnet sich darin ein negatives Bild der wirtschaftlichen Lage der Stadt ab.

---

[127] Burckhardt, Travels, S. 10-11; Volney, S. 272, 363-364, 379.
[128] Hofman, S. 220.
[129] Bowring, S. 9-10.
[130] Hofman, S. 233.
[131] Bowring, S. 50, 123.

3. Das politische und gesellschaftliche Gefüge in Aleppo

3.1. Unterteilung in Gruppen[1]

Marcus ist der Meinung, daß in Aleppo in dem hier behandelten Zeitraum eine schichtmäßig gegliederte Gesellschaft bestand, die von einer zahlenmäßig beschränkten Elite beherrscht wurde, deren Angehörige sich vom Rest der Stadtbewohner auf Grund ihres großen Reichtums, Prestiges, ihrer Abstammung und hohen Stellung innerhalb des religiösen Establishments unterschieden. Auf Grund dieser trennenden Faktoren gelangten sie an die Spitze der Gesellschaft. Den Gegenpol zur gesellschaftlichen Elite bildeten die Massen auf den unteren Sprossen der gesellschaftlichen Leiter; eine breite Schicht, deren Zugehörige weder Prestige, Einfluß noch Reichtum besaßen. Zwischen diesen beiden gegensätzlichen Polen befand sich darüberhinaus eine zahlenmäßig nicht unwichtige Schicht, die Besitz aufwies, einen ansehnlichen Lebensstil führte und Arbeit hatte. Eine zusätzliche Differenzierung bestand in Aleppo, nach Ansicht von Marcus, auf der Basis von Religion, Geschlecht und Reichtum[2].

Die Berichte der Konsuln sowie Reisende, Forscher und Historiker benutzten verschiedene Definitionen für die Elemente, welche das Gefüge der gesellschaftlichen Kräfte in Aleppo im 18. und in der ersten Hälfte des 19. Jahrhunderts ausmachten. Diese Elemente sind wie folgend definiert: militärische Macht, politische Macht, politische Fraktion, Partei, Stellung und Schicht[3]. Dieses sind Definitionen aus dem Bereich der modernen Soziologie, wobei nicht sicher

---

[1] Die Elite der traditionellen muslimischen und folglich auch der osmanischen Gesellschaft unterteilte sich in zwei wichtige gesellschaftliche Gruppen:
a. "Männer der Feder" *ahl al-qalam* - eine Gruppe, die in der einen oder anderen Weise an die islamische Religion gebunden war und auch die *'ulamā'* einschloß. Im Laufe der Zeit stießen auch die *ashrāf* sowie Angehörige der Ordensgemeinschaften zu dieser Gruppe.
b. "Männer des Schwertes" *ahl al-sayf* - eine Gruppe, die mit der osmanischen Armee in Verbindung stand und die lokalen Anführer der *janitscharen* , *sipāhīs* und Leute der osmanischen Administration miteinschloß.
Ibn Khaldūn, S. 221-224; Gibb und Bowen, Teil 1, S. 45. Im Verlauf dieses Kap. soll untersucht werden, ob diese traditionelle Unterteilung in demselben Maße für Damaskus und Aleppo zutrifft. In beiden Städten waren die *ashrāf* eine semi-militärische Macht. In Aleppo war diese am Machtkampf in der Stadt beteiligt, während in Damaskus ihre Streitkräfte die Ehre und Stellung des *naqīb* verteidigten (siehe im Folgenden: Kap. 4.).

[2] Marcus, S. 37, 38.

[3] Gibb und Bowen, Teil 1, S. 198-199, 218-219, 256-257; Bodman, S. 35, 55, 79; Ma'oz, Balance of Power, S. 279, 292; Russell, Bd. I, S. 159; Burckhardt, S. 651, 653; Sauvaget, Alep, S. 196-200.

ist, daß sie auf jedes dieser Elemente zutreffen, da, wie im Folgenden ersichtlich wird, sie in ihrer Mehrheit keine organisatorische Struktur aufwiesen und keines von ihnen auf einer ideengeschichtlichen und ideologischen Grundlage beruhte. Einige von ihnen waren homogen, andere wieder nicht. Es gab in ihnen Reiche und Arme, Gebildete und Analphabethen und die ethnische Zusammensetzung war vielseitig. In einigen Elementen bestand Mobilität und in anderen Zugehörigkeit auf der Grundlage von Blutsverwandtschaft und Genealogie. Im Nachfolgenden soll untersucht werden, auf welches Element eine moderne soziologische Definition zutrifft. Alle können jedoch der soziologischen Theorie zugeordnet werden, die die Gesellschaft in Gruppen unterteilt [4], denn es ist möglich alle als "Gruppen" von Personen anzusehen, die wirtschaftliche Interessen und Privilegien verfolgten und um deren Verteidigung und Erhaltung kämpften. Da die Ämter des Gouverneurs und des *qāḍī* nur von Istanbul aus besetzt wurden[5], bestand ein Kampf um lokalen administrativen Einfluß und Ämter, um die obengenannten Interessen zu wahren. Hierbei werden im Folgenden die Bezeichungen verwendet, die die lokalen arabischen Chronisten anführen: *janitscharen*, *ashrāf*, *'ulamā'*, *a'yān* usw.

Diese Unterteilung nach Gruppen steht nicht im Widerspruch zur gesellschaftlichen Struktur Aleppos, so wie Marcus sie sah. Die von Marcus präsentierte Unterteilung überkreuzt und überschneidet an vielen Punkten die hier vorgenommene, die korrekter ist, wenn es gilt die Machtkämpfe in der Stadt sowie deren Anlässe (wie später aufgezeigt werden wird) zu verstehen. So konnte z.B. ein Teil der breiten Schicht der Massen zu der einen Gruppe gehören oder unter dem Schutz einer anderen stehen; also nicht als Gruppe "für sich" funktionieren, sondern ein Instrument in den Händen von sich bekämpfenden Gruppen darstellen, wofür sie oftmals einen Preis zahlen mußte. Der hier vorgeschlagene Zugang beruht ausgerechnet auf der Unterteilung und Definition der arabischen Chronisten, die gerade dadurch erhellend und förderlich für das Verständnis des Kampfes aus der Sichtweise der lokalen Gesellschaft ist.

In dieser Studie wird das politische und gesellschaftliche Gefüge der Stadt Aleppo

---

4 Lenski; Eisenstadt; Turner, Social Group; Lande, The Dyadic Basis of Clientelism, S. I-XX.
5 Siehe: Kap. 3.1.1.

für den hier behandelten Zeitraum als aus Interessengruppen zusammengesetzt angesehen. Organisierte und mächtige Gruppen stellen einen Teil dar und nicht organisierte und machtlose einen anderen; sie sind teils säkular, teils religiös oder gemischt. In jeder dieser Gruppen gab es ein zusätzliches Element, das eine dominate Rolle beim Vorantreiben seiner Gruppe spielte. Dieses waren eine Reihe von Familien, die auf Grund ihres Beherrschens von Ämtern, Funktionen und wirtschaftlichen Quellen einen zentralen Machtfaktor darstellten. Demzufolge waren sie nicht nur ein zentraler Machtfaktor, sondern auch ein zentraler Machtfaktor mit Eigeninteresse. Hier soll zwischen folgenden Gruppen unterschieden werden:

1. Die osmanische Verwaltung.

2. Eine säkulare Interessengruppe. In dieser Kategorie befinden sich die *janitscharen.*

3. Eine säkular und religiös gemischte Interessengruppe. Dieses sind die *a'yān* , urbane Notabeln, die einen Teil der städtischen lokalen Elite stellten[6].

4. Eine Interessengruppe, die auf religiösen Stellungen aufbaut. In dieser Kategorie sind die *'ulamā'* vertreten. In diese Kategorie fallen auch Angehörige der Ordensgemeinschaften, unter welchen man *'ulamā'*, *ashrāf* und auch solche finden kann, die sowohl zu der *'ulamā'* als auch zu den *ashrāf* gehörten[7].

5. Die *ashrāf*: Eine Gruppe deren Interessen auf einer institutionalisierten Genealogie aufbaut und die Status und Privilegien genoß, die von ihrer Verwandtschaft mit dem Propheten Muhammad herrühren.

6. Die stillschweigende Mehrheit - die Massen. Unter diese Gruppe fallen Handwerker, Ladeninhaber und kleine Händler, Geringverdienende und die Armen der Stadt[8], mitsamt ihren Familienangehörigen. Von allen hier angeführten Gruppen bildet diese Gruppe die Einheit, welche nicht vereinigt, nicht organisiert und machtlos in der Verteidigung und dem Kampf um Interessen war. Wie schon zuvor dargestellt wurde und im

---

[6] Die *a'yān* werden ausführlich in Kap. 3.1.3. behandelt. Später wird noch aufgezeigt, daß hierzu auch nicht-muslimische Notable gehörten.

[7] Siehe: nachfolgendes Kap. 3.1.3.

[8] Marcus, S. 38.

Verlauf weiterhin ersichtlich werden wird, hatten viele dieser Gruppe, auf Grund ihrer Mitgliedschaft in Gilden, Beziehungen zu den *janitscharen.*

7. Die Gruppe der Nicht-Muslime und Fremden. Diese beiden Gruppen sind das eigentliche Thema dieser Studie. Beide lebten und wirkten in Aleppo. Da sie nicht in einem luftleeren Raum lebten, sondern innerhalb des politischen, gesellschaftlichen und wirtschaftlichen Gefüges der Stadt tätig waren (ebenso wie auch in Damaskus), kann man nicht deren Stellung sowie die Wechselbeziehungen zwischen ihnen und dem politischen und gesellschaftlichen muslimischen Establishment der Stadt untersuchen, ohne zuvor die Komponente des politischen und gesellschaftlichen Systems sowie deren Entwicklung und Funktion aufzuzeigen. Es handelt sich hierbei um eine Gruppe, die Bodman[9] bewußt ignoriert, weil er davon überzeugt ist, daß sie im Machtkampf der Stadt nicht von Relevanz war. Es ist jedoch unmöglich diesen Aspekt zu untersuchen, ohne die Wurzeln dieses Kampfes erfaßt zu haben.

3.1.1. Die osmanische Verwaltung

Zur Zeit der osmanischen Herrschaft wurde Aleppo zur Provinzhaupstadt und zum Sitz des Gouverneurs. Das Amt des Gouverneurs in Aleppo war mit großem Prestige verbunden, was dadurch bewiesen wird, daß vier Gouverneure nur kurze Zeit nachdem sie ihre Tätigkeit in Aleppo beendet hatten, in den Rang des Großvesirs befördert wurden. In Aleppo war die Position des Gouverneurs mit dem Rang des *wesir* oder *pasha*, der Inhaber von drei *ṭuğ* (drei Pferdeschwänze) war, verbunden[10].

Eines der grundlegensten Prinzipien des osmanischen Regierungssystems war die häufige Ablösung der Gouverneure. Dieses System erforderte keine Rotation in Form einer bestimmten Abfolge, bedeutete aber dennoch einen Wechsel von Ort zu Ort[11]. Im allgemeinen wurden auf diesen Posten Personen berufen, die nicht zu

---

9 Bodman, S. IX.
10 Al-Budairī, S. 194-195; Al-Ghazzī, Bd. I, S. 315; Bodman, S. 19.
11 Taoutel, Bd. I, S. 72; Al-Ghazzī, Bd. III, S. 293-296; Al-Budairī, S. 156.

den Einwohnern der Stadt gehörten[12]. Auf diese Weise wurde (bewußt) der Machteinfluß des Gouverneurs vermindert, allerdings ebenfalls die Entstehung und Konsolidierung einer starken lokalen Macht unter seiner Regierung vermieden. Der Gouverneur sorgte für Einhaltung des Gesetzes und Ordnung in Stadt und Provinz und für Sicherheit, Gehorsam und Loyalität gegenüber der Zentralregierung. Zu seiner Verfügung standen ein Reiterregiment und ein Regiment einfacher Soldaten[13]. Er beaufsichtigte die Gilden und *bāzārs*, kümmerte sich um die Versorgung und zog Steuern ein. Der Gouverneur Aleppos amtierte manchmal als *sirdār* (Kommandant) der *jurdah* -Karawane (eine Versorgungskarawane, die der zurückkehrenden *ḥajj* -Karawane entgegenzog) und zog als Oberbefehlshaber der Armee in die Kriege der Pforte[14].

Der *mutasallim* vertrat den Gouverneur in dessen Abwesenheit und übernahm dabei dessen gesamte Funktionen[15]. Da der Gouverneur oftmals selbst in Istanbul verblieb oder in die Kriege der Pforte zog, wurde die Ernennung eines *mutasallim* zu einer häufig angewandten Regelung. Der *mutasallim* wurde vom Gouverneur und nicht von der Pforte ernannt. Meistens war er Einwohner des Ortes, wurde mit einer Mehrheit aus dem Kreise der *a'yān* gewählt und erhielt ein Gehalt, das von der Pforte festgesetzt wurde[16]. Die Tatsache, daß dem *mutasallim*, im Gegensatz zum Gouverneur, finanzielle Quellen fehlten, erklärt die Ineffektivität des Regimes zur Zeit seiner Herrschaft in der Stadt.

Der *qā'im-maqām* kam nur in Notfällen in die Stadt. Während der *mutasallim* *agha* war, hatte der *qā'im-maqām* den Rang eines *pasha*, meistens den *mīr-mirān*

---

[12] Aṭ-Ṭabbākh, Bd. III. S. 258.

[13] Volney, S. 270. Russell, Bd. I, S. 38, behauptet, daß in dessen Hand auch das Kommando über die *janitscharen* lag, allerdings wird im weiteren Verlauf ersichtlich werden, daß in Aleppo die *janitscharen* unter dem Kommando des *sirdār* und nicht des Gouverneurs standen.

[14] Bodman, S. 27,29; Al-Ghazzī, Bd. III, S. 299; Al-Budairī, S. 11, 16, 160, 168; Volney, S. 103; aṣ-Ṣiddīq, S. 55-65, (Manuskript Nr. 9832 in der Bibliothek der Universität Tübingen); Barbir, S. 170-172; Im Endeffekt wurde die Aufgabe der Leitung der Geleitzüge der *jurda* auf lokale Notable übertragen. Nach Ansicht von Barbir war dieses Teil des Systems "check and balance", nach welchem die Osmanen im 16. Jahrhundert verfuhren. Im 17. und 18. Jahrhundert wurde diese Aufgabe den Gouverneuren, deren Provinzen sich in Syrien befand, übertragen. In der ersten Hälfte des 18. Jahrhunderts war dieses Aufgabe des Gouverneurs von Tripoli und in Ausnahmefällen wurde diese dem Gouverneur in Sidon und Aleppo übertragen.

[15] Bowring, S. 103; Al-Ghazzī, Bd. III, S. 291, 401.

[16] Ibid., S. 294, 295; Bodman, S. 33; Burckhardt, S. 649; Ibrāhīm Bey wurde als der passende Kandidat mit der Empfehlung seines Patrons Chalabi Effendi ernannt, der selbst von den *janitscharen* unterstützt wurde und in Istanbul Einfluß besaß.

-Rang. Zusätzlich zu dem Rang und der damit verbundenen Ehre genoß der *qā'im-maqām* die Stellung eines von der Pforte Berufenen. Im Gegensatz zum *mutasallim* erhielt er kein Gehalt, stattdessen standen ihm größere Finanzmittel zur Verfügung[17].

Ein für die osmanische Verwaltung in Aleppo außergewöhnliches Amt war das des *muḥaṣṣil* , welches mit dem Ziel geschaffen worden war, die finanzielle Macht von der Position des Gouverneurs zu trennen. Der Grund für die Trennung beruht auf der Tatsache, daß Aleppo eine reiche Provinz und Zentrum für Export- und Transithandel war. Der *muḥaṣṣil* war nach dem Gouverneur die zweithöchste Position. Seine Stellung umfaßte auch das Amt des *daftardār*[18]. Diese Kombination erklärt die besondere Stellung des *muḥaṣṣil*. Meistens war der *muḥaṣṣil* einer der Reichen der Stadt oder jemand, der in dieses Amt auf Grund des Wirkens eines in Instanbul einflußreichen Patrons ernannt wurde[19]. Er war Pächter der Steuern, seine Aufgabe war es die *mīrī* , *kumruk* und *kharāj* (Bodensteuern und Zölle) einzutreiben. Für die Erfüllung seiner Aufgabe beschäftigte er einige Kassierer, die in der Provinz verstreut waren[20]. Dieses Amt brachte große Einnahmen und genoß hohes Ansehen[21].

Der *qāḍī* wurde von der Pforte auf ein Jahr ernannt und kam zusammen mit seinen wichtigsten Beamten aus Istanbul[22]. Es war üblich eine Doppelernennung des Gouverneurs und des *qāḍī* vorzunehmen, welche dann zur selben Zeit in Aleppo eintrafen und sich gegenseitig kontrollierten[23]. Die hohen Beamten waren Osmanen. Auf diese Weise wurde ein Gleichgewicht und Machtausgleich hergestellt und eine starke lokale Konsolidierung der Macht vermieden.

---

17 Bodman, S. 20, 33, 34; *mīr-mīran* war ein Rang von 2 *tug*.

18 Russell, Bd. I, S. 322-325; Gibb und Bowen, Teil 1, S. 201.

19 Volney, S. 269; Burckhardt, ibid.; Ibrāhīm Bey wurde zum *muḥaṣṣil* auf Grund der Empfehlung seines Patrons Chalabi Effendi ernannt.

20 Russell, Bd. I, S. 322.

21 Volney, ibid; Bodman, S. 37; Aṭ-Ṭabbākh, Bd III, S. 294.

22 Russell, Bd. I, S. 313.

23 Al-Ghazzī, Bd. III, S. 276.

3.1.2. Eine säkulare Interessengruppe in der Stadt - Die *janitscharen*

Die *janitscharen* stellen in dem hier behandelten Zeitraum eine der Gruppen in Aleppo dar. Sie waren ein militärisches Element, das mit der Zivilbevölkerung verschmolzen war, ohne daß dabei ihre traditionelle militärische Funktion verlorenging.

In den Jahren 1599 bis 1600 gab es in Aleppo noch immer *janitscharen qapūqūlari* (imperiale *janitscharen*, Sklaven der Pforte). Sie kamen von Damaskus nach Aleppo mit dem Ziel ihren Einfluß, ihre Herrschaft und Regierung auszudehnen. Das Eintreiben der *mīrī* (Bodensteuer) war ein Mittel dazu[24]. Sie pflegten einen Teil der von ihnen eingetriebenen Steuer zurückzuhalten, anstatt alles dem *sultan* zu übergeben. Ein Teil der *janitscharen qapūqūlari*, die von Zeit zu Zeit für die Ausführung dieses Auftrages aus Damaskus kamen, blieben in Aleppo und ließen sich dort nieder. Ihr Besitz vergrößerte sich und mit ihm auch ihr Einfluß[25].

In dem Zeitraum mit dem sich diese Studie auseinandersetzt, handelte es sich nicht um *janitscharen qapūqūlari*, welche in der Phase des Höhepunktes den Kern der osmanischen Armee bildeten. Der Niedergang der Armee und deren Untergang ging nicht an den *janitscharen* von Aleppo vorüber. Die organisatorische Struktur der *janitscharen* in dieser Stadt durchlief Veränderungen in Hinsicht auf Charakter sowie im Wesen der Unterteilung nach *ocaḳs*. Denn mit der Aufhebung des *devshirmeh* -Systems gelangten in die *ocaḳs* der *janitscharen* muslimische und nicht-muslimische Kinder und während dieser Zeit und danach war die Zahlung an die *janitscharen qapūqūlari* niedrig (auf Grund der Verringerung des Geldwertes). Sie wurden zu Handwerkern und wohnten nicht in Militärlagern[26]. Diese Erscheinung breitete sich im gesamten Osmanischen Reich aus und verschonte auch Aleppo nicht. Das Resultat war, daß es zum Zeitpunkt eines Krieges schwer war, die ein Handwerk ausübenden *janitscharen* zu sammeln und einzuziehen. Es versteht sich von selbst, daß diese keine herausragende Streitmacht mehr waren.

---

[24] Ibid., S. 266.
[25] Bodman, S. 75.
[26] Gibb und Bowen, Teil 1, S. 180; Das *devshirmeh* -System war ein osmanisches Einberufungssystem. Hierbei wurden unverheiratete Männer aus dem Kreise der Christen eingezogen. Die Einberufenen wurden zum Islam bekehrt und für den Dienst ausgebildet. 196 *ortas* stellten einen *ocaḳ*. Die Einberufung der *janitscharen* wurde *ucak* genannt.

Um dieses Problem zu bewältigen, führte die Pforte ein anderes Einberufungssystem ein: *taṣḥīḥ bi-dargāh* . Dieses bedeutete fortan: Einberufung von Freiwilligen in die *ocaḳs* nur in Fällen von feindlichen Angriffen oder Krieg. Die Freiwilligen der *ocaḳs* erhielten für die Zeit ihres aktiven Dienstes Lohn. Bei ihrer Rückkehr nach Hause während eines Heimaturlaubs sahen sich diese Soldaten weiterhin als *janitscharen qapūqūlari,* wobei der einzige Unterschied zwischen ihnen und den *qapūqūlari* darin bestand, daß sie während ihres Heimaturlaubs nicht den Lohn der *janitscharen* erhielten[27]. Nachdem im 18. Jahrhundert die *janitscharen qapūqūlari* mit dem Verkauf von *janitscharen* -Ausweisen (Lohnausweise) begannen, bestand der oben genannte Unterschied nicht weiter[28].

Aleppo taucht in den Listen des osmanischen Archivs nicht auf, die sich auf die Jahre 1723/1724 - 1136 bis 1760/1761 - 1164 beziehen und diejenigen Orte anzeigen, in denen sich *janitscharen qapūqūlari* aufhielten[29]. Die *janitscharen* in Aleppo waren aber dennoch in einer der *oda* [30] in Istanbul eingetragen, auch wenn sie nicht die volle Zahlung erhielten. In Kriegszeiten wurden sie einberufen. Sie mußten aus eigenen Kräften und Mitteln zum Stützpunkt kommen und sich darüberhinaus selbst ihre Waffen beschaffen. Erst mit ihrer Ankunft im Lager erhielten sie geregelten Lohn und Zahlungen[31]. Der Befehlshaber der Festung war der *dizdār*. Zu seinen Diensten stand eine kleine Wachtruppe der *janitscharen*[32]. Die *janitscharen* der Wachtruppe wohnten mit ihren Familien innerhalb der Festung. Auch wenn sie besser als die anderen ausgebildet waren, so waren sie doch ebenfalls Handwerker und Ladenbesitzer in der Stadt[33]. Die *janitscharen* der Wachtruppe wurden *qala'aji* genannt. Ein weiterer Unterschied zwischen ihnen und den restlichen *janitscharen* kam darin zum Ausdruck, daß sie unter dem Befehl des *dizdār* und nicht unter dem des *sirdār* standen[34].

---

27 Bodman, S. 72; Im osmanischen Türkisch: *tashīh bi-dargāh*

28 Gibb und Bowen, Teil 1, S. 183.

29 Bodman, S. 74.

30 Das Zimmer in dem sich die Mitglieder der *orta* von Istanbul versammelten. Der Begriff *oda* wurde zu einem Synonym für *orta*.

31 Russell, Bd. I, S. 324.

32 Volney, S. 270; Aṭ-Ṭabbākh, Bd. III, S. 181, 183-185, 242, 286.

33 Russell, Bd. I, S. 38.

34 Ibid.; *dizdār* und *sirdār* waren militärische Befehlshaber der *janitscharen* und nicht direkt demGouverneur unterstellt. Der *dizdār* war Befehlshaber der Festung und des Gefängnisses, welches sich innerhalb der Festung befand. Der *sirdār* war Befehlshaber (dem Gesetz nach) der *janitscharen*. Er wurde von Istanbul aus durch einen *janitschar aghasi* berufen. Er war Mitglied

Es stellt sich also heraus, daß es im 18. Jahrhundert in Aleppo keine *janitscharen qapūqūlari* gab, sogar noch nicht einmal einen einzigen *orta*. Während der hier behandelten Periode waren die *janitscharen* in Aleppo *yerli qūli* (einheimische *janitscharen*), die zu Kriegszeiten zu *gūñullu* wurden (volontierende *janitscharen*) und in das Lohn- und Zahlungsverhältnis einstiegen. Dieser Einstieg bezeichnet deren Zustoßen zur *orta* der *janitscharen qapūqūlari*. Von jetzt an war die Verschmelzung des *taṣḥīḥ bi-dargāh* mit dem *yerli qūli* - System ein Mittel für den Statusaufstieg der Freiwilligen in den Rang der Mitgliedschaft in der *ocaḳ* der *janitscharen qapūqūlari* [35].

Die *janitscharen* in Aleppo setzten sich mehrheitlich aus Kurden, Turkmenen, ehemaligen Beduinen und Bauern zusammen. Unter ihnen gab es solche die sich mit Karawanenhandel beschäftigten, darunter sogar Besitzer von Kamelen, und wie später noch zu sehen sein wird, ist ihre Zugehörigkeit - mit Ausnahme der *aghas* - zu den untersten Schichten der Bevölkerung Aleppos auffällig. Auch die *aghas* waren ohne angesehene arabische Familienverbindungen und Herkunft. Die *janitscharen* waren *arbāb al-ḥiraf* (den Gilden zugehörige Experten). Ein weiteres Charakteristikum war die Tatsache, daß sie ohne Bildung waren und Burckhardt hielt darüberhinaus fest, daß man unter 100 von ihnen nur fünf finden konnte, die des Lesens und Schreibens mächtig waren[36]. Das sich an Hand der Quellen ergebende Gesamtbild ihrer Eigenschaften weist auf Unsittlichkeit, Maßlosigkeit, Trunkenheit sowie mangelnden Respekt vor der Religion hin. Demzufolge ist eindeutig, daß man sie nicht den Handwerkern zuordnen kann oder jener Gruppe, die Russell "industrious and frugal artisans" nennt[37].

In der zweiten Hälfte des 18. Jahrhunderts stellten die *janitscharen* in Aleppo noch immer eine militärische Macht dar und erfüllten traditionelle militärische

---

im *diwān* und richtete über die *janitscharen*.

[35] Eine gegenteilige Ansicht findet sich bei: Gibb und Bowen, Teil 1, S. 202; Nach Meinung Volneys waren in der Festung Aleppos Einheiten der imperialen *janitscharen* stationiert, die unter dem Befehl eines von der Porte ernannten Offiziers standen; Siehe auch: Al-Budairī, S. 109; Taoutel, Bd. I, S. 103.

[36] Al-Budairī, S. 109; Burckhardt, S. 652; Volney, S. 270-271; Zu den Gilden siehe: Sauvaget, Alep, S. 196-200 und Burckhardt, S. 653; Im Gegensatz zu den *ashrāf*, wie im Verlauf zu sehen sein wird: Kap. 3.1.3.2.

[37] Al-Ghazzi, Bd. III, S. 298-299, 303; Russell, Bd. I, S. 189, 324.

Funktionen. Einheiten von *janitscharen* verließen Aleppo, um an Kriegen der Pforte teilzunehmen[38]. Der Befehlshaber der lokalen *janitscharen* war der *sirdār*. Er war vom Gouverneur unabhängig, da er vom Befehlshaber der *janitscharen* in Istanbul ernannt wurde. Der *sirdār* hatte die Kontrolle über die Schlüssel der Stadttore und die *bāzārs* und befehligte auch die Polizei. Es ist möglich, daß der *sirdār* in der zweiten Hälfte des 18. Jahrhunderts als *shūbāshi* (Befehlshaber der Polizei) tätig war. Da die *janitscharen* jedoch ein Element waren in dem der Gouverneur weder Stütze noch Vertrauen finden konnte, ging dieses Amt auf den *tufinkji bāshi* über, der zum Befehlshaber der städtischen Polizei wurde[39]. Jedoch verlor der *sirdār* bereits zu Beginn des 19. Jahrhunderts seine Stellung und die Führung der *janitscharen* bestand nur noch theoretisch. Der *sirdār* wurde seiner Aufgaben durch den tatsächlichen Führer der *janitscharen* in Aleppo enthoben. Andererseits ermöglichte ihm seine Mitgliedschaft im *diwān* (Ratsversammlung) des Gouverneurs als Vermittler für die *janitscharen* zu fungieren und seine Stellung - zumindest in einem gewissen Grade - zu wahren[40].

Zusätzlich zu den traditionellen militärischen Funktionen erfüllten die *janitscharen* zwei weitere: Sie verliehen den Armen Schutz, darunter insbesondere denjenigen, die ihre Dörfer verlassen hatten und in die Stadt gezogen waren[41] und ehrgeizigen Anführern als ein Instrument dienten, mit dessen Hilfe sie ihren Einfluß in der Stadt untermauern konnten[42]. Diese Erscheinung baute auf dem Patron-Klient-System auf, welches immer zwischen zwei ungleichen Elementen besteht. Dieses Verhältnis zeichnet sich durch persönliche Loyalität aus und jede Seite verpflichtet sich der anderen in Zeiten der Not beizustehen[43]. Diese beiden Funktionen kamen im Verlauf des 18. Jahrhunderts, als Ergebnis des Prozesses zum Tragen, in dem die *janitscharen* ihr primäres Image als exklusive Einheit verloren, mit der Bevölkerung verschmolzen und Teil der Massen wurden. Parallel dazu wandelten sich die *janitscharen* in Aleppo von einer militärischen Macht zu einer Gruppe mit politisch-gesellschaftlicher Macht. Ihre Struktur wandelte sich von der einer

---

38 Bodman, S. 116, 127, 136, (1787 der Krieg in Rußland, 1799 der Krieg gegen Napoleon in Ägypten).

39 Russell, Bd. I, S. 322, 324; Bodman, S. 69.

40 Russell, Ibid.; Aṭ-Ṭabbākh, Bd. III, S. 201; Bodman, S. 67, 70.

41 Siehe im Folgenden; Siehe auch: Burckhardt, S. 652.

42 Siehe im Folgenden: Kap. I 3.

43 Lande, Clientelism, S. XV-XVI, XX-XIV.

militärischen Einheit zu der einer bewaffneten politischen, jedoch undisziplinierten Gruppe[44]. Dies ist die wichtigste Bedeutung, die man den *janitscharen* in Aleppo zuordnen muß. Dieser Wandel war Resultat des Niedergangs der Zentralregierung und das End ihrer Herrschaft über die Provinzen. Diese Veränderung veranlaßte die Einwohner sich um Ämter und Organisationen zu konzentrieren, die ihnen das vermitteln konnten, was die imperiale Regierung nicht mehr vermochte: Schutz vor Chaos und ein Gesetzsystem, welches die Beziehungen von Mensch zu Mensch regelte.

In der zweiten Hälfte des 18. und in der ersten des 19. Jahrhunderts waren die *janitscharen* in Aleppo eine der drei aktiven politischen Kräfte der Stadt. Zum Ende des 18. Jahrhunderts schätzte Browne ihre Zahl auf 15.000 und Burckhardt auf ca. 3.000 - 4.000 Personen[45]. Bodman schätzte, daß zu Beginn des 19. Jahrhunderts ihre Zahl in Aleppo an die 10.000 Personen betrug[46]. Die Zahlen von Burckhardt beziehen sich höchstwahrscheinlich auf Familienoberhäupter. Auch wenn die politische Kraft der *janitscharen* in Aleppo von deren militärischer Macht herrührte und auf Grund dessen wuchs, so waren der Schlüssel und die Grundlage für diesen Machtaufstieg die Privilegien, die sie genossen. Es handelte sich hauptsächlich um juristische Privilegien. Solche Privilegien der *janitscharen* (wie auch der *ashrāf*) waren unabhängig und nicht an Stellung und gesellschaftliche oder wirtschaftliche Hierarchie innerhalb der Gruppe gebunden.

Ein *janitschar* wurde alleinig von seinem Befehlshaber gerichtet und verurteilt. Kleinere Verbrechen wurden vor der *oda bāshi* gerichtet, schwerwiegende Verbrechen von dem *janitschar aghāsi* (Befehlshaber) oder vom Großwesir.

In Aleppo war der *sirdār* (lokaler Befehlshaber) der Richter, der die Bestrafung von einheimischen *janitscharen* in die Tat umsetzte. Er war derjenige, der Verhaftungen befehlen und körperliche Bestrafungen verhängen konnte. Die Vollstreckung einer Todesstrafe an einem *janitschar* war von Ehrensalven begleitet.

---

44 Volney, S. 270-271; Burckhardt, S. 653.
45 Ibid.; Browne, S. 442.
46 Bodman, S. 61, 62.

Er wurde nicht mit einer Schlinge erhängt, sondern so, daß er langsam erstickte[47]. Oftmals wurde das Todesurteil eines *janitschar* vom Gouverneur oder *mutasallim* verhängt, manchmal auch auf Anordnung der Pforte und teilweise auch nach dem Gutdünken des Gouverneurs. Ein weiteres Privileg basierte im Grunde auf der Mitgliedschaft in der *ocaḳ*. In jedem Ort und jeder Stadt fand der *janitschar* einen Gastgeber und Verbündeten vor[48]. Auch die Tatsache, daß diejenigen Gilden, deren Mitglieder niedrigster Stellung waren, die stärksten und vereintesten waren, hatte eine Bedeutung für die Stellung und Macht der *janitscharen*. Dieses waren - wie erwähnt - die Gilden der Gerber und Schlachter. Das Dazustoßen von Militärangehörigen zu den Gilden erleichterte es den Handwerkern sich als Soldaten zu melden. Deshalb hat die Tatsache, daß die *janitscharen* von innen her die Schlachtergilde beherrschten - in der sie die *dūmān* -Steuer einforderten - eine besondere Bedeutung. Die Angehörigen unterer gesellschaftlicher Schichten, einschließlich der *ashrāf* , hatten sehr wenig im Zuge ihres Anschlusses an die *janitscharen* zu verlieren, welche ihnen Privilegien verliehen, Schutz gewährten und politisches Vorwärtskommen ermöglichten. Sauvaget fügt hinzu, daß die starke Hand des Gouverneurs die Mehrheit der Bevölkerung dazu veranlaßte sich jeweils der Gruppe anzuschließen, welche Privilegien genoß und sich dem Gouverneur entgegenzustellen vermochte[49]. Dieser Anschluß an die *janitscharen* war eine zusätzliche Quelle für das Erstarken der Fraktion.

Im Kampf um die Regierung der Stadt stellten die *janitscharen* als Gruppe ein Instrument in den Händen der *aghas* dar. Die Gruppe hatte keine institutionalisierte, organisatorische Struktur und sie war keine politische Partei im modernen Sinne dieses Begriffes. Burckhardt beschreibt, daß sich deren Führung in den besten Tagen in der Hand einer Clique von 6 Personen befand, von denen der einflußreichste und wohlhabenste Ḥaj Ibrāhīm Agha al-Harbali war[50]. Der französische Konsul Josep Louis Rousseau sah in ihm nur einen der Anführer der *janitscharen*[51]. In den darauffolgenden Jahren befand sich die Führung in den Händen eines Einzelnen

---

47 Russell, Bd. I, S. 333.
48 Bodman, S. 66.
49 Al-Ghazzī, Bd. III, S. 351-359; Sauvaget, Alep, S. 196-200; Burckhardt, S. 651-653; Siehe hierzu: Kap. 2.4. zur Wirtschaft Aleppos.
50 Burckhardt, S. 653; Die *aghas* sprachen Arabisch, allerdings gab es unter ihnen auch solche die Türkisch sprachen, siehe dazu: Russell, Bd. I, S. 159.
51 Bulletin 10. September 1811 cc Alep XXIV. .f. 388r; Bodman, S. 55.

- Muḥammad Agha Ibn al-Qaṭṭār Aghāsi - und ging mit seinem Tod auf einen anderen gewählten Anführer über. Derartige Erscheinungen sind allerdings außergewöhnlich[52].

Da keine Nachweise für Wahlen der *aghas* vorliegen, hat es den Anschein, daß diese überhaupt nicht gewählt wurden und auch nicht durch die Einmischung einer höheren Autorität aufkamen. Hierbei sollte man sich die Stellung der *aghas* als Träger der militärischen Führung in Erinnerung rufen, was deren politische Stellung stärkte. Das Patronat-System diente anscheinend zur Auslese der Führungsschicht. Das Erlangen einer einflußreichen Position durch Protektion war im Reich sowohl unter den Beamten als auch im Kreise der *'ulamā'*, bis höchstwahrscheinlich in die Reihen der *janitscharen*, weit verbreitet. Die *shaykhs* der Stadt- und Wohnviertel besaßen eine weitere Möglichkeit für ein Vorankommen und den Erhalt einer Position[53]. In der hier dargestellten Zeitspanne waren die Stadtviertel Syriens meistens von Einwohnern besiedelt, die in einer bestimmten Beziehung zueinander standen. Jedes dieser Viertel war eine administrative Einheit für sich, der *shaykh* war für die jeweiligen Angelegenheiten zuständig und für die Ordnung verantwortlich. Er trieb die Steuern ein und erließ Anordnungen und Befehle für sein Viertel[54]. Eine Anzahl von Aleppos Vierteln war hauptsächlich von *janitscharen* besiedelt: Bānqūsa, Qārliq, Ḥārhat Bāb al-Nayrāb, Ḥārhat Bāb al-Malik und Ḥārhat Bāb al-Makqām[55]. Ein Nicht- *janitschar*, der in einem solchen Viertel wohnte, stand unter der Aufsicht und Herrschaft des *agha* und war verpflichtet diesen für seinen Schutz zu bezahlen. Als die *janitscharen* in der Stadt herrschten, machten sie dieses System für alle geltend. Die *aghas* und *janitscharen* hatten in Aleppo das Monopol über die Getreideversorgung, Lebensmittel und andere Konsumgüter inne. Dieses Monopol war Quell des Reichtums und Instrument im Kampf. Sie pflegten selbst die *mīrī* zu bezahlen und diese erst später in den Dörfern einzutreiben. Ihre Anführer waren sehr wohlhabend, doch sie paßten sich nicht dem luxuriösen Lebensstil der Osmanen an. Sie lebten also im Verhältnis zu ihrem Reichtum auf relativ niedrigem Standard[56].

---

[52] Bodman, ibid.
[53] Idem., S. 56-57.
[54] Qarā'lī, S. 64; Sauvaget, Alep, S. 230-231.
[55] Qarā'lī, Ibid.; Sauvaget, ibid.
[56] Burckhardt, S. 654; Al-Ghazzi, Bd. III, S. 350.

Dasselbe Monopol über Getreideversorgung, Lebensmittel und andere Konsumgüter - welches ihnen als Instrument im Kampf diente - beinhaltete auch eine Machtstellung und Interessen, welche sie wahrten und verteidigten.

Auch wenn der Besitz von Gewerbebetrieben nicht in ihren Händen lag, so legten sie dennoch deren Besitzern schwerwiegende Steuern auf[57]. Von Jahr zu Jahr erwarben die *aghas* die einträglichsten *iltizāms*. Der Ertragswert war entsprechend hoch[58]. Als Landbesitzer besaßen die *aghas* einen bestimmten Einfluß im *diwān*[59]. Und da der *diwān* unter dem Vorsitz des Gouverneurs in den Sitzungen über Geldangelegenheiten, Handel und Wahrung der Ordnung etc. beriet, ermöglichte schon ihre bloße Anwesenheit auf diesen Sitzungen eine Wahrung sowohl ihrer persönlichen Interessen als auch die der Zugehörigen ihrer Gruppe.

Die Mitgliedschaft der *aghas* im *diwān* , die Privilegien, die sie genossen, die gesellschaftlichen Elemente aus denen sich die Gruppe zusammensetzte, die sie beherrschten, ihre Herrschaft in den Vierteln, das Innehaben des Monopols über wirtschaftliche Angelegenheiten, die Kontrolle der Gilden sowie ihr großer Reichtum verliehen den *aghas* nicht nur eine besondere wirtschaftliche und politische Stellung in der Stadt, sondern auch das Bedürfnis nach Konsolidierung und Aktion, um die Stellung und die oben genannten Interessen zu wahren. Diese Interessen waren der raison d'être der Gruppe der *janitscharen*. Die *janitscharen* erlangten zu Beginn des 19. Jahrhunderts den Höhepunkt ihrer Macht in Aleppo. Die *ashrāf* erlebten dagegen eine Periode des Niedergangs.

Die *sultans* wurden zwar von den *pashas* repräsentiert, doch die eigentliche Macht lag in den Händen der *beys* oder der *aghas*. Auch wenn die Anführer der *janitscharen* in den 20er Jahren des 19. Jahrhunderts vernichtet wurden, so existierte die Körperschaft selbst dennoch weiter.

Zur Zeit der ägyptischen Besatzung, in der die Einwohner entwaffnet wurden, wurde die Wehrpflicht angeordnet und Ibrāhīm Pasha eine bedeutende militiärische

---

[57] Ibid.
[58] Burckhardt, S. 653; Bodman, S. 61; Al-Ghazzi, Bd. III, S. 292, 371.
[59] Russell, Bd. I, S. 159.

Macht zur Verfügung gestellt, was die lokalen militärischen Kräfte schwächte. Allerdings konnte auch die ägyptische Besatzungsmacht die Gruppe der *janitscharen* nicht ignorieren. Und so wurde 'Abd-Allāh Babolsi - eine einflußreiche Persönlichkeit aus dem Kreise der *janitscharen* - zum *mutasallim* ernannt, um einen Aufstand in der Stadt zu verhindern. Als Syrien wieder osmanisch wurde, unterstützte der neue Gouverneur 'Abd-Allāh Babolsi, um in der Stadt Ruhe und Ordnung zu wahren. Seine Stellung als *mutasallim* wurde in den Tagen des Wajih *pasha* gestärkt. Zur selben Zeit hatte er auch Einfluß auf die Beduinen und vereinigte auf sich viele politische Kompetenzen[60].

Als Zwischenbilanz kann festgehalten werden, daß die *janitscharen* in Aleppo in dem Zeitraum mit dem sich diese Forschung beschäftigt, *yerli qūli* waren - ein ziviles Element, welches zu Kriegszeiten zur Fahne gerufen wurde. Es handelt sich um eine gesellschaftliche Körperschaft, einen Teil der einheimischen Bevölkerung, dessen Herkunft sich in den ersten Einheiten der *janitscharen* finden läßt. Sie hatten Zivileinkommen und urbane Berufe, welche praktisch ganze Viertel umfaßten, und waren mit der Bevölkerung durch ein verzweigten Netz aus Patronaten, wirtschaftlicher Abhängigkeit und Verleih materieller Vorteile verflochten. Die *janitscharen* stellten ein ziviles und kein militärisches Element dar, das traditionell auch militärische Funktionen erfüllte und in Aleppo sogar die Festung hielt. In der Stadt Aleppo stellten sie während der zweiten Hälfte des 18. und in der ersten Hälfte des 19. Jahrhunderts eine der zentralen aktiven politischen Kräfte dieser Stadt - eine Kraft, die sich von einer militärischen Einheit zu einer bewaffneten politischen Gruppe gewandelt hatte.

Wie später ersichtlich werden wird, handelt es sich aus soziologischer Sicht um eine weitaus homogenere, vereintere und konsolidiertere Gruppe als die *ashrāf*. Ein guter Teil der *janitscharen* stammte aus niedrigen Gesellschaftsschichten. Ihre ethnischen Verbindungen zu den Kurden und Turkmenen verliehen der Gruppe eine zusätzliche Stärke. Ein auffallendes Charakteristikum der Gruppe ist die Tatsache, daß sie sich mit der authentischen, ubanen Bevölkerung weder identifizierten noch mit ihr identisch waren. Auch nach der Vernichtung ihrer

---

[60] Siehe dazu: Kap 3. 2.; Paton, S. 244-245, 246, 247.

Anführer in den 20er Jahren des 19. Jahrhunderts und ihrem Niedergang als militärische Macht (während der Periode der ägyptischen Besatzung) wurden sie noch immer als notwendige Stütze des ägyptischen und des osmanischen Gouverneurs angesehen, der nach dem ägyptischen Rückzug nach Aleppo kam.

3.1.3. Eine säkular und religiös gemischte Interessengruppe - Die *a'yān*

Auf Damaskus bezogen handelt es sich bei dem Begriff *a'yān* um einen oberflächlichen und unklaren Begriff, den die Quellen nicht ausreichend klären. In Bezug auf Aleppo und die restlichen syrischen Städte ist das Bild noch weniger deutlich.

Die Elite Aleppos des 18. Jahrhunderts wurde ausschließlich von Muslimen gestellt. Dieses waren führende Persönlichkeiten, die aus folgenden Gruppen stammten: *'ulamā'*, *janitscharen*, *ashrāf*, Händler, Beamte der Regierung und *a'yān*. D. h., daß die Elite in Aleppo eklektisch war und aus Gruppen bestand, die Zugang zu Reichtum, Status und Einfluß hatten[61]. Obwohl diese Herkunftsgruppen in Bezug auf gesellschaftlichen Status und Einfluß unterschiedlich zusammengesetzt waren, so genossen sie doch Anerkennung als bevorzugte Kategorien. Die Regierung billigte ihnen eine besondere Stellung zu, verhielt sich ihnen gegenüber entsprechend und trug zum Aufstieg in diesen besonderen Status insofern bei, als daß sie sie respektierten und ihnen Titel, Ernennungen, spezielle Steuerrechte, *iltizāms* für den Steuereinzug und verschiedene Monopole zugestanden[62]. Die *a'yān* stellten also eine Gruppe aus Elementen der Elite dar und waren anscheinend jene säkularen Notabeln, auf die sich Hourani bezieht[63].

Die *a'yān* waren eine relativ neue Schicht im Osmanischen Reich, die während und als Resultat des Niedergangs des Osmanischen Reiches aufstieg.
Der Prozeß der Disintegration beeinflußte im 18. Jahrhundert die Arabisch sprechenden Provinzen in vielerlei Hinsicht, wobei anscheinend drei Aspekte Ursache für den Aufstieg der lokalen Notabeln - *a'yān* - waren :

---

[61] Russell, Bd. I, S. 322; Marcus, S. 67.
[62] Ibid., S. 56; Hourani, Reform, S. 45, 48-49.
[63] Ibid., S. 49.

a. Der Niedergang der feudalen *sipāhīs* -Organisation.

b. Die Einführung des *mālikāne* -Systems anstelle des *iltizām* -Systems und die Aufhebung der *kharāg*.

c. Der Niedergang der Regierungsinstitutionen und deren Fungieren in den Provinzen im 18. Jahrhundert.

Die *a'yān* besaßen in ihren Bezirken Einfluß und Status. Sie waren keine Regierungsbeamte und es ist unklar auf welche Weise sie zu ihrer Stellung gelangten. Möglicherweise geschah dieses auf Grund des Austausches und der legalen - oder der illegalen - Umwandlung von Ländereien und anderem Boden zu Privatbesitz. In der ursprünglichen Struktur der Provinzen war kein Platz für die *a'yān*. Die neue Ordnung unter der die Gouverneure und die *mutaṣarrifs* (Bezirksgouverneure) für mehr als zwei Bezirke ernannt wurden, machte die Beschäftigung von Repräsentanten für jene Orte, an denen sie nicht ansässig waren, notwendig. Diese Repräsentanten waren nur mit einem Teil der Machtbefugnisse ausgestattet. Möglicherweise entwickelte sich als Resultat dieser Ordnung die Schicht der *a'yān* (Körperschaft mit Privatbesitz), die sich selbst der Regierung gegenüber als Repräsentanten der Bevölkerung darboten, aber auch als Repräsentanten der Regierung gegenüber der Bevölkerung fungierten. Ihr größter Einfluß beruhte auf dem Fakt, daß sie Ländereibesitzer waren[64]. Der Zerfall des *sipāhīs* -Systems, der *iltizāms* und *kharāg*, die Einführung des *mālikāne* -Systems, demzufolge die Gutsbesitzer die Steuern auf Lebenszeit einzogen[65], verlagerte den Schwerpunkt auf einheimische Familien, die sich dort eine Grundlage geschaffen, Vermögen und Besitz angesammelt hatten und deren Einfluß auf Grund dessen zunahm. Kraft ihres Amtes als administratives und fiskales Instrument erkannten die Behörden sie als Kollektiv - als die *a'yān* - an, die sich vom Rest der Elite auf Grund ihrer besonderen Beziehung zur Regierung und der gegenseitigen Abhängigkeit unterschieden[66]. Im weiteren Verlauf wird ersichtlich, daß die Definition von Hourani hinsichtlich der osmanischen Politik in den Provinzstädten

---

64 Gibb und Bowen, Teil 1, S. 197-199, 255-257; Idem., Teil 2, S. 20-22, 251; Al-Ghazzi, Bd. I, S. 315; Hourani, Reform, S. 45-46.

65 Al-Ghazzi, Bd. III, S. 292, 371.

66 Marcus, S. 58; Hourani, Reform , S. 45.

als Politik der Notabeln, eher auf Damaskus, jedoch weniger auf Aleppo zutrifft. Denn in Aleppo waren die bewaffneten Gruppen Einheimische, was die Gouverneure dazu zwang mehr zwischen den bewaffneten Gruppen taktieren zu müssen und in einer solchen Situation hatten die unbewaffneten *a'yān* keinerlei Manövrierfreiheit[67].

In Aleppo waren die *a'yān* eine heterogene Gruppe. Sie umfaßte die Notabeln der Stadt, Muslime, Christen und Juden. Der gemeinsame Nenner für deren Zusammengehörigkeit war Reichtum. Diese Gruppe umschloß säkulare Notabeln, *'ulamā'* , *ashrāf* , wenn auch nur die Reichsten unter ihnen. Die letzteren waren eine wichtige Hauptstütze der Gruppe der *a'yān* . Dem Begriff und der Gruppe *a'yān* in Aleppo war ein Charakter und eine Bedeutung von lokaler Anführerschaft zueigen, nicht nur der Titel von Notabeln und Inhabern angesehener Ämter[68]. In Aleppo und auch in Damaskus, wie noch zu sehen sein wird, handelt es sich diesbezüglich vorwiegend um Familien der Elite aus dem Kreise der einheimischen *janitscharen*, der *'ulamā'* und *ashrāf* . Dieses ist eine Gruppe Reicher mit Ländereibesitz, Immobilien, wirtschaftlichen Monopolen und Handelsbeziehungen, deren Macht und Einfluß auf ihrem Reichtum basierte[69].

Der Gouverneur und die Elite in Aleppo blieben im Verlauf des 18. Jahrhunderts ein exklusiver muslimischer Club, was bedeutete, daß die Nicht-Muslime als *dhimmī* nicht an die Spitze der gesellschaftlichen Positionen gelangen konnten. Folglich wirft dies die Frage auf, ob sich der Gebrauch des Begriffes *a'yān* als Gruppe auf die muslimischen und nicht-muslimischen (Christen und Juden) *a'yān* als einen integralen Teil dieser Gruppe bezieht, oder ob die *a'yān* genannten Nicht-Muslime, in Wirklichkeit nur *a'yān* innerhalb ihrer Gemeinschaft waren. Vorab bleibt anzumerken, daß es in den christlichen und jüdischen Gemeinden eine gesellschaftliche Hierarchie gab, an deren Spitze eine Gruppe der *a'yān* (im

---

[67] Siehe im Folgenden: Kap. 3. 2., sowie das Kap. 4. 2. Dort hat es den Anschein, daß, auch wenn die *a'yān* keine Streitkräfte besaßen, sie mehr Aufgaben besaßen als jene in Aleppo und die lokalen Gouverneure der al-'Aẓm Familie es besser verstanden sie auszunutzen und zu manipulieren.

[68] Hourani, Reform, S. 53.

[69] Zu den Quellen des Reichtums der *janitscharen* siehe: Kap. 2. und 3.1.2.; Zu den Quellen des Reichtums der Geistlichen siehe im Folgenden: Kap. 3.1.4.; Zu den *a'yān* in Damaskus siehe im Folgenden: Kap. 4.1.3. und 4.1.4.

Unterschied zu einer religiösen Hierarchie) stand[70]. Der Fakt, daß die Quellen den Begriff *a'yān aṭ-ṭā'ifa* , *a'yān al-yahūd* und *a'yān al-naṣaṣra* verwenden, weist sehr wohl auf eine Differenzierung zwischen den muslimischen und den nicht-muslimischen *a'yān* hin[71]. Die Behörden waren nicht von den nicht-muslimischen *a'yān* derart abhänging wie von den muslimischen. Auch die Tatsache, daß an Empfangszeremonien [72] des Gouverneurs nicht-muslimische *a'yān* ebenso wie auch rein muslimische teilnahmen, beweist nicht deren Existenz als integralen Bestandteil der *a'yān* Aleppos.

Im 17. und in der ersten Hälfte des 18. Jahrhunderts war die Gruppe der *a'yān* in Aleppo in Bezug auf die Repräsentanz der Bevölkerung gegenüber der Regierung der Stadt von politischer Bedeutung. In der ersten Hälfte des 18. Jahrhunderts übernahmen die *a'yān* die Position der *ashrāf* als offizielle Repräsentanten der Stadt im *diwān*. Sie konnten (und durften) Petitionen, die sich gegen den Gouverneur, den *qāḍī* und den *naqīb al-ashrāf* wandten, an die Pforte entsenden. Als solche fungierten sie als Gegengewicht zu den oben genannten Amtsinhabern. Sie besaßen Autorität nicht nur über Angelegenheiten, die die Stadt direkt betrafen, zu entscheiden, sondern auch für deren tatsächliche Umsetzung[73].

Die *a'yān* in Aleppo waren Instrument der Zentralregierung. In der Abwesenheit des Gouverneurs wurde mittels einer Mehrheitswahl aus ihrem Kreise ein *mutasallim* gewählt. Wenn der Gouverneur die Bewohner der Stadt verwarnen wollte, so versammelte er die *'ulamā'* und *a'yān* und teilte ihnen dieses mit. In einem anderen Fall, als er die *fitna* zwischen *ashrāf* und *janitscharen* beilegte, nahm er Geiseln unter den Notabeln der Stadt (*kubarā' al-balad*)[74].

Gegen Ende des 18. Jahrhunderts wurden die *a'yān* Aleppos als nichts anderes als eine Gruppe von Ländereibesitzern betrachtet, die sich - im allgemeinen - mit dem Regime und dem Gouverneur identifizierten, um auf diese Weise ihre eigenen

---

[70] Marcus, S. 68; Taoutel, Bd. I, S. 50-51, 58, 73; Al-Ghazzī, Bd. II, S. 86, 93, 215, 324, 488; Laniado, Degel, S. 12b; Dwek, S. 88a.

[71] Al-Ghazzī, Bd. II, S. 469, 470, 491.

[72] Siehe im Folgenden: Kap. 5.

[73] Al-Budairī, S. 160; Al-Ghazzī, Bd. III, S. 300, 304, 305; Taoutel, Bd. I, S. 73, 82; Bodman, S. 29, 35-36.

[74] Al-Ghazzī, Bd. III, S. 268; Aṭ-Ṭabbākh, Bd. III, S. 274, 299, 370; Bodman, S. 33, 107.

Interessen zu wahren[75]. Die Position der *a'yān* an der Seite der Regierung kam am deutlichsten zur Zeit des Aufstandes von 1850 zum Ausdruck[76]. Als eine relativ kleine Körperschaft, deren Macht auf großem Reichtum und der Herrschaft über öffentliche Institutionen beruhte, waren sie nicht von der Wehrpflicht und der Segregationssteuer betroffen, so wie dieses bei den *janitscharen* der Fall war. Hätten sie den Aufstand unterstützt, hätten sie eine Menge zu verlieren gehabt. Hiermit wird eindeutig, warum sich ihr Schicksal mit dem des osmanischen Regimes verknüpfte. Und als der Gouverneur sich vor den Aufständischen in die Festung *shaykh yabraq* zurückzog, schlossen sich ihm die *a'yān* an [77] und büßten ihre Stellung als Repräsentanten der Bevölkerung gegenüber der Regierung ein. Ihre Funktion im *majlis* sahen sie als Mittel zur Förderung ihres Reichtum und ihrer Stellung, und ebenso als Mittel die Quellen dieser zu schützen. Demnach waren sie nicht länger Patrone der Bevölkerung, die daraufhin andere Wege suchte um sich Gehör zu verschaffen und Besitz und Leben zu schützen. Als bekannte *a'yān* -Familien Aleppos sollte man die Bāqi Zadeh, al-Qaṭṭāna und die al-Jābiri Chelebi erwähnen.

---

[75] Bodman, Einführung, S. V.

[76] Al-Ghazzī, Bd. III, S. 372-373.

[77] *Shaykh yabraq* ist eine Festung am Rande Aleppos. Qarā'lī, S. 81, 90-99; Al-Ghazzī, Bd. III, S. 373; MaÕoz, Balance of Power, S. 296.

3.1.4. Religiöse Interessengruppen in der Stadt - Die *'ulamā'*

Die Gruppe der *'ulamā'* setzte sich aus im Dienste der Religion stehenden Elementen zusammen: aus *shaykhs, khāṭibs, imāms, mu'adhdhins,* aus Richtern und Interpreten der Gesetzgebung sowie *qāḍīs* und *muftīs*. All diese waren Absolventen der *madāris*. Um das Amt eines Richters zu erlangen nahmen sie zusätzliche Studienjahre auf sich, von denen ihnen das letztere den Titel *mudarris* verlieh. So hießen auch die *muftīs* in den Provinzen. Um das Amt eines *shaykh al-islām* (das Oberhaupt der gesamten *'ulamā'* im Osmanischen Reich) zu erlangen, mußte der *mudarris* die 10 Ränge eines *qāḍī* durchlaufen. Aleppo war eine der 10 Städte, an die das Amt eines *qāḍī* gebunden war und darunter die am niedrig gestellteste. Der Inhaber des *qāḍī* -Amtes in diesen Städten hatte den Rang eines *mukhraj* oder *mulla* von 400 *aspres* inne [78]. Die *'ulamā'* in Aleppo repräsentierten eine heterogene Gruppe und innerhalb derer bestanden gesellschaftliche und wirtschaftliche Differenzierungen. Dies fand Ausdruck im Ausmaß des Studiums, in der Gottesfürchtigkeit, dem Lebenswandel, Stellung und Herkunft sowie Stellung und Reichtum [79]. Diesbezüglich spiegelte die Situation in Aleppo die herrschenden Zustände in Istanbul wieder, wo zwischen der oberen und der unteren Schicht der *'ulamā'* ein Unterschied bestand und auf Grund dessen auch gesellschaftliche Spannungen entstanden [80]. Die meisten unter ihnen verfügten nur über bescheidene Mittel und mußten als Handwerker und in anderen Berufen arbeiten. Einige von ihnen erreichten durch das Studium eine gesellschaftlich höhere Stellung [81], im Gegensatz zu Damaskus, wo es seit dem 18. Jahrhundert keine gesellschaftliche Mobilität nach oben mehr gab [82]. Als Beispiel soll hier der Fall eines *amīn al-fatwa* dienen, der aus Handwerkerkreisen stammte und der Sohn eines armen Anstreichers oder Parfümverkäufers war: ein *'ālim,* welcher später ein *faqīh* und *khāṭib* in der Moschee von Damaskus wurde [83]. Obwohl es sich hierbei nicht um höhere Ämter handelte, so zeugen sie doch von der Regel, daß jemand aus Handwerkerkreisen ein *'ālim*

---

[78] Gibb und Bowen, Teil 2, S. 89.
[79] Marcus, S. 59; Aṭ-Ṭabbākh, Bd. VI, S. 415, 416, 432, 496, Bd. VII, S. 20-24.
[80] Zur Situation in Istanbul siehe: Heyd, Ottoman *'ulamā'*, S. 72.
[81] Marcus, S. 60; Aṭ-Ṭabbākh, Bd. VI, S. 423.
[82] Siehe im Folgenden: Kap. 4., Abs. 4.1.4. über die *'ulamā'*.
[83] Aṭ-Ṭabbākh, Bd. VI, S. 428, 430, 452.

werden und sozial aufsteigen konnte. In den Quellen sind jedoch keine Fälle zu finden, in denen ein *'ālim* niedrigen oder hohen Standes bäuerlichen Kreisen entstammte. Dabei sollte auch betont werden, daß die Zugehörigkeit zum religiösen Establishment, der Erwerb von Bildung und der Umgang mit der Religion eine Aufstiegsmöglichkeit bedeuteten. So verbesserten viele aus ursprünglich niedrigen sozialen Kreisen und mit einer Neigung zum Lernen ihre gesellschaftliche Stellung, indem sie sich der *'ulamā'* anschlossen. Es gilt dies besonders auf dem Hintergrund der Tatsache zu sehen und zu verstehen, daß ein Großteil der Bevölkerung weder des Lesens noch des Schreibens mächtig war [84].

In der *'ulamā'* gab es Arme und Reiche. Die Hauptakteure gehörten jedoch der wohlhabenden Schicht an. Zwischen der Gruppe und den dazugehörigen Hauptakteuren gilt es deutlich zu unterscheiden. Wie bereits ersichtlich wurde, stellten die Oberhäupter der *'ulamā'* und der *ashrāf*, die nicht zufällig auch zu den reichen Zugehörigen der Gruppe zählten, den wichtigsten Stützpfeiler der *a'yān*. Sie besaßen auch *iltizāms* sowie Monopole und erfreuten sich auf Grund ihrer Kontakte zum Regime, der Kontrolle über die Einkommensquellen und des Netzes von Abhängigen und Klienten, großen Einflußes unter den Einheimischen[85]. Der *qāḍī* und *muftī* waren die Hauptakteure der *'ulamā'* in Aleppo. Der *qāḍī* von Aleppo war kein Einheimischer und wurde wie jeder *qāḍī* mit dem Rang eines *mukhraj* vom *shaykh al-Islām* nach einer Liste, die dem *sultan* vom Großwesir vorgelegt wurde, ernannt [86]. Die Osmanen legten das Amt des offiziellen *qāḍī* von Aleppo als das eines hanafitischen *qāḍī* fest [87]. Trotzdem gab es in Aleppo *qāḍīs* für alle vier *madhāhib* [88]. *qāḍīs* niedrigeren Ranges wurden vom *qāḍī-'askar* aus Anatolien ernannt [89].

Das Einkommen des, oft in Istanbul verbleibenden, *qāḍī*, stammte aus dem Verkauf

---

[84] Russell, Bd. II, S. 91-92; Heyd, S. 65; Marcus, S. 61.
[85] Ibid., S. 60.
[86] Olivier, Bd. I, S. 271; Russell, Bd. I, S. 317; Volney, S. 269.
[87] Al-Ghazzī, Bd. I, S. 190; Aṭ-Ṭabbākh, Bd III, S. 143, 144.
[88] Ibid., Bd. III, S. 143, 144, 246.
[89] Olivier, Bd. I, S. 272.

des Amtes des *nā'ib* (Stellvertreter) und der Bewilligung des städtischen Budgets des Gouverneurs. Der *qāḍī* erhielt 10% der Summe über die er bei Gericht entschied und welche ihm vom Sieger ausgezahlt wurde. Deshalb konnte der Gouverneur die Geldstrafen, und damit auch den Verdienst, steigern. Der *qāḍī* (und die *'ulamā'*) waren von Steuern und Besitzkonfiskationen ausgenommen [90]. Bestechungsgelder wurden dem *qāḍī* nicht offen übergeben, waren diesem und seinen Beamten jedoch stets willkommen und wurden akzeptiert, da der *qāḍī* sein Amt käuflich erwarb und die Investition wieder einbringen mußte. Natürlich sollte auch nicht ignoriert werden, daß Habgier existierte. Ein Fall ist bekannt, in dem die Bewohner Aleppos einen *qāḍī* steinigten, weil er Bestechungsgelder angenommen hatte. Im 18. Jahrhundert pflegten die *qāḍīs*, deren Amtszeit in Aleppo abgelaufen war, die Stadt einige Tage vor dem offiziellen Termin zu verlassen, um den Besitz, der sich bei ihnen angehäuft hatte, zu retten. Andererseits gab es Fälle in denen ein nach Istanbul zurückkehrender *qāḍī* verpflichtet wurde einen Teil des mitgeführten Besitzes zurückzugeben [91]. Der *qāḍī* war der Treuhänder von Testamenten und des Eigentums von Abwesenden und Unbekannten. Er war auch verantwortlich für die Verwaltung des heiligen *awqāf*, Moscheen sowie öffentliche Gebäude und Dienstleistungen sowie Arbeiten. Außerdem hatte er die Kontrolle und Aufsicht über die Minderbemittelten inne, führte Eheschließungen durch und richtete in *'ibādāt* - (Pflichten eines Menschen gegenüber seiner Umgebung) und *mu'āmalāt* - Verfahren (Pflichten eines Menschen gegenüber seinen Mitmenschen). Der *qāḍī* suchte die *bāzārs* und Straßen auf, sorgte für Ordnung und schützte vor Preistreiberei [92].

Die Ernennung des *qāḍī* von Aleppo war in den meisten Fällen mit einer Doppelernennung von Seiten der Pforte verbunden. Diese Ernennung eines Gouverneurs sowie eines *qāḍī* deutet auf eine Regelung, welche auf Grund des

---

90 Al-Ghazzī, Bd. III, S. 304; Russell, Bd. I, S. 319; Bodman, S. 48, 49.

91 Al-Ghazzī, Bd. III, S. 298, 304; Russell, Bd. I, S. 319, 320; Bowring, S. 103; Gibb und Bowen, Teil 1, S. 89.

92 Aṭ-Ṭabbākh, Bd. III, S. 284, 290; Russell, Bd. I, S. 283, 437; Bodman, S. 50.

häufigen Wechsels der Gouverneure, nicht immer angewandt wurde [93]. Da Aleppo eine große Stadt war, erhielt der *qāḍī* die Erlaubnis einen *nā'ib* zu ernennen, der sein Amt von diesem pachtete. Es war daher unvermeidlich, daß der *nā'ib*, wie auch der *qāḍī*, sich mit dem Rechtswesen beschäftigten [94]. Ein Gerichtsverfahren, das vom *nā'ib* entschieden worden war, war nicht endgültig, denn es bestand die Möglichkeit eines zusätzlichen Appells, einer Art Berufung, an den *qāḍī* [95]. Der *qāḍī* hatte, wie im Folgenden gezeigt werden wird, eine ausgleichende Funktion und stellte ein Gegengewicht zum Gouverneur dar:

1. Seine Mitgliedschaft im *diwān* des Gouverneurs [96] diente diesem Zweck.
2. Der *qāḍī* und die Inhaber religiöser Ämter nutzten ihr Recht, Einsprüche und Memoranden nach Istanbul zu senden.
3. Der Gouverneur konnte ohne ein formelles Gerichtsverfahren in der *maḥkama* oder ohne *fatwā* seitens des *muftī* weder Geldstrafen verhängen, noch Eigentum konfiszieren (er hielt sich jedoch nicht immer daran). Die ausgleichende Funktion des *qāḍī* fand ihren Ausdruck auch in der Praxis und es gab einen *qāḍī*, der 1775 die *janitscharen* gegen den Gouverneur anführte und im Jahre 1781 Häftlinge befreite[97]. Es handelt sich hier um eine außergewöhnliche Kooperation zwischen *qāḍī* und *janitscharen* gegen den Gouverneur Aleppos. Von einer Kooperation zwischen *'ulamā'* und *janitscharen* in Aleppo, die Heyd als eine in Istanbul traditionelle Kooperation definiert, ist jedoch keine Rede[98]. In Aleppo handelt es sich auch nicht um imperiale *janitscharen*, sondern um einheimische. Während der ägyptischen Besatzung nahm die Autorität des *qāḍī* auf Grund einer direkten Einmischung der Gouverneure und der Institutionen der *majlis ash-shūrā* (beratende Ratsversammlung) in den Städten - in diesem Fall in

---

[93] Siehe dazu: Anm. 23.
[94] Russell, Bd. I, S. 159; Al-Ghazzī, Bd. III, S. 296.
[95] Al-Murādī, Bd. I, S. 63; Bd. II, S. 49.
[96] Russell, Bd. I, S. 322.
[97] Al-Ghazzī, Bd. III, S. 262; Aṭ-Ṭabbākh, Bd. III, S. 289-291; Bodman, S. 28; AE B I 93 de Perdriau "Relation de l'Expulsion d'Alī Pacha", 22.- 28. Dezember 1775.
[98] Heyd, Ottoman *'ulamā'*, S. 77; In Damaskus war dies nicht der Fall. Siehe im Folgenden: Kap. 4., Abs. 4.2.2.

Aleppo - ab. Die Ägypter beabsichtigten ein moderneres Rechtssystem aufzubauen. Sie hatten mit folgenden Schwierigkeiten zu kämpfen: Der religiös-konservative Charakter des islamischen Rechts und die Verfolgungen und Einmischungen der Hohen Pforte im Bereich der Justiz, weil *qāḍīs* und *muftīs* ,wie zuvor, aus Istanbul ernannt wurden. Im Rahmen der eingeführten Veränderungen gilt es zu erwähnen:

a. Die Etablierung der *shūrā* als gerichtliche und nicht-administrative Autorität.

b. Die Einschränkung der Stellung der *maḥkama* und der *qāḍīs* durch:

1. Verleihung von juristischen Befugnissen an die *shūrā*.
2. Annullierung der direkten Zahlungen an den *qāḍī*.
3. Auferlegung der Zahlungspflicht von Gerichtskosten an den Verlierer (im Gegensatz zur vorherigen Praxis).
4. Festlegung eines Jahresgehaltes für den *qāḍī* [99].

Nach dem Abzug der Ägypter sank die Stellung des *qāḍī* weiter, weil die meisten Angelegenheiten von der *majlis ash-shūrā* und nicht von der *maḥkama* entschieden wurden [100]. Das Gesetz der Provinzen 1866/1283 grub dieser Methode endgültig ein Grab, nachdem der Amtsträger des *qāḍī* von Aleppo vom Rang eines *qāḍī al-quḍāt* auf den Rang eines *qāḍī* herabgestuft und seine gerichtlichen Kompetenzen vermindert wurden [101].

Der *muftī* stand in der Hierarchie unter dem *qāḍī*. Der *qāḍī* stützte sich in seinen Gerichtsurteilen auf die *fatwās*, die er vom *muftī* erhalten hatte [102]. Wie der *muftī*, so stammte auch der *qāḍī* aus der Schicht der *mudarris* und wurde vom *shaykh al-Islām* auf ein Jahr ernannt. Im allgemeinen wurde er immer wieder aufs Neue

---

[99] Bowring, S. 30; Hofman, S. 113, 114, 120, 122, 127.
[100] Paton, S. 249.
[101] Al-Ghazzī, Bd. I, S. 292, 302-310; Russell, Bd. I, S. 317; Bodman, S. 48.
[102] Aṭ-Ṭabbākh, Bd. III, S. 240.

in seinem Amt bestätigt und verblieb jahrelang auf seinem Posten [103]. Seine Verantwortung erstreckte sich ausschließlich auf das Gebiet des Verwaltungsdistriktes [104]. Der offizielle *muftī* in Aleppo war Ḥanafī, es gab aber auch *muftīs*, die anderen Schulen angehörten. Diese *muftīs* besaßen gegenüber dem *qāḍī* keine offizielle Stellung. Ihre Anwesenheit war jedoch für die Mitglieder der Schulen, denen sie angehörten, von Bedeutung [105]. Bei den ḥanifitischen *muftīs* handelte es sich im allgemeinen um einheimische *shaykhs*, deren Amt von der Pforte bestätigt wurde. Die *muftīs* für die restlichen *madhahibs* wurden von den einheimischen Gouverneuren bestätigt [106]. Eine Ausnahme bildete ein *shaykh*, der in Aleppo das Amt eines hanifitischen und shafi'itischen *muftīs* innehatte[107]. Ein offizieller *muftī* in Aleppo konnte shafi'itischen Ursprungs sein [108], mußte jedoch Hanifi werden. Neben dem *muftī* findet man das Amt des *amīn al-fatwa*[109].

Das Amt des *muftīs* barg Potential für lokales Prestige von Relevanz. Von der Rangordnung her gesehen stand der *muftī* zwar unter dem *qāḍī* , hatte jedoch, da er der höchste und ständige Vertreter der *'ulamā'* war, die Möglichkeit sich eine Stellung mit hohem Einfluß zu schaffen. Der *muftī* war nicht nur ein Mann der Religion und Lehre. Unter den Trägern dieses richterlichen Amtes, welches das höchste Amt im religiösen Establishment war, befanden sich auch Anführer der *ashrāf* (*naqīb al-ashrāf*), die dazu aus Istanbul berufen wurden [110].

In Syrien war der osmanische Einfluß stärker als in Ägypten und drang in Aleppo und den nördlichen Bezirken Syriens sogar in die der Regierungsschicht untergeordneten Schichten, und in die *'ulamā'* überhaupt. Der Grund hierfür kann auf der geographischen Nähe zum Zentrum des Reiches beruhen und darausfolgend

---

[103] Russell, Bd. I, S. 320.
[104] Aṭ-Ṭabbākh, Bd. III, S. 143, 144, 222, Bd. VI, S. 420; EI, Bd. II 1965, Walsh, Fatwa, S. 867; EI, Bd. IV 1978, Kaldy Nagy, Kadi, S. 375.
[105] Ibid., Bd. VI, S. 179, 191-192, 289, 430.
[106] Gibb und Bowen, Teil 2, S. 136; Aṭ-Ṭabbākh, Bd. VI, S. 192, 420, 429, 435.
[107] Al-Murādī, Bd. I, S. 24; Bd. IV, S. 10.
[108] Paton, S. 234.
[109] Aṭ-Ṭabbākh, Bd. VI, S. 426, 480.
[110] Marcus, S. 60; Es wurden ernannt: Muhammad Efendi Taha Zadeh, Ahmad Efendi Kawakibi Zadeh, Muhammad Sharif Efendi Zadeh.

auf der Tatsache, daß das türkische und Türkisch sprechende Element in der Bevölkerung Nordsyriens äußerst stark vertreten war [111]. Im Vergleich zum hierarchischen und unflexiblen Aufbau der *'ulamā'* in Istanbul und den türkischen Provinzen, wurde in Ägypten und den arabischen Provinzen in gewissem Maße die traditionelle Flexibilität der *'ulamā'* -Gruppe bewahrt. Die Situation war allerdings nicht in allen Provinzen gleich und die Freiheit der *'ulamā'* stand in proportionalem Verhältnis zur Entfernung nach Istanbul. Daraus wird deutlich, warum in Aleppo, im Gegensatz zu Damaskus, der Einfluß osmanischer Stereotype und Bräuche stärker war. Darüberhinaus wurde das türkische Element in der Bevölkerung Aleppos und der weitverbreitete Gebrauch der türkischen Sprache noch zusätzlich verstärkt [112].

In den asiatischen Provinzen konnten die osmanische Regierung und ihre Behörden in größerem Ausmaß Interventionen, Kontrolle und Herrschaft über die *'ulamā'* ausüben, vor allem deshalb, weil dort eine traditionelle Institution wie *al-azhar* nicht existierte und *qāḍī* und *muftī* von Istanbul aus ernannt wurden. Aus diesem Grund erscheint es zweifelhaft, daß die *'ulamā'* einer einzelnen Stadt wie Aleppo oder Damaskus, eine Gilde wie die *'ulamā'* in Ägypten bilden sollte. Der Ausdruck Gilden für die *'ulamā'*, den Gibb und Bowen gebrauchen, erscheint deshalb nur bedingt akzeptabel. Gibb und Bowen stützen sich auf al-Murādi, der von einem *ra'īs al-fuqahā'* in Aleppo und einem *ra'īs al-khuṭabā'* in Jerusalem spricht. Die Anwendung einer solchen Sichtweise als Beweis für die Aufteilung der *'ulamā'* in Gilden scheint ohne jegliche Grundlage[113], da alle wirtschaftlichen Funktionen, welche die Gilden charakterisieren, sich nicht auf die *'ulamā'* beziehen. Hier gilt es auch hinzuzufügen, daß die zentrale Funktion des Gildenoberhauptes an die Frage der Steuer gebunden war, von denen die *'ulamā'* befreit waren [114]. Selbst wenn man die bei Gibb und Bowen sowie die bei al-

---

[111] Gibb und Bowen, Teil 1, S. 211; Siehe im Folgenden: Kapitel 4.1.4., Abs.1., der die *'ulamā'* in Damaskus zum Thema hat. Es scheint, als ob hier der osmanische Einfluß im Vergleich zu Aleppo geringer war.

[112] Ibid., Teil 2, S. 98; Siehe auch im Folgenden: Kap. 4.; Al-Murādi, Bd. I, S. 257; Bd. II, S. 56.

[113] Ibid., Bd. I, S. 24, 94; Gibb und Bowen, Teil 2, S. 100.

[114] Bodman, S. 48; Obwohl auch die ägyptischen *'ulamā'* von der Steuer befreit waren, war die

Murādi erwähnten Ausdrücke, *ra'īs al-fuqahā'* in Aleppo und *ra'īs al-khuṭabā'* in Jerusalem akzeptiert, so scheint die Behauptung, daß es sich hierbei um Gilden handele, ohne Grundlage. Möglich ist ebenfalls, daß es im Felsendom von Jerusalem einige *khāṭibs* gegeben hat, und daß der *ra'īs* nur die Arbeitsaufteilung zwischen ihnen festlegte. Was nun den *ra'īs al-fuqahā'* in Aleppo angeht, so bezieht sich die Quelle nur auf den *fuqahā'* der hanifitischen und safiŌitischen Schule. Es ist möglich, daß man in dieser Quelle diesen *ra'īs* als den besten, bewandertsten und respektiertesten unter den *fuqahā'* in Aleppo hervorheben wollte.

M.E. stellten die *'ulamā'* in Aleppo keinen Verband dar und waren auch nicht in Gilden unterteilt. Wenn die *'ulamā'* Mitglieder einer Gilde waren, so handelte es sich hier um Handwerksgilden, für den Fall daß sie zusätzlich zu ihrem Amt als *'ulamā'* ein Handwerk zum Lebensunterhalt ausübten[115]. Bei den meisten Oberhäuptern der *'ulamā'* Aleppos handelte es sich der Herkunft nach offenbar um Türken. Die niedrigste Stufe der Gruppe der *'ulamā'* setzte sich jedoch aus einheimischen, aus Aleppo gebürtigen Elementen zusammen, von denen nur wenige Türkisch sprachen [116]. Die große Anzahl von *madāris*, *awqāfs* und Moscheen produzierte gezwungenermaßen eine große *'ulamā'* -Gruppe, die sich eine starke Machtposition schuf [117]. Dies kam z.B. darin zum Ausdruck, daß der Gouverneur, wenn er den Bewohnern der Stadt eine Verwarnung erteilen wollte, die *'ulamā'* und die *a'yān* zusammenrief. Im Jahre 1768/1182 erschien eine große Menge unter Anführung der *'ulamā'* vor der *maḥkamat ash-sharī'a* und forderte die Aufhebung von Neuerungen und Erlassen, die im Widerspruch zu Religion und *sharī'a* standen. Dieser Protest war erfolgreich, wie dies auch später im ersten Viertel des 19. Jahrhunderts der Fall war, als die *'ulamā'* in Istanbul einige Erneuerungen, die der *sultan* initiiert hatte, zeitweilig verhindern konnten [118]. In

Situation in Ägypten eine andere.

[115] Marcus, S. 161; Siehe dazu auch: Anm. 81.

[116] Russell, Bd. I, S. 159; Gibb und Bowen, Teil 1, S. 211, Teil 2, S. 98; Paton, S. 241.

[117] Volney, S. 375-376; Wie jedoch im Folgenden aus Kap. 4 ersichtlich ist, erreichten die *'ulamā'* in Aleppo nicht die gleiche Machtposition wie in Damaskus.

[118] Al-Ghazzī, Bd. III, S. 306-307, 368; Heyd, S. 70.

einem anderen Fall rief der *qāḍī* die *'ulamā'* zusammen, unternahm einen *majlis* und sandte dem *pasha* eine Nachricht, die bestimmte, was er zu tun und zu unterlassen habe [119]. Dieser Fall zeugt zwar von der unabhängigen Stellung des *qāḍī*, gibt aber genügend Hinweise auf die Stellung der *'ulamā'*. Die Gruppe der *'ulamā'* stand zwischen Regierung und Bevölkerung und diente als Vermittler: Während des Aufstandes im Jahre 1819 berieten sich die Aufständischen mit der *'ulamā'* und den Ältesten der Stadt über die Einstellung dieses Aufstandes. Sie versammelten sich in der *mahkama* bei dem *nā'ib al-qāḍī* und am Ende setzten die *'ulamā'* ein Dokument für eine Niederlegung der Waffen auf [120].

Eine berühmte *'ulamā'* -Familie in Aleppo war die al-Kawākibī Familie. Die Familie wird als:

"طائفة كبيرة أهل فضل ورياسة، ولهم طريقة معروفة اردبيلية... ولهم سيادة الشرف... وكلهم نقباء في حلب وشرفهم اشهر من كل مشهور..."

beschrieben [121]. Eine weitere respektierte *'ulamā'* - (und *a'yān* -) Familie Aleppos war die al-Jābirī Familie [122].

3.1.5. Die *ashrāf* - eine genealogische Interessengruppe

Die *ashrāf* in Aleppo stellten eine zusätzliche politische Macht dar. Auf den ersten Blick handelt es sich bei den *'ulamā'* und *ashrāf* um eine Gruppe. Dagegen handelt es sich nicht bei jedem *'ulamā'* um eine *ashrāf* oder bei allen *ashrāf* um *'ulamā'*. Im Gegensatz zur *'ulamā'* waren die *ashrāf* eine Gruppe mit einer Genealogie und erfreuten sich eines gesellschaftlichen StatusÕ auf Grund der Nähe zu und der Verwandtschaft mit dem Propheten Muḥammad [123]. In ähnlicher Weise wie die *janitscharen* waren auch die *ashrāf* eine lokale Machtgruppe, die ihren Einfluß in Aleppo während der osmanischen Regierung ausweiten konnte.

---

119 Aṭ-Ṭabbākh, Bd. III, S. 290, 316.
120 Ibid., Bd. III; S. 393.
121 Ibid., Bd. VI, S. 436.
122 Ibid., Bd. VII, S. 151-157.
123 Marcus, S. 61; Levi, S. 65-68.

Wie im Folgenden deutlich wird, hatte auch diese Gruppe bestimmte Interessen, die sie zu schützen suchte. Es liegen verschiedene Daten über ihre Anzahl vor: Bodman zählte 12.000 *ashrāf* in Aleppo; präsentierte jedoch bei einer anderen Gelegenheit zwei unterschiedliche Zahlen: zum einen 5.000-6.000 und zum anderen 50.000 Personen. Marcus zählte Tausende und stellte fest, daß ihre Anzahl im 18. Jahrhundert wegen Inhabern einer gefälschten Genealogie anwuchs. Auch Roux, der 50.000 zählte, ist dieser Meinung. Browne zählte in Aleppo 60.000 *ashrāf*[124], während Olivier und Sauvaget 3.000 - 4.000 Familien zählten [125]. Aber diese Differenz und Abweichungen sind mit der Annahme zu erklären, daß sich die niedrigen Ziffern auf Familienoberhäupter beziehen.

Der Vorsitzende der *ashrāf* in Aleppo war der *naqīb al-ashrāf*, der im allgemeinen ein *'ālim* hohen Ranges war und oft eine doppelte Tätigkeit ausübte, da er auch ein hanifitischer *muftī* war [126]. Der *naqīb al-ashrāf* in Istanbul ernannte den *naqīb al-ashrāf* von Aleppo aus einer der angesehenen *ashrāf* -Familien Aleppos auf eine Amtsdauer von einem Jahr und gegen Bezahlung, mit der Möglichkeit diese Ernennung zu erneuern und zu verlängern [127]. Aus diesem Grund wurde nicht immer derjenige mit den erforderlichen Eigenschaften zum Vorsitzenden ernannt. Da der *naqīb* auf ein Jahr oder länger (entsprechend der Bezahlung und den Beziehungen) ernannt wurde, hatte er die Möglichkeit zu unterdrücken, sich zu bereichern und Geschäfte zu machen [128]. Zu seinen Aufgaben gehörten: das Registrieren von Geburten und Sterbefällen; Eheschließungen (nur innerhalb der *ashrāf*); die Überwachung des *awqāf*, der von den *ashrāf* gestiftet wurde; Rechtssprechung unter den *ashrāf*; Repräsentanz der *ashrāf* im *diwān* und Schutz ihrer Rechte [129]. Während in Ägypten und in anderen Städten Syriens das Amt des

---

[124] Bodman, S. 96; Marcus, ibid.; AE B I 91, de Perdriau to de Peraslin, 8. Oktober 1769 und 17. August 1770; Browne, S. 442; Roux, S. 213.

[125] Olivier, Bd. II, S. 308; Sauvaget, S. 197.

[126] Al-Murādī, Bd. III, S. 85; Aṭ-Ṭabbākh, Bd. VI, S. 479-480; Marcus, ibid.; Über die Funktion des *naqīb* nach der traditionellen, islamischen Auffassung siehe: Al-Māwardī, S. 82-86.

[127] Gibb und Bowen, Teil 2, S. 93, 94, 100; Marcus, ibid.; Aṭ-Ṭabbākh, Bd. III, S. 288; Bd. VI, S. 179, 436; Al-Ghazzī, Bd. III, S. 305.

[128] Al-Ghazzī, ibid.

[129] Bodman, S. 83, 84.

naqīb al-ashrāf eine gesellschaftliche Funktion besaß, wurde ihm in Aleppo eine militärisch-politische Funktion hinzugefügt. Die militärisch-politische Streitkraft in Aleppo umfaßte eine große Anzahl von *ashrāf*, die ständig mit den einheimischen *janitscharen* kämpften. Der *naqīb al-ashrāf* war ihr militärischer und politischer Anführer. War er abwesend, so wurde er vom *qā'im-maqām* ersetzt[130].

Ein Beispiel für einen *naqīb al-ashrāf*, der seine Gruppe zum Erfolg führte, war Chelebi Efandi Muḥammad Ṭaha Zādeh, der einige Gouverneure dazu zwang die Stadt zu verlassen. Mit seinem Tod hatte die Herrschaft der *ashrāf* in Aleppo ein Ende und wurde erst von Muḥammad Efandi wieder ins Leben gerufen. Letzterer war 1793 *naqīb al-ashrāf* und *muftī* gewesen und arbeitete mit Ibrāhīm Agha Qattar Agasi, dem *muḥaṣṣil* von Aleppo, zusammen. Diese Kooperation hatte mit dem Ausbruch des Konfliktes zwischen *ashrāf* und *janitscharen* ein Ende [131]. Der *naqīb* nahm aktiven Anteil am wirtschaftlichen Leben und verstand es seine Stellung auszunutzen [132]. Auf der anderen Seite gibt es aber auch Beweise dafür, daß der *naqīb* als ausgleichender Faktor gegen den Gouverneur aktiv war und nicht zögerte, sich bei der Pforte über diesen zu beschweren. Ein Gouverneur wurde auf Grund seiner Beschwerde entlassen und ausgewechselt [133].

Vom genealogischen Standpunkt aus gesehen gehörten nicht alle *'ulamā'* zu den *ashrāf*, da jedoch viele *ashrāf* tatsächlich in den *madāris* lernten, verwischte sich der Unterschied zwischen ihnen sobald es sich um *ashrāf* handelte, die ebenfalls zur *'ulamā'* gehörten. Es wird daneben aber deutlich daß, was Tradition angeht, die *ashrāf* ein größeres Anrecht auf Respekt genossen. Die *ashrāf* besaßen daher einige Privilegien, die ihre besondere Stellung als genealogische Gruppe betonten und stärkten. Sie erfreuten sich der folgenden Privilegien:

---

[130] Aṭ-Ṭabbākh, Bd. III, S. 301; Gibb und Bowen, Teil 2, S. 101; Über ihren Anteil an den militärischen Streitkräften in Damaskus, siehe im Folgenden: Kap. 4.
[131] Burckhardt, Travels, S. 649.
[132] Al-Ghazzī, Bd. III, S. 305.
[133] Aṭ-Ṭabbākh, Bd. III, S. 310.

1. Ein unabhängiges Justizsystem und ein besonderes Gefängnis, das vom *naqīb* verwaltet wurde.
2. Begrenzte finanzielle Sonderrechte. Sie waren aber nicht gänzlich von den Steuern befreit [134].

Wie in allen anderen höhergestellten Statusgruppen, so gab es auch bei den *ashrāf* eine Differenzierung in Bezug auf Vermögen und Stellung. Die *ashrāf* waren auf allen gesellschaftlichen Ebenen in Aleppo vertreten. In der Gruppe befanden sich: Pförtner, Schlachter, Händler von Gebäck und Mehl, Seiler und Textilarbeiter. Unter ihnen befanden sich viele Notabeln der *'ulamā'* dieser Stadt sowie mehr oder weniger privilegierte Händler und Handwerker. Ein Beispiel stellt die Familie Kilanī dar, die in der Sattelherstellung tätig war[135]. Die *ashrāf* standen gesellschaftlich auf einer höheren Stufe als die *janitscharen*. Dies wird dadurch erklärt, daß die *ashrāf* einen Teil der *'ulamā'* und der *efandīyya* unter sich zählten. Die meisten von ihnen erhielten eine gewisse Bildung. Der Unterschied im Bildungsniveau zwischen den *ashrāf* und den *janitscharen* war so groß, daß man z.B. unter 100 *janitscharen* kaum fünf finden konnte, die des Lesens und Schreibens mächtig waren. Aṭ-Ṭabbākh fügt hinzu, daß die Partei der *janitscharen* zusammen mit den sie Unterstützenden aus dem Kreise der Massen mehr als eine Partei der *ashrāf* ausmachten. Zu letzteren gehörten jedoch Notabeln, Günstlinge und Würdenträger:

"كان فيهم اكثر الخاصة والاعيان وذوي الوجاهة والمنظورين"

[136] d.h., daß die Gruppe der *janitscharen* durch ihre Quantität charakterisiert war, die der *ashrāf* als die gesellschaftlich angesehenere betrachtet wurde und somit qualitativ anders gestellt war.

Die *ashrāf* waren eine urbane Machtgruppe. Gegen Ende des 18. Jahrhunderts befanden sich die meisten Dörfer um Aleppo im Besitz der *ashrāf*. Sie repräsentierten

---

[134] Bodman, S. 92.

[135] Russell, Bd. I, S. 160; Al-Murādī, Bd. III, S. 132; Gibb und Bowen, Teil 2, S. 93; Browne, Travels, S. 442.

[136] Aṭ-Ṭabbākh, Bd. III, S. 239, 300, 312; Burckhardt, Travels, S. 651, 652.

also die Interessen der Ländereibesitzer. Sie konzentrierten sich - im Gegensatz zu den *janitscharen* - nicht in besonderen Wohnvierteln. Eine große Konzentration von *ashrāf* befand sich in dem Vorort unter dem Bāb al-Nasr. Die Wohlhabenden unter den *ashrāf* wohnten neben Bānqūsa [137]. Ähnlich wie die *janitscharen* waren auch sie mit der Bevölkerung durch ein verzweigtes Netz von Klientelismus, wirtschaftlicher Abhängigkeit und dem Verleihen von materiellen Vorteilen verwoben. Unter den *ashrāf* gab es Intrigen, die z.B. in dem politischen Kampf zwischen der Familie Kawākibī und der Familie Chelebi zum Ausdruck kamen [138].

In der zweiten Hälfte des 18. Jahrhunderts wirkten in Aleppo einige Faktoren, welche die *ashrāf* zu einer Gruppe mit politischer und wirtschaftlicher Macht machten: ihr Besitz der meisten Dörfer um Aleppo; ihre religiösen Ämter; die Stellung des *naqīb* als ein von der Hauptstadt Beauftragter und sein Platz im *diwān*; Einheit auf Grund von Blutsverwandschaft; Privilegien welche sie genossen sowie die Notwendigkeit diese zu schützen, machten die Einrichtung einer Streitmacht notwendig. Nachdem sie eine Stellung politischer und wirtschaftlicher Macht erreicht hatten, begann ihr Kampf mit den *janitscharen* um den Einfluß in der Stadt, der - jedoch nicht auf lange - die oben erwähnten Interessen wahren und erweitern sollte [139]. Von dem Moment an, an dem sie zu einer politischen Macht wurden, fallen einige Faktoren auf, die ihre Position schwächten: Zwischen dem *naqīb* und den unteren Schichten gab es keinerlei verbindende, überbrückende oder beaufsichtigende Organisationen und die fehlende Solidarität zwischen den oberen Schichten führte dazu, daß sie ihre Stellung als politische Macht nicht halten konnten [140].

Zu Beginn des 19. Jahrhunderts wurden die *ashrāf* schwächer und die *janitscharen* stärker. In dieser Lage ist ein Überlaufen der *ashrāf* zu den *janitscharen* zu

---

[137] Russell, Bd. I, S. 12, 326-327; Burckhardt, Travels, S. 129, 651-652; Al-Ghazzī, Bd. III, S. 305; Aṭ-Ṭabbākh, Bd. VII, S. 172-173; Bodman, S. 20, 97; Taoutel, daftar 55.

[138] Aṭ-Ṭabbākh, Bd. VII, S. 21, 69; Bodman, S. 101, 142, 143.

[139] Siehe im Folgenden: Kap. 3.2.

[140] Bodman, S. 142.

beobachten, mit der Absicht Privilegien zu wahren oder zu erwerben [141]. Die Ermordung der Anführer der *janitscharen* in den 20er Jahren des 19. Jahrhunderts führte zum Sieg der *ashrāf* [142]. Tatsächlich verloren die *ashrāf* jedoch auf Grund der Stabilisierungstendenz der Zentralregierung und der Unterstützung der ägyptischen Besatzungsregierung die Chance die Stadt zu regieren.

Als die Osmanen nach Syrien zurückkehrten, ernannten sie 'Abd-Allāh Babolsi zum *mütasallim* von Aleppo. Gleichzeitig unterstützten sie jedoch die mit den *ashrāf* rivalisierende lokale Gruppe, indem sie deren Anführern erlaubten im *majlis* zu dominieren. Zwei Familien besaßen das Monopol über die Sitze im *majlis*: die Familie des Sharif Ṭaha Aghāsi und die Familie Jābirī, deren Oberhaupt der *muftī* Muḥammad el-Jābirī war. Darüberhinaus ernannten sie Yūsuf Bey Sharif (den Anführer der *ashrāf*) zum *qā'im-maqām* Aleppos [143].
Wie bereits erwähnt, wandelten sich die *ashrāf* in Aleppo in der zweiten Hälfte des 18. Jahrhunderts zu einer bewaffneten wirtschaftlichen und politischen Macht. Wie im Folgenden zu sehen sein wird, hatte diese Gruppe aktiven Anteil am Machtkampf in der Stadt. Hier stellt sich die Frage, warum die *ashrāf* in Aleppo im Gegensatz zu den *ashrāf* in Damaskus, die Stellung einer Machtgruppe erreichen konnten [144]. Folgende Faktoren und Gründe scheinen hierfür verantwortlich:

1. Die relativ große Anzahl von *ashrāf* in Aleppo.
2. Die Verbindung zwischen ihrer Anzahl und ihrer wirtschaftlichen Macht.
3. Um ihre Interessen zu wahren, waren die *ashrāf* in Aleppo gezwungen zu einer bewaffneten Streitmacht gegen eine einheimische bewaffnete Gruppe (die *janitscharen*) zu werden. In Damaskus dagegen existierte eine bewaffnete Streitmacht wie die *qapūqūl*, die ihnen durch die Bekämpfung und die Neutralisierung der *yerliya* oder der *janitscharen* diese Arbeit

---

[141] Burckhardt, Travels, S. 651, 652.
[142] Al-Ghazzi, Bd. III, S. 352.
[143] Taoutel, Bd. III, S. 16-28; Paton, S. 247-248.
[144] Wie im Folgenden in Kap. 4. zu sehen sein wird.

abnahm [145].

4. Dem Gouverneur in Damaskus standen mehr besoldete Einheiten zur Verfügung als dem Gouverneur Aleppos.

5. Die Stabilisierung der Regierung in Damaskus durch lokale Faktoren mäßigte die internen Spannungen in der Stadt.

3.2. Der Machtkampf um die Regierung der Stadt

Es handelt sich hierbei um einen unaufhörlichen Kampf von Koalitionen, um den Abbruch von Beziehungen und den Aufstieg von politischen Kräften in Aleppo sowie deren Niedergang. Während der Unruhen kann man einen fortwährenden Niedergangsprozeß beobachten, der durch Naturkatastrophen noch weiter gefördert wurde und die Stadt zum Schatten ihrer selbst werden ließ. In diesem Machtkampf waren persönliche Ambitionen, familiäre Konkurrenzen, wie auch Kämpfe zwischen den verschiedenen Gruppen im Spiel. Religiöse Gründe oder Faktoren sind hier nicht auszumachen. Der hier entstandene Konflikt verlief parallel zu den osmanischen Versuchen die Stadt Aleppo und ihre Provinzen zu beherrschen [146].

Das Jahr 1769 war das erste ausschlaggebende Jahr hinsichtlich des Machtkampfes in Aleppo. Die *janitscharen* aus Aleppo zogen als Verstärkung in den russisch-osmanischen Krieg, der mit dem *küçük kaynārca*-Vertrag beendet wurde. Ihre Abwesenheit in der Stadt verlieh den *ashrāf* die Möglichkeit ihre politische Stellung zu stärken, indem sie die Schwäche des *mütasallim*, der in der Stadt verblieben war, ausnutzten. Die *ashrāf* nutzten das entstandene Vakuum, revoltierten, erzeugten Unruhen und zwangen den *mütasallim* die *dali* -Garde gegen die *ḥurrās*

---

[145] Siehe dazu: Anm. 144. Auf der anderen Seite brachen im 18. Jahrhundert in Damaskus zwischen den *ashrāf* und den *qapūqūl* Konflikte aus. Über den Grund für den Ausbruch dieser Konflikte gibt es keine Erklärung. Wie im Folgenden gezeigt werden wird, unterstützten die *ashrāf* im Konflikt zwischen *yerliya* und *dalatiya* im Jahre 1757 die *yerliya*, während die *dalatiya* die qapūqūli unterstützen; Al- Budairi, S. 199-206; Al-Murādī, Bd. II, S. 61; Al-Munajjid, S. 61; Buraik, S. 44.

[146] Al-Ghazzī, Bd. III, S. 301, 306, 307, 312, 313, 315, 324, 239; Aṭ-Ṭabbākh, Bd. III, S. 280-283, 296, 297, 299, 304, 312-317; Paton, S. 288; Olivier, Bd. IV, S. 186; Burckhardt, Travels, S. 650; Qarā'lī, S. 48; Gibb und Bowen, Teil 1, S. 206; Bodman, S. 114, 118, 119, 122, 124, 125; Barker, Bd. I, S. 168.

(die Nachtwächter auf den Märkten) auszutauschen. Mit der Rückkehr der *janitscharen* vom Schlachtfeld brach der Konflikt offen aus [147]. Die Tatsache, daß die Quellen bis zu dem erwähnten Datum nicht ausführlich über die durch die *janitscharen* hervorgerufenen Probleme informieren, zeugt nicht von fehlender Macht oder Schwäche, sondern von der Tatsache, daß sie von den Gouverneuren kurz gehalten wurden und eine recht lange Periode benötigten, um sich von den Schlägen zu erholen, welche auf sie niedergegangen waren und sie ohne Anführer gelassen hatten [148].

Von Zeit zu Zeit, wie mit dem Zug der *janitscharen* in die Kriege der Pforte, entstand in der Stadt ein Vakuum, welches die *ashrāf* auszufüllen suchten. Mit ihrer Rückkehr von der Front wurden die *janitscharen* dazu aufgerufen die Situation wieder ins Lot zu bringen. Sie fürchteten so sehr um ihre Stellung, daß sie sich sogar weigerten dem *katkhūda naqīb zādeh* Muṣṭafa al-Ṭarāblusī, der den *jisr al-shughr* belagerte, zu Hilfe zu kommen. Eine Bedrohung seitens des *pasha* provozierte einen erneuten Aufstand - dieses Mal mit der Unterstützung des *qāḍī* und *muftī* [149]. Im Verlaufe des Aufstandes erreichten die *janitscharen*, auf Grund ihrer Anführerschaft, eine höhere Machtposition. Im Gegensatz dazu werden die *ashrāf* als Partner im kollektiven Sinne nicht erwähnt, obwohl sie auf individueller Ebene bestimmt daran teilgenommen haben. Diese Tatsache in Bezug auf den Anteil der *ashrāf* am Aufstand deutet darauf hin, daß sie vom Chelebi Efandi *naqīb el-ashrāf* kurzgehalten wurden. Seine Oberherrschaft hatte im Verlauf des Aufstandes mit seiner Verbannung aus der Stadt ein Ende. Die *ashrāf* waren ohne Anführer geschwächt und die *janitscharen*, obwohl immer noch nicht sehr stark, kontrollierten die Stadt [150]. Im Jahr 1778 entstand in der Stadt ein zusätzliches Vakuum durch die Abwesenheit des Vertreters der Zentralregierung, des Gouverneurs. Dieses Vakuum schuf Raum für eine zusätzliche Auseinandersetzung

---

[147] Bodman, Einführung, S. VIII; Idem., S. 116, 127, 136.
[148] Al-Ghazzī, Bd. III, S. 298; Barker, Bd. I, S. 140.
[149] Aṭ-Ṭabbākh, Bd. III, S. 281-282, 290, 312.
[150] AE B I 93, de Perdriau, Relation qui s'èst passe au sujet de l'expulsion d'Aly Pacha; Bodman, S. 113.

zwischen *janitscharen* und *ashrāf.* Viele *ashrāf* ließen ihr Leben in dieser Auseinandersetzung, welche anscheinend jedoch unentschieden endete. Diese Schlußfolgerung drängt sich auf, weil eine bedeutende Anzahl von *janitscharen* zu dem *shaykh* des *mawali* geflohen waren [151]. 1786 wurde der Gouverneur Muṣṭafa Pasha von Aleppo nach Erzerum versetzt und hinterließ in Aleppo einen *mütasallim* . Die Autorität und die eigentliche Regierung der Stadt verblieb weiterhin in den Händen von Chelebi Efandi und Aḥmad Agha Ḥummuṣa. Chelebi Efandi war der *muḥaṣṣil*, *muftī* und Anführer der *ashrāf* (es ist nicht eindeutig, ob er gleichzeitig auch *naqīb* war) - auf jeden Fall also eine hochgestellte Autoritätsperson der Stadt. Mit seinem Tod im Jahr 1786 erwarb 'Abd Allāh Ibn Muṣṭafa al-Jābirī seine Nachfolge als *muftī* und wurde zum neuen politischen Aufsteiger der Stadt[152].

Zwischen Februar 1798 und Mai 1799 gab es in Aleppo Kämpfe zwischen *janitscharen* und *ashrāf.* Obwohl der *mütasallim* und seine Truppen den *ashrāf* zur Seite standen, endete der Kampf mit dem Sieg der *janitscharen.* Auf Grund dieses Bürgerkrieges kam ein neuer Gouverneur in die Stadt, Ibrāhīm Agha, der den seit drei Jahren in der Stadt herrschenden *mütasallim* ablöste [153]. 1802 wurde in Aleppo eine *sulh* zwischen *janitscharen* und *ashrāf* durchgeführt. Danach erfolgte ein Erlaß des *sultan*, welcher 43 Anführer der *janitscharen* aus der Stadt verbannte [154]. 1804 nahm der Gouverneur Aleppos, Ibrāhīm Pasha, die *aghas* der *janitscharen* gefangen. Die *janitscharen* und *ashrāf* beantworteten diese Verhaftung mit einem gemeinsamen Aufstand. Die Christen Aleppos schloßen sich dem Aufstand an und der Gouverneur wurde aus der Stadt gewiesen. In dem hier behandelten Zeitraum befanden sich die Macht und Herrschaft der Stadt in den Händen des *janitscharen* Yasin Agha und des *sharīf* as-Sayyid Ḥasan Ibn al-Khalāṣ, während der *muftī* 'Abd Allāh Efandi al-Jābirī zwischen ihnen vermittelte[155]. Im selben Jahr suchte der Gouverneur Muḥammad Pasha den Konflikt zwischen den Gruppen

---

151 Aṭ-Ṭabbākh, Bd. III, S. 285; Bodman, S. 114.
152 Aṭ-Ṭabbākh, Bd. III, S. 296; Bd. VI, S. 101.
153 Bodman, S. 119.
154 Al-Ghazzī, Bd. III, S. 316; Burckhardt, ibid.
155 Bodman, S. 122, 123; Das Thema der Teilnahme der Christen und ihre Stellung wird gesondert behandelt.

auszunutzen und trieb einen Keil zwischen die beiden. Die *ashrāf*, die sich vor der zunehmenden Kontrolle der *janitscharen* fürchteten, standen dem Gouverneur zur Seite. Beide Gruppen bekämpften sich gegenseitig, während der Gouverneur daneben stand und wartete, daß seine Arbeit von den beiden Gruppen selbst geleistet wurde. Nachdem die *janitscharen* die *ashrāf* fast besiegt hatten, kam der Gouverneur den *ashrāf* mit seinen Truppen zu Hilfe. Jetzt wurde der Krieg zwischen den *janitscharen* und dem Gouverneur geführt, während die *ashrāf* den Gouverneur unterstützten. Nach zweijährigem Kampf wurden die *janitscharen* besiegt und zögerten nicht, sich an die ausländischen Konsuln zu wenden, damit diese zwischen ihnen und dem *pasha* vermittelten. Nachdem die *janitscharen* ein geheimes Dokument entdeckt hatten, welches Muḥammad Pasha seines Amtes in Aleppo enthob, stellten sie die *fitna* ein und gelangten mit den *ashrāf* zu einer Einigung. Von diesem Moment an wurden die *janitscharen* zu den Herren der Stadt. Der oben erwähnte Kampf symbolisierte das Ende der Existenz der *ashrāf* als ernstzunehmende Gegner im Kampf um die Regierung der Stadt und den Beginn einer achtjährigen Hegemonie der *janitscharen*. Es verblieben zwar einige politisch ehrgeizige *ashrāf*, die sich jedoch, weil sie ihre Zukunft im Rahmen ihrer Gruppe verloren hatten, anderweitig orientierten und den *janitscharen* anschloßen. Wenigstens einer unter ihnen erreichte sogar eine führende Position bei den *janitscharen* [156]. Da es in der Stadt keinen mächtigen Gouverneur gab, hatten die *janitscharen* Zeit sich zu organisieren und ihre Stellung als Herrscher der Stadt zu etablieren. Diesbezüglich gingen die *janitscharen* aus dem oben erwähnten Kampf gestärkt hervor.

Die *janitscharen* kontrollierten zwar die Stadt, waren jedoch - da sie unter ständiger Bedrohung und Angst vor einer Aktion gegen sie seitens der Pforte lebten - darauf bedacht, die Zentralregierung nicht zu verärgern und achteten darauf den *mīrī*, *kharāj* sowie andere Steuern rechtzeitig weiterzuleiten. Als Gegenleistung gestattete ihnen die Pforte aus der Verwaltung und Herrschaft über die Stadt Nutzen zu

---

[156] Burckhardt, Travels, S. 651, 652; Al-Ghazzī, Bd. III, S. 221-320. Der Aspekt der Funktion der ausländischen Konsuln wird im Folgenden behandelt.

ziehen. Sobald jedoch eine Gruppe über die Stadt herrscht, welche die Versorgungsquellen, das Gewerbe, das Handwerk und den *iltizām* kontrolliert, sind interne Meinungsverschiedenheiten unvermeidbar. Die Gruppe der *janitscharen* teilte sich: der einen Gruppe stand Aḥmad Agha Ḥummuṣa vor, der Vorsitzende der zweiten Gruppe war Ibrāhīm al-Ḥarbali. Die erneute Ernennung ihres alten Feindes Ibrāhīm Pasha zum Gouverneur Aleppos vereinte beide aufs Neue. Seine Ankunft in Aleppo im Jahr 1807 schuf Spannungen zwischen ihm und den *janitscharen*, die jedoch nicht zu offenen Ausbrüchen führten [157].

Im September 1811 traf ein neuer Gouverneur in Aleppo ein - Raghib Pasha. Seine Ankunft symbolisierte und reflektierte die Absicht Muḥammad des II., Reformen durchzuführen. Die erste Bedingung für einen Erfolg derselben war eine wirkliche Stabilisierung der Oberherrschaft der Zentralregierung über die Provinzen. Obwohl seine Ankunft als Schritt gegen die *janitscharen* interpretiert wurde, betrat er die Stadt auf der Basis einer Einigung mit den *janitscharen*. Zum Abschluß wäre zusammenfassend zu sagen, daß die *janitscharen* während der Regierungszeit des Raghib Pasha ihre Stellung beibehielten und weiterhin ebenso mächtig blieben wie vor seiner Ankunft [158]. Erst Chapan Ūghlu Jalāl-al-Din Muḥammad Pasha, der 1813 sein Nachfolger wurde, konnte die *janitscharen* in Aleppo zerschlagen und die osmanische Regierung in der Stadt stabilisieren [159]. Aus diesem Grund verhielt sich das Verhältnis der *janitscharen* in Aleppo proportional zur Stärke oder Schwäche des Gouverneurs.

Im Oktober 1819 brach in Aleppo ein weiterer Aufstand aus. Folgende Faktoren standen im Hintergrund:

1. Hohe Steuern, die einer Bevölkerungsabnahme auf Grund von Emigration und Epidemien gegenüberstanden.
2. Niedergang des Handels und Handwerks in Aleppo.

---

[157] Burckhardt, Travels, S. 653-654; Bodman, S. 126.
[158] Ibid., S. 129, 130; Rousseau, Neuvieme Bulletin, 13.-18. Oktober 1811, cc Alep XXIV f 416 R+V.
[159] Al-Ghazzī, Bd. III, S. 319-321.

3. Finanzielle Schwierigkeiten auf Grund der Ankunft von Abordnungen zur Unterdrückung der Aufstände.
4. Schäden, die von den in der Stadt stationierten Truppen des Gouverneurs verursacht wurden.

Die direkten Ursachen waren:

1. Eine Brotknappheit auf den Märkten.
2. Eine Epidemie, die von Damaskus auf Aleppo übergriff und den Prozeß einer entstehenden Lebensmittelknappheit beschleunigte.
3. Die Stadt befand sich in den Händen eines *mütassallim*.
4. Die Passivität des Gouverneurs gegenüber der allgemeinen Unzufriedenheit der Massen[160].

Dieses Mal wurde der Aufstand, der 1820 niedergeschlagen wurde, von den *ashrāf* initiiert und die *janitscharen* schloßen sich an. Während des Aufstandes wurde erneut die Tatsache demonstriert, daß Aleppo nicht fähig war, auf lange Sicht als eine geeinte Stadt zu funktionieren [161].

Al-Ghazzī stellte in seinem Überblick über die Geschichte der *janitscharen* in Aleppo fest, daß ihre Macht Ende der 20er Jahre des 19. Jahrhunderts gebrochen wurde, erklärte jedoch nicht aus welchem Grund [162]. Wahrscheinlich ereignete sich dies nach der Liquidierung der Streitmacht der *janitscharen* im Jahr 1826 in Istanbul, nach welcher der *sultan* auszog der Autonomie in den Provinzen ein Ende zu setzen. Diese Versuche wurden von der einheimischen Opposition vereitelt[163]. Mitteilungen aus dem Jahre 1830 kann man jedoch die Aufstellung

---

[160] Ibid., Bd. III, S. 324-329.
[161] Qarā'li, S. 324-329; Über die *'ulamā'* als Vermittler siehe im Folgenden: Kap. 3.1.3.1.
[162] Al-Ghazzī, Bd. III, S. 352.
[163] Lewis, Emergence, S. 77-78; Ma'oz, Ottoman Reform, S. 2-3, 10; Bodman, S. 128; Wie im Folgenden in Kap. 4. im Absatz über den Machtkampf in Damaskus zu sehen sein wird, so zerfiel nach ihrer Vernichtung in Baghdād und Aleppo auch die Streitmacht der *yerliyya* in Damaskus. Das Gerücht, daß der Gouverneur Selim (der ehemalige Großwesir, der die *janitscharen* in Istanbul vernichtet hatte) 1831 nach Damaskus komme um die *yerliya* zu liquidieren, schloß den dortigen Zerfall ab; Siehe auch: Adib al-Ḥuṣni, Bd. I, S. 458; Al-Qasāṭili, S. 87.

neuer Truppen nach europäischem Vorbild entnehmen. Die Bevölkerung war aus religiösen Gründen gegen die Aufstellung solcher Truppen und die *'ulamā'*, die diesen Protest anführten, stifteten die Bevölkerung dazu an, die Einzugsquote zum Militär nicht zu erfüllen [164]. Wiederum wird deutlich wie die *'ulamā'* in ihrer Opposition gegen die Reform dem Beispiel der *'ulamā'* in Istanbul folgten. Auf der anderen Seite liegen Mitteilungen aus dem Jahr 1842 vor, die berichten, daß die *janitscharen* und *ashrāf* nicht gänzlich liquidiert wurden. D.h., daß während der ägyptischen Regierungsperiode in Aleppo die *janitscharen* eine Gruppe ohne breite Führungsschicht waren. 'Abd-Allāh Babolsi war der starke und einflußreiche Mann unter ihnen [165]. Yūsuf Bey Sharif war der Anführer der *ashrāf* in dieser Zeit [166]. Zur Zeit der ägyptischen Regierung wurde ein Teilerfolg erzielt, als die Autorität der lokalen Führungsschicht durch die Einführung einer ägyptischen Regierung als alleinige Autorität und durch regulären Einzug zur Armee und die Abrüstung in Frage gestellt wurde. Dies sollte die militärische Macht der großen einheimischen Familien und der urbanen Organisationen, wie auch die Einführung von Veränderungen im Rechtssystem blockieren [167]. Nur Ibrāhīm, der ägyptische *pasha*, konnte des Streites zwischen den lokalen Gruppen Herr werden und die Stadt beherrschen. Zu diesem Zweck ernannte er 'Abd-Allāh Babolsi zum *mütasallim* von Aleppo [168]. Während der 40er Jahre des 19. Jahrhunderts kehrte die Innenpolitik in Aleppo in jenen Zustand zurück, in dem sie sich in der Zeit vor der ägyptischen Regierung in Syrien befunden hatte [169]. Ein erneuter Versuch seitens der Zentralregierung auf der internen Konkurrenz zwischen den gegnerischen Kräften aufzubauen, wird deutlich. Sie fand sich jedoch bald ohne Macht und Möglichkeit die Stadt zu beherrschen wieder, als nämlich die Anführer der *janitscharen* und

---

[164] Joseph Malivoire an das Ministerium, 22. Februar und 15. November 1850, cc Alep XXIX 77 16R und 51V; Bodman, S. 138.

[165] Ibid., S. 139; Paton, S. 245, 246.

[166] Ibid., S. 248; Taoutel, Bd. III, S. 26-28.

[167] Ma'oz, Reform, S. 14-15; Hofman, S. 33-44, 46-47, 52, 159, 364-366; FO 78/243 Farren an Pelmerston, Damaskus 30. Januar 1834; FO 78/262 30. Januar 1835; Rustum, Al-Uṣūl, Bd. II, S. 51, 99.

[168] Paton, S. 245.

[169] Ma'oz, Balance of Power, S. 293; Die folgenden Zeilen, die sich mit dem Aufstand von 1850 befassen, basieren grundsätzlich auf dem oben erwähnten Artikel von Ma'oz.

ashrāf zu einer Einigung gelangten [170]. Ein osmanischer *pasha* konnte nur dann in der Stadt herrschen, wenn ihm zumindest eine der beiden streitenden Parteien zur Seite stand.

Erst im Jahre 1850 wagte es die osmanische Regierung diese lokalen Gruppen offen anzugreifen: der Gouverneur Muṣṭafa Zarif Pasha zwang die Anführer beider Fraktionen Steuernachzahlungen zu leisten, welche über die *iltizāms* erhoben wurden. Er drohte ihnen sogar mit Verhaftung und der Konfiskation von Eigentum[171]. 'Abd-Allāh Babolsi wurde vom Amt des *mütasallim* entbunden und ihm wurde untersagt die *muqaṭa'at al-amiriya* -Steuern zu erheben [172]. Dieses Unterlaufen 'Abd-Allāh Babolsis sowie der Ursprung seiner Stärke und Macht, stellte einen der Faktoren dar, die 1850 zum Aufstand führten. Die anderen Faktoren waren Wehrpflicht der Einwohner Aleppos und die Auferlegung der *ferde* -Steuer [173].

Nach seiner Amtsentlassung ging 'Abd Allāh zu Yūsuf Bey Sharif, dem Anführer der *ashrāf*, und schlug ihm seine Kooperation bei der Anstiftung zum Aufstand vor und dafür die Wehrpflicht und *ferde* -Steuer, die den Bewohnern Aleppos auferlegt worden waren, zu nutzen. Er nahm an, daß die Zentralregierung gezwungen sein würde, sie um Hilfe für die Niederschlagung des Aufstandes zu bitten und als Belohnung dafür auf die Erhebung der Steuernachzahlungen verzichten würde [174]. Die *ashrāf* sagten ihre Hilfe zu, teilten jedoch außer den Steuernachzahlungen nicht die Motive, welche 'Abd-Allāh Babolsi antrieben. Da sie Eigentum besaßen, waren sie mit der Forderung der Bevölkerung, die durch die *janitscharen* vertreten wurde, nicht einverstanden, die *ferde* -Steuer durch die *turābiyya* - Einkommenssteuer zu ersetzen [175]. Auch waren sie nicht in gleichem Maße wie die *janitscharen* durch die Einberufung zur Armee betroffen. Die *ashrāf* hatten

---

[170] Paton, S. 247, 248; Taoutel, Bd. III, S. 26-28; Al-Ghazzi, Bd. III, S. 371-372.
[171] Al Gazzi, ibid.
[172] Ma'oz, Balance of Power, S. 294.
[173] Ibid.; Al-Ghazzi, Bd. III, S. 372-383. Über die Verwicklung der Nicht-Muslime in den Aufstand siehe im Folgenden.
[174] Al-Ghazzi, ibid., Bd. III, S. 372; Qarā'li, S. 79-80.
[175] Ma'oz, Balance of Power, S. 294; Al-Ghazzi, Bd. III, ibid.; Taoutel, Bd. III, S. 109.

dagegen jedoch noch ein weiteres Motiv, welches die *janitscharen* nicht voll teilten. Es handelt sich um ihre Opposition zur Gleichberechtigung der Nicht-Muslime, welche ihre Gefühle verletzte, einerseits auf Grund deren überproportionalen Repräsentanz im *majlis* und andererseits auf Grund des wachsenden religiösen Fanatismus [176].

Die Annahme, die *ashrāf* in Aleppo wären bereit gewesen ihre Stellung auf Grund dessen zu gefährden, ist jedoch zweifelhaft. Während die *janitscharen* in diesem Aufstand nur gewinnen und nicht verlieren konnten, hatten die *ashrāf* nur wenig zu gewinnen, jedoch viel zu verlieren. Dies liegt daran, daß sie sich erst vor kurzem in der lokalen Regierung auf Grund ihrer Kontrolle des *majlis*, des Rechtssystems und der religiösen Institutionen etabliert hatten. Auf diese Weise verknüpften sie ihr Schicksal mit dem der osmanischen Regierung und so ist auch ihre ambivalente Wertung des Aufstandes zu verstehen. Offenbar waren sie damit einverstanden mit den *janitscharen* zu kooperieren. Sie hielten jedoch gleichzeitig dem Gouverneur die Treue. Anscheinend gingen die *ashrāf* davon aus, daß ihr großer Konkurrent 'Abd-Allāh Babolsi im Falle eines Scheitern des Aufstandes vernichtet würde, und daß sie auf diese Weise zumindest ein Ziel erreichen würden[177]. Im weiteren Verlauf des Aufstandes unterstützten die *ashrāf* jedoch offen den Gouverneur und die Zentralregierung[178]. Der Aufstand wurde niedergeschlagen und Hunderte von Aufständischen sowie ihre Anführer wurden verhaftet und verbannt. Auch der Gouverneur, Muṣṭafa Ẓarīf Pasha, wurde entlassen und durch Muḥammad al-Qibriṣī ersetzt, der im Dezember 1850 in Aleppo eintraf und Schritte zum Vollzug der Bestrafung der Aufständischen unternahm: Er setzte den Einzug zur Armee in die Praxis um und entschädigte die Christen; er unternahm Schritte zur Vernichtung der lokalen Führung und verbannte Yūsuf Bey Sharif, den *muftī* von Aleppo und weitere *a'yān* [179]. Darüberhinaus entfernte er die *a'yān* aus dem

---

[176] Al-Ghazzī, Bd. III, S. 375; Ma'oz, ibid, S. 292, 294, 295.
[177] Ma'oz, ibid, S. 295; Zum Aufstand selbst siehe: Al-Ghazzī, Bd. III, S. 366-383; Qarā'li, S. 79; Taoutel, Bd. III, S. 143.
[178] Ma'oz, ibid.; Qarā'li, S. 90-91; Al-Ghazzī, Bd. III, S. 379-380.
[179] Ibid., Bd. III, S. 381-382.

majlis und ernannte an ihrer Stelle Muslime aus den unteren Schichten sowie Vertreter aus dem Kreise der Nicht-Muslime [180]. Nach der Unterdrückung des Aufstandes im Jahre 1850 ging der Kampf zwischen dem Gouverneur und den lokalen Gruppen in den *majlis* über [181]. Es sollte hier bemerkt werden, daß die Bevölkerung - die schweigende Mehrheit - den Preis für diesen Machtkampf zu zahlen hatte. Es handelte sich dabei um die Einwohner der Stadt, Händler, Handwerker sowie andere Berufe und deren Familienangehörige. Muslime und Nicht-Muslime (Christen und Juden) waren beide nur Figuren auf dem Schachbrett der internen Politik, da sie sich in einem Patron-Klienten Verhältnis, unter Schutzherrschaft und in gegenseitiger Abhängigkeit von den oben erwähnten Anführern der Gruppen befanden [182].

---

[180] Taoutel, Bd. III, S. 146; Ma'oz, Balance of Power, S. 297.

[181] Ma'oz, ibid.

[182] Die Stellung der Nicht-Muslime wird im Folgenden in Kap. 5., Abs. 5.5., der ihre Beziehungen zur lokalen Bevölkerung und den Vertretern der Regierung zum Thema hat, behandelt. Die Unruhen im Jahre 1860 in Damaskus und Aleppo (in Syrien und im Libanon) haben ihren Ursprung in der Zeit der ägyptischen Regierung.

4. Das politische und gesellschaftliche Gefüge in Damaskus

4.1. Unterteilung in Gruppen

Die traditionelle muslimische Aufteilung, die - wie in Kapitel 3. für Aleppo dargestellt wurde - die osmanische Gesellschaft in *janitscharen*, *'ulamā'* und *ashrāf* unterteilte, galt auch für Damaskus. Das politische und gesellschaftliche Gefüge in Damaskus während des behandelten Zeitraums ähnelte zwar dem in Aleppo, ist aber nicht mit diesem gleichzusetzen [1].

4.1.1. Die osmanische Verwaltung

Damaskus war, ähnlich wie Aleppo, eine Provinzhauptstadt sowie der Sitz des Gouverneurs, der auch der allgemeine Statthalter und der Hauptverantwortliche für den Sitz. Der Gouverneur war auch militärischer und ziviler Kommandant der Provinz. Er war Richter in strafrechtlichen Gerichtsverfahren. Unter seine Autorität fielen die Vollstreckung der Todesurteile für Mörder, jedoch nicht die gerichtlichen Prozesse an sich [2]. Wie im Folgenden zu sehen sein wird, gab es viele aus Damaskus gebürtige Gouverneure. Es handelte sich hierbei um Gouverneure aus der Familie al-'Azm und al-Makkī, obgleich betont werden sollte, daß die Berufung aus Istanbul erfolgte[3]. Der Gouverneur wurde bei der Ausführung seiner Aufgaben von zwei ihm direkt untergebenen Körperschaften unterstützt:

a. Seine persönlichen Assistenten, die den *dā'ira* des Gouverneurs stellten[4].

Der wichtigste unter seinen Assistenten war der *kahya* oder *katkhūda*, der

---

[1] Siehe im Folgenden: Das Thema der Nicht-Muslime und Fremden in Damaskus wird getrennt behandelt. Hier sollte kurz erwähnt werden, daß es in Damaskus im 18. Jahrhundert im Gegensatz zu Aleppo kaum Fremde gab. Auch die Anzahl der Nicht-Muslime in der Bevölkerung war niedriger als in Aleppo. Siehe im Folgenden: Kap. 5.2., 6.1., 7.2., und 8., wo geklärt werden soll, worin dieser Unterschied bestand und wie er sich auf die Eingliederung der Nicht-Muslime in Politik, Gesellschaft und Wirtschaft auswirkte.

[2] Al-Budairī, S. 33, 43, 160, 173, 181. Die zivile Rechtssprechung lag in den Händen des *qāḍī*, Siehe im Folgenden.

[3] Wie in Kap. 3. ersichtlich wurde, wurden in Aleppo - im Gegensatz zu Damaskus - Nicht-Einheimische berufen. Im weiteren Verlauf des Kap. soll der Grund für die spezifische Situation in Damaskus untersucht werden.

[4] Ibrāhīm Al-'Aura, S. 84, 104, 385, 388.

auch für die Verwaltung der *dā'ira* verantwortlich war und den Gouverneur bei dessen Abwesenheit vertrat. In letzterem Fall wurde der *kahya mütasallim* genannt. Weitere wichtige Assistenten waren der *khazīndār* (der für die Finanzen des Gouverneurs Verantwortliche) und der *silāḥdār* (der Verantwortliche für die Waffen)[5].

b. Söldner, die in Geld und Viehfutter ausgezahlt wurden, und einige Einheiten von mehreren Hundert Soldaten bildeten[6]. Die Einheiten waren: *maghāriba* (aus dem Maghreb stammendes Fußvolk), *levend* (aus Syrien stammende kurdische Reiter), *dali* oder *dalātiya* (aus Syrien gebürtige kurdische und turkmenische Reiter), *tufinkjīya* (Fußvolk mit langen Gewehren), die im allgemeinen als Leibwächter des Gouverneurs fungierten und polizeiliche Aufgaben in der Stadt wahrnahmen[7]. Gegen Ende des 18. Jahrhunderts waren in der Armee des Gouverneurs *arna'uts* (albanische) und *hawāra* (vom Stamm der ägyptischen *hawāra*) Einheiten anzutreffen[8]. Dieses Söldnerheer stellte die einzige militärische Körperschaft (unter den vier militärischen Körperschaften in Damaskus), die direkt dem Befehl des Gouverneurs unterstand und ihm erlaubte zwischen den beiden Einheiten zu manövrieren. Bei den übrigen militärischen Körperschaften handelt es sich um die *qapūqūls*, die *yerlis* und die ihnen unterstellten *sipāhīs*. Aus Kapitel 3. ging bereits hervor, daß es während des hier behandelten Zeitraums in Aleppo keine *qapūqūls* gab und aus der oben aufgeführten Aufzählung der Söldner gab es dort nur die *dali* und die *tufinkjīya*.

Der Gouverneur von Damaskus benötigte eine solche militärische Streitmacht auf Grund seiner besonderen Aufgaben:

---

[5] Ibid., S. 160-167. Der Hof des Gouverneus war nach dem Vorbild des Hofes in Istanbul aufgebaut.

[6] Al-Budairī, S. 69, 96; Aṣ-Ṣiddīq, S. 82, 146; Ad-Dimashqī, S. 46.

[7] Gibb und Bowen, Teil 1, S. 99, 192; Al-Budairī, S. 129; Aṣ-Ṣiddīq, S. 82, 123.

[8] Ad-Dimashqi, S. 37.

a. Die Verwaltung der syrischen *ḥajj* -Karawane. Damaskus diente als Sammel- und Ausgangspunkt für den syrischen *ḥajj*, an den die Karawane auch zurückkehrte[9]. Der Gouverneur organisierte die Karawane, rüstete sie aus, begleitete sie mit seiner Armee und war für ihre Sicherheit und die Wasserversorgung in den Festungen am Wegesrand verantwortlich[10]. Die Ausgaben des Gouverneurs für die Organisierung des *ḥajj* waren groß. Nach Volney entband ihn die Hohe Pforte aus diesem Grund von der Jahressteuer. Bärbir behauptet, daß es sich hierbei um eine finanzielle Flexibilität der Pforte in Bezug auf die Ausgaben des Gouverneurs handelte, und daß daher die für die Karawane gesammelte Summe praktisch von der jährlichen Summe, die er nach Istanbul überwies, abgezogen wurde[11].

b. Die Wahrung der osmanischen Oberherrschaft, vor allem auf dem *jabal druze* und im Bekā‘ [12].

c. Die Zügelung des Kampfes zwischen den militärischen Gruppen *yerli* und *qapūqūli* [13].

4.1.2. Eine säkulare Interessengruppe - Die *janitscharen*

Nach der Eroberung Syriens durch die Osmanen wurden in Damaskus Streitkräfte der *janitscharen* stationiert [14]. Diese Garnison erhielt keine Verstärkung aus Istanbul und wurde nicht durch neue Regimenter ausgewechselt. Aus diesem Grund begannen die Oberhäupter der *janitscharen* -Regimenter ihre gelichteten Reihen durch die Einberufung von Damaszenern wieder aufzufüllen. Gegen Ende des 16. und zu Beginn des 17. Jahrhunderts wurden diese zu lokalen Regimentern namens *al-‘askar*

---

9 Volney, S. 322, schätzt die Anzahl der Pilger auf 30.000-50.000; Burckhardt, Travels, S. 656-661; Ad-Dimashqī, ibid.; Barbir, S. 109-111.

10 Burckhardt, Travels, S. 242-243; Barbir, S. 109-111, 133-167; Rafeq, The Province. S. 78, 178.

11 Volney, S. 313, 315 schätzt die Ausgaben des Gouverneurs auf 6.000 Beutel und weitere 1.800 Beutel Abgaben an die Beduinen. Er war von der Jahressteuer befreit und nur zu einer symbolischen Summe von 45 Beutel verpflichtet. Bezüglich der finanziellen Grundlage für die Verwaltung der Karawane siehe: Barbir, S. 110-125.

12 Al-Budairī, S. 42, 97-100.

13 Siehe im Folgenden: Kap. 4.1.2. und 4.2.

14 Shamir, S. 7.

ash-shāmī oder *al-junūd ash-shāmī* [15]. Zu dieser Zeit repräsentierte die Streitmacht eine mehr oder weniger organisierte, militärische Körperschaft. Bis Mitte des 17. Jahrhunderts erfüllte der *'askar ash-shāmī* in Damaskus die oberste militärische, politische und administrative Funktion [16]. 1658 schickte die Hohe Pforte eine Einheit von imperialen *janitscharen*, die *qapūqūls*, nach Damaskus[17].

Von diesem Zeitpunkt an bestanden in Damaskus zwei Einheiten der *janitscharen*:

a. Die *qapūqūls* : Die *qapūqūls* waren in der Festung untergebracht und zählten ungefähr 600 Personen, die einer permanenten Rotation unterlagen[18]. Sie gehörten teils dem Fußvolk, teils den Reitern an [19]. Sie setzten sich aus *janitscharen*, die nicht aus Damaskus stammten, aus Türken und Leuten aus Baghdād und Mosul zusammen [20]. Gegen Anfang des 19. Jahrhunderts dienten auch einige Damaszener in der Einheit [21]. Das Oberhaupt war ein *agha*, der sowohl seine Berufung als auch seine Befehle vom *agha* der *janitscharen* in Istanbul erhielt. Ihre Hauptaufgabe war die Festung Damaskus, welche eine Stadt für sich war und nur dem *sultan* und nicht dem Gouverneur gehörte, zu halten und zu bewachen[22]. Es ist unklar, ob die *qapūqūli* auch im 18. Jahrhundert die administrativen Funktionen, die 1658 dem *'askar ash-shāmī* genommen worden waren, weiter ausübten. Es scheint, als ob die polizeiliche Autorität den Stadtältesten der *qapūqūli* in der Form des *tufinkji bāshi* übergeben worden war [23].

b. *al-yerliyya* und die Streitkräfte des *'askar ash-shāmī*, welche ab dieser

---

[15] Al-Ghazzi, Najm Al-Din, Dhil li-alkawākib; Al-Muḥibbī, Bd. I, S. 388, Bd. II, S. 129, 164, Bd. III, S. 156, Bd. IV, S. 311, 417, 449.

[16] Siehe im Folgenden.

[17] Siehe im Folgenden.

[18] Volney, S. 315, setzt ihre Anzahl auf 600-700 fest; Aṣ-Ṣiddīq, S. 103, zählte 500; Al-Budairī, S. 72, spricht von zwei *ortas* ; Gibb und Bowen, Teil 1, S. 61, erwähnen die Zahl 300.

[19] Al-Budairī, S. 297; Aṣ-Ṣiddīq, S. 50.

[20] Al-Budairī, S. 20, 72, 125; Ad-Dimashqī, S. 32-35.

[21] Mudhakkirāt Ta'rīkhiyya, S. 20, 27.

[22] Ad-Dimashqī, S. 14, 31; Aṣ-Ṣiddīq, S. 56, 112.

[23] Al-Budairī, S. 199.

Periode al-yerliyya [24]oder *al-inkijāriyya* [25] oder aber *awlād ash-shām* [26] genannt wurden.

Für diese Streitkräfte wurden Soldaten aus der Bevölkerung Damaskus eingezogen.

Gegen Ende des 17. Jahrhunderts fanden einige Veränderungen und Wandel innerhalb der Streitkräfte der *yerliyya* statt, welche ihr Image im 18. Jahrhundert formten. Die Streitkräfte der *yerliyya* änderten ihren Charakter: In bestimmten Gegenden von Damaskus wandelten sie sich von einer eindeutig militärischen zu einer sozio-militärischen Macht. Was bedeutet dies? Der Verfasser ist der Meinung, daß ab Mitte des 17. und im Verlauf des 18. Jahrhunderts, mit zunehmendem Niedergang der osmanischen Regierung, das Volk in Damaskus sich nach Organisationen und Gruppen umzuschauen begann, die ihnen Schutz und Sicherheit bieten konnten.

Diese Organisationen befanden sich in einem Viertel (*ḥāra*), dessen unabhängiger und ausschließlich von *ashrāf* und *yerliyya* geprägter Charakter sich mehr und mehr verdichtete. Die Streitkräfte der *yerliyya* verliehen Schutz und Sicherheit, zusammen mit bestimmten Privilegien (Freistellung von gewissen Steuern, Rechtssprechung nur vor Offizieren der *yerliyya* usw.). Die Angehörigen der Gilden in Damaskus begannen sich den *yerliyya* anzuschließen[27]. Der Großteil stammte hauptsächlich aus dem Viertel Maydān sowie aus dem Viertel Saruja [28]. Die Tatsache, daß das Maydān-Viertel durch häufige Überfälle gefährdet war, vor allem aus der Richtung von Hauran, und auch als erstes von jedem Kriegszug gegen Damaskus betroffen war[29], führte dazu, daß die Bewohner dieses Viertels bei den Streitmächten der *yerliyya* Schutz suchten. Die Bewohner von Maydān und Saruja fanden bei den *yerliyya* -Streitkräften Schutz, jedoch wurden sie für

---

[24] Al-Murādī, Bd. II, S. 62, Bd. III, S. 207.
[25] Al-Budairī, S. 30, 31; Ad-Dimashqī, S. 16.
[26] Aṣ-Ṣiddīq, S. 90.
[27] Al-Budairī, S. 18-19, 233-234.
[28] Ibid., S. 67-70, 117-119, 213; Ad-Dimashqī, S. 13; Mudhahkkirāt Ta'rikhiyya, S. 2.
[29] Al-Budairī, S. 116-119; Ad-Dimashqī, S. 5; Aṣ-Ṣiddīq, S. 89-94.

die meisten Einwohner Damaskus zum Alptraum und zu einer Bedrohung. Die meisten wurden zu Räubern und Vandalen, die ihren Lebensunterhalt aus Raubzügen gegen die Einwohner von Damaskus bestritten. Diese Vandalen wurden in Damaskus *zurbāwāt* genannt [30]. Dies ging soweit, daß die kampffähigen Männer von Damaskus, welche nicht den *yerliyya* angehörten, sich gegen diese in Verteidigungseinheiten organisierten [31]. Die militärische Effektivität der *yerliyya* ließ natürlich nach und ein Großteil ihrer Leute war überhaupt nicht kampffähig oder bestand sogar oftmals aus Alten und Kindern [32].

Von der wichtigsten militärischen und politischen Macht in Damaskus wandelten sich die Streitkräfte der *yerliyya* zu einer der militärischen und politischen Mächte, die einem fortwährenden Kampf gegen ihre "Kollegen", den *qapūqūli*, unterworfen waren [33].

An der Spitze der einheimischen *janitscharen* standen Familien ohne jegliche angesehene arabische Familienzugehörigkeit oder Herkunft. Der Großteil war tscherkessischer, kurdischer, turkmenischer oder türkischer Herkunft und nur eine Minderheit arabischer Abstammung. Die meisten hatten sich Ende des 16. und Anfang des 17. Jahrhunderts in Damaskus niedergelassen, einige auch erst Anfang des 18. Jahrhunderts. Im allgemeinen verlief ihre Ansiedlung folgendermaßen:

1. Ein Alleinstehender oder ein Familienoberhaupt diente am Hofe des *sultan* und erhielt ein militärisches oder pekuniäres Amt in Damaskus [34].
2. Ein Familienoberhaupt diente in Damaskus in gehobener Position und seine Familie blieb dort, wie die Familie al-'Azm [35].
3. Ein Alleinstehender oder ein Familienoberhaupt diente als *mamluk* des Gouverneurs von Damaskus, oder des *daftardār* von Damaskus, blieb nach

---

30 Al-Budairī, S. 5, 18; Ad-Dimashqī, S. 16-17.
31 Mishāqa, S. 21.
32 Aṣ-Ṣiddīq, S. 220.
33 Siehe im Folgenden.
34 Al-Murādī, Bd. I, S. 274, Bd. III, S. 90.
35 Shamir, S. 1-28; Mudhakkirāt Ta'rīkhiyya, S. 64; Al-Budairī, S. 32-40.

der Entlassung des Gouverneurs in Damaskus und ließ sich dort nieder [36].

4. Ein Alleinstehender, bzw. ein Familienoberhaupt war Söldner und ließ sich in Damaskus nieder [37].

5. Die Angehörigen der *sipāhīs*, die in Damaskus siedelten [38].

Die Gefolgsleute des *'askar ash-shāmī* waren früher einfache Soldaten gewesen, nun jedoch waren sie zu gehobenen Ämtern aufgestiegen: *amīrs al-ḥajj* [39] und *daftardārs* von Damaskus[40], Gouverneure der *sancaks* von Syrien und Palästina[41], Inhaber von Ämtern am Hofe des *sultan*[42]. Im 18. Jahrhundert boten die Streitmächte der *yerliyya* für Ehrgeizige ohne Stellung und entsprechende Herkunft zwar weiterhin Aufstiegsmöglichkeiten, ihr militärischer und politischer Niedergang[43] verringerte jedoch die Aussichten auf gehobene Ämter. Im 18. und Anfang des 19. Jahrhundert handelte es sich dabei im allgemeinen um einen Angehörigen der Streitkräfte des Maydān, der gemeinsam mit seinen Genossen einer Gruppe von *yerliyya* vorstand, einen bestimmten Bereich des Viertels kontrollierte und unter den Bewohnern von Damaskus Furcht und Schrecken verbreitete. Das höchste für ihn erreichbare Amt war das Kommando über eine Festung auf der *ḥajj* -Route oder in Hauran - oder im günstigsten Fall - das Amt des *mütasallim* des Gouverneurs. Generell stellte der Dienst im *'askar ash-shāmī* das beste Sprungbrett für das Erreichen von Ämtern dar [44]. Der Übergang zu den *sipāhīs* ereignete sich hauptsächlich dann, wenn der Angehörige des *'askar ash-shāmī* alt wurde, oder sich vom aktiven Dienst zurückzog. Dieser Übergang wurde als Statusverminderung angesehen [45].

---

[36] Al-Muḥibbī, Bd. I, S. 451, Bd. II, S. 157, Bd. III, S. 292.
[37] Ibid., Bd. II, S. 24; Al-Murādī, Bd. I, S. 274.
[38] Ibid., Bd. I, S. 183, Bd. II, S. 16-42.
[39] Al-Muḥibbī, Bd. III, S. 133, 271, 108-110, 434; Al-Ghazzī, Dhil li-alkawākib, S. 364.
[40] Al-Muḥibbī, Bd. II, S. 25, Bd. IV, S. 214.
[41] Ibid., Bd. I, S. 222, Bd. II, S. 157, 219, Bd. III, S. 271, Bd. IV, S. 116-118, 434; Al-Murādī, Bd. IV, S. 166; Idem., Maṭmaḥ al-wājid.
[42] Al-Muḥibbī, Bd. I, S. 30, Bd. II, S. 25.
[43] Siehe im Folgenden.
[44] Ibid., Bd. II, S. 24-27, Bd. IV, S. 334; Al-Murādī, Bd. II, S. 199.
[45] Siehe dazu: Anm. 42.

Auch innerhalb der Elite - den Oberhäuptern der *janitscharen* - bestand die natürliche Neigung eine familiäre Grundlage zu schaffen und Ämter und Besitz an die Söhne zu vererben. Dieses Unternehmen war aus folgenden Gründen schwierig zu bewerkstelligen:

1. Der Besitz der *janitscharen* wurde, im Gegensatz zu den *'ulamā'* und *ashrāf*, für gewöhnlich nach ihrem Tod beschlagnahmt. Viele Beispiele demonstrieren, wie die *janitscharen* große Besitztümer anhäuften, die dann mit ihrem Tod verlorengingen [46]. Der Besitz der *ra'īses* , die in den Kämpfen umkamen, wurde sofort konfisziert [47].
Um der Beschlagnahmung ihres Besitzes zu entgehen, pflegten die *janitscharen* diesen in eine *waqf* -Stiftung umzuwandeln[48]. Eine andere, jedoch viel weniger sichere Schutzmaßnahme bestand darin, zu versuchen für die Familienangehörigen *zi'āmets* (Landgüter, die als Einkommensquelle verliehen wurden und auch als solche dienten) zu erlangen; den Besitzern wurde erlaubt von den dort ansässigen Bauern Steuern zu erheben. Diese Einnahmen waren steuerfrei[49]. Der Besitz der *janitscharen* wurde nicht immer konfisziert. Es gab wenige Fälle, in denen es *janitscharen* gelang ihren Söhnen den Besitz zu vererben [50]. Auf jeden Fall schwebte zumindest immer die Drohung der Beschlagnahmung des Besitzes über den Köpfen der *janitscharen*.

2. Die Stellung und das Schicksal der *janitscharen* war an das gehobene Amt gebunden, welches sie einnahmen. Sobald ein *janitschar* seines Amtes enthoben wurde (was die Beschlagnahmung seines Besitzes mit sich brachte), sank auch seine Stellung dementsprechend und er - und alle seine Familienangehörigen - wurden zu einem der gewöhnlichen *ra'āyā*

---

46 Al-Murādī, Bd. III, S. 284; Al-Muḥibbī, Bd. III, S. 156-428.
47 Aṣ-Ṣiddīq, S. 140.
48 Al-Muḥibbī, Bd. II, S. 25; Al-'Aura, S. 263.
49 Al-Muḥibbī, Bd. IV, S. 336.
50 Al-Murādī, Bd. II, S. 107, Bd. IV, S. 167.

(Untertanen)⁵¹. Trotz der Schwierigkeiten Besitz zu wahren und zu vererben, konnten die Oberhäupter der *janitscharen* große Vermögen ansammeln. Ihre Haupteinnahmequellen deckten sich mit denen der *'ulamā'* und *ashrāf*, den Geistlichen:

    a. Der *waqf*⁵².

    b. Einkommen aus Immobilien, wie Häuser und Läden⁵³.

    c. Ländereibesitz⁵⁴.

    d. Handel⁵⁵.

Wirtschaftlicher Reichtum und Macht bilden in Damaskus einen der zwischen *janitscharen* und *'ulamā'* verbindenden und sie vereinenden Faktoren, da beide Gruppen ein gemeinsames Ziel besaßen: den Schutz wirtschaftlicher Interessen. Diese Situation bestätigt den Bericht von Heyd über die Verminderung des wirtschaftlichen und administrativen Unterschieds zwischen beiden Gruppen⁵⁶. D.h. auch in Damaskus stellten die *janitscharen* eine militärische und politische Gruppe dar, die bestand um die oben erwähnten wirtschaftlichen Interessen zu wahren und zu garantieren. Wie im Folgenden zu sehen sein wird, war in Damaskus der Kontakt zwischen *janitscharen* und *'ulamā'*, im Vergleich zu Aleppo, sehr intensiv.

4.1.3. Eine religiös-säkular gemischte Interessengruppe - Die *a'yān*

In Damaskus, wie in Aleppo, entwickelte sich eine Gruppe von einheimischen Notabeln, die *a'yān*. In beiden Städten handelte es sich um eine heterogene Gruppe, die die Notabeln der Stadt, Muslime und Nicht-Muslime miteinschloß, und deren

---

⁵¹ Ibid., Bd. II, S. 64, Bd. III, S. 211.
⁵² Ibid., Bd. II, S. 109, Bd. III, S. 135; Al-Ghazzi, Dhil li-alkawākib, S. 251-257; Al-Muḥibbī, Bd. I, S. 62-63.
⁵³ Al-Murādī, Bd. III, S. 135; Al-Muḥibbī, Bd. II, S. 19, 25; Aṣ-Ṣiddīq, S. 190.
⁵⁴ Ibid.; Al-Muḥibbī, Bd. I, S. 30, Bd. II, S. 119, 300, Bd. III, S. 292-293, 428, Bd. IV, S. 215; Al-Murādī, Bd. II, S. 102, 108, Bd. III, S. 135.
⁵⁵ Ad-Dimashqī, S. 10, 21; J. Sauvaget, Damas, S. 421-475.
⁵⁶ Heyd, S. 82.

gemeinsamer Nenner Wohlstand und der Kampf um dessen Erhaltung war. Es handelt sich hierbei um Familien der Elite, die einheimischen *janitscharen* und Angehörige der *'ulamā'* und *ashrāf* (wie im Folgenden zu sehen sein wird). Diese Familien hatten große Reichtümer angesammelt.

Hier stellt sich die Frage, ob die *a'yān* eine offizielle und anerkannte Stellung als Vertreter von Damaskus genossen, wie dies bei den *a'yān* aus Anatolien der Fall war [57]. Es scheint, als ob sie keine besonderen *barā'as* besaßen, die ihre Stellung rechtfertigten, obwohl dies der Brauch war. Nach diesem Brauch wurden Pelzmäntel vom Gouverneur an den *qāḍī*, den *mufti*, die oberen *'ulamā'* und die Befehlshaber der *qapūqūls* und *yerliyya*, die *sipāhīs* und *daftardār* verliehen[58]. Dieser zeremonielle Akt war in ihrer Stellung anscheinend notwendig. Der Brauch wurde im Jahr 1642 festgelegt [59].

Die säkulare Gruppe der *a'yān* in Damaskus schloß die Oberhäupter der einheimischen *janitscharen*, die *sipāhīs* und Finanzbeamte ein. Die *sipāhīs* des *sancak* in Damaskus zählte Ende des 17. Jahrhunderts 33 *tīmār* -Gutsbesitzer und 87 *zi'āmets* -Gutsbesitzer [60]. Die meisten wohnten auf ihren Gütern und nur eine Minderheit, darunter ihr Kommandant, der *bey* der Provinz, wohnte in Damaskus [61]. Die *sipāhīs* unterstanden den Anführern der lokalen *janitscharen* und standen auf der untersten Hierarchiestufe der Gruppe der Oberhäupter der *janitscharen*. Die aus Damaskus gebürtigen Finanzbeamten dienten in gehobenen Ämtern in der osmanischen Finanzbehörde in Damaskus. Sie amtierten in großen *waqfs* als Vorstand und hatten auch das Amt des *daftardār* von Damaskus inne. Gemeinsam mit den Oberhäuptern der lokalen *janitscharen* bildeten sie das Rückgrat der Elite der *janitscharen*, der *a'yān*. Gegen Ende des 17. und zu Beginn des 18. Jahrhunderts jedoch verloren diese *a'yān* in gewissem Maße an Macht zugunsten der *a'yān* aus dem Kreise der *'ulamā' und ashrāf*, die als neue und starke politische Macht

---

57 Gibb und Bowen, Teil I, S. 198-199.
58 Al-Budairī, S. 212; Aṣ-Ṣiddīq, S. 129, 189; Aṭ-Ṭabbākh, Bd. III, S. 186, 191.
59 Al-Muḥibbī, Bd. IV, S. 303.
60 Aṣ-Ṣiddīq, S. 50; Ben-Zvi, S. 109.
61 Al-Budairī, S. 299; Al-Murādī, Bd. I, S. 183, 273.

auftraten. Der Grund für den Niedergang ihrer Macht lag in dem neuen Charakter der Streitkräfte der einheimischen *janitscharen*, der sich aus folgenden Punkten ergab:

1. Das Erscheinen der *qapūqūls* gegen Mitte des 17. und des mächtigen Söldnerheers des Gouverneurs gegen Ende des 17. Jahrhunderts symbolisiert das Auftreten von zwei neuen militärischen Mächten.
2. Die *qapūqūls* übernahmen die administrativen Aufgaben der Streitkräfte[62].
3. Ab Ende des 17. Jahrhunderts übernahm der Gouverneur von Damaskus die Funktion des *amīr al-ḥajj* [63].
4. Ihr Charakter als nichtkonsolidierte Gruppe, die manchmal gemeinsam, manchmal auch auf Grund von Interessenkonflikten, getrennt und gegeneinander, operierte.
5. Gegen Anfang des 18. Jahrhunderts erscheint eine neue und mächtige politische Macht: die *a'yān* der *'ulamā'* und *ashrāf* [64].

Obwohl die *a'yān* in Damaskus und Aleppo Mitglieder im *diwān* waren, so hatten die Notabeln in Damaskus, im Gegensatz zu Aleppo, nicht nur Zugang zum Gouverneur, sondern dieser konnte ohne sie nicht regieren. In Damaskus kontrollierten sie die Quellen der Macht, nicht nur in Bezug auf Wohlstand, sondern auch in der Gesellschaft, mittels religiöser Institutionen, der Stadtviertel, *janitscharen* und *yerli* [65].

Gegen Ende des 18. Jahrhunderts trat in Damaskus eine neue wirtschaftliche Elitegruppe hervor, die sich aus jüdischen und christlichen Familien

---

[62] Al-Muḥibbī, Bd. II, S. 79, 418, Bd. IV, S. 311.
[63] Al-Murādī, Maṭmaḥ al-wājid, S. 5.
[64] Gibb und Bowen, Teil 1, S. 173-199. Siehe dazu: Kap. 4.1.4.1. Im 17. Jahrhundert waren die *'ulamā'* Mitläufer der *janitscharen* und unterstanden ihnen. Dazu siehe: Al-Muḥibbī, Bd. II, S. 418, Bd. IV, S. 227.
[65] Hourani, Ottoman Reform, S. 53.

zusammensetzte[66]. In einer heftigen Auseinandersetzung zwischen jüdischen und christlichen Familien errangen diese Familien eine zentrale Position in der damaszenischen und syrischen Wirtschaft. Die größte unter diesen Familien war die jüdische Familie Farḥī, deren Söhne Anfang des 18. Jahrhunderts die finanziellen Angelegenheiten der Provinz von Damaskus und Tyre verwalteten und auf Grund dessen sich politischen Einflußes erfreuten[67].

4.1.4. Religiöse Interessengruppen

4.1.4.1. Die *'ulamā'*

Die angesehene Stellung der *'ulamā'* in der muslimischen Gesellschaft rührt daher, daß sie im sunnitischen Islam Träger der *sharī'a* waren. Ihre Macht und Stellung beruhten also auf freiwilliger Unterwerfung der Volksmassen unter muslimische Ideale. Im osmanischen Regime kam zur spirituellen Stellung der *'ulamā'* eine administrative und politische Stellung hinzu. Die *'ulamā'* wurden zu einem integralen Teil der osmanischen Regierung [68]. Wie bereits in dem Kapitel über die *'ulamā`* in Aleppo deutlich wurde, wurde deren Stellung im Osmanischen Reich auf Grund der Tradition gefestigt, daß kein *'ālim* zum Tode verurteilt und sein Besitz nicht konfisziert werden konnte. Unter dem osmanischen Regime konsolidierte sich die Hierarchie der 'ulamā'.

In Damaskus, wie im weiteren Verlauf ersichtlich werden wird, war diese Hierarchie geringer, also flexibler. In Damaskus stand an der Spitze der Hierarchie der *'ulamā'* ein *qāḍī ḥanafī* , auch *qāḍī al-'āmm* genannt, oder ein *qāḍī al-quḍāt* [69]. In der osmanischen, hierarchischen Rangordnung der *qāḍīs* nahm der *qāḍī ḥanafī* den fünften Rang ein [70]. Fast alle der in Damaskus dienenden *qāḍīs* waren Türken und

---

[66] Prominente christliche Familien waren: Al-Yaziji, Al-Baḥrī, Ma'luf, Ṣaruf, Ḥanuri.

[67] Ad-Dimashqī, S. 32-33; Wilson, S. 341-342; Al-Maghrabi, S. 642-643; Ya'ari, S. 518. Diese Erscheinung steht im Gegensatz zur Situation in Aleppo. Über die Gründe siehe im Folgenden: Kap. 8. Es ist möglich, daß die Situation in Damaskus in Zusammenhang mit der Tatsache steht, daß lokale Dynastien das Amt des Gouverneurs übernommen hatten und als Einheimische, die jahrelang amtierten, ihre Kenntnisse des Potentials dieser Familien ausnutzen konnten.

[68] Gibb und Bowen, Teil 2, S. 70-84.

[69] Al-Murādī, Bd. I, S. 56; Al-Muḥibbī, Bd. I, S. 200.

[70] Al-Murādī, Bd. I, S. 32; Gibb und Bowen, Teil 2, S. 89. In Kap. 3.1.4. zur Õ*ulamā'* in Aleppo

alle wurden vom *shaykh al-islām* in Istanbul ernannt. Der *qāḍī ḥanafī* gehörte nicht zur Gruppe der lokalen *'ulamā'* und, wie im Osmanischen Reich üblich, betrug seine Amtszeit ein Jahr. Nach deren Ablauf wechselte er zu richterlichen Funktionen in anderen Regionen des Reiches [71]. Neben dem *qāḍī ḥanafī*, dem offiziellen *qāḍī* , amtierten inoffizielle *qāḍīs* der anderen muslimischen Schulen in der Stadt. Ihre Stellung war jedoch niedrig [72]. Die Vertreter des offiziellen *qāḍī* (*ḥanafī*) waren mehrheitlich aus Damaskus gebürtige arabische *'ulamā'*. Das Amt des *nuwab* in den *mahkamas* von Damaskus war bescheiden. Das Amt des *nuwab* in der wichtigsten *maḥkama* - *maḥkamat* al-Bāb - war jedoch als hochgestellt und finanziell sehr einträglich angesehen [73].

Der zweitwichtigste nach dem *qāḍī ḥanafī* und dem obersten der lokalen *'ulamā'* war der *mufti ḥanafī*. Innerhalb des in dieser Studie behandelten Zeitabschnittes festigte sich seine Stellung und sein Amt als religiöser Richter wandelte sich im 18. Jahrhundert zu einem politischen Amt par excellence. Alle *muftis ḥanafī* wurden vom *shaykh al-islām* ernannt und die Dauer ihrer Amtsperiode war nicht festgelegt[74]. Wie die *qāḍīs*, so kamen auch die *muftis* aus verschiedenen Rechtsschulen [75].

In Damaskus findet man keine organisierte und geordnete Struktur mit einer starren hierarchischen Rangordnung von Lehrenden, so wie dies in Istanbul der Fall war. Diesbezüglich gilt es auf gehobene Lehrämter hinzuweisen, die den Inhabern eine sehr angesehene Stellung verliehen und ein größeres Einkommen einbrachten, als die zugunsten der *madrasa* gewidmeten *awqāf* [76]. Das Amt des obersten *khāṭib* der Umayya-Moschee war das wichtigste Amt der *'ulamā'* -Ämter und stand in Bezug auf Wichtigkeit und Stellung in überproportionalem Verhältnis zu der

---

wurde dargestellt, daß sich der *qāḍī* Aleppos auf dem zehnten Rang dieser Rangordnung befand, d.h. also niedriger in der Hierarchie.

[71] Al-Murādī, Bd. I, S. 12, 32, 150.

[72] Ibid., Bd. I, S. 219, 254, Bd. IV, S. 109, 126; Al-Muḥibbī, Bd. II, S. 41.

[73] Al-Murādī, Bd. I, S. 66, 149, 187.

[74] Ibid., Bd. I, S. 186-191; Al-Muḥibbī, Bd. III, S. 85, Bd. IV, S. 123-124.

[75] Ibid., Bd. I, S. 135; Bd. II, S. 209; Al-Murādī, Bd. I, S. 118.

[76] Al-Ghazzī, Dhil al-Kawākib, S. 331; Al-Muḥibbī, Bd. II, S. 380; Al-Murādī, Bd. II, S. 71, Bd. III, S. 74.

bescheidenen Funktion anderer *khātibs*. Der *khātib* der Umayya-Moschee wurde vom *shaykh al-islām* ernannt[77]. Unter den *khātibs* standen die *imāms*, *mu'adhdhins* und die *wā'iẓes*, welche die unterste Ebene der *'ulamā'*-Hierarchie bildeten.

In Kapitel 3., welches sich mit der *'ulamā'* in Aleppo auseinandersetzt, wurde aufgezeigt, daß der osmanische Einfluß in Nordsyrien und in Aleppo stärker war als im Süden (Damaskus), zum einen wegen der geographischen Nähe zur Hauptstadt und zum anderen auf Grund der Tatsache, daß dort im Kreise der Bevölkerung das Türkisch sprechende Element stärker hervortrat und einen starken Einfluß innerhalb der *'ulamā'* besaß. Und wenn man die gesellschaftliche Linie nachverfolgt, die die Elite der *'ulamā'* in Damaskus auszeichnen und Familien wie al-Hamza [78], al-'Ajlānī [79], aṣ-Ṣamadī [80], al-Bakrī [81], al-Murādī[82], al-'Imādī [83], al-Kilānī [84] und andere anführt, so hat fast jede Familie eine familiäre Beziehung zu einer der *ṣaḥāba* (Gefährten des Propheten) oder einem der führenden *khalifen* aufzuweisen. D.h., daß die Familien ihre Stellung aus ihrer arabischen Abstammung bezogen und fast alle aus den unterschiedlichen Regionen des "fruchtbaren Halbmondes" und Ägypten nach Damaskus kamen. Die große Mehrheit der Familienangehörigen der *'ulamā'* sprach Arabisch. Nur wenige sprachen Türkisch und sie übernahmen nicht die Lebensweise der *mullās* [85], was die arabische Färbung der Elite der *'ulamā'* und *ashrāf* betonte.

Selbst wenn im 17. Jahrhundert der Aufstieg in die Hierarchie der *'ulamā'* offen war und Zugehörige niedriger Stellungen aufsteigen und in die wichtigsten Ämter der *'ulamā'* gelangen konnten, so bestand im 18. Jahrhundert keine Mobilität und

---

77 Ibid., Bd. I, S. 254.
78 Ibid, Bd. I, S. 24; Al-Muḥibbī, Bd. II, S. 105.
79 Ibid., Bd. II, S. 439; Al-Ḥuṣni, Bd. II, S. 809-810.
80 Al-Ghazzī, Dhil al-Kawākib, Bd. III, S. 19: Al-Murādī, Bd. I, S. 174-175; Al-Muḥibbī, Bd. I, S. 49.
81 Al-Murādī, Bd. I, S. 151; Al-Muḥibbī, Bd. II, S. 439.
82 Al-Murādī, Bd. IV, S. 129-130, 155-156.
83 Ibid., Bd. II, S. 19; Al-Ghazzī, Dhil al-Kawākib, Bd. III, S. 40.
84 Browne, S. 69-70.
85 Al-Murādī, Bd. I, S. 257, Bd. II, S. 98, Bd. III, S. 156.

diese Elite der Familien wurde statisch. Sie blieb für wohlangesehene Familien aus anderen Orten offen, wie z.B. für die Familien al-Murādī und al-Kilānī [86].

Im 17. Jahrhundert hatten die Oberhäupter der *'ulamā'* in Damaskus keine zentrale Funktion inne. Zu dieser Zeit stellten sie keine starke und konsolidierte Körperschaft dar, die ihre eigenen Interessen verfolgte und in Bezug auf Stellung den *janitscharen* gleich kam. Sie unterstanden den *janitscharen* und ließen sich von ihnen manipulieren[87]. Es fehlte ihnen jedoch weiterhin an Konsolidierung und wirtschaftlicher Macht. Die Tatsache, daß in Damaskus nur eine militärische Streitkraft existierte, ermöglichte ihnen - selbst bei Abwesenheit einiger Kräfte - keine Freiheit zum Manövrieren. Im 18. Jahrhundert änderte sich die Situation. Die Abnahme der Effektivität der Zentralregierung und der Niedergang der *janitscharen* als einzige Macht, ermöglichten es der Gruppe der Oberhäupter der *'ulamā'* zu einer Machtgruppe zu werden, die sich auf wirtschaftliche Macht, die Immunität vor der Todesstrafe und dem Vermögen Besitz vererben zu können, stützte. Dieses ist eben jene Periode in der sie zu einer statischen und geschlossenen Gruppe wurden.

4.1.4.2. Die religiöse Gruppe der *a'yān*

Unter den herausragenden Familien der *'ulamā'* und *ashrāf* sollten die Familien al-Ḥamza, al-'Ajlānī, al-Kilānī, al-Murādī, al-Bahnsī, al-Muḥibbī und andere genannt werden [88]. Diese Familien stellen eine familiäre Elitegruppe unter den *a'yān* dar, die Mitte des 18. Jahrhunderts zu einer für die niedrigen Schichten verschlossenen Gruppe wurde. Sie wandelte sich zu einer statischen und absolut geschlossenen Gruppe, die auch den niedrigen Schichten der weitläufigeren Gruppe verschlossen war. Zugang und Aufstieg der *'ulamā'* von innen her, auf der Grundlage

---

[86] Siehe im Folgenden Kap.: Kap. 4.1.4.3, Die religiöse Gruppe der *a'yān*.

[87] Al-Muḥibbī, Bd. II, S. 418, Bd. IV, S. 227.

[88] Al-Murādī, Bd. I, S. 9, 24, Bd. IV, S. 120-130; Al-Muḥibbī, Bd. I, S. 281, Bd. II, S. 105, Bd. III, S. 437; Braune, Abd al-Kādir al-Dji'lani, in: E I, neue Auflage 1960, Bd. I, S. 69-70.

von Können und Wissen war nicht mehr gegeben [89]. Diesbezüglich geschah in Damaskus, was auch in Istanbul geschehen war [90]. Das Erbe wurde zur wichtigsten Qualifikation für das Erlangen von Ämtern. Die Angehörigen der elitären Familien beherrschten und besaßen das Monopol über eine große Anzahl von Ämter. Die Familie verlieh ihren Angehörigen ihre Beziehungen in Istanbul, zur Regierung in Damaskus und ihre Beziehungen zu den anderen Familien, die durch Verheiratung gefestigt wurden[91].

Die *'ulamā'* stellten die Hauptachse der Gruppe der *'ulamā'* und *ashrāf* dar. Fast alle *ashrāf*-Familien sowie auch andere führten ihre Angehörigen in die *'ulamā'* ein [92]. In der Gruppe der *'ulamā'*, deren Besitz nicht konfisziert und im allgemeinen nicht besteuert wurde, fand die *a'yān*-Elite der *'ulamā'* und *ashrāf* Organisation, Sicherheit und Schutz [93].

Die Gruppe der *a'yān* verhinderte zwar das Eindringen niedriger Schichten in ihre Reihen und deren Aufstieg in gehobene Ämter, jedoch bestand auch innerhalb ihrer Gruppe ein andauernder, ehrgeiziger und schwerer Kampf um Ämter und Einnahme gehobener Stellungen. Dies schloß sogar innerfamiliäre Kämpfe mit ein [94].

Die Grundlage der Stärke dieser Interessengruppe lag in deren wirtschaftlicher Macht. Die Quellen dieser wirtschaftlichen Macht waren folgende:
   a. *waqf* [95].
   b. Handel:
      1. Ländereibesitz machte diese Familien zu den Getreidelieferanten

---

[89] Al-Muḥibbī, Bd. III, S. 100-101; Bd. IV, S. 63-65, 462.
[90] Heyd, S. 72.
[91] Al-Murādī, Bd. III, S. 207, Bd. IV, S. 15.
[92] Ibid., Bd. I, S. 22, Bd. II, S. 152, 157, 207, Bd. III, S. 209; Al-Muḥibbī, Bd. I, 456.
[93] Ibid., Bd. I, S. 456, Bd. IV, S. 408; Al-Murādī, Bd. I, S. 15-19.
[94] Ibid., Bd. I, S. 22-24, Bd. II, S. 282; Al-Muḥibbī, Bd. I, S. 161, 381, Bd. II, S. 125-126, Bd. III, S. 207, Bd. IV, S. 374.
[95] Ibid. Bd. III, S. 224, 386, 408, Bd. IV, S. 124-131; Aṣ-Ṣiddīq, S. 240; Al-Murādī, Bd. I, S. 36, 41, 136, 173, 174, 229, 250, Bd. II, S. 71, 151, 309, Bd. III, S. 221.

von Damaskus [96].

2. Die Tatsache, daß die *'ulamā'* die Händler immer vor der Unterdrückung des Gouverneurs schützten, weist anscheinend auf gleiche wirtschaftliche Interessen hin [97].

c. Das Amt des *nā'ib* von *maḥkamat* al-Bāb [98].

d. Einkommen aus Immobilien, wie Wohnungen, Badehäuser, Geschäfte[99].

e. Ländereibesitz. Dies stellte die wichtigste wirtschaftliche Grundlage der *a'yān* im 18. Jahrhundert dar [100].

Die wirtschaftliche Machtzunahme stellte ein zentrales Problem dar: Wie sollten sie ihren Besitz und ihre wirtschaftlichen Interessen verteidigen? D.h. also, daß es sich hierbei sowohl in Damaskus als auch in Aleppo um religiöse Gruppen mit religiösen Interessen handelte, die durch wirtschaftliche Interessen erhalten wurden, wobei hier Wechselbeziehungen bestanden. Es wurde bereits dargestellt, daß es sich hierbei um eine Überlappung der Interessen von einerseits säkularen und andererseits religiösen Gruppen handelte. Diesbezüglich stellt sich die Frage: Worin kam dies zum Ausdruck?

4.1.4.3. Die *ashrāf*

Dem Anschein nach sind *'ulamā'* und *ashrāf* eine Gruppe, auch wenn nicht jede *'ulamā'* zu den *ashrāf* und nicht jeder *ashrāf* zu den *'ulamā'* gehörte. Die *ashrāf* stellten, im Gegensatz zur *'ulamā'*, eine Gruppe dar, innerhalb der die Zugehörigkeit auf Blutsverwandtschaft und Genealogie beruhte. Sie genossen einen hohen gesellschaftlichen Status, da sie mit dem Propheten Muhammad verwandt waren[101]. Dieser Status wurde auf Grund von verschiedenen Privilegien gefestigt [102]. Das

---

[96] Al-Budairi, S. 127; Mudhakkirāt Ta'rikhiyya, S. 42.
[97] Al-Murādī, Bd. I, S. 69, 227.
[98] Ibid., Bd. I, S. 22, 149, 224, Bd. II, S. 281; Al-Muḥibbī, Bd. II, S. 105, 125-126.
[99] Ibid., Bd. I, S. 161; Al-Murādī, Bd. III, S. 207.
[100] Gibb und Bowen, Teil 1, S. 254-259.
[101] Bodmann, S. 79; Levi, ibid.
[102] Siehe dazu: Kap.. 3.1.3.2.

soll nicht heißen, daß alle wohlhabend waren. Wie in Aleppo waren die *ashrāf* in allen gesellschaftlichen Schichten vertreten. Unter ihnen bestand eine Differenzierung in Bezug auf Reichtum und Stellung. Die Gruppe umschloß auch Arme. An der Spitze der *ashrāf* in Damaskus stand der *naqīb* [103]. Er genoß einen hohen gesellschaftlichen Status und wurde als der zweite Mann nach dem *mufti ḥanafī* angesehen [104]. In Damaskus war dieses Amt nicht nur mit gesellschaftlichen und administrativen, sondern auch mit politisch-militärischen Aspekten besetzt. Im 18. Jahrhundert waren die *ashrāf* in Damaskus (vergleichbar mit denen in Aleppo) als semi-militärische Streitmacht organisiert. Es gibt keine eindeutige Antwort auf die Frage, wie diese militärische Körperschaft organisiert war und wer die Befehlshaber waren. Auf jeden Fall war dieses jedoch eine militärische Streitmacht, die sich von Mal zu Mal unter der Anführerschaft des *naqīb* zusammenfand, um die Interessen der Gruppe zu verteidigen. Dabei handelt es sich nicht nur um religiöse, sondern hauptsächlich, wie im Verlauf zu sehen sein wird, um wirtschaftliche Interessen. Diese militärische Streitkraft fand sich hauptsächlich zusammen, um die Ehre und Stellung des *naqīb* zu verteidigen [105].

Seit Mitte des 18. Jahrhunderts bestand das Amt des *ra'īs dimashq* (es gilt zwischen diesem und dem Amt des *ra'īs yerliyya* zu unterscheiden). In den Augen der Regierung war dieser *ra'īs* der Repräsentant von Damaskus, ein lokaler Notabler, der die Angelegenheiten der *ra'āyā* von Damaskus leitete [106]. Ab Mitte des 18. Jahrhunderts fungierte der *ra'īs* als *shaykh al-mashāyikh* der Gilden sowohl als *shaykh* der Ṣūfī-Orden als auch als *shaykh Ḥārat* von Damaskus. Dieses Amt hatten Familien shafi'itischer Herkunft inne: al-'Ajlānī und al-Murādī [107].

---

[103] Zum Wesen der Funktion des *naqīb al-ashrāf* im Osmanischen Reich siehe: Anm. 89.
[104] As'ad Rustum, Al-Uṣul, Dokumente 26, 27, 56.
[105] Al-Budairī, S. 108, 110-112, 156.
[106] Qoudsi, Notice Sur Le Corporation de Dames, hrsg. von Carlo Landberg, in: Actes Du VIe Congres des Orientalistes, Teil 2, Leiden 1885, S. 10.
[107] Ibid., S. 10; Al-Budairī, S. 20-21.

4.2. Der Machtkampf

4.2.1. Die militärischen Machtkämpfe

Das 18. und der Beginn des 19. Jahrhunderts sind durchgängig von Kämpfen zwischen *qapūqūls* und *yerliyya* gekennzeichnet. Diese fanden mitten auf den Straßen von Damaskus statt, wobei währenddessen alle Märkte und Geschäfte geschlossen wurden. Was war der Grund für diese Kämpfe? Kann man in diesen ein Ringen zwischen zwei militärischen Einheiten um den Einfluß und die Herrschaft in der Stadt sehen? Ist die Ursache hierfür im Haß gegen die *qapūqūls* zu suchen, die die *janitscharen* von ihrer hohen Stellung in Damaskus im 17. Jahrhundert vertrieben hatten? Also ein Ringen zwischen einer militärischen Einheit mit lokal-patriotischen Gefühlen und einer fremden militärischen Einheit? Eine eindeutige Antwort kann nicht gegeben werden. Die Tatsache, daß die *yerliyya* den Maydān repräsentierten ist eindeutig, aber repräsentierten sie auch die restlichen Wohnviertel der Stadt? Bei den Kämpfen zwischen *yerliyya* und *qapūqūls* im Jahre 1757 z.B., unterstützte das Wohnviertel Darwashiyya die *yerliyya* und das Wohnviertel Ḥārat al-'Amāra die *qapūqūls* [108]. (Unterstützte das Wohnviertel Ḥārat al-'Amāra die *qapūqūls*, da es am Fuße der Festung gelegen und so deren absoluter Herrschaft ausgeliefert war?) Andererseits lassen sich Fälle finden, in denen die Massen von Damaskus die *yerliyya* gegen die *qapūqūls* unterstützten, welche ausdrücklich als Fremde angesehen wurden [109].

Eine weitere Körperschaft im Kampf gegen die *qapūqūls* stellten - hauptsächlich Mitte des 18. Jahrhunderts - die *ashrāf* dar [110]. Was war der Grund für das Ausbrechen solcher Konflikte, die wegen geringfügiger und unwichtiger Ereignisse begannen? Hierfür gibt es weder eine Erklärung, noch eine Antwort. Auf jeden Fall unterstützten die *ashrāf* die *yerliyya* in derem großen Kampf gegen die *qapūqūls* im Jahre 1757 und die *dalatiyya* unterstützten die *qapūqūls* [111]. Handelte es sich hierbei nicht etwa um eine gemeinsame lokale Front gegen die Fremden?

---

[108] Al-Budairī, S. 202.

[109] Ibid., S. 200-201; Ad-Dimashqī, S. 32-35.

[110] Al-Budairī, S. 108, 110-112, 156.

[111] Ibid., S. 199-206; Al-Murādī, Bd. II, S. 61.

Zu diesen oben genannten Kämpfen stießen manchmal auch noch die Söldnertruppen des Gouverneurs hinzu: einmal überfielen sie das Wohnviertel der Kurden, ein anderes Mal das der *qapūqūls*, und manchmal unterstützten sie diese gegen die *yerliyya*. Funktion des Gouverneurs war es den Kampf zu mildern, ausgleichend und unterstützend zwischen den *qapūqūls* und *yerliyya* zu wirken und jeden mit Hilfe seiner Söldner niederzudrücken.

Der geschwächten Zentralregierung war klar, daß die auferlegten Aufgaben die Macht der schwachen Gouverneure in Damaskus, die nur ein Jahr dort verweilten, überschritt. Die Hohe Pforte sah sich gezwungen ihre Regierung in Damaskus und Syrien auf ein lokales, arabisches und vertrauenswürdiges Element aufzubauen. Dieses lokale Element ließ sich in Damaskus in der Gestalt der Familien al-'Aẓm und al-Makkī finden [112]. Wie bereits dargestellt wurde, fand sich in Aleppo kein vertrauenswürdiges lokales Element, auf das die Pforte ihre Regierung hätte aufbauen können.

4.2.2. Die nicht-militärische Machtkämpfe

a. Die *'ulamā'* war die zentrale lokale Macht, die die Bewohner Damaskus' gegenüber der Regierung repräsentierten und sie gegen die Unterdrückung des Gouverneurs verteidigten. Sie sind auch die *sharī'a* tragende und schützende Körperschaft. Sie gingen gegen jeden Gouverneur vor, der die Grundfeste der *sharī'a* verletzte. Bereits im 17. Jahrhundert (1656), als Murtaḍa al-Karaji zum zweiten Mal zum Gouverneur von Damaskus ernannt wurde (in seiner ersten Amtsperiode geriet er mit den *ra'īses* von *al-'askar ash-shāmī* in Konflikt), versammelte 'Abd al-Salām

---

[112] Shamir, S. 1-28; Aṣ-Ṣiddīq, S. 164-223; Al-Budairī, S. 32-40; Al-Buraik, S. 36.
Die Herkunft der Familie ist nicht ganz eindeutig. Allgemein werden sie als Araber oder Türken aus Ma'arrat al-Na'man in Aleppo angesehen. Der Familienvater, Ibrāhīm al-'Aẓm, zeichnete sich als Soldat aus und wurde zum Gouverneur der Ma'arrat al-Na'man ernannt. Auch sein Sohn Isma'īl herrschte über Ma'arrat al-Na'man und wurde anschließend zum Gouverneur von Homs und Hama und später zum Gouverneur von Sidon ernannt. 1725 wechselte er von dort nach Damaskus. Die Familie al-Melki stammte aus Gazza und Ramallah.

al-Mar'ashī die *'ulamā'* und die Massen von Damaskus in der Umayya-Moschee und bat sie dem Einzug von Murtaḍa in die Stadt nicht zuzustimmen, da dieser sie in seiner ersten Amtsperiode unterdrückt habe. Diesbezüglich entsandte die *'ulamā'* Petitionen nach Istanbul. Murtada kam bis nach Kutahiyfa. Der *'askar al-shāmī* ging zusammen mit dem Mob von Damaskus gegen ihn vor und Murtada war gezwungen sich zurückzuziehen[113]. Und als in den Jahren 1806-1810 Yūsuf Karajī, der Gouverneur von Damaskus, begann Christen gewaltsam zum Islam zu bekehren, so stellte sich die gesamte *'ulamā'* gegen ihn[114].

Im 18. Jahrhundert amtierte der *mufti ḥanafī* nicht in einem Amt mit religiösem Charakter, sondern in einem politisch-administrativen Amt und saß zusammen mit dem *naqīb* im *diwān*. Im *diwān* fanden Zusammenkünfte zwischen *a'yān* und Regierung statt. Jeder militärischen, politischen oder wirtschaftlichen Entscheidung des Gouverneurs ging eine Einberufung des *diwān* voraus. Der *diwān* war jene Institution, die Empfehlungen aussprach, auch wenn der Gouverneur nicht an diese gebunden war [115]. Die Mobilisierung des *diwān* entsprach den Bedingungen und Umständen. Es entstand und bestand eine lokale Front und die *'ulamā'* und *ashrāf* gerieten mit den *janitscharen* aneinander[116]. Auf jeden Fall stellte die Gruppe der *'ulamā'* die konsolidierteste dar [117]. Sie taten sich in den verschiedensten Konflikten als Vermittler und Schlichter hervor. Dieselben Familienangehörigen der *'ulamā'*, die untereinander zerstritten waren und sich gegenseitig bekämpften, traten hier als gemäßigte und kompromißbereite Körperschaft auf. Ohne jeden Zweifel beruht dieses auf ihrer religiösen Autorität und Aura. Sie vermittelten und schloßen Kompromisse in der Auseinandersetzung der militärischen Gruppen in Damaskus: *yerliyya* und *qapūqūls*, *qapūqūls* und Söldner des Gouverneurs [118]. Sie waren auch Vermittler in Konflikten außerhalb von Damaskus, z.B. zwischen

---

[113] Babinger, Köprülü, in: E I, Bd. II, Leiden 1927, S. 1059-1062.

[114] Dieser Aspekt wird ausführlich im Kap. 8. behandelt werden. Siehe auch: Ad-Dimashqi, S. 24; Al-'Aura, S. 94; Al-Muḥibbi, Bd. II, S. 146.

[115] Al-Budairī, S. 52, 83; Al-'Awra, S. 131; Aṣ-Ṣiddīq, S. 36, 61, 66.

[116] Ibid., S. 168-179.

[117] Ibid., S. 47, 62, 206, 235-236.

[118] Ibid., S. 41; Al-Budairī, S. 117, 200.

'Uthmān aṣ-Ṣadīqī und Sharif Mecca im Jahre 1767 sowie im Konflikt zwischen dem Gouverneur von Tripoli und den Bewohnern dieser Stadt im Jahre 1772 [119].

Das Hauptinteresse dieser Gruppe war es religiöse Funktionen zu wahren und deren Existenz zu garantieren sowie über ihre Stellung als trennende Körperschaft zwischen der Regierung und dem Volk zu wachen. Sie scheuten sich nicht ihrer Aufgabe untreu zu werden. Die Massen von Damaskus verstanden sogar noch nicht einmal, daß ihre schlechte wirtschaftliche Lage mit der Elite, der *'ulamā'* und *ashrāf* , zusammenhing. Sie waren diejenigen, die zu den wichtigsten Getreidelieferanten von Damaskus gehörten und nach eindeutigen wirtschaftlichen Interessen handelten, demzufolge, sobald die Getreidemenge auf dem Markt sank, die Preise stiegen. Wieder und wieder liest man bei Budairī über hohe Preise und Brotknappheit [120].

Das Realisieren dieser Interessen war vom Gouverneur abhängig. Sie strebten danach gegen jeden starken Gouverneur, der sie aus ihrer Stellung zu vertreiben versuchte, eine Opposition zu bilden und jeden Gouverneur der ihnen entgegen kam, zu unterstützen. Die Gouverneure, die den Geistlichen entgegenkamen, stammten aus dem Hause al-'Aẓm , und versuchten auf diese ihre Herrschaft aufzubauen [121].

Die *'ulamā'* war nicht nur gegen einen starken Gouverneur, sondern auch gegen jede starke Persönlichkeit. Dies war z.B. der Fall beim *daftardār* Fatḥī al-Falaqansī, der im 18. Jahrhundert in Damaskus in eine gehobene Stellung aufstieg und daher von der *yerliyya* unterstützt wurde. Der Konflikt zwischen Fatḥī und den*'ulamā'* ging sogar so weit, daß diese sich für eine gemeinsame Front mit dem Gouverneur entschieden, der zuvor die militärische Machtbasis Fatḥīs, die *ra'īses* der *yerliyya*, zerstört hatte [122].

---

[119] Al-Murādī, Maṭmaḥ al-wajid, S. 76; Aṣ-Ṣiddīq, S. 244.
[120] Al-Budairī, S. 25, 35, 38, 40, 51, 63, 82.
[121] Aṣ-Ṣiddīq, S. 166-221; Al-Murādī, Bd. IV, S. 97-102.
[122] Al-Budairī, S. 49-79.

Die *'ulamā'* und *ashrāf* strebten danach die *ra'īses* der *yerliyya* auf ihre Seite zu ziehen und somit dafür zu sorgen, daß die Streitmacht der *yerliyya* schwach werden und vor dem Gouverneur kapitulieren würde. Der Gouverneur mußte also nicht nur mit *'ulamā'* und *ashrāf* sympathisieren und seine Regierung auf sie aufbauen, sondern auch stark genug sein, um die *yerliyya* zu zügeln [123]. Als As'ad al-'Aẓm die *yerliyya* und 'Abd-Allāh ash-Shatiji niedermetzelte, so standen auch hierbei die *'ulamā'* untätig daneben [124]. Andererseits suchten die *'ulamā'* die *yerliyya* für ihre eigenen Interessen und gegen die Gouverneure einzuspannen [125]. Die *'ulamā'* investierten viele Anstrengungen für den Aufbau guter Beziehungen zum Befehlshaber der *yerliyya* und es lassen sich einige Fälle finden, in denen sie gemeinsam mit dem Befehlshaber der *yerliyya* die *ra'īses* konfrontierten [126].

Die wirtschaftlichen Interessen sind allen *a'yān* gemeinsam sowohl den *'ulamā'* und *ashrāf* als auch den *janitscharen*. Dieses Interesse vereinte die Elite und läßt sich folgendermaßen charakterisieren:

a. Kampf um die Aufhebung der Steuern, wie z.B. die *qalamiya* -Steuer[127].
b. Kampf gegen die wirtschaftliche Konkurrenz von Seiten des Gouverneurs[128].
c. Das Streben nach Preissteigerung mittels des Berhinderns der Belieferung des Marktes mit Grundnahrungsmitteln [129].

Der wunde Punkt der *'ulamā'* war, daß sie keine wirkliche militärische Streitmacht unterhielten. Aber auch so dominierte die *'ulamā'* -Gruppe im Machtgefüge von Damaskus. Obwohl sie keine bewaffnete Streitmacht besaß, so wurde sie dennoch

---

123 Al-Murādī, Bd. IV, S. 41.
124 Ibid., Maṭmaḥ al-wajid, S. 73; Al-Budairī, S. 213.
125 Al-Murādī, Bd. II, S. 84.
126 Ibid., Bd. II, S. 111; Aṣ-Ṣiddīq, S. 100-102.
127 Al-Murādī, Bd. III, S. 211.
128 Ibid., Bd. I, S. 69; Idem., Maṭmaḥ al-Wajid, S. 80; Ad-Dimashqī, S. 4, 6; Al-ŌAura, S. 56-58.
129 Al-Budairī, S. 25, 35, 40, 51.

auf Grund ihrer religiösen Autorität und wirtschaftlichen Macht zur Stütze des Gouverneurs und sicherten auf diese Weise im Grunde die Quelle ihres Reichtums und ihrer Ämter. Dieses wirft folgende Frage auf: Hatte diese Dominanz, die sich in keiner vergleichbaren Form in Aleppo finden läßt, Auswirkungen auf die Position der Nicht-Muslime und Fremden in Damaskus in der hier behandelten Periode?

5. Die Nicht-Muslime in Gesellschaft und Politik in Aleppo

5.1. Daten

In Aleppo gab es Gruppen religiöser Minderheiten, Christen und Juden. Die Zugehörigen dieser beiden Gruppen entstammten unterschiedlichen Gemeinschaften und gehörten verschiedenen Glaubensgemeinschaften an. Sie selbst sahen sich (ähnlich wie Muslime) als Mitglieder von Gemeinden, die sich um ihren religiösen Glauben herum organisiert hatten. Diese Erscheinung einer großen Anzahl christlicher und jüdischer Gemeinschaften war nicht spezifisch für Aleppo, sondern im gesamten arabischen Nahen Osten anzutreffen.

5.1.1. Die Christen

Im Verhältnis zur absoluten Zahl der Christen waren ihre Gemeinschaften und Glaubensgemeinschaften sehr zahlreich. Diese unterschieden sich auf Grund gewisser religiöser Grundlagen und ihrer organisatorischen Beziehung zu den Zentren der verschiedenen kirchlichen Instanzen. Bevor wir uns der Realität Aleppos und dem Wesen der verschiedenen Gemeinschaften zuwenden, muß deren historische Entstehung betrachtet werden [1].

Am 8. Oktober 451 n. Chr. wurde das Konzil zu Chalkedon einberufen. Dieses Konzil boykottierte die Monophysiten des Eutyches, die an der Auffassung festhielten, daß Jesus nicht nur ein Wesen hat, sondern auch eine Natur habe. Es verabschiedete einen von Papst Leo I. verfaßten Lehrbrief, in dem es heißt: "... ein und denselben Christus, vollkommen in seiner Gottheit und vollkommen in seiner Menschheit, mit zwei Naturen, die unvermischt sind (gegen Eutyches), die jedoch auch ungetrennt sind (gegen Nestorius)". (An dieser Formulierung halten sowohl die orthodoxen Kirchen als auch die katholische Kirche bis heute fest). Dieses Konzil hatte aber auch eine politische Bedeutung. Der 28. Kanon bestätigte die

---

[1] Der Überblick über die Geschichte der christlichen Ostkirche basiert auf: Shimoni, S. 112-116; Flusser und Heim, E H, Bd. 25, [Heb.], Jerusalem 1974, S. 327-357; Patrik, S. 341-365; Baer, The Arabs, S. 84-90; Chadwick; Rondot, S. 111-136.

Stellung Konstantinopels als "Zweitwichtigste nach Rom" und setzte die Stellung des Patriarchats von Alexandrien und Antiochien herab. Dieses Konzil verursachte einen immer größer werdenden Bruch zwischen seinen Anhängern und Gegnern. Bei den Entscheidungen des Konzils tritt besonders das Ignorieren der nationalen Besonderheit einer jeden Kirche hervor.

Unter den Gegnern befanden sich nicht nur Bischöfe, sondern auch die Massen der Gläubigen - das Volk Syriens und Ägyptens, in Gegensatz zu den griechischen Stadtstaaten. In dieser Periode manifestierten sich patriotische Gefühle auch durch theologische Auseinandersetzungen. Der Zwang zur Entscheidung durch den Kaiser und seiner Repräsentanten wurde von der Griechisch sprechenden Regierung als Akt der Unterdrückung gegen Einheimische aufgefaßt. Die Abspaltungen hatten auch im hohen Maße den Charakter von nationalen Aufständen gegen die byzantinische Regierung. Durch die Spaltung häuften sich nationale Ansprüche der Bewohner des Ostens, die sich gegen die kirchliche Regierung von Byzanz mit ihrem übertriebenen Zentralismus und der Vergabe von hohen Priesterämtern alleinig an Griechen usw. stellten. Daher entstand nicht eine konsolidierte monophysitische Kirche, sondern mehrere monophysitische nationale Kirchen:

a. Die syrisch-(oder syrianisch) monophysitische Gemeinschaft (die auch unter dem Namen "Jakobiter" bekannt ist).
b. Die armenisch-monophysitische Gemeinschaft (die auch unter dem Namen "Gregorianer" bekannt ist).
c. Die koptisch-monophysitische Gemeinschaft.
d. Die abyssinisch-monophysitische Gemeinschaft.

Im 7. Jahrhundert ereignete sich eine weitere Spaltung als Folgeerscheinung des monophysitischen Konflikts. Der byzantinische Kaiser Heraklius befürchtete, daß die Monophysiten gemeinsame Sache mit den Feinden des Kaiserreiches machen würden (die Eroberung Syriens und Eretz Israels durch die Perser im Jahre 614 und deren Vordringen nach Ägypten). Er versuchte diese in die orthodoxe Kirche zurückzuholen und wollte zu diesem Zweck zwischen den Monophysiten und der orthodoxen Kirche vermitteln. Er fand im Jahre 638 n.Chr. eine Formel für die Natur Jesu, die den Ansichten beider Abspaltungen Rechnung trug: Auch wenn er zwei "Naturen" besaß, so besaß er jedoch nur einen "Willen" (in Griechisch Mono - Thelma). Dennoch folgten, wie behauptet wird, diesem Kompromiß nur Einzelne: Sie werden "Monotheleten", und später nach dem Namen ihres heiligen Oberhauptes Maron, "Maroniten" genannt.

Die ersehnte Einheit kam nicht zustande. Die muslimische Besatzung erzeugte letztendlich die politische Trennung zwischen der orthodoxen Kirche des Hofes in der Hauptstadt und der monophysitischen Kirche Syriens und Ägyptens.

Im Jahre 1054 n.Chr. erfolgte der endgültige Bruch - das Schisma zwischen West- und Ostkirche. Diesem Bruch ging ein Auseinanderdriften voran, das sich über Jahrhunderte erstreckte hatte und dessen Basis politische, sprachliche und kulturelle Gegensätze waren, die theologische Formen angenommen hatten. Die christliche Kirche spaltete sich in zwei:

1. Die katholische ("lateinische") Kirche im Westen, mit Zentrum in Rom und dem Papst als Oberhaupt.
2. Die orthodoxe ("griechische") Kirche im Osten, mit Zentrum im byzantinischen Istanbul.

In der katholischen Kirche entstand ein dem Papst untergeordnetes Zentrum, während in der orthodoxen Kirche das Oberhaupt der Kaiser war. Der Patriarch von Istanbul hatte zwar die Stellung eines "Ersten unter Gleichen", doch im Grunde war diese Kirche ein Verband (nicht Union) unabhängiger Kirchen mit eigenständiger und autokephaler Regierung, die sich im Laufe der Jahre und besonders nach der muslimischen Eroberung konsolidierte.

Der Fall Konstantinopels an die Osmanen (1453) und die Einrichtung des orthodoxen *millet* im Jahre 1454 führten dazu, daß zum ersten Mal seit dem byzantinischen Reich die Christen unter einer religiösen Herrschaft standen. Der gewählte Patriarch wurde vom *sultan* "bestätigt", war aber, im Gegensatz zur Situation während der byzantinischen Periode, kein ergebener Diener des Imperators, sondern vielmehr ein angesehenes Mitglied der Verwaltung des *sultan*, der mit der ihm anvertrauten Gemeinschaft eine gerichtliche Freiheit genoß. Das Patriarchat von Istanbul erhielt, ohne Widerreden seitens der alten Patriarchate den Vorzug, da es in der Hauptstadt lokalisiert war[2].

Im Nahen Osten entstand zunächst keine christlich-katholische, ursprünglich lateinische, Gemeinschaft. Eine solche Gemeinschaft bildete sich erst im Laufe der kommenden Generationen auf Grund von externen Kräften heraus: durch missionarische Aktivitäten und den Gemeinschaften der Fremden. Anfangs stießen nur einzelne zur katholischen Kirche, im Laufe der Zeit dann ganze Gemeinschaften oder aber Teile dieser, die die Herrschaft des Papstes anerkannten. Diesen gewährte der Papst -unter Verzicht auf das sonst in der katholischen (lateinischen) Kirche Übliche - eine gewisse administrative Autonomie, die Erlaubnis Bräuche auszuüben und bestimmte Glaubensgrundsätze, die in der katholischen (lateinischen) Kirche nicht üblich waren sowie die Erlaubnis bei ihren Gottesdiensten die ihnen eigene nationale Sprache - anstatt Latein - benutzen zu dürfen. Die östlichen Christen, die zu dieser "Vereinigung" mit der katholischen (lateinischen) Kirche stießen, werden im europäischen Sprachgebrauch "unierte" Kirchen genannt. Die größte Gemeinschaft, die der katholischen Kirche beitrat, war die bereits erwähnte maronitische. Im Jahr 1215 nahm der maronitische Patriarch zum ersten Mal an einem katholischen Konzil (dem 1. Lateinischen Konzil) teil. Im Jahr 1216 erkannt ihn der Papst Inocentius III. an. Die Kontakte wurden gegen Ende des 16. Jahrhunderts enger. Eine vollständige Vereinigung mit der römischen Kirche wurde jedoch erst im Jahr 1736 vollzogen. Die restlichen Gemeinschaften der unierten Kirchen entstanden durch Splittergruppen aus den orthodoxen, östlichen

2 Karpat, S. 145.

Gemeinschaften, die die Herrschaft des Papstes in Rom anerkannten. Auf diesem Wege entstanden die folgenden Gemeinschaften:

a. die griechisch-katholische (Griechisch Orthodoxe, die sich der päpstlichen Kirche angeschlossen hatten)
b. die syrisch-katholische (Teile der syrisch-monophysitischen Gemeinschaft, die sich der päpstlichen Kirche angeschlossen hatten)
c. die armenisch-katholische (Teile der armenisch-monophysitischen Gemeinschaft, die sich der päpstlichen Kirche angeschlossen hatten)
d. die koptisch-katholische (Teile der koptisch-monophysitischen Gemeinschaft, die sich der päpstlichen Kirche angeschlossen hatten)
e. die abyssinisch-katholische (Teile der abyssinisch-monophysitischen Gemeinschaft, die sich der päpstlichen Kirche angeschlossen hatten)
f. die assyrisch-katholische (sie werden zumeist "Chaldäer" genannt und sind die Nestorianer, die sich zugunsten der Vereinigung mit Rom von ihrer Gemeinschaft abgespalteten hatten.)

Alle diese Gemeinschaften waren in den Rahmen der katholischen Kirche als semi-autonome Körperschaften eingebunden. Die Reformation, die zur großen Spaltung in Europa und zum Entstehen der protestantischen Gemeinschaften führte, hatte bis zum Erscheinen der (hauptsächlich englischen und amerikanischen) Missionare im 19. Jahrhundert, keinerlei direkten Einfluß.

Unter allen bisher erwähnten christlichen Gemeinschaften findet man in Aleppo für den hier behandelten Zeitraum folgende Gemeinschaften [3]:

---

[3] Shimoni, S. 114; Al-Ghazzi, Bd. I, S. 199-200, 359; Russell, Bd. II, S. 28; Masson, Bd. I, S. 378; Ashtor, Halab, in: E H, Bd. 17, [Heb.], Jerusalem 1965, S. 437; Marcus, S. 40; DÖArvieux, Bd. VI, S. 415, 428, 442; Rabbath, Bd. I, S. 451, Bd. II, S. 63; Zu deren demographischem Gewicht siehe: Kap. 5.1.3.

1. Griechisch-Orthodoxe
2. Griechische Katholiken
3. Armenische Gregorianer
4. Syrianer - Jakobiter
5. Armenische Katholiken
6. Maroniten
7. Syrische Katholiken
8. Lateinische Katholiken
9. Assyrische Katholiken - Chaldäer
10. Protestanten

5.1.2. Die Juden

Bereits vor dem Auftreten des Islam, zur Zeit der römischen Regierung, lebten Juden in Aleppo[4]. Im 7. Jahrhundert der christlichen Zeitrechnung etablierte sich in der Stadt eine jüdische Gemeinschaft von Händlern und Handwerkern. Seitdem und später bestand in Aleppo ohne Unterbrechung eine organisierte jüdische Gemeinschaft, die trotz ihrer geringen Anzahl (wie im Folgenden zu sehen sein wird) dennoch ein Zentrum des Thorastudiums von hohem Niveau darstellte [5]. Ab Ende des 17. [6] und im Laufe des gesamten 18. Jahrhunderts bestand in Aleppo eine der größten jüdischen Gemeinschaften des Nahen Ostens [7]. Die meisten Juden Aleppos gehörten dem orthodoxen Judentum an (*ahl at-talmud* - Männer des Talmuds) [8]. Diese orthodoxe jüdische Gemeinschaft teilte sich in drei Ströme auf, wovon zwei eine separate orthodoxe Gemeinschaft darstellten:

1. Orientalische Juden, die sich dort zur Zeit der römischen Regierung niedergelassen hatten.

---

[4] Ashtor, Halab, in: E. H., ibid.; Al-Ghazzi , Bd. I, S. 200.
[5] Luria, S. 171; Dinur, Bd. II, S. 397; Epstein, S. 27-62; Aasaf, S. 103, 130; Nisim, S. 232-236; Ashtor, Toldot, Bd. I, S. 270; Ben-Ḥabib, Siman m"h (45); Scholem, S. 68; Bnayahu, S. 291; Niemrek, S. s"t (69).
[6] Siehe im Folgenden: Kap 5.1.3, Zahlenangaben.
[7] Luzki, S. 64.
[8] Ibid.; Al-Ghazzi, Bd. I, S. 204; Russell, Bd. I, S. 33-34.

2. Aus Spanien vertriebene Juden (genannt *sephardis*). Dieses sind europäische Juden, die im 16. Jahrhundert über Istanbul nach Aleppo gekommen waren. Sie stellten eine separate orthodoxe Gemeinschaft dar[9].

3. Europäische Juden, die sich zunächst als Fremde vorübergehend gegen Ende des 17. Jahrhunderts wegen des Handels in der Stadt angesiedelt hatten und wegen der gutgehenden Geschäfte dort verblieben. Sie konnten auf Grund der Handelsrechte der Schutzstaaten dort Handel treiben. Die europäischen Juden schlossen sich den *sephardis* an [10].

Eine zusätzliche jüdische Gemeinschaft, die nicht zur orthodoxen Gemeinschaft gehörte, war die der Samaritaner . Es gab auch einige karaitische Juden (*al-yahud al qara'ims*) [11].

5.1.3. Zahlenangaben

Eine gewisse Zurückhaltung gegenüber den Zahlenangaben ist angebracht. Es ist nicht ausgeschlossen, daß sich die hohen Zahlen auf die Provinz und nicht nur auf die Stadt beziehen. Es darf nicht vergessen werden, daß in der hier behandelten Periode keine Volkszählungen stattfanden und keine institutionalisierten Eintragungen geführt wurden. Deshalb sollten diese Zahlenangaben, die in den Quellen angeführt werden, als Schätzung und Eindruck gewertet werden und es ist durchaus möglich, daß ein Teil der Quellen diese auf Grund von herkunftsbedingten Interessen als größer angaben. Somit kann man diese Zahlen nicht als Angaben sehen, auf die als glaubwürdiger, fundierter und bewiesener Fakt aufgebaut werden kann, sondern sie können lediglich als indikative Angaben betrachtet werden.

Die Zahl der Nicht-Muslime in Aleppo für den hier behandelten Zeitraum ergibt sich aus einer Tabelle über die Gesamtzahl der Nicht-Muslime in Aleppo, nach

---

9 Ashtor, Halab, ibid.; Marcus, S. 40, 49; Tawil Cohen, S. 97-107.

10 Luzki, S. 46; Katzin, S. a (1). In diese Kategorie sind auch die Juden aus Livorno eingeschlossen. Zu den Juden Livornos als *protégés* siehe: Kap. 6.2.6.

11 Al-Ghazzi, Bd. I, S. 204; Russell, Bd. I, S. 33-34.

deren Unterteilung in Christen und Juden:

Jahr	Nicht-Muslime insgesamt	Christen	Juden
1683 [12]	30.000-35.000		ca. 2.000
1729-30		40.000 [13]	
1770-90		ca. 21.000 [14]	ca. 5.000 [15]
1797		26.000 [16]	
1819		30.000	5.000 [17]
1833		16.000 [18]	3.500-5.000 [19]
1870-1900		20.000 [20]	

Die oben angeführte Tabelle läßt sich durch einige Kalkulationen ergänzen, die ein vollständigeres Bild ergeben, wie z.B. für das Jahr 1683. Wenn man die Zahl der Juden von der Zahl der Nicht-Muslime subtrahiert, so erhält man eine Zahl von 30.000-33.000 Christen. Die Gesamtzahl der Muslime betrug gegen Ende des 18. Jahrhunderts ca. 124.000, d.h. wenn man die Zahl der Juden und Christen von der Gesamtzahl der Einwohner Aleppos subtrahiert, welche im Jahr 1778 150.000 betrug [21]. Die Zahl der Nicht-Muslime lag im Jahr 1833 bei ca. 19.000-20.000, wenn man die Zahl der Christen und Juden addiert, und noch 500 *sephardis* hinzurechnet [22].

Die vollständige Tabelle stellt sich folgendermaßen dar:

---

[12] D'Arvieux, Bd. VI, S. 422; Aṭ-Ṭabbākh, Bd. III, S. 238.

[13] Rabbath, Bd. II, S. 397.

[14] Russell, Bd. II, S. 28; Marcus, S. 40.

[15] Ibid.; A.E. B I 94, Memoire 16. Avril 1774, S. 4, berichtet über 1.200 Juden, die die *kharāj* -Steuer entrichten.

[16] Qarā'li , S. 63.

[17] Ibid., S. 63, 73; 4.400 Christen und 1.200 Juden, die die *kharāj* -Steuer bezahlten und zusammen 6.600 Personen ausmachen. Wenn man davon ausgeht, daß jede Familie durchschnittlich aus 4 Personen besteht, so handelt es sich hierbei um 28.500 Personen.

[18] Bowring, S. 112, 123.

[19] Ibid., S. 45.

[20] Taoutel, Bd. II, S. 70, 83.

[21] Masson, Bd. II, S. 522; Masson zitiert De Tott, der behauptet, daß zu seiner Zeit nicht mehr als 150.000 Personen in Aleppo lebten, wohingegen es im 17. Jahrhundert zwischen 200.000 und 300.000 waren; De Tott, Mémoire sur le Turcs et les Tartares, Amsterdam 1784.

[22] Bowring, S. 87.

Jahr	Nicht-Muslime insgesamt	Christen	Juden
1681-1683	30.000-35.000	28.000-33.000	2.000
1790	ca. 26.000	ca. 21.000	ca. 5.000
1797		26.000	
1819	35.000	30.000	5.000
1833	19.000-20.000	16.000	3.500

Und auf die Gesamteinwohnerzahl (Muslime und Nicht-Muslime) bezogen:

Jahr	Gesamteinwohnerzahl insgesamt	Muslime
17. Jh.	200.000-300.000 [23]	
1657	200.000 [24]	
1681-1683	285.000-290.000 [25]	250.000
1778	150.000 [26]	
1790	150.000-200.000 [27]	124.000
1797	280.000 [28]	
1819	230.000 [29]	200.000
1822	75.000- 80.000 [30]	
1833	60.000- 80.000 [31]	
1848	75.000 [32]	
Ende 19. Jh.	100.000-130.000 [33]	

Die Gesamtzahl der Muslime in dieser Tabelle sind errechnete Angaben. Die Zahl 250.000 im Jahr 1681 ergibt sich aus der Subtraktion der Gesamtzahl der Nicht-Muslime von der Gesamteinwohnerzahl. Ebenso ergibt sich die Zahl von 124.000

---

23 Masson, Bd. I, S. 378; Russell, Bd. I, S. 97-98.

24 Rabbath, Bd. II, S. 63; Masson, ibid.; Fermanel, S. 266-272.

25 D'Arvieux, Bd. VI, S. 422 (418-457); Aṭ-Ṭabbākh , Bd. III, S. 238.

26 Siehe: Anm. 21.

27 Taoutel, Bd. I, S. 89, 94; Olivier, Bd. II, S. 301; Gibb und Bowen, Teil 1, S. 280-281; Volney, S. 275; Al-Ghazzī, Bd. I, S. 371; Sauvaget, Alep, S. 236-238.

28 Qarā'li , S. 63.

29 Ibid.; Qarā'li bezieht sich auf die Zeitspanne vor dem Erdbeben von 1822. Es scheint, daß die von ihm genannten Zahlen sehr übertrieben sind.

30 Aṭ-Ṭabbākh, Bd. III, S. 304.

31 Qarā'li, S. 62-73; Barker, Bd. I, S. 168, 321; Al-Ghazzī, Bd. I, S. 331; Bowring, S. 77, 84-87.

32 AE B III 243, Bobine 2, Rapport sur lÕEtat Commercial et la Syrie 1948.

33 Al-Ghazzī, ibid.; Aṭ-Ṭabbākh, Bd. III, S. 480.

für das Jahr 1790.

Aus den Quellen liegen Zahlenangaben für die zahlenmäßige Aufteilung der Christen im 18. und für das letzte Drittel des 19. Jahrhunderts vor. Diesen Angaben zufolge stellten die Christen im 18. Jahrhundert in Aleppo ca. 20.000 Personen entsprechend der folgenden Unterteilung:

1. Griechen	13.500 Personen
2. Armenier	750 Personen
3. Syrianer	3.750 Personen
4. Maroniten	3.030 Personen [34]

Die Quellen führen keine weitere zahlenmäßige interne Unterteilung in die Kategorie von orthodoxer und katholischer Religion an. Nach Marcus machten im 18. Jahrhundert die Melchiten (Griechisch Orthodoxe und Katholiken) die Hälfte aller Christen Aleppos aus und al-Buraik behauptet, daß bereits im ersten Viertel die Mehrheit der Griechisch-Orthodoxen katholisch wurde [35]. Bezüglich dieses Punktes bestehen in den Quellen verschiedene Meinungen. Sauvaget zeigt auf, daß - auf Grund der im 17. Jahrhundert einsetzenden [36] Aktivitäten der katholischen Mission - zu Beginn des 19. Jahrhunderts die Mehrheit der Christen Aleppos, Katholiken waren [37]. QarāŌli und al-Ghazzī bestärken diese Ansicht und behaupten, daß es zu Beginn des 19. Jahrhunderts mehr Katholiken als Griechisch-Orthodoxe gab [38]. Im Gegensatz dazu behauptet Taoutel, daß es mehr Griechisch-Orthodoxe als andere gab [39]. Ihm zufolge stellten die Christen Aleppos im letzten Drittel des 19. Jahrhunderts 20.000 Seelen und hatten die folgende interne Unterteilung:

---

[34] Russell, Bd. II, S. 28; Marcus, S. 40.
[35] Ibid.; Buraik, S. 5-6.
[36] Siehe im Folgenden; Siehe dazu auch: Kap. 6.2., und Kap. 7.3.
[37] Sauvaget, Alep, S. 208.
[38] Qarā'li, S. 21; Al-Ghazzī, Bd. III, S. 323.
[39] Taoutel, Bd. I, S. 124.

1. Lateinische Katholiken	500 Seelen
2. Maroniten	2.000 Seelen
3. Griechen	7.000 Seelen
4. Armenier	4.000-4.200 Seelen
5. Syrianer	2.000-2.300 Seelen
6. Chaldäer	200 - 300 Seelen [40]

Es ist nicht ausgeschlossen, daß sich die hohen Zahlen auf die Provinz und nicht nur auf die Stadt beziehen.

[40] Ibid., Bd. II, S. 70, 83.

Aus den oben genannten Angaben läßt sich folgende zwischen Gesamteinwohnerzahl, Muslimen und Nicht-Muslimen vergleichende Graphik erstellen.

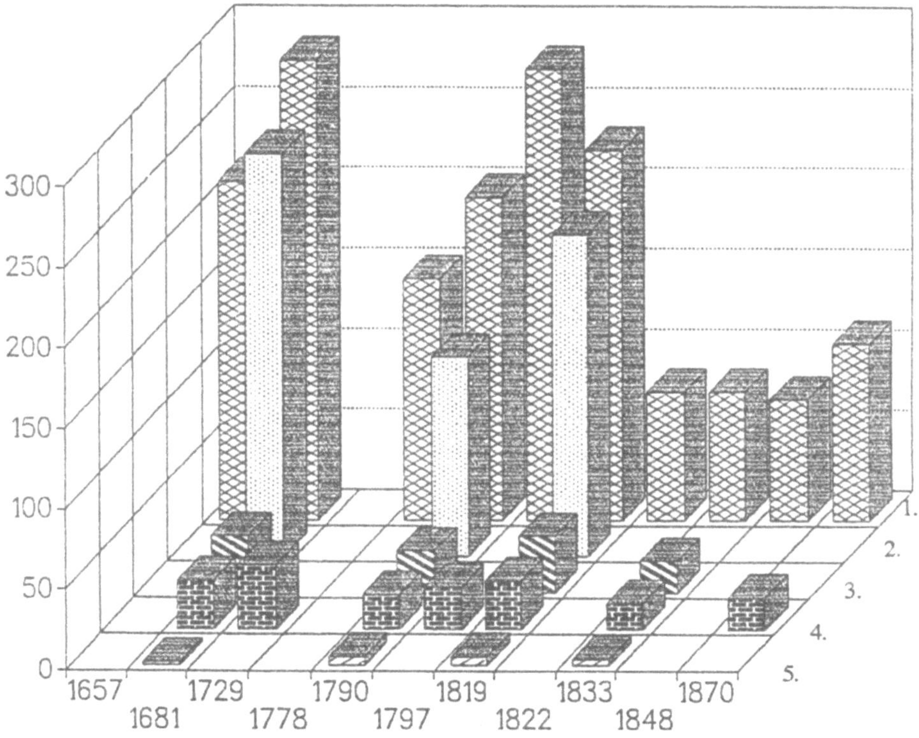

1. Insgesamt Einwohner

2. Muslime

3. Nicht-Muslime

4. Christen

5. Juden

Anhand der vorliegenden Daten (unter Berücksichtigung der genannten Einschränkungen) und des Diagramms können folgende Schlußfolgerungen gezogen werden:

1. Im Laufe des 18. Jahrhunderts verringerte sich die Bevölkerung Aleppos drastisch.
2. Die Bevölkerungszahl ging unter den Nicht-Muslimen weniger zurück als unter den Muslimen.
3. Die Zahl der Juden in Aleppo ging in der hier behandelten Zeitspanne im Verhältnis zu den Christen weniger zurück. In Wirklichkeit blieb die Zahl der Juden mehr oder weniger konstant.
4. Gegen Mitte des 19. Jahrhunderts fand ein zahlenmäßiger Anstieg in allen Bevölkerungsteilen statt.

Wie lassen sich die oben angeführten Schlußfolgerungen - sowie ihre Ursachen und Auswirkungen auf die Gesellschaft und Wirtschaft Aleppos - erklären? Im Folgenden soll ebenfalls untersucht werden, ob eine Korrelation zwischen diesen Angaben und denen der Fremden besteht.

1. Der Bevölkerungsrückgang ist auf das Engste mit den *fitnas* und Machtkämpfen in der Stadt, Naturkatastrophen und einem wirtschaftlichen Niedergang verbunden [41]. All dieses hatte ebenfalls Auswirkungen auf Produktion, Verbrauch und Lebensstandard [42]. Zweifellos funktionierten diese als rückkoppelnde Mechanismen und beschleunigten den Bevölkerungsrückgang.

2. Der Rückgang in der Landwirtschaft war verbunden mit: dem Prozeß des Niedergangs des Osmanischen Reiches; dem Verlassen der Dörfer; der Politik der Steuern und der einseitigen Ausnutzung der Landwirtschaft und der Bauern seitens der Regierung sowie dem Abstandnehmen von Investitionen in der

---

[41] Zu den *fitnas* und Machtkämpfen siehe: Kap. 3.2; Aṭ-Ṭabbākh, Bd. III, S. 304; Al-Ghazzi, Bd. III, S. 258, 263, 265, 294, 296, 297, 300-302, 308, 320, 329, 365, 382; Taoutel, Bd. I, S. 59, 70, 83.

[42] Dieses wurde in Kap. 2. behandelt.

Landwirtschaft, da Leben und Besitz nicht gesichert waren [43]. Der Rückgang in der Agrarwirtschaft wirkte sich auf die Stadt aus, die durch Manufakturen sowie Handwerk und Binnenhandel an sie gebunden war [44]. Wenn diese in Mitleidenschaft gezogen werden, so hat derartiges sofort Auswirkungen auf die urbane Bevölkerung, da die Beschäftigungsmöglichkeiten betroffen sind und abnehmen.

3. Der wirtschaftliche Abstieg Aleppos nahm 1775 seinen Anfang und bis zur Periode der ägyptischen Regierung war dieses mit internationalen ökonomischen Entwicklungen und Veränderungen der Innenpolitik des Osmanischen Reiches verbunden (die Schwäche der Zentralregierung; *fitnas*; Transfer der Regierung an lokale Körperschaften auf Grund der Schwäche des Systems, die nicht immer die Sicherheit der *ḥajj* -Karawanen garantieren konnten; Aufstieg der *wahhābiyya* -Bewegung; Rückzug der Engländer aus dem Handel in Aleppo und Syrien und Einstieg der Franzosen, die eine völlig andere Orientierung bezüglich des Handels verfolgten) und führte zur wirtschaftlichen Stagnation im Inland und zum Niedergang der Wirtschaft von Aleppo und Damaskus. Als Ergebnis dieses Niedergangs entstand eine Wanderung von den Binnenstädten - Aleppo und Damaskus - in die Küstenstädte des südlichen Syriens[45].

4. Der Rückgang der Zahl der Christen Aleppos muß mit der gesellschaftlichen und religiösen Wende, die die nicht-muslimische Gemeinschaft Aleppos im 18. Jahrhundert durchmachte, erklärt werden. Diese Wende war nicht losgelöst von dem Prozeß, den auch Damaskus durchlief - die Entstehung einer arabischen, griechisch-katholischen Gemeinschaft. Die griechisch-katholische Gemeinschaft Aleppos wuchs mit zunehmender Geschwindigkeit und Buraik zufolge hatte sie bereits im ersten Drittel des 18. Jahrhunderts einen Großteil der griechisch-orthodoxen Gemeinschaft absorbiert. Diese Entwicklung rief

---

[43] Siehe dazu: Kap. 2.; Volney, S. 262-267; Burckhardt, Travels, S. 10-11; Gibb und Bowen, Teil 1, S. 218, 270; Browne, S. 458.

[44] Al-Ghazzī, Bd. I, S. 101-102, 108-109; Russelll, Bd. I, S. 161-162; Qarā'li, S. 71; Gibb und Bowen, Teil 1, S. 297-298; Bowring, S. 108.

[45] Der wirtschaftliche Niedergang Aleppos wurde im Kap. 2.4. behandelt; Philipp, Syrians, S. 10-11.

gesellschaftliche und politische Spannungen zwischen Griechisch-Orthodoxen und griechischen Katholiken hervor. Die Rolle, welche die die Griechisch-Orthodoxen unterstützenden osmanischen Behörden bei diesen Konflikten spielten sowie Verfolgung und Mittel, welche zur Unterdrückung der griechischen Katholiken angewandt wurden, führten zur Abwanderung vieler in die Küstenstädte Syriens und nach Ägypten. Die erste Wanderungswelle von Aleppo und Damaskus nach Ägypten umfaßte in den Jahren 1725 bis 1780 5.000 Personen. Die Zahlen stiegen im 19. Jahrhundert an [46].

5. Mitte des Jahres 1833 wurde von den Ägyptern in Syrien eine neue Steuer festgelegt, die *ferde* -Steuer, welche von der gesamten Bevölkerung, einschließlich der Nicht-Muslime, erhoben wurde [47]. Diese Steuer wurde von jedem Mann über 15 Jahre erhoben und betrug 15 bis 500 *piastres* [48]. In Aleppo zahlten im Jahre 1833 12.000 Muslime, 5.000 Christen und 1.700 Juden die *ferde* -Steuer [49]. Im Jahre 1836 zahlten ungefähr 2.000 Personen weniger diese Steuer[50]. Dieser Rückgang reflektiert m.E. die Zahl derjenigen, die aus Aleppo aus Angst vor Einberufung geflohen waren. Es handelte sich hierbei natürlich um Muslime, nicht um Christen oder Juden, denn diese waren von der Wehrpflicht befreit. Tatsächlich bemerkt Bowring, daß die christliche Bevölkerung in Aleppo in dieser Zeit nicht abgenommen, sondern vielleicht sogar etwas zugenommen habe [51].

6. Auch wenn eine negative Abwanderung von Juden aus Aleppo bestand, so wurde diese von der Zuwanderung der *sephardis* und anderer europäischer Juden nach Aleppo ausgeglichen, wie z.B. der Juden Livornos [52]. Für das 18. Jahrhundert wird die Zahl der Juden in Aleppo auf ca. 5.000 Seelen geschätzt; und diese Zahl wird auch für das 19. Jahrhundert angenommen [53].

---

46 Ibid., S. XI, 5, 11, 19; Buraik, S. 5-6; Taoutel, Wathā'iq -qarn al-thāmin 'ashar, S. 252-253; Marcus, S. 48; Al-Ghazzi, Bd. III, S. 483; Olivier, Bd. II, S. 367; Gibb und Bowen, Teil 2, S. 249, 260; Siehe dazu: Kap. 2. und Kap. 5.7.

47 Hofmann, S. 159.

48 Bowring, S. 112.

49 Ibid.

50 Ibid.

51 Ibid., S. 87.

52 Luzki, S. 64; Masson, Bd. I, S. 303.

53 Russell, Bd. II, S. 58; Bowring, S. 87.

5.2. Die spirituelle Führung der Nicht-Muslime

Jede religiöse, nicht-muslimische Gruppe in Aleppo hatte ihre eigene spirituelle Führung [54]. Hier stellt sich die Frage, ob alle Gruppen im *millet* -System die gleiche Stellung hatten. In Bezug auf Griechisch-Orthodoxe, griechische Katholiken und Juden ist die Antwort negativ. Griechisch-Orthodoxe und griechische Katholiken gehörten derselben *millet* -Gruppe an, nämlich der *millet ar- rum* [55], und nicht zwei unterschiedlichen. Bis 1740 unterstand die griechisch-orthodoxe Gemeinschaft in Aleppo dem Patriarchen von Antiochien.

1740 wurde die Gemeinschaft, auf Grund der Intervention des Patriarchen Bā'isiūs II. dem Patriarchat im Phanar Viertel in Istanbul unterstellt. Seine Intervention erfolgte nachdem der Bischof Jarāsimus aus Aleppo (der selbst auch vom Patriarchen von Antiochien ernannt worden war), zum Katholizismus übergetreten war. Bereits 1731 veröffentlichte die Gemeinschaft in Aleppo ein Dokument, das seine Entlassung forderte. Diese Regelung dauerte bis 1888, in dem die Gemeinschaft wieder dem Patriarchat von Antiochien unterstellt wurde[56].

In dem hier behandelten Zeitraum ernannte das Patriarchat vom Phanar Viertel in Istanbul Bischöfe in Aleppo, die natürlich griechisch-orthodox waren. Dies führt uns wieder auf die Situation zurück, die bereits Karpat erwähnte: die Griechisch-Orthodoxen wurden, indem sie dem Patriarchen unterstanden, der seinen Sitz im Phanar Viertel in Istanbul hatte, unter eine religiöse zentrale Herrschaft gestellt[57].

Diese nahmen es auf sich, auf die griechischen Katholiken Druck auszuüben. Im Prinzip unterstanden die griechischen Katholiken der *millet ar-rum* . 1724 entstand jedoch zwischen der griechisch-orthodoxen Kirche und deren Gläubigen, die zum Katholizismus übergetreten waren oder übertreten wollten, eine Spaltung. Während der langen Geschichte von Verfolgungen der Katholiken in Aleppo bis zur ägyptischen Besatzung, gab es auch einige friedvolle Perioden, in denen die Katholiken sich einer Glaubensfreiheit ohne Verfolgungen erfreuen konnten. Dies

---

[54] Al-Ghazzi, Bd. II, S. 199-200, 359, Bd. II, S. 466, 467, 471-485.
[55] Taoutel, Bd. I, S. 115; Al-Ghazzi, Bd. III, S. 323, 324.
[56] Qarā'li, S. 8,9; Qustantin Al-Basha, S. 3-5, 23, 60, 71-74, 120-180; Taoutel, Bd. I, S. 60.
[57] Karpet, S. 145; Taoutel, Bd. I, S. 115.

kostete sie viel Geld, welches sie sowohl in Aleppo, als auch in Istanbul an den griechischen Patriarchen und den griechischen Bischof zahlten[58].

Die Periode der ägyptischen Besatzung bildete eine Ausnahme. Im Jahr 1830 wurden die griechischen Katholiken als offizielle Gemeinschaft anerkannt und 1831 wurde die Befreiung und Unabhängigkeit der griechisch-katholischen Gemeinschaft von der Bürde des Phanar Viertels in Istanbul deklariert. Im Jahr 1838 erhielten die griechischen Katholiken einen *fermān* des *sultan* , der ihre Eigenständigkeit und Unabhängigkeit von der griechisch-orthodoxen Gemeinschaft akzeptierte [59]. Diese Regelung blieb auch nach der Rückkehr der osmanischen Regierung, welche die ägyptischen Verbesserungen übernahm, in Kraft. 1845 verliehen die Osmanen sogar den syrisch-katholischen Jakobiten Unabhängigkeit[60].

Der religiöse Anführer der Juden in Aleppo war der *ra' īs dinīyy*. Die Samaritaner und Karaiten, welche vom Judentum nicht als Juden anerkannt wurden, unterstanden dem jüdischen *ra'īs dinīyy* [61]. Überall im Osmanischen Reich ereignete sich zwischen dem 14. und 18. Jahrhundert eine große Aufsplitterung der Gemeinschaften. Eine zentrale und zentralistische Führung für die gesamte Judenheit des Reiches gab es nicht. Benötigten jüdische Gemeinden eine Repräsentanz vor der Regierung in Istanbul, so wandten sie sich, mit der Bitte zu ihren Gunsten zu intervenieren, an die dortigen, der Regierung nahestehenden Juden. Erst im 19. Jahrhundert, unter der Führung der *ḥakam bāshi* -Institution, die allen Juden des Reiches vorstand und sie vertrat, nahm die Organisation der Juden zentralistische Ausmaße an [62]. D.h., daß das Oberhaupt der jüdischen Gemeinde in Aleppo in dem hier behandelten Zeitraum, vom *ra'īs millet* in Istanbul unabhängig, und daß die Gemeinschaft in ihren Aktivitäten autonom war.

---

[58] Qarā'li, S.8; Taoutel, Bd. I, S. 52; Philipp, Syrians, S. 13-20; Buraik, Appendix, S. 130-133. Dieses Thema wird in diesem Kap. ausführlich behandelt werden. Siehe: Kap. 5.7.

[59] Taoutel, Bd. II, S.9; Qarā'li, S. 35; Hourani, Arabic, S. 60.

[60] Taoutel, Bd. II, S. 49; Hourani, Arabic, S. 55.

[61] Al-Ghazzī, Bd. I, S. 202

[62] Borenstein, The Jewish, S. 114; Ela'zar, S. 184, 185.

5.3. Die gesellschaftliche Struktur der nicht-muslimischen Gemeinschaften

5.3.1.Der sozio-ökonomische Querschnitt

Im Gegensatz zur gesellschaftlichen Unterteilung der muslimischen Gemeinschaft, setzte sich die nicht-muslimische Gesellschaft auf andere Weise zusammen:

1. Reiche Kaufleute, Ex- und Importeure mit Konzessionen bildeten die Oberschicht.
2. Händler und Handwerker bildeten die Mittelschicht.
3. Die untere (und arme) Schicht setzte sich hauptsächlich aus Hausierern und Handwerkern zusammen.

Die wirtschaftliche Stellung war der wichtigste Maßstab für eine Differenzierung des gesellschaftlichen Status. Bei den Juden bildete jedoch eine weitere Schicht eine Ausnahme: die hohes Ansehen geniessenden Schriftgelehrten.

Die Gemeinschaft der Christen war eine Gemeinschaft von Handwerkern [63].
Unter den Juden verlief die Differenzierung auf andere Weise. Nur wenige waren mit dem Handwerk verbunden. Die meisten waren Bankiers, Händler, Hausierer oder Lebensmittelverkäufer und Vermittler unterschiedlicher Art [64].
Die Beschränkung der Nicht-Muslime auf diese Beschäftigungen ist nicht spezifisch für Aleppo, sondern charakteristisch für die muslimische Welt, welche Nicht-Muslimen die Ausübung von Berufen, die auch Muslime ausübten, gestattete und ihnen ebenso erlaubte mit Muslimen in den gleichen Gilden organisiert zu sein. In vielen Fällen wurden die Nicht-Muslime jedoch in Berufe gedrängt, die von den Muslimen mißachtet oder ihnen verboten waren [65].
Unter den Nicht-Muslimen gab es wohlhabende und vermögende Familien. Sie erwarben ihren Reichtum im Handel, der größtenteils mit dem Tauschhandel und

---

[63] Olivier, Bd. II, S. 306-307.
[64] Aṭ-Ṭabbākh, Bd. III, S. 238; Russell, Bd. II, S. 60
[65] Lewis, Alei Historia, S. 169-179; Idem., Emergence, S. 35; Baer, Structure, S. 193-194; Siehe dazu: Kap. 2.

den wirtschaftlichen Aktivitäten der europäischen Fremden zusammenhing[66]. Aus diesen Bevölkerungsteilen stammte die Gruppe der *a'yān* der Nicht-Muslime. Sie standen an der Spitze der gesellschaftlichen Hierarchie (im Unterschied zur religiösen Hierarchie). Sie waren *a'yān* innerhalb ihrer Gemeinschaft und kein integraler Bestandteil der muslimischen *a'yān* in Aleppo. Diese Ansicht wird durch die Tatsache bestärkt, daß die nicht-muslimischen *a'yān* (im Gegensatz zu den muslimischen *a'yān*) nicht Mitglieder im *diwān* des Gouverneurs waren.

Eine Ausnahme bildete die Periode der ägyptischen Regierung, während der ein *majlis ash-shūrā* eingerichtet worden war, in dem Vertreter der Nicht-Muslime Mitglieder waren [67]. Gleichzeitig war die Aufgabe der nicht-muslimischen *a'yān* in ihren Gemeinschaften nicht weniger wichtig als die der muslimischen *a'yān* , mit Ausnahme der Tatsache, daß - da sie keine *iltizāms* und Monopole besaßen - die Regierung nicht von ihnen abhängig war, um herrschen zu können [68]. Die Tatsache, daß Juden in Aleppo Steuer- *iltizāms* innehatten, schien nicht in Zusammenhang mit dem Beamtentum und der Verwaltung zu stehen[69]. Andererseits könnte man vielleicht sagen, daß wenn die muslimischen *a'yān* zuallererst sich selbst vertraten, so vertraten die nicht-muslimischen *a'yān* auch ihre Gemeinschaft, und ihre Aktivitäten innerhalb dieser in Bezug auf Wohlfahrt und Fürsorge waren zahlreich [70]. Die Annahme, daß es sich hierbei in Aleppo um eine gesellschaftliche und wirtschaftliche Elite handelte, wird dadurch bestärkt, daß unter ihnen niemand in der lokalen Verwaltung und Bürokratie involviert war. (Im Gegensatz zu Damaskus, wo sie auch politischen Einfluß besaßen).

Unter den christlichen Nicht-Muslimen gab es einen ethnischen Unterschied auf sozio-ökonomischer Grundlage.

Die Maroniten und Armenier stellten ein neues Element innerhalb der christlichen Bevölkerung Aleppos dar. Unter den Christen waren es die armenischen Händler,

---

[66] Al-Ghazzi, Bd. II, S. 469; Siehe dazu: Kap. 2.

[67] Hofman, S. 125-126; Ma'oz, Balance of Power, S. 281.

[68] Siehe dazu: Kap. 3.1.3., Anm. 65 und 66; Taoutel, Bd. I, S. 50, 73, 82.

[69] Siehe dazu: Anm. 68; La Boullaye, Bd. III, S. 347-348; Rauchwolffen, S. 281; R` Israel b"R Yosef Sasson, (chaf alef) 21 (u'ein bet) 72.

[70] Siehe im Folgenden: Kap. 5.7.

die aus dem Handel großen Profit schlugen, weil sie ihre Kontakte zu den Angehörigen ihrer Gemeinschaft in Erzerum, Diyārbakr und Isfahan zu nutzen verstanden. Zieht man einen Vergleich auf ethnischer Ebene, so wäre der Reichtum der Armenier im Vergleich zur Armut unter den Griechisch-Orthodoxen zu erwähnen. Manche vergleichen sogar, in Bezug auf das sozio-ökonomische Niveau, die Armenier mit den Juden [71]. Taoutel behauptet zwar, daß die griechisch-orthodoxe die größte und wohlhabendste unter den Gemeinschaften in Aleppo sei [72], doch die Fakten zeigen, daß sich im 18. und zu Beginn des 19. Jahrhunderts die katholische Gemeinschaft in Bezug auf Reichtum an die Juden und Armenier annäherte [73]. Diese Situation ist Teil eines gesellschaftlichen Wandels, den die Gemeinschaft der Nicht-Muslime in Syrien im 18. Jahrhundert durchlief [74]. Das Ausnutzen einer Schwäche der Zentralregierung sowie der wirtschaftliche Wandel, - die Syrien im 18. Jahrhundert durchmachte und die ihre nachdrückliche Manifestation in Aleppo und Damaskus fanden - ermöglichten das Entstehen einer griechisch-katholischen Gemeinschaft [75]. Dieser Prozeß begann noch vor dem 18. Jahrhundert und hängt mit einer sozio-ökonomischen Veränderung zusammen, die in der Gesellschaft in Aleppo und Damaskus ihren Anfang nahm: der Wechsel der Christen von Handwerksberufen in die Welt des Handels.

In Abwesenheit eines ethnischen Netzwerkes in Europa oder Asien (wie es die Juden und Armenier hatten) schloßen sie sich europäischen Kaufleuten an, die nach Aleppo gekommen waren. Zu Beginn des 18. Jahrhunderts hatte also die Gemeinschaft der arabischen Christen in Aleppo und Damaskus, die in verschiedenen Handwerkszweigen florierte, eine Schulbildung erhalten und trat in den Handel ein. Dieser Eintritt in den Handel bedeutete auch das Ansammeln von Besitz und zunehmendem Reichtum. Es entstand somit eine Gruppe mit lokalen Interessen und Forderungen nach lokaler Autonomie.

---

71 Olivier, S. 306; AE B I 94 Memoire, 16. April 1777, S. 4; Taoutel, Bd. I, S. 87; Sauvaget, Alep, Alep, S. 206.

72 Taoutel, Bd. I, S. 124.

73 Qarā'li, S. 7; Al-Ghazzī, Bd. III, S. 323; Buraik, Apendix, S. 5-6; Phillip, Syrians, S. 5, 15.

74 Siehe dazu: Anm. 46.

75 In Kap. 2. wurden der wirtschaftliche Wandel und in Kap. 3. die Manifestationen der Schwäche der Regierung untersucht.

Und wenn eine Erwartung an eine lokale Autonomie besteht und diese auf eine Realität trifft, in der seit 1742 der Patriarch von Istanbul es für nötig befand, einen Griechisch sprechenden Klerus zu ernennen, so erreichen diese lokalen Interessen ein Momentum, das sich im Übertritt zum Katholizismus manifestiert. Es handelte sich hierbei also um einen gesellschaftlichen Wandel, nach dem die katholischen Griechen zur größten und wohlhabendsten christlichen Gemeinschaft Aleppos wurden. Sie stand einem Griechisch sprechenden Klerus gegenüber, der als Vertreter der Interessen des Phanar Viertels angesehen wurde [76]. Dieser gesellschaftliche Unterschied zwischen den Gemeinschaften könnte, neben dem religiösen Motiv, als Grund für die Spannungen und Auseinandersetzungen zwischen den griechischen Katholiken und den Griechisch-Orthodoxen während des 18. und zu Beginn des 19. Jahrhunderts angesehen werden [77].

Nutzten die Armenier ihre Kontakte zu ihren Verwandten in Asien aus, so zogen die Juden Gewinn aus ihren Handelsbeziehungen mit Livorno, wo (wie auch anderswo) die Juden im Bankwesen und Handel den ersten Platz einnahmen[78]. Unter den Juden trugen die *sephardis* zum wirtschaftlichen und kulturellen Leben bei, da sie die wichtigsten Unterstützer der pädagogischen und kulturellen Institutionen der jüdischen Gemeinde waren [79]. Diese Beziehungen zu den Europäern sowohl seitens der Juden, als auch seitens der Armenier und Maroniten, hatten entscheidenden Einfluß hinsichtlich ihren Aufstiegs auf gesellschaftlicher und intellektueller Ebene [80].

Im 18. Jahrhundert wurde die wirtschaftliche Stellung der Juden und Armenier jedoch durch eine neuentstandene christliche Elite bedroht, die Elite der wohlhabenden griechischen Katholiken, die aus den Reihen der wohlhabenden Griechisch-Orthodoxen entstanden war [81].

---

[76] Philipp, Syrians, S. 16-18.
[77] Ibid., S. 16-19; Siehe im Folgenden: Kap. 5.7.
[78] AE B I 76, Juli 1699; Sauvaget, Alep, S. 206; Masson, Bd. II, S. 383-387.
[79] Luzki, S. 46; Kazin, S. A (1).
[80] Sauvaget, Alep, S. 207; Gibb und Bowen, Teil 2, S. 260.
[81] Phillip, Syrians, S. 5

Die Beziehungen zu den Europäern, und deren Konsumbedürfnisse, erzeugten im Kreise der nicht-muslimischen Bevölkerung eine gesellschaftliche Polarisierung. Diese Polarisierung wurde durch das Verleihen eines Patronats an Übersetzer, Händler und Vermittler hervorgerufen. Dieses Patronat verlieh rechtliche und wirtschaftliche Sonderrechte, die ihren Eigentümern, im Vergleich zu denen, die kein *barā'a* oder *nafar fermān* besaßen, Wege öffnete schnell zu Reichtum zu gelangen.

Als Beispiel könnte Rafael Piciotti angeführt werden, ein Jude italienischer Herkunft, der 1784 österreichischer Konsul wurde, was ihm extensive Handelsmöglichkeiten eröffnete [82]. Die Inhaber des Patronats unter den Nicht-Muslimen sammelten schnell ein Vermögen an und wurden unter den Nicht-Muslimen zur gesellschaftlichen und wirtschaftlichen Elite Aleppos. Diese Polarisierung rief in der nicht-muslimischen Gemeinschaft Neid und Spannungen seitens derjenigen hervor, die nicht in diese Stellung gelangen konnten. Mit gesellschaftlicher Polarisierung ist hier nicht nur die Polarisierung zwischen Gemeinschaften, sondern auch innerhalb dieser selbst gemeint. Sowohl unter den Juden, als auch unter den Christen bestanden gesellschaftliche Unterschiede. Innerhalb dieser Gemeinschaften gab es wohlhabende und etablierte Gruppen, sowie Arme und Elende. Diese Erscheinung von gesellschaftlichen Unterschieden unter den Nicht-Muslimen war eine fortwährende Erscheinung, die jedoch durch die Prozesse die dies bezeichneten und den relativen Vorteil, den die Empfänger des Patronats erhielten, erschwert wurden. Taoutel stellte unter den Christen eine Liste von religiösen Institutionen (*waqfs*) für Arme und Waise auf, welche, u.a. auf Grund von Naturkatastrophen und Epidemien, zahlreich waren [83]. Ein Teil dieser wohlhabenden Nicht-Muslime stellten die nicht-muslimischen *a'yān* [84]. Unter den angesehenen und prominenten Familien der Nicht-Muslime, die zu den *a'yān* zählten sowie wohlhabende Händler und Bauern, wären zu erwähnen:

---

[82] Marcus, S. 46; Al-Ghazzī, Bd. III, S. 311; Taoutel, Bd. I, S. 82, 104; Qarā'li, S. 34; Volney, S. 93, 151; Siehe dazu: Kap. 1.3, siehe im Folgenden: Kap. 5.5.

[83] Al-Ghazzī, Bd. I, S. 204, Bd. II, S. 546, 568, 579; Taoutel, Bd. I, S. 50, 52, 68, 102, 119.

[84] Ibid. , S. 50, 73, 82.

a. Christliche Familien [85]: Banū Saba', Banū Sālem, Banū at-Tujjār, Banū Ṣulā, Banū al-Marash, Banū al-Ḥakīm, Yusuf Andria, Banū adh-Dhāhir, Ḥannā Andria Jnīdar.

b. Jüdische Familien [86]: Banū Naḥamāt, Sasūn, Dwek, Picotti, Jamāl, Cohen, Safrā.

Eine der Manifestationen der gesellschaftlichen Polarisierung war die Tatsache, daß im 18. Jahrhundert die meisten Familien der *a'yan* und die wohlhabenden Händler unter den Christen und Juden, in neue Wohnviertel zogen. In den alten Vierteln verblieben die Armen dieser Gemeinschaften [87].

5.3.2. Ethnographische Zusammensetzung

Die meisten Nicht-Muslime gehörten zu einer autochtonen Bevölkerung, wie auch die übrigen muslimischen Bewohner der Stadt. Beide waren in Aleppo und Syrien schon vor dem Auftreten des Islams ansässig gewesen und übernahmen vieles von der Lebensführung ihrer Nachbarn. Dieses gilt auch für die Juden. Dieser Punkt ist vor allem deshalb wichtig, da er Auswirkungen auf die Lebensweise der Nicht-Muslime in der Stadt hatte [88].

5.4. Die Lebensweise der Nicht-Muslime

In seinem Bericht aus dem Jahr 1819 untersuchte Qarā'li die urbane Aufteilung Aleppos und seiner städtischen Institutionen [89]. Die sich daraus ergebenden Ergebnisse in Bezug auf die Lebensweise sind äußerst interessant:

Aleppo war in 74 Wohnviertel aufgeteilt. Christen aller christlichen Gemeinschaften

---

85 Al-Ghazzī, Bd. II, S. 86, 93, 470, 488.
86 Ibid., S. 215, 324.
87 Ibid., S. 324, 470; Ashtor, Toldot, Bd. II, S. 335,
88 Siehe im Folgenden.
89 Qarā'li, S. 61-75.

wohnten in fünf Stadtteilen (*ḥārat* aṣ-Ṣalība, *ḥārat* Abū 'Ajūz, *ḥārat* al-Ḥazzāza, *ḥārat* ash-Sha'sha', al-Jadīda). Im *ḥārat* al-Madīna wohnten Muslime, Christen und Europäer. Im *ḥārat* al-Baḥsīta wohnten Juden, deren Häuser an die al-Madīna-Mauer angrenzten [90].

Hieraus geht hervor, daß die Nicht-Muslime im allgemeinen, wenn auch nicht ausschließlich, in separaten Stadt- und Wohnvierteln lebten. Manchmal gab es dort auch Muslime [91], oder sie wohnten in gemischten Vierteln [92]. Eine Analyse der Daten von al-Ghazzī, aus denen hervorgeht, wo die Nicht-Muslime (Christen und Juden) Aleppos lebten, macht das Bild deutlicher:

1. Christen wohnten in separaten Wohnvierteln, wie *ḥārat* aṣ-Ṣalība, *ḥārat* al-Tūmāyāt und *ḥārat* al- Ghatās [93].
2. Gemischte Viertel für Muslime, Christen und Juden waren: *maḥallat* al-Aqaba, *maḥallat* Sahat Biza, *maḥallat* Shuwayqat 'Alī, *maḥallat* al-Maṣābin, *maḥallat* Jib Asad Allāh und *maḥallat* aṣ-Ṣalība as-Saghīra[94].
3. Gemischte Viertel für Muslime und Christen waren [95]: *maḥallat* al-Jallūm al-Kubra, *maḥallat* Ash-Shamā'īn, *maḥallat* al-Kuttāb, *maḥallat* Tātārlar, *maḥallat* ad-Dalāllīn, *maḥallat* Jaqūrjaq.
4. Gemischte Viertel mit einem Hauptanteil von Christen, waren[96]: *ḥārat* al-Magharbaliyya, *ḥārat* al-Qawas, *ḥārat* al-Ḥazzāza.
5. Gemischte Viertel für Juden und Muslime: *maḥallat* Baḥshita, *maḥallat* Albandara, *maḥallat* ad-Dabāgha al-Atīqa [97]. Ein rein jüdisches Viertel gab es nicht.

---

[90] Ibid., S. 65-66.

[91] Ibby, S. 238; Marcus, S. 318; Najwa al-Qattan kam in Bezug auf das jüdische Viertel in Damaskus zu einem ähnlichen Schluß. Al-Qattan, S. 198, 200.

[92] Teonge, S. 152; Sauvaget, Alep, S. 220; Al-Ghazzī, Bd. I, S. 195, 198, Bd. III, S. 375; Nach Al-Ghazzī ist der Brauch in gemischten Vierteln zu wohnen anscheinend ein Überrest der entfernten Vergangenheit, als Muslime und Christen ohne Trennung zusammenlebten. Die Trennung schreibt Al-Ghazzī der Zeit der tscherkessischen Regierung zu Beginn des 14. und Anfang des 15. Jahrhunderts dort zu.

[93] Al-Ghazzī, Bd. II, S. 463, 464, 468.

[94] Ibid., Bd. II, S. 87, 107, 177, 203, 215, 314, 486.

[95] Ibid., Bd. II, S. 44, 304, 307, 313, 326, 341, 416, 489.

[96] Ibid., Bd. II, S. 455, 457, 458, 459, 460, 462, 491.

[97] Ibid. Bd. II, S. 197, 199, 207.

Das Wohnen in gemischten Vierteln hatte natürlich gesellschaftliche Auswirkungen sowie Einfluß auf die Lebensführung. Paradoxerweise ermöglichte gerade das Wohnen in gemischten Vierteln den Schutz der Nicht-Muslime während der *fitnas*. Dieser Schutz wurde ihnen von ihren Nachbarn verliehen, entweder indem diese ihnen in ihren Häusern Schutz gewährten, oder die Christen in deren Häusern selbst beschützten [98]. Das Wohnen in gemischten Vierteln, sowohl als auch geschäftliche Teilhaberschaften trugen ebenfalls dazu bei gesellschaftliche Unterschiede zwischen den verschiedenen religiösen Gruppen zu verringern [99].

Badehäuser (*ḥammāms*) waren eine lebensnotwendige Institution in jeder muslimischen Stadt und in Aleppo gabe es viele - öffentliche und private - Badehäuser. Die Badeanstalten in Aleppo dienten beiden Geschlechtern, jedoch zu verschiedenen Tageszeiten. Die Trennung wurde durch einen Zeitplan geregelt: Männer in den Vormittagsstunden bis zur Mittagszeit und Frauen in den Nachmittagsstunden bis Sonnenuntergang (Frauen gingen nach Sonnenuntergang im allgemeinen nicht außer Haus). Es gab auch Badehäuser nur für Frauen [100]. Die Christen hatten 39 eigene separate *ḥammāms* [101]. Auch die Juden hatten ein eigenes *ḥammām* in ihrem Wohnviertel [102].

Aleppo besaß eine Fülle von Kaffeehäusern, die ebenfalls, ähnlich wie die *ḥammāms*, eine Institution einer muslimischen Stadt darstellen. Diese Kaffeehäuser wurden nicht nur von der Oberschicht, sondern von allen Bevölkerungsschichten besucht[103]. Die Quellen erwähnen keine separate Kaffeehäuser für Christen.

---

98 Ibid., Bd. III, S. 375.
99 Marcus, S. 44.
100 Al-Ghazzī, Bd. I, S. 324-329; Ibby, S. 239; Russell, Bd. I, S. 133; Auf den Seiten 130-138 beschreibt Russell den Badevorgang im *ḥammām* .
101 Qarā'li, S. 71-73.
102 Ibid., S. 65
103 Ibid., S. 55, 67; Niebuhr, Bd. II, S. 223 (bezieht sich auf Arabia); Russell, Bd. I, S. 23, beschreibt die Kaffeehäuser.

Die nicht-muslimische Bevölkerung wohnte in ähnlichen Häusern wie die Muslime. In allen Häusern, sowohl denen der Muslime, der Christen als auch der Juden, reich oder arm, bestand ein Verhältnis von 1/3 Innenhof zu 2/3 Wohngebäude. Mehr noch: Da ein Großteil der Bauleute Christen waren, legten diese auch den Baustandard fest [104]. Die meisten Häuser waren persönliches Eigentum und nur wenige wohnten zur Miete [105]. Der Anstrich der Häuser der Nicht-Muslime unterschied sich von dem der Muslime. Der Anstrich der nicht-muslimischen Häuser mußte von dunkler Farbe sein, damit sie sich von denen der Muslime unterschieden [106]. Um nicht die besondere Aufmerksamkeit und den Neid ihrer muslimischen Nachbarn zu erwecken, sahen die Häuser der Nicht-Muslime ärmlich und vernachlässigt aus. Aller Reichtum und alle Pracht war im Innern des Hauses verborgen. (Um der Objektivität willen, sollte hier erwähnt werden, daß auch wohlhabende Muslime ähnlich vorgingen) [107]. Als Ausnahme in dieser Hinsicht sind große und prächtige Häuser im *ḥārat* aṣ-Ṣalība zu erwähnen, in denen die christlichen *a'yān* wohnten, bis sie ins *maḥallat* aṣ-Ṣalība aṣ-Ṣaghīra Viertel und ins *maḥallat* al-'Azīziyya Viertel zogen [108].

Aus dem oben Erwähnten ergibt sich die Schlußfolgerung, daß die Lebensführung der meisten Nicht-Muslime in Aleppo, Christen wie Juden, mit der der Muslime identisch war. Eine Ausnahme bilden Unterschiede, die von den Gesetzen der *sharī'a* und dem *qānūn* herrühren. In Bräuchen, wie Eheschließungen, Familienfesten sowie bei Traueranlässen bestanden Ähnlichkeiten, während die

---

104 Chevallier, Bd. II, S. 162.
105 Marcus, S. 188-190.
106 Niebuhr, Bd. I, S. 113.
107 Fedden, S. 54-55; Teonge, S. 15; Russell, Bd. I, S. 46; Durbin, Bd. II, S. 61; Durbin behauptet, daß um die Mitte des 19. Jahrhunderts die innere Zurückgezogenheit der Familie deshalb existierte, um dem Druck der Regierung zu entgehen, die Steuern nicht auf Grund des tatsächlichen Vermögens, sondern dem Anschein nach, erhob. Deshalb wurde der Reichtum ins Innere des Hauses verlegt. Es sollte erwähnt werden, daß sich der Verfasser auf die Gesamtbevölkerung bezieht und die Nicht-Muslime nicht erwähnt. Auf der anderen Seite ist bei Lamartine, Tome III, S. 73, 74, 76-78, die Beschreibung eines armenischen Hauses zu finden, das er in den 30er Jahren des 19. Jahrhunderts besucht hatte. Er behauptet, daß dieses Haus, wie alle christlichen Häuser in Damaskus, eine Ruine von außen und ein Palast von innen sei. Lamartine erklärt dies mit dem Bedürfnis sich zu verbergen und vor der fanatischen Bevölkerung zu verstecken.
108 Al-Ghazzi, Bd. II, S. 469.

Geboten beruhten. Die Christen begruben z.B. ihre Toten in einem Sarg, während Juden und Muslime dies nicht taten [109]. Sie benutzten dieselben Institutionen wie Muslime. Ein Teil der Institutionen wurde gemeinsam mit den Muslimen genutzt, und ein anderer separat, auf Grund der Werte der anderen Religion. Im Folgenden wird deutlich werden, daß der Grund dafür auf der Tatsache beruht, daß die meisten Muslime, Juden und Christen gleicher ethnischer und sprachlicher Herkunft waren, und der gleichen "gesellschaftlichen Kultur" angehörten. Die Lebensführung gab einer gemeinsamen gesellschaftlichen Kultur Ausdruck, die - gleichgültig, welcher Religion man angehörte - eine bekannte gesellschaftliche Organisation reflektierte [110]. Diese Schlußfolgerung wird, wie im Folgenden zu sehen sein wird, durch die Manifestation, die sie in der Praxis des täglichen Lebens fand, gefestigt.

1. Arabisch war die vorherrschende Sprache, sowohl unter der muslimischen, als auch unter der nicht-muslimischen Bevölkerung. Es sollte jedoch betont werden, daß Nicht-Muslime, wie z. B. die Griechisch-Orthodoxen, die syrischen Jakobiten und die Armenier ihre sakrale Sprache (Griechisch, Armenisch) während des Gottesdienstes benutzten [111]. Auch die orientalischen Juden sprachen Arabisch, wahrten jedoch die "Sprache der Bibel", Hebräisch, nicht für den alltäglichen Gebrauch, sondern zum Lesen während des Gottesdienstes[112].

2. Die Lebensführung in Aleppo wurde von den klimatischen und geographischen Bedingungen beeinflußt. So hatten die Bewohner der Stadt gelernt sich an Erdbeben, Krankheiten, schlechte sanitäre Bedingungen und Epidemien anzupassen und damit zu leben. Diese trafen Nicht-Muslime wie Muslime, einschließlich der Verluste von Leben und Besitz [113]. Daten aus dem 19. Jahrhundert über Aleppo zufolge wurden die Nicht-Muslime (Juden und Christen) weniger

---

[109] Ibid., Bd. I, S. 259-266.
[110] Chevallier, S. 163; Marcus, S. 43.
[111] Russell, Bd. II, S. 31-32. Nach Russell waren nur wenige der einheimischen Griechen der griechischen Sprache mächtig. Die Geistlichen lasen die Liturgie auf Griechisch, weil diejenigen, die aus Istanbul gesandt wurden, aus Griechisch sprechenden Regionen stammten. Die Armenier konnten außer Arabisch auch Türkisch.
[112] Ibid., Bd. II, S. 60.
[113] Aṭ-Ṭabbākh, Bd. III, S. 243, 280, 321; Al-Ghazzī, Bd. III, S. 295, 301, 302, 306, 320, 332.

von Epidemien betroffen, da sie Vorsichtsmaßnahmen dagegen trafen. Muslime waren gleichgültiger und fanden sich mit dem Schicksal ab, in dem Glauben, daß dies Allāhs Wille sei. Kranke wurden isoliert oder verlassen. Christliche Notabeln zogen während einer Choleraepidemie von der Stadt auf die Dörfer. Im allgemeinen trafen die Krankheiten und Epidemien mehr die Häuser der Armen, die weniger hygienisch und deren Bewohner unterernährt waren [114]. Ihre Toten begruben sie in einem separaten, christlichen Friedhof und wenn es sich um Geistliche handelte, wurden sie in der Kirche beigesetzt [115]. Die Institution der *ḥammāms* ist ein Beispiel für eine passende Antwort aller Bewohner auf klimatische und sanitäre Probleme.

3. In Bezug auf Kultur und Unterhaltung herrschte große Eintönigkeit [116]. Die Annehmlichkeiten des Lebens beschränkten sich auf den Aufenthalt in den Badeanstalten und Kaffeehäusern. Diese waren lebensnotwendige Institutionen, da das Leben innerhalb des Hauses mühselig und langweilig war [117]. In den Badeanstalten wurden Feste abgehalten und in den Kaffeehäusern (die auch in den Abend- und Nachtstunden geöffnet waren) verbrachten die Männer den Tag mit Wasserpfeiferauchen. Um die Stille zu "durchbrechen", trat manchmal ein Sänger, ein Poet oder ein Tänzer auf. So traten z.B. im Jahr 1744 jüdische Musikanten aus Aleppo in den Kaffeehäusern von Damaskus auf [118]. In einigen Kaffeehäusern gab es Prostituierte und es wurde Wein getrunken [119].

Auch Frauen benutzten die Badeanstalten, jedoch getrennt von den Männern. Sie feierten anscheinend ebenfalls Feste, die Erfrischungen, Musik, gemeinsames Rauchen und das Zuschauen von auftretenden Tänzerinnen, miteingeschlossen. Lamartine beschreibt ein Fest nur für Frauen in den Badeanstalten von Beirut, wo muslimische, christliche und europäische Frauen anwesend waren [120]. Von den

---

[114] Chevallier, S. 160: Taoutel, Bd. III, S. 118-127.
[115] Ibid., Bd. I, S. 90.
[116] Ibby, S. 235.
[117] Siehe dazu: Anm. 103.
[118] Siehe dazu: Anm. 103; Volney, S. 411; Ibby, S. 239; Al-Ghazzī, Bd. III, S. 303-304; Budairi, S. 95; Marcus, S. 44.
[119] Aṭ-Ṭabbākh, Bd. III, S. 275 (bezieht sich auf das Jahr 1763); Al-Ghazzī, ibid.
[120] Lamartine, S. 183-188.

Beschreibungen Lamartines über Beirut ist es möglich auf dem Weg der Eliminierung auf Aleppo rückzuschliessen: sowohl in Bezug auf die Frauen in den Badeanstalten, als auch in Bezug auf die Möglichkeit, daß muslimische, nicht-muslimische und europäische Frauen diese Badehäuser gemeinschaftlich benutzten.

Niebuhr fand in Kairo eine Gruppe christlicher, jüdischer und muslimischer Schauspieler vor, die überall dort vor Publikum auftraten, wo sie eingeladen wurden[121]. Es scheint, als ob Muslime und Nicht-Muslime in Aleppo eine ähnliche Folklore hatten, obwohl Tänze und Musik wahrscheinlich der Nationalität entsprechend unterschiedlich waren.

4. Die Kleidung war Klima und Gebräuchen angepaßt. So war sie z.B. weitgeschnitten, da man mit gekreuzten Beinen zu sitzen pflegte. Die Kleidung der Christen war mit der der Muslime grundsätzlich identisch, mit Ausnahme einiger unbedeutender Details. Den *dhimmīs* war allerdings der Gebrauch heller Farben und gelber Lederschuhe untersagt [122]. Wie bereits erwähnt, rührten die Bekleidungsbeschränkungen grundsätzlich von der Absicht her, den Nicht-Muslim zu erniedrigen und ihn an seine Minderwertigkeit zu erinnern. Es handelte sich hierbei um eine Erniedrigung und nicht nur um eine Unterscheidung[123]. Auch die Kleidung der nicht-muslimischen Frau unterschied sich grundsätzlich von der Kleidung der Muslimin, die ihren gesamten Körper bedeckte. Die nicht-muslimische Frau pflegte ihre Kleidung häufiger zu wechseln, als dies bei den muslimischen Frauen üblich war [124]. Die Juden rasierten sich, im Gegensatz zu den Christen und Muslimen, nicht und trugen Schläfenlocken. Sie trugen blaue Kleidung, einen *turban* und keinen *'amāma* [125].

---

[121] Niebuhr, Bd. I, S. 143.

[122] Ibid., Bd. I, S. 111, 113; Al-Ghazzī, Bd. I, S. 286-288, 321; Taoutel, Bd. I, S. 115, 119; Siehe dazu: Kap. 1.1.

[123] Lewis, Alei Historia, S. 174.

[124] Niebuhr, Bd. I, S. 119, 139; Al-Ghazzī, Bd. I, S. 289-291.

[125] Russell, Bd. II, S. 59; Ya'ari, Schliah Safad, S. 19, berichtet in einem Bericht, der sich auf das Jahr 1850 bezieht, daß die Juden Aleppos ihre Schläfenlocken entfernten, um den Muslimen zu gleichen. Ihre Frauen rasierten sich auch nicht die Haare ab. Der Bericht ist im Kontext der guten Beziehungen zwischen Muslimen und Juden zu betrachten, im Gegensatz zu den schlechten Beziehungen zwischen Muslimen und Christen.

5. In Aleppo (und in der muslimischen Gesellschaft im allgemeinen) war es nicht üblich, daß eine Frau mit einem Fremden oder Gast des Hauses in Berührung kam [126]. Hatten auch die Nicht-Muslime in Aleppo diese Einstellung Frauen gegenüber? Teonge, der Aleppo in der zweiten Hälfte des 17. Jahrhunderts besuchte, berichtet über seinen Besuch in einem jüdischen Haus. Bei seiner Ankunft verschwanden die Frauen. Seine jüdischen Gastgeber zeigten ihm das Haus, den Garten - alles, jedoch nicht die Frauen [127]. Auf den ersten Blick wäre daraus zu schließen, daß die Juden den muslimischen Brauch übernommen hatten, nach dem ihre Frauen bei der Unterhaltung mit Fremden nicht anwesend sein dürfen. Im Judentum ist es jedoch aus religionsrechtlichen Gründen nicht üblich, daß sich eine Frau in der Gesellschaft von Männern befindet [128], und nicht weil diese Fremde oder Gäste sind. Christliche Frauen wurden von der männlichen Gesellschaft nicht gänzlich abgesondert, unter der Bedingung, daß es sich dabei um Familienangehörige oder Freunde des Hauses handelte, die zu familiären Beratungen herangezogen wurden. Ein Fremder wurde nicht daran gehindert sie zu sehen oder sogar mit ihnen zu sprechen [129], unter der Bedingung, daß ein männlicher Familienangehöriger anwesend war. Christinnen heirateten, ähnlich wie Musliminnen, früh; im Alter von 13-14 Jahren [130]. Es ist anzunehmen, daß dies auch bei Jüdinnen der Fall war.

Die Schulausbildung der (männlichen) Muslime Aleppos (und Damaskus') konzentrierte sich, wie traditionell üblich, auf die Moscheen. Es gab an die Moscheen angeschlossene Schulen und *madāris*. Zum Teil waren sie an Moscheen angeschlossen, zum Teil davon getrennt. Qarā'li zählt in Aleppo im Jahr 1819 10-20 islamische *madāris* und 15 religiöse Institutionen zusätzlich zu den Schulen,

---

[126] Al-Ghazzi, Bd. I, S. 285.
[127] Teonge, S. 151
[128] Der Ursprung dieses Brauches befindet sich in den Auslegungen und Kommentaren zum 2. Mose, 20.14 :"Du sollst nicht ehebrechen", 3. Mose, 18.6: "Keiner unter euch soll sich irgendwelchen Blutsverwandten nahen, um mit ihnen geschlechtlichen Umgang zu haben", 5. Mose, 22.5: "Eine Frau soll nicht Männersachen tragen, und ein Mann soll nicht Frauenkleider anziehen".
[129] Lamartine, Bd. III, S. 79, 81.
[130] Ibid., Bd. III., S. 79.

von denen viele an die Moscheen angeschlossen waren [131]. Selbstverständlich lernten in diesen Schulen keine Nicht-Muslime [132]. An die griechisch-orthodoxe Kirche in Aleppo waren zwei Schulen angeschlossen, die eine für Jungen und die andere für Mädchen. Sie waren jedermann zugänglich, tatsächlich lernten dort jedoch nur Kinder der Gemeinschaft. Es wurde Religionsunterricht und Sprachunterricht in Arabisch, Französisch und Griechisch erteilt [133]. Der Schulunterricht der Nicht-Muslime in Aleppo wurde durch die Aktivitäten der Mission stark gefördert [134]. Der Besitz der religiösen Institutionen (*waqf*), die in Aleppo von den Maroniten zu religiösen Zwecken gegründet worden waren, trug zur Verbreitung des Schulwesens bei [135]. Bezüglich des Schulwesens und des Unterrichts entwickelte sich sogar ein Wettrennen zwischen den verschiedenen christlichen Gemeinschaften, wobei die Missionare die Katalysatoren waren [136]. Auch die jüdischen Kinder in Aleppo lernten in separaten, nur für Juden bestimmte, Schulen (*maktab*) [137].

Die Nicht-Muslime in Aleppo konnten in ihren eigenen Kirchen beten und Gottesdienste abhalten. Eine weitere, wenn auch problematische, Möglichkeit, war die Benutzung der Kirchen der Europäer. Die Armenier in Aleppo hatten zwei Kirchen, die syrischen Jakobiten und die Maroniten je eine. Die Nestorianer besaßen keine Kirche und pflegten sich unter die anderen Christen zu mischen[138]. 1819 hatten die Nicht-Muslime im christlichen Viertel *ḥārat* aṣ-Ṣalība 5 eigene Kirchen. Während der Gottesdienste benutzten die Griechisch-Orthodoxen wie gesagt ihre sakrale Sprache, obwohl sie Arabisch sprechende Araber waren [139].

---

[131] Gibb und Bowen, Teil 2, S. 155; Qarā'li, S. 69; Al-Ghazzī, Bd. I, S. 161-166; Über die Schulausbildung in Damaskus siehe: Kap. 8., und auch Murādī, Bd. I, S. 191-192, Bd. II, S. 31-32. Aus einer Liste, die er anführt und aus Lerninhalten geht kein nicht-islamisches Thema und kein nicht-muslimischer Schüler hervor.

[132] Volney, S. 292.

[133] Al-Ghazzī, Bd. II, S. 472.

[134] Hourani, Arabic, S. 35, 56; Gibb und Bowen, Teil 2, S. 249.

[135] Qarā'li, S. 9; Al-Ghazzī, Bd. II, S. 540, 541, 564.

[136] Volney, S. 292.

[137] Aṭ-Ṭabbākh, Bd. III, S. 280, 321; Al-Ghazzī, Bd. II, S. 211.

[138] Aṭ-Ṭabbākh, Bd. III, S. 237.

[139] Siehe dazu: Anm. 111.

Darüberhinaus konnten sie vier europäische Kirchen benutzen. Eine karmelitische Kirche am *khān* al-Kumruk (Doane), wo sich das britische Konsulat befand und eine franziskanische Kirche am *khān* ash-Shībāni, die auch lateinischen Christen diente. Die Kapuziner hatten ein Kloster und eine Kirche im *khān* al-Qaṣṣābiya. Die Lazaristen hatten eine Kirche im *khān* al-Banādik [140]. Hier sollte erwähnt werden, daß die gesamte Problematik der Benutzung der Kirchen der Europäer seitens der Nicht-Muslime, wie im Folgenden zu sehen sein wird, sowohl von der Einstellung der osmanischen Regierung, als auch vom Widerstand der östlichen Geistlichkeit, herrührte.

Die Juden in Aleppo hielten ihren Gottesdienst in der einzigen Synagoge in ihrem Wohnviertel, im Baḥsīta Viertel, ab [141]. Für religiöse Minderheiten ist die Kirche oder die Synagoge nicht nur ein Ort, wo Gottesdienste abgehalten werden, sondern auch, und vor allem ein Ort des Ausdrucks gesellschaftlicher Identität gegenüber der muslimischen Gesellschaft.

---

[140] AE B I 81 tome 6, S. 107-127, 11. August 1773; Sauvaget, Alep, S. 207-208; Qarā'li, S. 69.

[141] Aṭ-Ṭabbākh, Bd. III, S. 237; Qarā'li, ibid.

5.5. Die Beziehungen zwischen der Zentralregierung, deren Repräsentanten und den Nicht-Muslimen

Der Staat trug dazu bei, daß getrennte religiöse Gemeinden bestanden, indem er diese als Einheiten mit administrativer, kollektiver Verantwortung behandelte. Der Staat erhob unterschiedliche Steuern in Form von Gesamtsummen für jede Gemeinschaft, die von dieser eigenständig von jedem Einzelnen eingezogen wurden. Jede Gemeinschaft ernannte ihre *wakīl* -Notabeln, um von diesen bei den Behörden vertreten zu werden und die Erfüllung der offiziellen Anordnungen zu überwachen. Ebenso übertrugen die Behörden jeder Gemeinschaft die kollektive Verantwortung für deren gesellschaftliches Verhalten. Ihre Oberhäupter hatten kriminelle Taten zu melden und die Täter zu finden. In der Praxis deckten sie diese jedoch [142]. Diese Autonomie, die die osmanische Regierung den religiösen Gemeinschaften verlieh, und deren Aufgabe, läßt sich in gewisser Hinsicht mit der kollektiven, administrativen Autonomie, welche die Regierung auch den Kaufmanns- und Handwerksgilden verliehen hatte und mit deren Funktionen, vergleichen. Aus der Sichtweise der Regierung erfüllte das *millet* -System die Funktionen, die die Gilden auf sich genommen hatten (Verbindung zur Verwaltung, Kontrolle der Bevölkerung, Erhebung von Steuern usw.). Die Angehörigen der Gemeinschaft erhielten aus ihrer Sicht, in Bezug auf Absonderung, Definition einer eigenständigen Identität sowie der internen Organisation des Gemeindelebens und dessen Leitung, eine ähnliche Antwort wie die Angehörigen der Gilden.

Im allgemeinen kann man festhalten, daß im Osmanischen Reich Christen und Juden gleich behandelt wurden. Obwohl im Qur'ān Christen der Vorzug gegeben wird, so bestanden tatsächlich jedoch immer Befürchtungen hinsichtlich ihrer Zuverlässigkeit. Es bestand der Verdacht, daß diese christlichen Untertanen vielleicht mit den christlichen Feinden des Reiches sympathisieren würden. So konnten sich die Beziehungen des Osmanischen Reiches zu den christlichen Staaten

---

[142] Marcus, S. 43; Borenstein, Qavim, S. 83.

auf die Stellung der christlichen Untertanen der Pforte zum Guten oder zum Schlechten auswirken; dieses galt nicht für Juden [143].

Auf der offiziellen Ebene fand das Beziehungssystem in Aleppo seinen Ausdruck in der Empfangszeremonie beim Gouverneur. An der Empfangszeremonie nahmen die *a'yān* teil und bei der Verkündungszeremonie einer Ernennungsurkunde, die sich über drei Tage nach seiner Ankunft erstreckte und im *dār al-Ḥukūma* stattfand, standen an der Seite des Gouverneurs: der *qāḍī*, der *mufti* und Träger hoher Ämter sowie die spirituellen Oberhäupter der christlichen Gemeinschaften und das Oberhaupt der *ḥakams* der Juden. Nach der Verlesung des *fermān* folgte eine Predigt des *mufti* , in der er den *sultan* segnete. Nach ihm predigten und segneten der christliche Bischof und der jüdische *ḥakam* [144].

Die Unnachgiebigkeit muslimischer, religiöser Emotionen fand ihren praktischen Ausdruck in der Beziehung der Repräsentanten der Zentralregierung zu den Nicht-Muslimen:

a. auf religiöser Ebene:

1. Das Verbot des Kirchenbaus wurde strengstens eingehalten. Auch die Restauration von Kirchen stand unter strengster Aufsicht auf Grund der Furcht vor zusätzlichen Anbauten. Eine Kirche, die während des Erdbeben von 1824 zerstört wurde, durfte nicht restauriert werden [145].
2. Ein zum Islam übergetretener Christ, der wieder zum Christentum zurückfand, so wie dieses im Jahre 1742 geschah, wurde festgenommen und enthauptet [146].

---

[143] Lewis, 'Alei Historia, S. 189; Paradoxerweise wird in den folgenden Kap. 6. und 7. deutlich werden, wie den fremden Kaufleuten die duale Zugehörigkeit der Juden, die Untertanen der Pforte waren, verdächtig vorkam.

[144] Al-Ghazzī, Bd. I, S. 320-323.

[145] Taoutel, Bd. I, S. 134; Marcus, S. 41.

[146] Taoutel, Bd. I, S. 65; Buraik, S. 100; Siehe auch M.S 576 / 72 am 25. Juni 1849 Beirut, berichtet an Montefiore über eine zum Islam übergetretene Jüdin, die zum Judentum zurückkehren wollte und vom *pasha* in ein Gefängnis für charakterlich schlechte Frauen gesperrt wurde.

3. Die Forderung, daß Nicht-Muslime auf eine bescheidene Kleidung zu achten haben [147].

b. Das Fernhalten von Christen und Juden aus dem öffentlichem Leben sowie öffentlichen Ämtern [148].

c. Die Nicht-Muslime wurden als Häretiker angesehen und ihre rechtliche Stellung als *dhimmī* wurde verletzt [149].

d. Es bestand Zahlungspflicht für die *jizya* und Heiratsverbot zwischen Muslimen und Nicht-Muslimen, wie in Kapitel 1.1. erwähnt wurde.

In dieser Situation wurden die Nicht-Muslime Aleppos, Christen und Juden, häufig Opfer von Unterdrückung, Anklagen und Auflagen von Seiten der Gouverneure. Die Einstellung der muslimischen Bevölkerung verlieh diesen absoluten Handlungsspielraum gegenüber der nicht-muslimischen Bevölkerung. Dieser Handlungsspielraum ermöglichte es den Gouverneuren ihre Gier nach persönlicher finanzieller Bereicherung zu befriedigen [150]. Dazu einige Beispiele:

a. Zwei Christen, Untertanen der Pforte, wurden beschuldigt junge Muslime bestohlen und das Diebesgut außerhalb von Aleppo verkauft zu haben. Die beiden

---

147 Taoutel, Bd. I, S. 81; Die ambivalenten Implikationen dieser Anordnung werden im Verlauf dieses Kap. behandelt.

148 Fattal, S. 242; Lewis, 'Alei Historia, S. 169; Diese Erscheinung des Fernhaltens der Nicht-Muslime aus öffentlichen Ämtern bezieht sich auf einen Ausspruch des *khalif* Omar: "Ernennt nicht Juden und Christen in öffentliche Ämter, denn nach ihrem Glauben sind sie Völker der Bestechung. Bestechung ist gesetzeswidrig." Wie im weiteren Verlauf dieses Kapitels zu sehen sein wird, bestand das Fernhalten der Nicht-Muslime von öffentlichen Ämtern lediglich in der Theorie, ebenso wie die Nichtannahme von Bestechungsgeldern im Islam nur theoretisch existierte. Im Aleppo nahmen die Repräsentanten der Regierung sehr hohe Bestechungsgelder an.
Ad-Dimashqī, S. 29, berichtet über Haim Farhī, den Helfer des *pasha* ʿAlī; Ad-Dimashqī, S. 40, berichtet über Ḥaim Farḥī, der im Konflikt, der in Damaskus zwischen Griechisch-Orthodoxen und Katholiken ausgebrochen war, dem *pasha* behilflich war und für ihn den *mutran* bestach. Dieser Verfasser berichtet auf den Seiten 44-49, über die Brüder Salomon und Rafael, Geldwechsler, auf die sich der Gouverneur Derwish Pasha sehr verließ. Beide Brüdern erhielten vom Gouverneur Hilfe gegen den Gouverneur von Sidon, der ihre Brüder umbrachte; Zu Ḥaim Farḥī, dem Ratgeber von al-Jazzār Pasha, siehe auch: K. Sim, S. 88-89; Ibby S. 233, berichtet über einen christlichen Arzt des Gouverneurs von Damaskus. Burckhardt, Nubia, Memoiren, 15. August 1810, S. XXXVIII: "The Jews of Syria flatter themselves (as the Christians here say) that Israel reigns again in the ancient limits."; Marcus, S. 41.

149 Wie im Folgenden und Kap. 5.6. ersichtlich.

150 Aṭ-Ṭabbākh, Bd. III, S. 238, 289, 290; Sauvaget, Alep, S. 205; Derartige Erscheinungen waren auch in anderen Bezirken gängig; Ad-Dimashqī, S. 37, berichtet, daß der Jerusalemer Gouverneur im Jahre 1813 den Europäern, Griechen und Armeniern mehr als erlaubt abnahm; Ad-Dimashqī, S. 49, berichtet über den Gouverneur von Damaskus, der im Jahre 1827 die Erlaubnis erteilte solange Christen angreifen zu dürfen, bis diese ihm einen Vermittler und Geld zukommen ließen, damit er seine Gleichgültigkeit und Ignoranz zu dem Sachverhalt einstelle.

wurden zum Scheiterhaufen verurteilt. Der Gouverneur forderte von jedem christlichen Haushalt den Preis des für das Feuer benötigten Holzes und legte ihnen eine Steuer von einem halben und einem viertel *piastre* auf. Insgesamt brachte ihm dieses Ereignis ca. 5.000-6.000 *piastres* ein, ohne daß die Strafe vollzogen wurde [151].

b. Im Jahr 1780 / 1195 wurde den Christen vom Gouverneur eine besondere Steuer von 1.000 Stück Vieh, ungefähr 16 Beutel, und den Juden eine Quote von 900 Stück Vieh auferlegt [152].

c. Christen und Juden wurden unterschiedliche und ungewöhnliche Auflagen gemacht, wie z.B. eine Steuer für Juden und Christen, die einen *turban* trugen[153]. Ebenso wie die Muslime, so verstanden es auch die Nicht-Muslime gegen den Gouverneur wegen ungewöhnlicher Auflagen zu kämpfen. Als z.B. im Jahr 1775 den Nicht-Muslimen Kleiderbeschränkungen auferlegt wurden, hinter denen sich unter anderem Geldforderungen verbargen, so protestierten sie 11 Tage lang. Ihre Oberhäupter führten gleichzeitig schwierige Verhandlungen und wurden sogar festgenommen. Am Ende dieses Kampfes wurde ein Drittel der Forderungen bezahlt. Im Jahr 1780 gingen sie aus einem ähnlichen Kampf gegen eine Kollektivsteuer als Sieger hervor. In den Jahren 1766-1777 widersetzten sich die Vertreter der christlichen Gemeinschaft Auflagen, wobei sie eine neue Taktik anwandten: Sie tauchten unter und schlossen die Kirchen für 22 Tage. Ein solcher passiver Widerstand zeigte Wirkung und der *pasha* widerrief seinen Befehl. Diese Taktik wurde auch in den Jahren 1802, 1806 und 1808 angewandt. Die Oberhäupter schloßen die Kirchen und versteckten sich, bis sich der Gouverneur bereit erklärte seine ursprünglichen Forderungen zu vermindern [154].

---

151 AE B I 79, vom 25. Mai 1722; Sauvaget, Alep, S. 205.

152 Aṭ-Ṭabbākh, Bd. III, S. 289.

153 Description succincte du Pachalik d'Alep, 1812, cc Alep S. XXVF 11 R, 27 R;
Zu den verschiedenen Auflagen in Aleppo, über die gesetzlich festgelegte *kharāg* -Steuer hinaus, siehe: AE B I 93 cc Alep, Relation d'Explusion d'Aly Pacha, 22. - 28. Dezember 1775, 4. Januar 1776; Volney, Bd. II, S. 40; Bodman, S. 44; SP 110.53 f 50 v, Abbott an Ainslie, 17. September 1793; Auch in Damaskus wurden den Nicht-Muslimen Auflagen gemacht und eine Bodensteuer auferlegt sowie zusätzlich Geldforderungen über die Kopfsteuer hinaus erhoben. Siehe dazu: Browne, S. 464; Ad-Dimashqī, S. 21, berichtet im Jahre 1807 wurde auf die Handwerkswebstühle eine Steuer von insgesamt 150 Beutel erhoben. Ein Drittel dieser Summe wurde den Christen auferlegt.

154 Marcus, S. 98, 99, zitiert Taoutel, Watha'iq al akhawiyyat, S. 374-393, 395, und Yusuf Ibn

d. Tufankji Pasha und die unter seinem Kommando stehende Garde, brachen die Gesetze der *sharī'a* und des *qānūn* in Bezug auf die Nicht-Muslime, indem sie mit ihren Terroraktionen ständige Angst unter Christen und Juden verbreiteten[155].

e. In der ersten Hälfte des 19. Jahrhunderts wurden 80 Handwerker gewaltsam zum Bauen von Kasernen für je 2 *piastres* pro Tag herangezogen [156].

Die Farbe der Kleidung und insbesonders die Farbe der Kopfbedeckung war unter den Muslimen von großer Bedeutung [157]. Den Nicht-Muslimen (Christen) des Ostens war es verboten dunkle Kleidung und gelbe Lederschuhe zu tragen. Die meisten trugen einen *kalpak* , ein Teil trug einen *kavuk* . Der *kavuk* , den Christen trugen, war im allgemeinen rot und mit einem blau-weißen Leinenstreifen umwickelt. Auch im *ḥammām* mußten Nicht-Muslime unterschiedliche Kleidung tragen [158]. Im Jahre 1775 wurden neue Einschränkungen hinsichtlich der Bekleidung von Nicht-Muslimen in Aleppo beschloßen und deren Oberhäupter protestierten und demonstrierten 11 Tage lang [159]. Und als im Jahre 1793 Nicht-Muslime, die unter europäischer Schutzherrschaft standen, dieses ausnutzten und nicht entsprechend des Status der *dhimmī* gekleidet waren, so wurde eine Order erlassen, die ihnen befahl, wieder die farblich angemessene, für alle nicht-muslimischen Untertanen der Pforte geltende Kleidung, zu tragen. D.h., daß zwischen unter Schutz stehenden Nicht-Muslimen und denen, die keinem Patronat unterstanden, nicht differenziert wurde.

Im Jahre 1813 / 1229 wurde eine *sultan* -Order erlassen, die die Christen von Aleppo dazu verpflichtete eine weiße '*amāma*, blaue Gewänder und rote Schuhe zu tragen [160]. Die Einschränkungen, denen die Christen Syriens und besonders

---

Dimitri Halabi, Al-Murtad fī ta'rīkh Ḥalab wa Baghdād, M.S. 6299, Baghdad Museum.

155 Russell, Bd, I, S. 316.

156 Bowring, S. 124.

157 Der, wie im Kap. 1.1. aufgezeigte rechtliche Status.

158 Niebuhr, Bd. I, S. 113; Marcus, S. 42; In Damaskus glaubten im Jahre 1799 Militäreinheiten, die aus Rumeli gekommen waren und *kavuk* trugen, daß sich unter den Nicht-Muslimen Reiche befänden und erpreßten sie, bis Juden und Christen ihre Kleidung änderten, um nicht mehr aufzufallen und Aufmerksamkeit zu erregen. Siehe: Ad-Dimashqī, S. 11.

159 Marcus, S. 99.

160 Al-Ghazzī, Bd. III, S. 321, Taoutel, Bd. I, S. 115, 119; Abbott an Ainslie, 17. September

jene Aleppos unterlagen, waren jedoch nicht neu [161]. Die neue Richtlinie zeugt schon an sich davon, daß die Ausführung dieser Einschränkungen bisher nicht überwacht worden war. Die Einschränkungen waren dazu gedacht, deren untergeordnete Stellung zu betonen und galten als Vorwand für den Einzug von Geldern. Die letzten Richtlinien aus dem Jahre 1813 jedoch sollten verhindern, daß sie sich wie *janitscharen* kleideten, oder als solche ausgaben, um auf den Straßen auf die muslimischen Massen Eindruck zu machen und um jene "Immunität" zu genießen, die die Öffentlichkeit den *janitscharen* verlieh und wie *janitscharen* über die Menschen zu herrschen [162]. Eine Untersuchung der Daten, an denen die Einschränkungen erlassen wurden, zeigt auf, daß diese in Zusammenhang mit *fitnas* und Unruhen der Öffentlichkeit in der Stadt erlassen wurden. Es ist anzunehmen, daß die Gouverneure hiermit beabsichtigten, die öffentliche Meinung zu beruhigen und sich selbst Legitimation durch die Einwohner zu verschaffen; eine Legitimation, die auf religiösen Emotionen aufbaute.

Wie bereits erwähnt, hatten die Nicht-Muslime eine eigene spirituelle Führung[163]. Diese Führung stellte ein Instrument in den Händen der osmanischen Regierung dar. Auf diese Weise wurde ihr die administrative Herrschaft über die Nicht-Muslime und der Einzug der *jizya* -Steuer erleichtert. Der alltägliche Kontakt fand mittels des *wakīl* statt, der von den Notabeln einer jeden Gemeinschaft gewählt und vom Gouverneur bestätigt wurde. Da die osmanische Regierung an dieser spirituellen Führung interessiert war, übertrug sie ihr gerichtliche Autoritäten. Allerdings bleibt anzumerken, daß diese beschränkt waren; insbesondere in Bezug auf Personenstand, Eheschließungen und Scheidungen. Gerichtliche Autorität, die keine

---

1793, SP 110. 53. f. 50 v; SP 110. 53 pff 6299, 23. August 1793; Bodman, S. 45.

[161] Marcus, S. 41; Siehe: Anm. 160.

[162] Aṭ-Ṭabbākh, Bd. III, S. 320; Taoutel, S. 119; Al-Ghazzī, Bd. III, S. 321; In Damskus erließ der Gouverneur Yusuf Bāsha, nachdem er vom *ḥajj* zurückgekehrt war (und von den *wahhābiyya* beeinflußt worden war) einen Erlaß, demzufolge die Frauen der Muslime und Christen keine Kleidung tragen durften, die mit Gold- und Seidenfäden bestickt war. Siehe dazu: Ad-Dimashqī, S. 20; Ebenso wie er einen Erlaß herausgab, daß Christen (Männer und Frauen) schwarze, bis zu den Schuhen reichende Kleidung tragen müssen, und daß die Höhe der Türen ihrer Kirchen erhöht werden müsse, so daß vorübergehender Muslim seinen Kopf nicht neige müsse - Ad-Dimashqi, S. 21; Der *pasha* wies ebenfalls die Christen an, keine Kleidung in den Farben grün und olive zu tragen, und daß ihre Frauen schwarze, bis auf die Sandalen reichende Kleidung zu tragen haben - Ad-Dimashqī, S. 24.

[163] Siehe dazu: Kap. 5.2.

strafgesetzliche Autorität beinhaltet, besitzt bekanntlich keine wirkliche Macht. Die der spirituellen Führung zugebilligten Autoritäten beschränkten sich auf Strafen wie Verbannung und Kritik an der Kirche. Getroffene Entscheidungen hinsichtlich Besitzangelegenheiten, mit denen Nicht-Muslime unzufrieden waren, wurden zur Verhandlung an die gerichtlichen osmanischen Instanzen übergeben[164]. Besitzangelegenheiten des *waqf* fielen nicht in den Bereich der gerichtlichen Autonomie der Gemeinschaften. Christen und Juden, die interessiert waren, ihren *waqfs* Besitz zu vermachen, konnten dieses tun, allerdings handelte es sich hierbei hauptsächlich um einen öffentlichen *waqf*. Diese Schenkungen ergaben sich aus der Absicht, sich der religiösen Sanktion der Institutionen des muslimischen *waqf* zu bedienen, um zum einen der Beschlagnahmung des Besitzes durch die Behörden zu entgehen, und zum anderen um die Erbgesetze zu umgehen. Mehr jedoch: Um rechtliche Legitimität durch den *qāḍī* zu erlangen. Diese Schenkungen wurden vor einem muslimischen *sharī'a* -Gericht abgewickelt [165]. Eine derartige Erscheinung kann auch als gesellschaftliche, kulturelle Anpassung religiöser Minderheiten an den muslimischen Staat gewertet werden [166].

Das klassische Modell von "Teile und Herrsche", welches die Osmanen bei den Kämpfen der muslimischen Interessengruppen der Stadt anwandten, bestand auch hinsichtlich der Interessenkämpfe der Nicht-Muslime untereinander. Bei diesen internen Kämpfen waren die osmanischen lokalen Behörden ständige Nutznießer. Die Repräsentanten der Regierung hatten dabei, auf Grund ihrer persönlichen Habgier sowohl als auch in Bezug auf das Regime, ein Wort mitzureden [167].

a. Im Jahre 1670 brach während einer offiziellen Zeremonie ein Streit zwischen (christlichen) Priestern und (jüdischen) Rabbinern aus, in dessen Verlauf drei Rabbiner getötet wurden. Die Juden wandten sich mit einer Beschwerde an

---

[164] Russell, Bd. II, S. 38, 41; Marcus, S. 108; Siehe dazu: Kap. 1., Anm. 25.

[165] Vitta, S. 3, 145, 176; Ashtor, Toldot, Bd. II, S. 229-232; Poliak, S. 46-47; Garber, Jehudei, S. 33; Idem, Hayehudim, S. 105-131; Al-Ghazzī, Bd.II, S. 54; Taoutel, Bd. I, S. 50, 52; Zum jüdischen *waqf* in Damaskus, der aus dem gleichen Grund und auf die gleiche Art eingerichtet wurde, siehe: Al-Qattan, S. 201-202.

[166] Siehe dazu: Kap. 5.6., und Kap. 5.7.

[167] Burckhardt, S. 28-29; Siehe: Kap. 5.7.

den Gouverneur, welcher durch eine Summe in Höhe von 500 *piastres* Nachdruck verliehen wurde. Nach der Beschwerde und der Geldgabe wurde der syrianische Patriarch ins Gefängnis geschickt. Die Christen wandten sich an den *qāḍī* und unterstützen ihre Eingabe mit 100 *piastres*. Der *qāḍī* verurteilte die Juden daraufhin zu einer Geldstrafe von 600 *piastres* [168].

b. Als im Jahre 1749 eine Streitigkeit zwischen Griechisch-Orthodoxen und Katholiken ausbrach, bezog der *pasha* Stellung und verhängte eine hohe Strafe, um seine Geldgier zu befriedigen und den verzwisteten Parteien die Lust am Streiten zu nehmen [169].
Hierbei handelt es sich um ein interessantes Verhalten (dieses wird im weiteren Verlauf auch bei den Konsuln zu beobachten sein [170]). Dies bezieht sich auf die Tatsache, daß sich die Parteien während eines internen Konflikts an ein externes muslimisches Element wandten; in diesem Fall zwei nicht-muslimische Gemeinschaften. Es gilt hier zu betonen, daß solche Eingaben an verschiedene muslimische Instanzen gerichtet wurden. In diesem Fall handelte es sich um eine Eingabe an den *qāḍī* von Aleppo, in anderen Fällen um Eingaben an den *sultan* oder den Großwesir.

c. Im Jahre 1750 wurde in Aleppo ein Bischof durch einen anderen wegen bestimmter Interessen der Zentralregierung, unter Anwendung von Protektion, ausgewechselt. Andererseits konnten staatliche Interessen mittels Zahlungen über den Arzt des *sultan* neutralisiert werden [171]. In beiden Fällen handelte es sich um christliche Ärzte, die in einer osmanischen Institution dienten. Theoretisch sollten eigentlich Nicht-Muslime vom öffentlichen Leben ferngehalten werden, aber im Widerspruch zum muslimischen Gesetz dienten sie dennoch innerhalb der Verwaltung in Ämtern hohen Ranges.

---

168 Sauvaget, Alep, S. 205, Anm. 760.
169 Taoutel, Bd. I, S. 69.
170 Siehe dazu: Kap. 5.7., Siehe: Kap. 7.4; Im Jahre 1786 brach ein Konflikt zwischen griechischen Katholiken und Griechisch-Orthodoxen aus. Auch in diesem Konflikt wandten sich die Nicht-Muslime an eine externes, muslimisches Element; Ad-Dimashqī, S. 39-41, 46 und Ḥaydar Aḥmad, S. 57.
171 Siehe dazu: Kap. 5.7.; Qarā'li, S. 15; Siehe dazu: Anm. 148.

d. Im Jahre 1818 brachen in Aleppo blutige Unruhen zwischen griechischen Katholiken und Griechisch-Orthodoxen aus [172]. Diese Ereignisse wurden durch einen *hatt -i şerif* vom 14. *adhār* 1818 gefördert und beschleunigt. Ein *hatt -i şerif* wurde auf Bitte des griechisch-orthodoxen Patriarchen von Istanbul erlassen, wegen Aktivitäten katholischer Mönche in Aleppo hinsichtlich Konvertierungen Griechisch-Orthodoxer zur europäischen Lehre (der Ausdruck *ifranj* bezieht sich auf die Franzosen und Italiener, denn die Engländer waren Protestanten). Die selben Mönche hinderten sogar Griechisch-Orthodoxe am Betreten ihrer lokalen Kirchen und drängten sie in die europäisch-katholischen Kirchen. Es zeigt sich also, daß der Erlaß des *sultan* im Grunde eine Einmischung der Zentralregierung zugunsten der Griechisch-Orthodoxen - ihrer Untertanen - war. Dieser Erlaß legte fest, daß die europäischen Mönche nicht mehr die Häuser von Nicht-Muslimen (Griechisch-Orthodoxe) betreten dürfen und bei Nichtbeachtung dieses Erlasses bestraft würden. Des weiteren verbot derselbe Erlaß den Mönchen religiöse Zeremonien in den Häusern von Nicht-Muslimen (Griechisch-Orthodoxen) durchzuführen. Die Beweggründe der Zentralregierung für diese Einmischung lagen darin begründet, daß sie im Aufstieg der Katholiken und deren Verbindung zur Mission eine Gefahr für ihre Souveränität auf Grund der Übertragung spiritueller Schutzherrschaft an ein anderes (europäisches) Element (an den Papst) sahen, und die Einbuße der Kopfsteuer fürchteten [173]. Taoutel zögert nicht, dem Gouverneur Khūrshīd Pasha die Hauptschuld an diesen Unruhen zu geben. Auch Qarā'li berichtet, daß der Bischof der Orthodoxen beim *qāḍī* Unterschlupf fand und auf Anordnung des Gouverneurs preisgegeben wurde. Hier gilt es, sich die Eingabe an die verschiedenen muslimischen Behörden wieder in Erinnerung zu rufen. Im diesem Fall handelte es sich um eine Eingabe an den *qāḍī* von Aleppo[174].

---

[172] Siehe: Kap. 5.7.

[173] Qarā'li, S. 12-14.

[174] Ibid., S. 8; Taoutel, S. 127; Al-Ghazzī, Bd. III, S. 323.
Zu den Konflikten innerhalb der christlichen Gemeinschaften in Damaskus - zwischen griechischen Katholiken und Griechisch-Orthodoxen - im Jahre 1786 und deren Eingabe an ein externes muslimisches Element, siehe: Ad-Dimashqī, S. 39-41, 46; Haydar, S. 57.
Zu dem Konflikt im Jahre 1818 in Damaskus zwischen Griechisch-Orthodoxen und griechischen Katholiken, der sich von dem sich in Aleppo Zutragenden unterschied, in Bezug auf Schäden an

Die Aktivität der katholischen Mission unter der nicht-muslimischen Bevölkerung[175] hatte auch Auswirkungen auf das Verhältnis zwischen den Regierungs-repräsentanten in der Stadt und der Gemeinschaft der Nicht-Muslime. Die osmanische Verwaltung sah in diesen Aktivitäten eine Unterstellung ihrer Untertanen unter fremden Einfluß und deren Umwandlung zu Agenten eines fremden - europäischen - Elements, des Papstes. Grundsätzlich neigte man dazu, die orthodoxen Untertanen gegen katholische Aktivitäten zu unterstützen. Darüberhinaus war bis 1830 nur der griechisch-orthodoxe *millet* ein offizieller *millet* , die Katholiken jedoch nicht. Diese waren im Untergrund tätig und die Griechisch-Orthodoxen waren ihre großen Feinde [176].

e. Im Jahre 1819 brach in Aleppo im Zuge der Machtkämpfe in der Stadt ein weiterer Aufstand gegen den Gouverneur aus [177], und wie im Verlauf zu sehen sein wird, wandten die Nicht-Muslime eine Politik der Nichteinmischung an, die sich später zu einer tatkräftigen Unterstützung der lokalen Kräfte wandelte.

In Zusammenhang mit der Thematik dieses Kapitels ist es interessant zu beobachten, daß, egal ob nun die Nicht-Muslime eine Politik der Nichteinmischung verfolgten oder ob sie irgendeine Seite unterstützten, die *sharī'a* und der *qānūn* durch die Einstellung der Zentralregierung und ihrer Repräsentanten sowie deren Maßnahmen eindeutig gebrochen wurden. Der Gouverneur zögerte nicht Christen und Juden zu Zwangsarbeiten (*sukhra*) heranzuziehen, um Barrikaden (*matāris*) zu erbauen[178]. In einem weiteren Fall nutzte der Gouverneur die Nichteinmischung der Christen aus und plazierte zwei Geschütze und *orḍī* im christlichen Viertel, um von dort aus die Aufständischen unter Beschuß zu nehmen[179]. Es hat den Anschein, daß er

---

Leib und Besitz und der Haltung des *pasha* und seines jüdischen Ratgebers Haim Farhi zugunsten der griechischen Katholiken und zur gleichen Haltung des *qāḍī*, da in Damaskus die griechischen Katholiken zahlreicher als die Griechisch-Orthodoxen waren, siehe: Ad-Dimashqī, S. 39, 40; Im Kap. 5.7., wird der Frage nachgegangen, ob sich die erwähnten Unruhen alleinig auf die Behörden zurückführen lassen.

[175] Siehe: Kap. 7.3.

[176] Siehe: Anm. 59; Philipp, Syrians, S. 12-13; Siehe: Kap. 5.7.

[177] Wie in Kap. 2. aufgezeigt wurde.

[178] Qarā'li, S. 53.

[179] Ibid., S. 43.

diese Geschütze aus taktischen Gründen im christlichen Viertel plazierte. Die christlichen Bewohner des Viertels flüchteten in das al-Madīna Viertel, woraufhin die Armee in das christliche Viertel einmarschierte und die Kontrolle übernahm[180].

Auch die Habgier der Regierungsangehörigen in der Stadt nahm kein Ende. Nachdem ungefähr 3.000 Christen den Bewohnern Aleppos im Kampf gegen den Gouverneur geholfen hatten und auch bei der Vermittlung zwischen den Kräften - einmal der lokalen Delegation, der Khalil Agha, Dar Ibrāhim Pasha, (und zwei Nicht-Muslime), Jāwīsh Sabūnāri und Simantuv Mesharet [181], ein Vertrauter des russischen Konsuls, angehörten und einmal der Abordnung der Fremden - halfen, verzieh der *mütasallim* den Christen, die mit seinen Gegnern kooperiert hatten und tötete sie nicht. Die Amnestie basierte natürlich auf der Forderung einer Steuer von 500 *ghūrush* pro Kopf [182]. Zusätzlich wurde jeder der christlichen Gemeinschaften ein kollektives Strafgeld zur Sühne und zum Loskaufen von allen Vergehen der gesamten Gemeinschaft auferlegt. Die ihnen auferlegte Summe betrug 100 Beutel. Von den Juden wurde ein Sühnelösegeld von 70 Beutel verlangt [183]. Wenn schon, denn schon, so wurde nochmals eine zusätzliche Summe von 100 Beutel von Juden und Christen für die *sājūr* erhoben [184].

Es besteht kein Zweifel, daß eine der weitreichenden Veränderungen, die die Ägypter in Syrien einführten, die Verbesserung der Stellung der unter Schutzherrschaft stehenden Gemeinschaften, bis hin zu deren Gleichstellung mit den Muslimen vor dem Gesetz war [185]. Das Bestreben, die Gunst der Mächte zu erwerben und das Streben nach wirtschaftlicher Konsolidierung, bestimmten die Beziehung von Muḥammad 'Alī zu den unter Schutzherrschaft stehenden Gemeinschaften Syriens. Im Jahre 1834 wurde von den Nicht-Muslimen Aleppos

---

[180] Ibid.
[181] Ibid., S. 53; Dieser Abordnung verweigerte sich der Gouverneur.
[182] Ibid., S. 58, 59.
[183] Ibid., S. 59; Guys an den Marquis des Dessole, 4. Februar 1820 und an den Baron de Pasquier, 7. März 1820, cc Alep XXXVI ff 3 R und 7R.
[184] Qarā'li, S. 60.
[185] Hofman, S. 333, 339.

die Abgabe einer *jizya* -Steuer an die ägyptischen Besatzer verlangt. 25.000 *ghūrush* wurden als *jizya* -Steuern eingezogen und 20.000 *ghūrush* an *iltizāms* von Nicht-Muslimen [186]. Die christlichen Händler beschwerten sich über die schweren Auflagen. Dennoch läßt sich allgemein zusammenfassend festhalten, daß sich deren Situation unter ägyptischer Herrschaft besserte. Die religiös bedingte Unterdrückung nahm ein Ende, und m.E. lassen sich gerade hieraus Erkenntnisse über die Situation für die Zeit vor der ägyptischen Besatzung ziehen [187]. Die Ägypter arrangierten den *majlis ash-shūrā*, in dem auch Vertreter der Nicht-Muslime saßen [188]. Die Einrichtung des *majlis ash-shūrā* stellte für die Nicht-Muslime eine neue Institution dar, auf die sie nicht mehr verzichten wollten, da diese ihnen die Unterwerfung unter die Willkür der *maḥkama* ersparte, welches die Zeugenaussage eines Nicht-Muslims gegenüber einem Muslim nicht anerkannte[189].

5.6. Die Beziehungen zwischen Nicht-Muslimen und muslimischer Bevölkerung[190]

Grundsätzlich standen die Nicht-Muslime Aleppos, so wie an jedem Ort des Reiches, unter dem Schutz des islamischen Gesetzes, des osmanischen *qānūns* und der Regierungsrepräsentanten, die für deren Ausführung und Einhaltung verantwortlich waren.

Die Nicht-Muslime Aleppos benötigten tatsächlich jedoch noch ein weiteres Patronat. Über den Charakter dieser anderen Schutzherrschaft bestehen in den Quellen in Bezug auf die Frage, wer unter wessen Patronat stand, dem Anschein nach Widersprüche. Ein Teil der Quellen gibt an, daß die Nicht-Muslime Aleppos (Juden und Christen) unter dem Patronat der Notabeln der Stadt standen [191]. Burckhardt grenzt die Möglichkeit eines Patronats durch die Notabeln der Stadt ein und konzentriert sich auf das Patronat durch die *janitscharen*. Nach Burckhardt

---

186 Taoutel, Bd. I, S. 11.
187 Bowring, S. 7.
188 Hofman, S. 125-126; Siehe dazu: Anm. 67.
189 Siehe dazu: Kap. 1.1.
190 Dieses Kapitel setzt sich mit den poltischen und gesellschaftlichen Verhältnissen auseinander. Die wirtschaftlichen Verhältnisse wurden in Kap. 2. behandelt.
191 Al-Ghazzī, Bd. III, S. 321; Taoutel, Bd. I, S. 119.

besteht diesbezüglich kein Unterschied zwischen Muslim und Nicht-Muslim. Seiner Aussage nach " mußte jeder Bewohner Aleppos, Türke (Muslim) oder Christ, wenn er selber nicht *janitschar* ist, einen Patron aus dem Kreise der *janitscharen* haben." Das Patronat kostete selbstverständlich Geld [192]. Sauvaget und Russell meinen, daß, ähnlich den Muslimen, welche Schutz bei den *janitscharen* oder *ashrāf* suchten, die Nicht-Muslime Schutz bei den Fremden, die sie zu Übersetzern, Agenten und Vermittlern machten, suchten und fanden [193]. Es bestanden "dem Anschein nach Widersprüche", denn im Grunde weist Sauvaget selbst auf die Lösung hin. Da ohne Zweifel nicht alle Nicht-Muslime Aleppos Übersetzer usw. waren oder wurden, so bezieht er dieses auf die Inhaber von *barā'a* und *nafar fermān*, die unter dem Schutz der ausländischen Konsuln standen [194]. Die restlichen Nicht-Muslime fallen in jene Kategorie auf die sich Burckhardt, al-Ghazzī und Taoutel beziehen - das Patronat der *janitscharen*. War dieses ein kollektives oder ein individuelles Patronat? Handelt es sich hierbei um ein Teilhaben an den Erträgen der Handwerker als Gegenleistung für deren Sicherheit?

Das Patronat der *janitscharen* war nicht absolut. Ihr Ausmaß hing vom Verhältnis und der Übereinstimmung der Interessen von Schutzgebenden und Schutznehmenden ab, und zeigt auf, daß es sich hierbei nicht um ein kollektives, sondern ein individuelles Patronat handelte. Dies läßt sich folgendermaßen beweisen: Wenn zwei schutzgewährende *janitscharen* wegen eines Klienten aneinander gerieten, so siegte meistens der Stärkere der beiden Schutzgewährenden. Wenn beide gleichgestellt waren und gleichen Einfluß besaßen, wurde der Zwischenfall mittels eines Kompromisses beendet, d.h. eine Entscheidung wurde auf Grund von Stellung und Macht gefällt [195].

---

192 Burckhardt, S. 654; Nach seinen Darstellungen betrug der Preis der Schutzherrschaft zwischen 20 und 2.000 *piastres* im Jahr, zusätzlich zu den Abgaben, die für den Schutzerhaltenden galten.

193 Sauvaget, Alep, S. 205; Russell, Bd. II, S. 4-5.

194 Al-Ghazzī, Bd. III, S. 311; Taoutel, Bd. I, S. 119.

195 Burckhardt, S. 654; Siehe dazu: Anm. 191, 192.

M.E. muß zwischen Patronat und Mitgliedschaft in den Gilden, über welche die *janitscharen* herrschten, unterschieden werden. Die Mitgliedschaft in den Gilden, wie im Kapitel 2. deutlich wurde, hatte eine andere Bedeutung und Funktion. Nach Burckhardt verlieh das Patronat dem Empfangenden:

> "Every inhabitant of Aleppo, whether Turk or Christian, provided he be not himself, a Janissary, is obliged to have a protector among them to whom he applies in case of need, to arrange his litigations, to enforce payment from his creditors, and to protect him from vexations and exactions of other Janissaries. Each protector receives from his client a sum proportional to the circumstances of the client's affairs. It varies from twenty to two thousand piasters a year, besides which, whenever the protector terminates an important business to the client's wishes he expects some extraordinary reward." [196]

Die *janitscharen* zögerten nicht, das von ihnen selbst gewährte Patronat zu brechen. Von Zeit zu Zeit, wenn die Pforte die *janitscharen* bei ihren Kriegen zu Hilfe rief und diese erhielt - verübten sie Anschläge auf jeden der ihnen im Wege stand. Unter anderem drangen sie in die Häuser von Christen und Juden ein, um Geld gewaltsam zu erpressen oder zu stehlen [197]. M.E. sollte man aus diesem Beispiel keine Rückschlüsse auf das Verhältnis der *janitscharen* zu den Nicht-Muslimen ziehen, denn sie plünderten auch Muslime aus [198].

Aus den Chroniken läßt sich ein Bild gewinnen, nach dem die Nicht-Muslime in ihrer Stellung als *dhimmīs* von der muslimischen Bevölkerung unterjocht und erniedrigt wurden. Einige Beispiele:

a. Im Jahre 1749 wurde ein Christ von Fellachen gezwungen sich zur *shahāda* zu bekennen und zum Islam überzutreten. Als dieser sich weigerte, wurde er von ihnen geköpft [199].

---

[196] Burckhardt, ibid.
[197] SP 110 .41 pff 6299, 22. März 1771.
[198] Taoutel, Bd. I, S. 104.
[199] Ibid., Bd. I, S. 68.

b. Im Jahre 1780 wurden Juden am Bāb al-Naṣr ausgeraubt [200].

c. Im Jahr 1819/ 1235 wurde in Aleppo eine jüdische Hexe gefaßt, die gestand, aus dem Hause des Ibrāhīm Pasha Geld "genommen" (gestohlen) und die Bewohner der Stadt verhext zu haben. Diese Frau wurde im Wohnviertel Bānqūsa ermordet[201].

d. Im gleichen Jahr wurden drei Christen in Aleppo gefaßt und im Wohnviertel al-Jadīda wegen Gelddiebstahls erdrosselt[202].

e. Am 11. des gleichen Monats wurden zwei Christen im Wohnviertel al-Jadīda erdrosselt, da sie die al-Bakhti-Moschee betreten hatten [203].

Erweist sich der Eindruck als richtig, daß das Leben der Nicht-Muslime in Aleppo ein Leben in der Gesetzlosigkeit war? M.E. ist ein solcher Eindruck oberflächlich und emotionsgeladen. In diesen Ereignissen in Aleppo sind keine außergewöhnlichen Vorkommnisse in den Beziehungen zwischen Muslimen und Nicht-Muslimen zu sehen, da diese *dhimmīs* waren. Es handelt sich hierbei um reguläre und fast alltägliche Vorkommnisse und es wurden keine Unterschiede zwischen Muslimen und Nicht-Muslimen gemacht. Die Chroniken sind angefüllt mit Berichten über Morde, Tötungen und Enthauptungen von Muslimen unter den unterschiedlichsten und seltsamsten Anschuldigungen [204]. Was jedoch angemerkt werden sollte, ist die Tatsache, daß die Repräsentanten der Zentralregierung in der Stadt keine Bemühungen unternahmen, die unter ihrem Schutz stehenden *dhimmīs* zu beschützen, wie dieses die *sharī'a* und der *qānūn* vorschrieben. Nur in Ausnahmefällen verurteilten und töteten sie solche, die *dhimmīs* ausgeraubt hatten [205]. Hinsichtlich der fehlenden Bezugnahme auf die Pflicht, die die *sharī'a* und der *qānūn* bezüglich der Verteidigung von *dhimmīs* festlegen, gilt es aus Gründen der Objektivität anzumerken, daß diese Pflicht der Regierungs-repräsentanten auch

---

200 Aṭ-Ṭabbākh, Bd. III, S. 288.
201 Qarā'li, S. 48.
202 Ibid., S. 58.
203 Ibid.
204 Ibid., S. 56-57, nennt eine Reihe von Morden und Tötungen von Muslimen; Marcus, S. 102; Taoutel, Bd. I, S. 48-49, stützt sich auf Lucas, S. 282; Aṭ-Ṭabbākh, Bd. III, S. 311.
205 Aṭ-Ṭabbākh, Bd. III, S. 288.

gegenüber den muslimischen Untertanen bestand, welcher sie ebenfalls nicht nachkamen. Ganz im Gegenteil waren sie in vielen Fällen diejenigen, die das Gesetz brachen. D.h. folglich, daß hier im weiteren Sinne kein Problem von Muslimen und Nicht-Muslimen vorliegt, sondern ein Problem zwischen Herrscher und Beherrschten. Wer nicht an den Herrscher gebunden war, ob nun Muslim oder *dhimmī*, war benachteiligt. Während viele Muslime Schutz bei einflußreichen religiösen Oberhäuptern oder bewaffneten Gruppen und Organisationen fanden und sich gegen den Herrscher auflehnten, so ist die Situation der Nicht-Muslime mit dieser nicht zu vergleichen, denn sie waren vielmehr noch weiter benachteiligt.

Wie drückte sich das Verhältnis von Muslimen und Nicht-Muslimen im alltäglichen Umgang aus?
Wenn ein Muslim einen Muslim traf, so begrüßte der eine den anderen mit *salām ʻalaykum* und der Gegrüßte antwortete *ʻalaykum salāmat.* Wenn sich ein Muslim und ein Christ trafen, so begrüßte der eine den anderen mit *ṣabāḥ al-khayr* oder aber *ṣāḥib salamāt* [206]. Die unterschiedlichen Begrüßungen haben jedoch auch noch eine andere Bedeutung, die auf das Verhältnis eines Muslim zu einem Nicht-Muslim hinweist. Es gab Fälle, in denen sich muslimische Geschäftsleute während eines Konflikts mit Juden an den jüdischen Gerichtshof zur Beilegung dieses Konflikts, wenn auch nach jüdischem Recht, wandten [207]. Höchstwahrscheinlich mußten und konnten vor diesem Gericht keine Bestechungsgelder entrichtet werden.

Ein Nicht-Muslim in Aleppo fügte sich in das lokale Leben ein, wobei sich die Annehmlichkeiten auf die Bade- und Kaffeehäuser beschränkten [208]. Sowohl Christen als auch Juden hatten ihre eigenen Badehäuser [209]. Es stellt sich die Frage, ob Nicht-Muslime auch die *ḥammāms* der Muslime besuchten? Auf diese Frage geben die, sich auf Aleppo beziehenden Quellen keine eindeutige Antwort, dennoch kann man diese auf dem Wege der Eliminierung anhand einiger Beispiele positiv beantworten:

---

206 Niebuhr, Bd. II, S. 246.
207 Marcus, S. 101-102, 108; Leniado, Degel, [Heb.], folio 48a-49a.
208 Siehe dazu: Kap. 5.4.
209 Siehe dazu: Anm. 100 und 101.

a. Lamartime beschreibt eine Feier von Frauen in den Badehäusern von Beirut, wobei muslimische, christliche und europäische Frauen anwesend waren [210].

b. Es war bekannt, daß nicht-muslimische Männer in den Badehäusern eine besonders gekennzeichnete Kleidung erhielten.

c. Von Frauen wurde verlangt, daß sie getrennt badeten und im Jahre 1762 legte der *qāḍī* fest, daß eine muslimische Frau sich nicht vor einer Nicht-Muslimin entblößen dürfe, und daß dieses als eine Entblößung vor einem Mann gelte [211].

d. Ad-Dimashqī berichtet, daß im Jahre 1807 Yūsuf Bāshā, der Gouverneur von Damaskus, religiös wurde und eine Anordnung erließ, wonach es allen Nicht-Muslimen verboten sei ein muslimisches *ḥammām* zu betreten und dort unter Muslimen zu weilen. Er legte zwei Wochentage fest, an denen die Christen die *ḥammāms* benutzen konnten [212], d.h., daß die Christen von Damaskus bis zu dieser Anordnung gemeinsam mit Muslimen baden konnten.

Ein weiterer zu erwähnender Bereich ist die aktive Tätigkeit im Arbeits- und Geschäftsbereich. Diese Bereiche waren nur wenig von den religiösen Unterschieden beeinflußt. Nicht-Muslime waren in den meisten Berufen tätig; es gab unter ihnen Ärzte, Händler und Torwächter. Sie gehörten den Handwerks- und Kaufmannsgilden an und manchmal erlangten sie innerhalb der Gilden Schlüsselpositionen. Angehörige verschiedener Religionen arbeiteten manchmal gemeinsam unter einem Dach, wie auch Muslime, die bei Nicht-Muslimen arbeiteten; von gemeinsamen Geschäften, Besitzübertragungen und Hausbesitz ganz zu schweigen [213].

---

[210] Siehe dazu: Anm. 120.

[211] Marcus, S. 42.

[212] Ad-Dimashqī, S. 20.

[213] Marcus, S. 44; Leniado, Bet Dino, S. 62a-69a und wie im Kap. 2. aufgezeigt wurde; Al-Qattan, S. 199, 204, berichtet über gemeinsamen Besitz von Muslimen und Juden und über Geldgeschäfte zwischen Muslimen, Juden und Christen in Damaskus.

Die Schlußfolgerung aus dem Dargestellten ist, daß im alltäglichen Leben die Nicht-Muslime in gewissem Grade eine Symbiose (jedoch keine Integration) an der Seite der Muslime lebten, außer denjenigen Elementen, die an das Gesetz, die *sharī'a* und den *qānūn* gebunden waren oder daraus hervorgingen. Wenn man diese Schlußfolgerung mit dem bereits Erwähntem bezüglich der annehmbaren Lebensweise der Nicht-Muslime zusammennimmt, so ist anzunehmen, daß sich der einzelne Nicht-Muslim als solcher mehr oder weniger in der gleichen Situation befand, wie der muslimische Einzelne. Dessen Situation konnte sich entsprechend der Willkür der Repräsentanten der Zentralregierung, oder aber auch auf Grund des Anstiegs extremistischer religiöser Emotionen, die von dem Orden der Derwische, welche Angehörige anderer Religionen bedrohten [214], oder auf Grund von Ereignissen im Machtkampf in der Stadt einschließlich des der Nicht-Muslime [215], oder in Zusammenhang mit den in der Stadt tätigen Fremden, ändern[216].

In Kapitel 3. wurde Bodmanns Ignoranz der Position der Nicht-Muslime und Fremden im Machtkampf in der Stadt dargestellt und die Frage aufgeworfen, ob diese Einstellung richtig oder falsch ist [217]. Anschließend einige Beispiele, die sich im Laufe der Ereignisse zutrugen und eine Schlußfolgerung bezüglich der aufgeworfenen Frage erleichtern werden:

a. Im Jahre 1770 sah sich 'Abd al-Raḥmān Pasha einer geschlossenen Front gegenüber, die aus der gesamten Stadt bestand [218].

b. Im Jahre 1775 stand 'Alī Pasha einer bewaffneten Front von Muslimen, Christen und Juden gegenüber. In dieser Situation versprach 'Alī Pasha allen Amnestie und die Auswechselung des *mütasallim* entsprechend der Wahl der Einwohner [219].

---

[214] Gibb und Bowen, Teil 2, S. 195; Al-Murādī, Bd. II, S. 329, Bd. III, S. 116, über die Derwisch-Orden in Aleppo und Damaskus.

[215] Burckhardt, S. 29; Siehe im Folgenden.

[216] Siehe im Folgenden: Kap. 7.

[217] Siehe dazu: Kap. 3., Anm. 9.

[218] Roux, S. 86, 214.

[219] Aṭ-Ṭabbākh, Bd. III, S. 282; AE B I 93 cc Alep, Bobine I tome 18, 1775-1776, Nr. 27, "Relation de ce qui c'est passe a sujet de l'expulsion d'Aly Pasha governer d'Alep", 4. Januar

c. Im Jahre 1804 sperrte der Gouverneur Aleppos, Ibrāhīm Pasha, die *aghas* der *janitscharen* ein. Als Reaktion darauf vereinigten sich *janitscharen* und *aghas* in einem Aufstand gegen diesen Arrest. Sie waren nicht alleine. Auch die Christen Aleppos standen im Aufstand auf ihrer Seite und der Gouverneur wurde aus der Stadt vertrieben [220].

d. Im Jahre 1819 / 1235 brach in Aleppo, im Rahmen der Machtkämpfe in der Stadt, ein weiterer Aufstand gegen den Gouverneur aus. Qarā'li beschuldigte Khurshid Pasha der Anwendung von Gewalt anstatt politischer Mittel. Wenn der Gouverneur Gewalt anwandte, so bezieht sich dieses auf Feuerwaffen, die gegen alle Bewohner der Stadt eingesetzt wurden, besonders jedoch gegen die Christen, die überhaupt nicht am Aufstand beteiligt waren, auf passive Neutralität achteten und sich mit der Redensart begnügten "Das *minarett* von Alexandrien ist gefallen, somit behüte uns Gott vor *ṭaraṭisha* (Splittern)". Da sie untätig blieben, schadeten sie sich im Grunde nur selbst [221].

Allerdings konnte die Nichteinmischung und das Danebenstehen der Christen nicht lange durchgehalten werden. So geschah es, daß in einer Nacht aus dem *qal'a* 12 hungrige Soldaten zum Haus des Senior Mantura im *khān* al-Gharbi hinabstiegen und um Essen baten. Er übergab sie den *aghas* der *janitscharen*, die sie einsperrten [222]. Der *mütasallim* zögerte nicht die Christen zu beschuldigen, daß 3.000 ihrer Leute gemeinsam mit den Bewohnern der Stadt an den Aufständen teilnahmen und verlangte dafür, daß er sie nicht hinrichten lasse, 50 *ghūrush* für jeden der 3.000. Es ist möglich, daß es sich hierbei um einen Vorwand für die Erpressung von Geldern handelte. Man sollte sich bewußt sein, daß es hierfür bereits Beispiele in der Stadt gegeben hatte, und daß sich viele Christen an dem Aufstand beteiligt und diesen unterstützt hatten. D.h., daß das Verbot der *sharī'a* , nach dem ein Nicht-Muslim keine Waffen tragen darf, in Aleppo nicht beachtet wurde [223].

1776; Bodman, S. 113.

[220] Burckhardt, S. 652; Bodman, S. 123.

[221] Qarā'li, S. 36 "وقعة منارة الاسكندرية ربنا ينجينا من طراطيشها"

[222] Ibid., S. 47.

[223] Siehe dazu: Kap. 5.5., und Anm. 179-181; Qarā'li, S. 58, 59, im Gegensatz zu dem hier Dargestellten, wurden im Aufstand in Aleppo im Jahre 1850 und in den Unruhen der Jahre 1840

Somit stellt sich die Frage, warum die Christen ihre Nichteinmischung und Neutralität in diesem Machtkampf nicht beibehalten konnten? Es scheint, daß die Antwort auf diese Frage mit dem Charakter und der Zusammensetzung der Machtgruppen der Stadt zusammenhängt. Der Gouverneur hatte, wie dargestellt, keine feste Anstellung und wurde periodisch ausgewechselt. Andererseits waren *janitscharen* und *ashrāf* permanent in der Stadt ansässig und mit ihnen mußten die Nicht-Muslime über eine lange Zeit hin auskommen. Demzufolge hatten die Nicht-Muslime nur zwei Möglichkeiten: Neutralität oder Unterstützung der lokalen Kräfte. Dies ist auch einer der Gründe, warum man nicht-muslimische *dragomane* der englischen, österreichischen und französischen Konsuln und einen christlichen Arzt vorfindet, die sich in einer gemeinsamen Abordnung zusammen mit den *aghas* der *janitscharen* um *ṣulḥ* und Vergebung an den Gouverneur wandten[224].

Nicht immer befanden sich Nicht-Muslime, *janitscharen* und *ashrāf* auf derselben Seite der Barrikade. Die *ashrāf* hatten als Nachkommen des Propheten im Kreise der niedrigen Schichten in Bezug auf Intoleranz gegenüber Minderheiten (Nicht-Muslime) besonderen Einfluß. Dieses waren auch jene niedrigen Schichten, die den Nicht-Muslimen (Christen und Juden) deren wirtschaftlichen Erfolg neideten. Es gibt Mitteilungen über Fälle in denen die *ashrāf* die muslimische Bevölkerung gegen die Nicht-Muslime aufhetzte.

Diese Aufhetzung beruhte darauf, daß einem *sharīf* nicht die ihm gebührende Ehre erwiesen worden war, was als fehlende Ehrerweisung gegenüber dem Islam ausgelegt wurde. In Aleppo können sogar Unterschiede zwischen dem Verhalten

---

und 1860 im Libanon und in Damaskus, die einen anderen Charakter hatten - einen Charakter der Reaktion auf die Verbesserungen von Muḥammad ʿAlī - die Bahnen des Zorns auf und gegen die Nicht-Muslime gelenkt, siehe: Qarā'li, S. 69, 79, 83; Taoutel, Bd. III, S. 143; Al-Ghazzī, Bd. III, S. 376-377; Polk, S. 125-140; Ma'oz, Ottoman Reform, S. 17-20, 186-188, 200-201.
Die Christen Aleppos trugen ebenso wie die Christen Damaskus' Waffen, und im Jahre 1819 erging der Erlaß sie ihrer Waffen zu enteignen. Ad-Dimashqi, S. 43. Dennoch wird einsichtig, daß das Verbot der *sharīʿa*, nach dem Nicht-Muslime keine Waffen tragen dürfen, Ende des 18. und Anfang des 19. Jahrhunderts in Aleppo und Damaskus gebrochen wurde.

[224] Qarā'li, S. 54.

der *janitscharen* zu den Nicht-Muslimen und zwischen dem Verhalten der *ashrāf* festgestellt werden. Die *ashrāf* in Aleppo werden hinsichtlich ihres Verhältnisses zu den Christen und der Priesterschaft - im Vergleich und im Gegensatz zu den *janitscharen,* die die Christen und Juden, welche bei ihnen Schutz und Verteidigung fanden, respektierten, - als intolerant und fanatisch beschrieben[225].

[225] Eton, S. 32-35; AE B I 91, De Perdreau an de Praslin, 8. Oktober 1769; AE B I 91, De Perdeau an de Praslin, 17. August 1770; AE B III 243 Nr. 2, Rapport sur l'état commercial et politique de la Syrie 1848; Taoutel, daftar 44; Roux, S. 214; Bodman, S. 98; Zum Verhältnis der *ashrāf* zu den Fremden siehe auch: Kap. 7.4.; Dort wird deutlich, daß zwischen der Beziehung zu den Nicht-Muslimen und der Beziehung zu den Fremden eine Parallelität besteht.

5.7. Die Beziehungen der Nicht-Muslime untereinander

5.7.1. Beziehungen auf Gemeindeebene

a. Beziehungen auf individueller Ebene

Die persönlichen Beziehungen hatten eine religiöse Grundlage. Hier spielten die formale Differenzierung und Vorurteile, die in jeder Gruppe herrschen, eine Rolle. Ehen zwischen den Gemeinschaften kamen nicht häufig vor. Ehen zwischen den Angehörigen der verschiedenen christlichen Kirchen kamen vor. Ehen zwischen Christen und Angehörigen einer anderen Religion waren jedoch selten. Die Juden lebten noch abgeschlossener. Wenn interkonfessionelle Ehen vorkamen, so beinhalteten diese eine Konvertierung zum Islam.

Eine Konvertierung zum Islam war selten und wenn, so kam sie bei Angehörigen der niedrigen Schichten vor [226]. Die nicht-muslimischen Gemeinschaften bemühten sich sehr die Identität ihrer Gemeindemitglieder zu wahren. Die Gemeinde unterstützte Konvertierung zum Islam und interkonfessionelle Ehen nicht. Mit Hilfe von Bräuchen, Gesetzen, einer internen Gesetzgebung, Gesellschaftskritik, Erziehung und Sozialinstitutionen trachteten sie Konvertierungen, und insbesondere Konvertierungen zum Islam, zu vermeiden. Die Möglichkeit, daß jede Gemeinde/Gemeinschaft sich autonom verwalten konnte, stärkte den Separatismus und ihre stark ausgeprägte Identität [227].

b. Beziehungen auf Gemeindeebene

Wie bereits erwähnt, gab es innerhalb der Gemeinden große gesellschaftliche und wirtschaftliche Unterschiede, was durch Epidemien und Naturkatastrophen noch beschleunigt wurde [228]. Um Aspekte der gesellschaftlichen und wirtschaftlichen Unterschiede innerhalb der Gemeinde zu bewältigen, existierte eine "gegenseitige Bürgschaft" um Bedürftigen, Armen und Waisen zu helfen. Ein Teil dieser Hilfe

---

226 Marcus, S. 44; Rabbath, Bd. II, S. 209.
227 Taoutel, Bd. I, S. 109-110; Marcus, S. 42.
228 Siehe dazu: Kap. 5.3.1.

wurde vom öffentlichen Besitz religiöser Institutionen (*waqf khayrī*) geleistet. Da die osmanische Regierung die Armen und Waisen nicht von den *jizya* -Zahlungen befreite, gab es auch für diese Zahlungen besondere Institutionen. [229].

c. Auf ritueller Ebene

Die Erhaltung der Gemeindekirche brachte laufende Ausgaben mit sich, die von den Notabeln der Gemeinschaft, den *a'yān aṭ-ṭā'ifa* , finanziert wurden [230].

5.7.2. Beziehungen zwischen den Gemeinden

Seit 1740 unterstand die griechisch-orthodoxe Gemeinde in Aleppo nicht mehr dem Patriarchat von Antiochien, sondern dem von Istanbul [231]. Diese Regelung bestand bis 1888, danach wurde sie wieder dem Patriarchat von Antiochien unterstellt [232]. In dem hier behandelten Zeitraum ernannte das Patriarchat mit Sitz im Phanar Viertel in Istanbul, die Bischöfe in Aleppo. Diese waren zwar alle griechisch-orthodox, aber vor allem griechischer Herkunft und diese Tatsache ist hier von Relevanz [233]. Diese Bischöfe brachten verschiedene Erlasse nach Aleppo mit, die auf die griechischen Katholiken Druck ausüben sollten[234]. Diese Regelung hing mit dem sich manifestierenden Konflikt zwischen den lokalen Gemeinschaften (in Aleppo und Damaskus) und den kirchlichen Autoritäten in Istanbul zusammen. Die Ursache dieses Konflikts war die im Jahr 1724 auftretende Frage der Ernennung des Patriarchen. Die christliche Gemeinde in Aleppo akzeptierte die Ernennung Sylvesters zum Patriarchen. Die Ernennung erzeugte einen Antagonismus, welcher nicht nur Forderungen nach einem Wechsel, sondern auch nach der Trennung des Patriarchats von Aleppo von dem von Antakiya mit sich brachte und zur Ernennung eines Bischofs aus den Reihen der christlichen Gemeinschaft Aleppos führte [235].

---

[229] Taoutel, Bd. I, S. 50, 52; Al-Ghazzī, Bd. II, S. 54; Marcus, S. 213-215; Siehe dazu: Anm. 165.
[230] Taoutel, Bd. I, S. 50.
[231] Qarā'li, S. 8.
[232] Ibid., S. 5, 8; Qustantin Al-Basha, S. 3-5, 23-60, 71-74, 120-138.
[233] Qarā'li, S. 8; Taoutel; Bd. I, S. 115.
[234] Qarā'li, S. 8, 15.
[235] Philipp, Syrians, S. 18-19.

Dies brachte den Wandel und die Wende, die die nicht-muslimische Gemeinschaft in Aleppo durchgemacht hatte, an die Oberfläche und zum Ausdruck [236].

Die Griechisch-Orthodoxen und die griechischen Katholiken gehörten offiziell bis 1838 demselben *millet* an, der *millet ar-rūm* [237]. Die unierten Kirchen gehörten zwar dem gleichen *millet* an, wahrten jedoch streng ihre Bräuche und Privilegien (die ihnen von der Kirche in Rom bei der Annahme der katholischen Doktrin verliehen wurden): Rechtssprechung durch ihren eigenen Patriarchen und den Gebrauch der syrisch-arabischen Sprache während des Gottesdienstes. Um das Einhalten dieser Privilegien mußten die Katholiken kämpfen, da diese von den Griechisch-Orthodoxen nicht anerkannt wurden. Dieser Kampf dauerte bis 1838, als die Gemeinschaft als separate Gemeinschaft, *millet ar-rūm*, anerkannt wurde. Zusätzlich zur Einheit des Glaubens zwischen griechischen Katholiken und anderen unierten Kirchen, existierte zwischen ihnen auch eine soziologisch ausgerichtete Einheitlichkeit, d.h. die Mehrheit des einfachen Volkes und der Klerus sprachen Arabisch. Demnach war die Ernennung eines Griechisch sprechenden, orthodoxen Bischofs von außen für die griechischen Katholiken in Aleppo inakzeptabel. Die Ernennung solcher Bischöfe erzeugte im Verlauf des 18. Jahrhunderts in Aleppo Unzufriedenheit, welche nicht nur auf sprachlichen Problemen beruhte, sondern ebenfalls darauf, daß die Vergabe von Privilegien durch den Papst auch ein Akt der Anerkennung und Legitimatisierung als lokale Katholiken darstellte. Diese Ernennungen wurden als Verletzung der Autonomie der Gemeinschaft in Aleppo verstanden. Daraus erwuchs die Frage, wie der Patriarch eigentlich finanziert werden sollte. Im Prinzip ging hier ein Kampf zwischen Peripherie und Zentrum vor sich. Da im 18. Jahrhundert die peripheralen Provinzen im Osmanischen Reich an Macht und Stärke gewonnen hatten, setzte also auch in den nicht-muslimischen Gemeinschaften ein ähnlicher Prozeß ein, d.h., daß parallel zu lokalen muslimischen Kräften auch lokale nicht-muslimische Kräfte aufstiegen. Diese Unzufriedenheit nahm im Verlauf und gegen Ende des 19. Jahrhunderts zu und

236 Wie in Kap. 5.3., Sozio-ökonomischer Querschnitt, behandelt wurde.

237 Siehe dazu: Anm. 55, 59.

der Konflikt nahm einen ethnischen und sprachlichen Charakter an: Griechen gegen Araber [238].

In dieser Auseinandersetzung zwischen den Gemeinschaften unterstützte die osmanische Regierung im allgemeinen die Griechisch-Orthodoxen, welche wiederum fürchteten, daß der Aufstieg der katholischen Gemeinschaft auf ihre Rechnung gehen und sie ihre Stellung kosten würde. Die Regierung sah ihrerseits im Aufstieg der Katholiken eine Gefahr für ihre Souveränität. Sie befürchtete, daß ihre katholischen Untertanen nun einem externen katholischen Element die Treue halten würden: den Franzosen, die als Repräsentanten des Papstes angesehen wurden[239], und den Verlust an Einkommen durch jene, die nun fremde Schutzherrschaft erhalten würden [240]. Daher bezog der *pasha* Stellung, als 1749 der Konflikt zwischen Griechisch-Orthodoxen und griechischen Katholiken ausbrach und legte diesen hohe Geldstrafen auf, um zwei Fliegen mit einer Klappe zu schlagen: seine Geldgier befriedigen und den Christen die Lust nehmen untereinander zu streiten [241]. Somit lagen dem religiösen Kampf ökonomische Interessen zu Grunde.

Der Kampf fand deutlichen Ausdruck in den Unruhen der Jahre 1757 und 1818: Die Verfolgung der Katholiken in Aleppo im Jahr 1757 folgte dem *hatt-i şerif* aus demselben Jahr, der auf Bitten des griechisch-orthodoxen Patriarchats von Istanbul ausgestellt wurde [242]. Er beruht auf einer "fingierten" Eingabe, die in Istanbul im Namen der griechisch-orthodoxen Gemeinde von Aleppo gestellt wurde. Dieser Antrag wurde von einem Griechisch-Orthoxen namens Ilyas Fahr gestellt, in Absprache und mit Unterstützung des *ḥakīm bāshi* des Großwesirs, dem ehemaligen *mutawallī* Aleppos. Der Antrag ging um die Ablösung eines Bischofs und die

---

238 Qarā'li, S. 9, 15; Taoutel, Bd. I, S. 115; Hourani, Arabic Thought, S. 273-274; Philipp, Syrians, ibid.; Auch in Damaskus entstanden im Jahr 1724 und 1784/5 Konflikte zwischen den griechischen Katholiken und den Griechisch-Orthodoxen um dieses Thema, Ad-Dimashqi, S. 3.

239 Gibb und Bowen, Teil 2, S. 250.

240 Qarā'li, S. 13.

241 Taoutel, Bd. I, S. 69.

242 Qarā'li, S. 11. Qarā'li ist der Ansicht, daß dieser *hatt-i şerif* die Grundlage für die *hatt-i şerifs* von 1818 war und, wie im Folgenden zu sehen sein wird, zu den Unruhen von 1818 führte.

Begründung dafür war, daß die Gemeinde mit dem (katholischen) Bischof Maximus nicht zufrieden war und den Bischof Seraphim in diesem Amt sehen wollte. Da Seraphim nicht bereit war, nach Aleppo zu kommen, bevor Maximus die Stadt verlassen hatte, wurde der letztere aus dieser vertrieben [243]. Niemand aus der griechisch-katholischen Gemeinschaft unterstützte den Bischof Seraphim. Der Gouverneur mußte deshalb an seiner Stelle einen Vormund für die vier christlichen Gemeinschaften ernennen. Er ernannte den Maroniten Ḥannā 'Aṣila. Demnach befand sich die Kirche weiterhin in den Händen der griechischen Katholiken. Parallel zum Vorschlag des Gouverneurs und *qāḍī* von Aleppo bemühte sich die griechisch-katholische Gemeinschaft um die Befreiung des Bischofs aus seinem Exil. Die Gemeinschaft verlieh diesem Anliegen Nachdruck mit der Zahlung einer großen Summe durch den Fürsprecher Muṣṭafa Efendi, den Bruder von Ḥannā 'Aṣila. Mustafa war *ḥakīm bāshi* beim *sultan* und hatte einen sehr hohen und angesehenen Status. Die Fürsprache gelang und der Bischof kehrte zurück, jedoch ohne den *barā'a*, den ihm die Oberherrschaft über die ihm anvertraute Gemeinde verliehen hätte[244]. Man wandte sich nicht nur an externe muslimische Elemente, sondern auch an europäische, wie den französischen Konsul, an den sich der Bischof im Jahr 1787 wandte und um Intervention in einer internen Auseinandersetzung bat [245]. Auf der anderen Seite kam es vor, daß der französische Konsul selbst einer derjenigen war, die, zusätzlich zu den Missionaren natürlich, eine aktive Rolle als Intriganten in Konflikten zwischen den Gemeinschaften spielten [246].

Mit anderen Worten: hohe Politik war eine Sache, Geldgier eine andere. Es wird deutlich, wie die Geldgier staatliches Interesse neutralisierte, welches die Unterstützung der Griechisch-Orthodoxen erforderte. In diesem Licht ist der Appell der Nicht-Muslime (Christen) an Elemente außerhalb der christlichen Gemeinschaft, an den Gouverneur, den *qāḍī*, die Vertreter der Zentralregierung und europäische

---

243 Qarā'li, S. 15; Taoutel, Bd. I, S. 62, bringt ein weiteres, früheres Beispiel aus dem Jahr 1733.
244 Siehe dazu: Anm. 243.
245 Taoutel, Bd. I, S. 88; Al-Ghazzī, Bd. II, S. 471, 472.
246 Taoutel, Bd. I, S. 133.

Elemente, zu verstehen. Die Gemeinschaften kamen, trotz ihres Christentums, nicht miteinander aus.

Die Unruhen in Aleppo im Jahr 1818 stellten den Höhepunkt eines andauernden Kampfes zwischen Griechisch-Orthodoxen und griechischen Katholiken dar. Im Verlaufe der Unruhen wurden 11 katholische Jugendliche getötet [247]. (Der Maronit) Qarā'li schließt daraus, daß nur ein externes Element für die Aufhetzung der griechisch-orthodoxen Gemeinschaft gegen die griechischen Katholiken in Aleppo verantwortlich gemacht werden könne. Er bestärkt seine Schlußfolgerung mit der Behauptung, daß es anders nicht verständlich wäre, wie die griechisch-orthodoxe Gemeinschaft, die soviel kleiner als die griechisch-katholische war, sich mit der letzteren anlegte [248]. Dieser zahlenmäßige Umschwung in Bezug auf das Verhältnis von Griechisch-Orthodoxen und griechischen Katholiken ist das Resultat von Prozessen, die die christliche Gesellschaft in Aleppo im 18. Jahrhundert durchmachte[249]. In dem hier behandelten Zeitraum hatte die Abwanderung der griechischen Katholiken aus Aleppo in die Küstenstädte und nach Ägypten das Zahlenverhältnis noch nicht verändert [250]. (Der Jesuit) Taoutel hält dagegen fest, daß die Griechisch-Orthodoxen zu den wohlhabendsten und größten Gemeinschaften Aleppos gehörten. Diese Behauptung wurde jedoch bereits widerlegt [251]. Da aber auch al-Ghazzī behauptet, daß die griechischen Katholiken zahlreicher als die Griechisch-Orthodoxen seien, scheint die Behauptung von Qarā'li die akzeptablere zu sein, zumal auch er, wie Taoutel, der Meinung ist, daß externe Elemente die Verantwortung für die blutigen Unruhen des Jahres 1818 trugen[252]. Da aber auf der anderen Seite von einer sozialen Aufteilung in Arme und Reiche auf der Grundlage von Gemeinschaften die Rede ist, so können auch die

---

[247] Qarā'li, S. 5, 21; Al-Ghazzī, Bd. III, S. 323, zählt 17 Erschlagene. Nach den Unruhen in Aleppo brachen im selben Jahr ähnliche Unruhen in Damaskus aus. Auch in Damaskus erfuhren vor allem die Katholiken großen Schaden an Leib und Besitz. Siehe dazu: Anm. 174.

[248] Qarā'li, S. 8, 21.

[249] Siehe: Kap. 5.3.

[250] Siehe dazu: Anm. 46.

[251] Siehe dazu Anm. 46; Taoutel, Bd. I, S. 124; Zur Widerlegung dieser Behauptung siehe: Kap. 5.3.

[252] Al-Ghazzī, Bd. III, S. 323; Taoutel, Bd. I, S. 127.

gesellschaftlichen Unterschiede als Ursache für die Unruhen angesehen werden.

Qarā'li und al-Ghazzī sind sich über die Verantwortung des Gouverneurs in Bezug auf die Unruhen einig, jedoch unterschiedlicher Meinung was die Umstände angeht. Nach Qarā'li kam ein (nicht-syrischer) griechisch-orthodoxer Bischof nach Aleppo, der vom Phanar Viertel in Istanbul entsandt worden war. Der Bischof brachte einen *hatt-i şerif* mit, in dem stand:

1. "القدّاس في البيوت يبطل
(Das Beten in den Häusern ist einzustellen)

2. كهنة الافرنج من بيوت الروم تمتنع
(Die Priester der Europäer dürfen die Häuser der Griechen nicht betreten)

3. كهنة الروم تبّاع الافرنج تنفى"
(Nach den Priestern der Griechen stehen die Priester der Europäer und die Priester der Europäer werden vertrieben)[253]

Hinter diesem *hatt-i şerīf* verbarg sich die Absicht des Patriarchats ein gewisses Maß an ziviler Autorität in Bezug auf die persönliche, rechtliche und steuerliche Stellung zu wahren, die ihnen von den Osmanen verliehen worden war. Deshalb war es für das Patriarchat und die kirchliche Hierarchie von großer Wichtigkeit, ihre Macht, durch die Stärkung der ihnen anvertrauten Gemeinde zu wahren, mittels:

> "... einer relativen Ignoranz, indem man sich der Kooperation der osmanischen Regierung versicherte und indem man jegliche religiöse oder politische Häresie bekämpfte, die steuerzahlende Angehörige der Gemeinde verteiben könnte. So bekämpften beide Hierarchien protestantische und katholische Ansprüche auf ihre Mitglieder." [254]

---

[253] Qarā'li, S. 8, 21. Derselbe *fermān* bezog sich natürlich auch auf Damaskus, wo sich die Gemeinschaften unter Druck befanden, weil sie Priester für die Beichte auf dem Sterbebett brauchten. Die Griechisch-Orthodoxen stellten Beobachtungsposten auf, um sicher zu gehen, daß der *fermān* ausgeführt wurde. Daraufhin kamen katholische Priester heimlich in der Nacht; Ad-Dimashqī , S. 42.

[254] Davison, S. 118; Qarā'li, S. 13.

Das Studium des *hatt-i şerifs* vom 14. *adhār* 1818 zeigt jedoch, daß der verantwortliche Gouverneur in Aleppo die ihm auferlegte Vorgehensweise, wie auch in dem oben genannten Dokument zum Ausdruck kam, in die Praxis umsetzte[255]. Die griechischen Katholiken akzeptierten die oben erwähnten Erlasse, weigerten sich jedoch den *buyrultu* (Befehl) zu akzeptieren, der ihnen vorschrieb in einer griechisch-orthodoxen Kirche zu beten. Der Gouverneur, Khūrshīd Pasha, bestellte die Vertreter der griechischen Katholiken zu sich und befahl ihnen dem griechisch-orthodoxen Bischof zu folgen, weil sie dem *millet ar-rūm* angehörten. Erst nachdem der Gouverneur seine Armee in die Menge geschickt hatte und 11 junge Katholiken niedergemetzelt worden waren, gehorchten sie dem orthodoxen Bischof[256]. Al-Ghazzī berichtet, daß die griechischen Katholiken das Herrentum des griechisch-orthodoxen Bischof satthatten, der im Jahr 1818 einen Erlaß des *sultan* erlangte, demnach alle griechisch-katholischen Priester verbannt wurden. Als Reaktion darauf sagte sich die griechisch-katholische Gemeinde von ihm los. Etwa 7.000 Angehörige der Gemeinschaft versammelten sich beim *sultan* und baten ihn ihre Unterstellung unter die Oberherrschaft des griechisch-orthodoxen Bischofs zu annullieren. Der Gouverneur, Khūrshīd Pasha, sah die auf ihn zukommende Menge und befahl, sie mit Gewalt zu zerstreuen. 17 Menschen wurden getötet. Der Herrschaftsanspruch und die Oberherrschaft des griechisch-orthodoxen Bischofs blieben weiterhin bestehen[257]. Die Verantwortung für das Massaker lag jedoch auf den Schultern des Gouverneurs. Nach dem Massaker flüchteten die griechisch-katholischen Priester aus Aleppo. Solange der oben erwähnte *hatt-i şerif* in Kraft war, kümmerte sich der maronitische Klerus um die Angelegenheiten der griechischen Katholiken[258]. Dies dauerte 7 Jahre an. 1825 kehrten die griechisch-katholischen Priester nach Aleppo zurück, um der ihnen anvertrauten Gemeinde vorzustehen und zu dienen [259].

---

[255] Siehe im Folgenden: Kap. 7.1.
[256] Qarā'li, S. 22-26.
[257] Ibid., S. 16-19; Al-Ghazzī, Bd. III, ibid.
[258] Qarā'li, S. 32; Taoutel, Bd. I, S. 125.
[259] Qarā'li, ibid.; Taoutel, Bd. I, S. 135.

Ohne die Verantwortung der osmanischen Regierung und deren Repräsentanten mindern zu wollen, sollte hier erwähnt werden, daß die blutigen Unruhen (auch wenn der Gouverneur dies gewollt hätte) ohne diesen gesellschaftlichen Wandel, den die christliche Gesellschaft in Aleppo im 17. und Anfang des 18. Jahrhunderts durchmachte, nicht hätten stattfinden können. Ein gesellschaftlicher Wandel, der die christliche Gesellschaft in Aleppo in einheimische, Arabisch sprechende Vertreter mit lokalen Interessen und Fremde, den Griechisch sprechenden Klerus, der vom Phanar Viertel in Istanbul ernannt wurden, spaltete. Letztere wurden mit den Interessen des Zentrums identifiziert. Die griechisch-orthodoxe Gemeinschaft wurde mit dem Griechisch sprechenden Klerus identifiziert, und somit mit dem Zentrum in Istanbul. Die griechischen Katholiken wurden als Vertreter lokaler Interessen betrachtet. So standen sich Griechisch-Orthodoxe und griechische Katholiken gegenüber [260]. Und wenn Streitende sich nicht untereinander einigen können und an die Regierung wenden, so öffnen sie dem Problem Tür und Tor und die zwischen ihnen taktierende Regierung bleibt Sieger [261].

2. Zwischen Maroniten und orthodoxen Armeniern ereignete sich in Aleppo im selben Jahr ein weiterer Zwischenfall. Dieser Streit beruhte auf der feindlichen Einstellung der Armenier gegenüber den missionarischen Aktivitäten der Maroniten und lag in der Tatsache begründet, daß das armenische Patriarchat von Istanbul durch die katholischen Fortschritte unter den Armeniern in Kleinasien schockiert war und alles daran setzte, daß Erlasse herausgegeben wurden, die die verirrten Söhne wieder zu ihrer Kirche zurückgeleiten sollten. Diese Erlasse schloßen auch diejenigen ein, die zur griechisch-katholischen Gemeinschaft übergetreten waren[262]. Ob nun Qarā'lis Version, daß die Erlasse auch die griechischen Katholiken betrafen, die richtige ist, oder nicht, so ist in diesem Zusammenhang vor allem die Präambel von Relevanz, die sich auf die Besorgnis des armenischen Patriarchats über den

---

[260] Siehe dazu: Anm. 238; Philipp, Syrians, S. 19.
[261] Qarā'li, S. 34.
[262] Ibid., S. 10.

sich unter seinen Angehörigen ausbreitenden Katholizismus bezieht, sowie der sich daraus für die Gemeinschaft ergebende, wirtschaftliche Aspekt.

Am 16. *ayyār* 1818 erhielt der Gouverneur Aleppos einen *fermān*, der festlegte, daß die maronitische Kirche in Aleppo, die die Maroniten für eine Jahresmiete von einem *qanṭār* Öl, gemietet hatten, nun wieder in den Besitz der Eigentümerin, der armenischen Kirche, zurückkehren sollte, da die Miete seit Jahren nicht mehr gezahlt worden sei. Die Maroniten erbaten von der *mahkama* in Istanbul eine *sharī'a* -Gerichtsverhandlung. Der *wezir* scheute jedoch davor zurück und bestimmte, daß die Kirche an die Maroniten gehen solle [263]. In beiden Fällen hatte also der Repräsentant der Zentralregierung seine Hand im Spiel, während die Spaltung der Gemeinschaft, die Feindschaft zwischen den Gemeinschaften und die Einstellung der Muslime gegenüber Angehörigen von Religionen, die unter ihrem Schutz standen, eine grundsätzliche Erscheinung in Aleppo und ganz Syrien darstellte. Trotz des oben erwähnten gab es Fälle von "gegenseitiger Bürgschaft" unter den christlichen Gemeinschaften. Armenier, Griechisch-Orthodoxe, syrische Jakobiten und Maroniten waren sich untereinander einig, daß alles was die Regierung den vier Gemeinschaften, oder einer von ihnen, auferlegte, wie z.B. Steuern und Strafen, für alle gelten sollte und von jeder Gemeinschaft, dem Größenverhältnis entsprechend, gezahlt werden sollte. Nach Taoutel war dies ein Brauch, der als Vertrag formuliert worden war [264].

Mit dieser grundsätzlichen Erscheinung mußten sich die ägyptischen Besatzer auseinandersetzen. Auch wenn im Jahr 1830 die Hohe Pforte ein *fermān* erlassen hatte, in dem die Glaubensfreiheit der Katholiken im Osmanischen Reich anerkannt worden war [265], so wurde unter ägyptischer Regierung (zwischen Oktober 1831 und Februar 1841) in Syrien im Jahr 1831 die Befreiung und Unabhängigkeit der

---

[263] Ibid., S. 76-77. Qarā'li berichtet, daß die armenisch-orthodoxe Kirche in Wirklichkeit direkt neben der früheren maronitischen Kirche lag; Gibb und Bowen, Teil 2, S. 249; Ḥaydar, Bd. I, S. 57.

[264] Taoutel, Bd. I, S. 74.

[265] Ibid., Bd. II, S. 9, 25.

melchitisch-katholischen Gemeinschaft vom Joch des Phanar Viertels in Istanbul deklariert [266]. Darüberhinaus erzeugte die ägyptische Besatzung an sich eine Zäsur zwischen dem Phanar Viertel und den Nicht-Muslimen Syriens, da das Phanar Viertel den Kontakt und Zugang zu seiner Bevölkerung verloren hatte, die einer anderen Regierung als der osmanischen unterstand. Fügt man dem die Verbesserungen von Muḥammad 'Alī in Bezug auf die Stellung der Nicht-Muslime in Syrien hinzu, so wird deutlich, daß diese die offizielle Einrichtung einer griechisch-katholischen Gemeinschaft in Aleppo und Syrien beschleunigten [267]. Diese Trennung brachte auch eine Trennung in Bezug auf Bekleidung mit sich. Die griechisch-orthodoxe Geistlichkeit trugen eine oktogonale Kopfbedeckung, *qalūsa*. Der griechisch-orthodoxe Klerus trug blaue, der griechisch-katholische schwarze Kleidung, damit das einfache Volk nicht irregeführt wurde [268]. Im Jahr 1838 erkannte Istanbul offiziell die Glaubensfreiheit der Katholiken und ihre Unabhängigkeit von der Oberherrschaft der griechisch-orthodoxen Gemeinschaft an [269]. Nach dem Abzug der Ägypter konnte das Rad nicht mehr zurückgedreht werden.

5.7.3. Erste missionarische Aktivitäten und ihr Einfluß auf die Beziehungen der Gemeinschaften untereinander [270]

Die katholische Mission in Aleppo begann Mitte des 16. Jahrhunderts mit dem Eindringen der Europäer [271]. Gegen Ende des 18. Jahrhunderts stellten die Katholiken bereits die Mehrheit unter der christlichen Bevölkerung in Aleppo und Syrien [272]. War dies Resultat der missionarischen Aktivitäten? Im allgemeinen war die katholische Mission in Aleppo und Damaskus (und in anderen Städten Syriens)

---

266 Ibid., Bd. II., S.9.
267 Ibid., Bd. II., S. 25.
268 Ibid., Bd. II, S. 26-27.
269 Qarā'li, S. 35.
270 Über die Einstellung der fremden Kaufleute in Aleppo in Bezug auf Aktivitäten der Mission, siehe im Folgenden: Kap. 6.2.4.; Über die Auswirkungen auf Beziehungen zwischen Fremden und Nicht-Muslimen, siehe: Kap. 7.3.
271 Sauvaget, Alep, S. 192, 207; Marcus, S. 47; Philipp, Syrians, S. 12, 15; AE B I 76, Brief vom 19. Juni 1680; AE B I 78, Brief vom März 1716; Niebuhr, S. 8; Masson, Bd. I, S. 456, 457; Rabbath, Bd. I, S. 39, 450-459.
272 Buraik, S. 4, 5-6, 28; Sauvaget, Alep, S. 192, 208, stützt sich auf den Vergleich zwischen AE B I 77, 8. Mai 1709 und Guys, Statistique, S. 50-51; Burckhardt, S. 28; Qarā'li, S. 7.

unter der christlichen und nicht unter der muslimischen Bevölkerung aktiv [273]. Während ihr primäres Ziel im Libanon die Maroniten waren [274], so gab es diese in Aleppo und Damaskus zu jener Zeit kaum [275]. Dort wirkten sie hauptsächlich unter der arabischen, griechisch-orthodoxen Bevölkerung, unter den syrischen Jakobiten und den Armeniern. In dieser Bevölkerung gehörte jeder seiner Gemeinschaft nicht auf Grund seines Glaubens und dem entsprechenden Verständnis des theologischen Unterschiedes zwischen den Gemeinschaften an, (der Großteil der Bevölkerung war ohne Schulbildung), sondern weil er in sie hineingeboren worden war [276].

Um ihr Ziel, die Konvertierung, zu verwirklichen, war die katholische Mission in Aleppo (und Damaskus) vor allem auf zwei Handlungsebenen aktiv: "Kauf" oder Konvertierung der Angehörigen der oben erwähnten christlichen Gemeinschaften, der Angehörigen des Klerus [277] und der im Schulwesen Tätigen [278]. Darüberhinaus verliehen sie auch in Zeiten von Epidemien und in Hungerszeiten materiellen und moralischen Beistand [279]. Prüft man die zahlenmäßigen Erfolge der Mission auf diesen beiden Haupthandlungsebenen[280], so sind diese nicht sehr beeindruckend, eher sogar gering. Dies führt zu einer weiteren Schlußfolgerung, nach der der Mission nicht ausschließlich der religiöse und gesellschaftliche Wandel zuzuschreiben ist, der in der griechisch-orthodoxen Gemeinschaft in Aleppo (und Damaskus) vor sich ging: ihre Zuwendung und Konvertierung zum Katholizismus. Wie bereits deutlich wurde, war das Entstehen der katholischen Gemeinschaft weder das Resultat missionarischer Aktivitäten noch Ergebnis von Aktivitäten

---

[273] Russell, Bd. II, S. 39; AE B I 81 tome 6; Sauvaget, Alep, S. 208; Burckhardt, ibid.; Volney, S. 292; Buraik, S. 21; Ad-Dimashqi, S. 41, 42; Qarā'li, S. 12-14; Rabbat, Bd. I, S. 56, Bd. II, S. 86-87. Rabbat führt auch ein Beispiel von zwei getauften muslimischen Jugendlichen an.

[274] Philipp, Syrians, S. 12; Volney, S. 226-227.

[275] Siehe dazu: Kap. 5.1.3., Daten; Rabbath, Bd. I, S. 451, Bd. II, S. 60, 63, 95.

[276] AE B I 76 f° 235; AE B I 81 f° 150; AE B1 88 f° 34; Rabbath, Bd. I, S. 50, 51, 53-56, 452, Bd. II, S. 67, 78-79, 86-87; Sauvaget, Alep, S. 192, 208; Philipp, Syrians, S. 12; Volney, ibid.

[277] Rabbath, Bd. I, S. 95-96, 452, Bd. II, S. 64, 67, 73, 78-79; Sauvaget, Alep, S. 208; Philip, Syrians, S. 12.

[278] Sauvaget, Alep, S. 192; Marcus, S. 47; Masson, Bd. I, S. 459; Volney, ibid.; Rabbath, Bd. I, S. 50-51, Bd. II, S. 64, 65, 239.

[279] Marcus, S. 47; Rabbath, Bd. I, S. 53, Bd. II, S. 68.

[280] Rabbath, Bd. I, S. 51, Bd. II, S. 65, 78, 86-87; Philipp, Syrians, S. 12, 13.

seitens der europäischen Fremden, sondern entstand als Teil eines Prozesses des Auftretens muslimischer und nicht-muslimischer lokaler Kräfte auf Grund des Niedergangs des Machtzentrums der Regierung und des Aufstiegs peripheraler Machtzentren[281]. Die Mission hatte kaum Anteil an diesem Wandel. Marcus' Meinung, wonach der religiös-gesellschaftliche Umschwung den missionarischen Aktivitäten und der Unterstützung, die diese von der französischen Regierung und den ortsansässigen Konsuln erhielten, zuzuschreiben sei, kann nicht akzeptiert werden[282]. Aus demselben Grund ist die katholische Mission nicht als der alleinige Grund der Unruhen und Zusammenstöße zwischen den Gemeinschaften in Aleppo anzusehen.

5.7.4. Die Beziehungen innerhalb der jüdischen Gemeinde

5.7.4.1. Struktur und Organisation

Die jüdische Gemeinde in Aleppo war nach dem Modell der Gemeinde in Istanbul organisiert. Nach diesem Modell errichtete sich jede Ansammlung von Juden eine Synagoge für Gottesdienste und Versammlungszwecke. Die Gruppe, die sich um eine solche Synagoge sammelte, hieß *qahal*. Im 17., 18. und 19. Jahrhundert gab es in Aleppo ein *qahal* orientalischer Juden und ein *qahal* sephardischer Juden[283]. Obwohl es zwei *qahals* gab, existierte in Aleppo nur eine Synagoge (die antike Synagoge, die Yoav ben Zrura zugeschrieben wird), welche in der zweiten Hälfte des 16. Jahrhunderts um einen "östlichen Flügel" für das sephardische *qahal* erweitert wurde [284].

Während im 16. und 17. Jahrhundert noch zwei verschiedene Gerichtshöfe (*batei din*) für die beiden *qahals* [285] zu finden sind, so gibt es im 18. Jahrhundert nur noch ein *beit dīn* für beide *qahals*. Dem Gerichtshof stand ein Richter (*dayyan*)

---

[281] Ibid, S. 19; Siehe dazu: Kap. 5.1.3., und 5.3. sowie Anm. 46, 75, 76.

[282] Marcus, S. 47, über das Ausmaß der Unterstützung, die die Missionare von den Konsuln erhalten haben, siehe im Folgenden: Kap. 6.

[283] R' Moshe b"R Yosef Mitrani, H C (Het "Gimel), Shealah Lamed"Bet (34); Tawil, Cohen, S. 103. Über die Herkunft der *sephardis* und ihre Ankunft in Aleppo, siehe: Kap. 5.1.2. und Anm. 9 und 10.

[284] Dotan; Tawil, Cohen, ibid.

[285] Ben Ḥabib, Seif quf lamed daled (134).

vor [286]. Daneben gab es auch einen Gemeindenotar, den *sofer* . Die *qahals* hatten ihre eigenen Rabbiner (*ḥakams*). Im 16. und 17. Jahrhundert (und wie erwähnt auch im 18. Jahrhundert) wurden die *ḥakams* und die *dayyans* von der säkularen Gemeindeführung ernannt [287].

Zwischen den beiden Gemeinden bestand eine mit Anstand geführte Auseinandersetzung in Angelegenheiten der Torah, Gesetzgebung und spiritueller Führung. In vielen Fällen akzeptierten die orientalischen Juden die großen Torahgelehrten der *sephardis* [288]. Die beiden Gemeinden, die seit dem 17. Jahrhundert unter einer gemeinsamen Dachorganisation nebeneinanderherlebten, hatten sich feste Normen geschaffen, welche Konflikte zwischen ihnen vermeiden sollten. Diese Normen wurden *haskamot qahal* genannt, d.h. die Mehrheit des *qahal* entschied [289]. Der *qahal* -Älteste (*shaykh*) wurde, von beiden Gemeinden gemeinsam für einen festgesetzten Zeitraum (drei Jahre) zum Oberhaupt dieser beiden gewählt [290]. Oft hatte dieses Amt der Vorsitzende des *beit din* inne [291]. In diesem Zusammenhang sind in Aleppo zwei Familien zu erwähnen: die Familie Dayan, deren vorheriger Name Nasī' war [292] (es handelt sich um eine alte orientalische Familie, deren Söhne viele Jahre als *dayanim* amtiert hatten), und die Familie Laniado, die sich nach der Verbannung aus Spanien Mitte des 16. Jahrhunderts in Aleppo niedergelassen hatte [293].

Wie bei den Christen, so gab es auch bei den Juden Sozialeinrichtungen für Arme, eine Wohlfahrtsinstitution, Besitze religiöser Institutionen (*waqfs*) sowie Unterstützung seitens der Wohlhabenden in Form von *jizya* -Zahlungen [294]. Die Juden unterhielten in Aleppo einen besonderen Fonds zur Unterstützung armer

286 Dayyan, Einleitung.
287 Marcus, S. 108; Borenstein, Mibneh, S. 231.
288 Siehe dazu: Anm. 283.
289 Ashtor, Ḥalab, in: EH, Bd. 17, S. 438; Luzki, S. 62; R' Abraham b"R Mordechei HaLevi, Yud, klalal Gimal, Yud Alef (10-3-11).
290 Siehe dazu: Anm. 270.
291 R' Yosef b"R Moshe Mitrani, Sheala Alef.
292 Siehe dazu: Anm. 283.
293 Laniado, Kiseh Shlomo, Sheala Alef.
294 Marcus, S. 215.

Familien im Falle von Krankheit und für Beerdigungen. Das Geld entstammte einer internen Steuer, die in der Gemeinde erhoben wurde sowie aus zusätzlichen Spenden. Daß die Gemeinde diese Steuer zu erheben vermochte, half ihr in Zeiten der Not. So z.B. während der Pestepidemie im Jahr 1787, als 500 Menschen starben und die Gemeinde mit diesem Fonds Beistand leisten konnte. Im Verlauf der Epidemie wurde eine zusätzliche Steuer erhoben um die Kasse aufzufüllen, die sich in der Zwischenzeit geleert hatte. Diese Steuer blieb bestehen [295]. Durch diesen Fonds, der nicht freiwillig war, unterschieden sich die Juden von den Muslimen. Ein ähnlicher Fonds bestand bei den Christen. Hinter der Existenz dieses Fonds verbarg sich eventuell die Absicht einen Übertritt zum Islam aus Not zu vermeiden. Fälle von Konvertierungen zum Islam waren bei den Juden selten und wenn sie vorkamen, so beruhten sie auf extremer Armut [296]. Eine weitere interne Steuer war die *jābila*, aus der das Gehalt der Rabbiner der Stadt bestritten wurde. Der Rest wurde für allgemeine Zwecke zur Verfügung gestellt[297].

Die erste Hälfte des 18. Jahrhunderts war für die neue jüdische Gemeinde der *sephardis* in Aleppo eine Zeit der Prosperität. Dies war auch eine Zeit des Wachstums und der Sicherheit des Handels mit Frankreich. Der Rabbiner der jüdischen Gemeinde in dieser Zeit war Rabbi Shmuel Laniado, der von 1707-1747 dem Rabbinat von Aleppo vorstand [298]. Das Anwachsen der Gemeinde der *sephardis*, die sich zusätzlicher Rechte und des Patronats der Konsuln der europäischen Mächte erfreute, führte zu Spannungen innerhalb der jüdischen Gemeinde; zu jener Zeit stellten die *sephardis* einen beständigen, und nicht unerheblichen Anteil der Gemeindemitglieder. Diese waren an friedlichen Beziehungen mit der lokalen Gemeinde interessiert, wollten jedoch nicht auf die formalen Rechte der Kapitulationen verzichten. Die *sephardis* unterstützten die Gemeindeinstitutionen auf großzügige Weise, wollten jedoch nicht die regulären Steuern und Regierungssteuern zahlen und die *haskamot* der Gemeinde akzeptieren, z.B.: 1. In

[295] Ibid., S. 217; Laniado, Beit Dino, folio 49b 53a; Luzki, S. 66, 72-80; Laniado, Degel, S. 126.
[296] MS 576/72, Montefiore Archiv.
[297] Luzki, S. 68; R'Yaacov Shaol Elisar, Het Vav Mem; Borenstein, The Jewish, S. 114.
[298] Luzki, S. 61; Al-Ghazzī, Bd. I, S. 202.

Wohlfahrtsangelegenheiten; 2. Ein Verlobter durfte das Haus seiner Verlobten nicht betreten (im Gegensatz zu einem Bräutigam bei den *sephardis*). Rabbi Shmuel Laniado bestand nachdrücklich auf ihrer Eingliederung in die *haskamot* der Stadt. Auf der anderen Seite handelt es sich hier bereits um eine Zeit, die auf die Verwurzelung der *sephardis* in der Stadt deutete: Häuserbau, Heirat mit einheimischen Frauen und Geburt von Nachkommen [299].

Um die Zeit der Französischen Revolution begann der wirtschaftliche Niedergang. Am Anfang dieses Niedergangs stand auch die Krise der wirtschaftlichen und gesellschaftlichen Beziehungen zwischen *sephardis* und der lokalen jüdischen Gemeinde. Eine Meinungsverschiedenheit, die 15 Jahre dauern sollte, nahm hier ihren Anfang. Die *sephardis* stellten innerhalb des Judentums in Aleppo eine besondere gesellschaftliche Einheit. Aus ihren Herkunftsländern hatten sie ihre Kleidung und Kultur, ihre Sprachen und Bräuche mitgebracht. Ihre wirtschaftliche Stellung, ihre Charakterzüge, Spendenfreudigkeit und Bildung erhoben sie zu Notabeln, die auf ihre Ehre zu achten und darauf zu bestehen wußten. Eine gute Stellung im Wirtschaftsleben erforderte eine gute Position in der Gesellschaft. Deshalb unterschieden sich die *sephardis* absolut von den orientalischen Juden, die sich gesellschaftlich auf einer tieferen Stufe befanden. Dies bildete den gesellschaftlichen und wirtschaftlichen Hintergrund des Konflikts.

Gegen Ende der 70er Jahre des 18. Jahrhunderts wollte der Oberrabbiner Raphael Shlomo Laniado den *sephardis* die Oberherrschaft der *haskamot qahal* aufzwingen. Dies geschah gegen den Willen der übrigen Rabbiner, - mit Yehoda Katzin an der Spitze - die kompromißbereite Männer der Tat waren, welche von den *sephardis* wirtschaftlich abhängig waren und auch den Schaden voraussahen, der allen Stadtbewohnern daraus erwachsen würde [300], falls sie die Oberherrschaft des *qahal* akzeptieren, Pflichtsteuern zahlen und nicht nur wohltätige Spenden verteilen

---

[299] Luzki, S. 62; Ashtor, Ḥalab, in: EH, Bd. 17, S. 438; Kazin, Einleitung.

[300] Luzki, S. 63; Ashtor, Ḥalab in: EH, ibid.; Laniado, Beit Dino; Al-Ghazzi, Bd. I, S. 202-204; Kazin, ibid.

würden. Als die *sephardis* auch vom jüdischen Recht her gesehen den orientalischen Juden gleichgestellt werden sollten, rebellierten sie. Sie unterstützten die Institutionen der Gemeinde, weigerten sich jedoch deren Obrigkeit anzuerkennen. Sie nahmen am Leben der Gemeinde passiv teil, hielten jedoch deren Gesetze nicht ein und akzeptierten ihre gerichtliche Autorität nicht [301]. Auf welche Weise die Seiten zur Beilegung des Konflikts gelangten, ist nicht bekannt. In juristischer Hinsicht fällten die Rabbiner von Aleppo um das Jahr 1784 *halakot psuqot* (Gesetzesurteile), die die *sephardis* freisprachen. Interessanterweise hört man, nachdem die *sephardis* in den 90er Jahren des Jahrhunderts das Gewünschte erreicht hatten, nichts mehr über sie als unabhängige Einheit. Es ist anzunehmen, daß der Tod der beiden großen Feinde und ihrer Helfershelfer sowie die wirtschaftliche Situation, welche Erschütterungen durchlaufen und den Vorteil der *sephardis* als öffentliche Einheit zunichte gemacht hatte, den alten Konflikt in Vergessenheit geraten ließ. Es ist ebenfalls anzunehmen, daß sie sich noch zu Beginn des 19. Jahrhunderts in die allgemeine jüdische Gemeinschaft assimilierten und in andere Richtungen zerstreuten. Nur vereinzelte Familien bewahrten auch im 19. Jahrhundert ihre besondere Stellung [302]. Hier wird wiederum deutlich, daß die Kämpfe innerhalb der jüdischen Gemeinschaft, wie auch in den christlichen Gemeinschaften eine wirtschaftliche und gesellschaftliche Grundlage haben. Das religiöse Thema ist in diesen Kämpfen im Grunde eine Tarnung des Kampfes um wirtschaftliche Interessen und der gesellschaftlichen Spannungen. Bei den Juden gibt es jedoch keine Anzeichen dafür, daß die osmanische Regierung oder ihre Repräsentanten in Aleppo, das Spiel des "Teile und Herrsche" spielten, welches sie zwischen den griechischen Katholiken und den Griechisch-Orthodoxen gespielt hatten. Es ist möglich, daß - weil es in Europa keinen jüdischen Staat gab -, die Juden im Gegensatz zu den Christen nicht mit einer Großmacht identifiziert wurden, die die Regierung bedroht und gefährdet hätte. Daher wurden sie nicht als eine Gemeinschaft betrachtet, von der sich die Regierung hätte fürchten müssen.

---

301 Luzki, ibid.; Kazin. ibid.
302 Luzki, S. 64, 76; Kazin, ibid., und zweite Broschüre.

In der ersten Hälfte des 19. Jahrhunderts erfolgte ein sowohl wirtschaftlicher als auch kultureller Niedergang der Stellung der jüdischen Gemeinschaft in Aleppo.

5.7.4.2. Die Beziehungen zwischen Christen und Juden in Aleppo

In der Geschichte der Beziehungen zwischen Juden und Christen Mitte des 19. Jahrhunderts, wurden vor allem die Blutsverleumdungen aus Damaskus im Jahr 1840 bekannt. Die allgemeine Erklärung für diese Erscheinung ist, daß das gedankliche Motiv anscheinend im Rahmen einer Akkulturation von Begriffen des christlichen Europas an die orientalischen Christen, durch die dort tätigen europäischen Missionare oder einheimische, junge, in Europa erzogene Priester, überliefert worden war. Das tatsächliche Bedürfnis an Blutsverleumdungen rührte nicht nur von der Zunahme des Wettbewerbs zwischen Christen und Juden um Verwaltungsämter und wirtschaftliche Stellungen her, sondern ist auch in der Zunahme der politischen Feindseligkeit der Muslime gegenüber Christen auf dem Hintergrund von osmanischen Reformen zu sehen, die den Verbesserungen Muhammad 'Alīs in Syrien in Bezug auf die Stellung der Nicht-Muslime folgten. Eine Indikation für die Feinseligkeit der Muslime gegenüber den Christen in Damaskus, im Gegensatz zu dem Verhältnis zu den Juden dort, ist aus dem Bericht Ya'aris ersichtlich:

> "Die Ismaeliten und die Juden hassen sich nicht, aber die Unbeschnittenen (Christen, Y. Sch.) hassen die Ismaeliten und der Name "Unbeschnittener" (Christ) wurde zum Schimpfnamen.
> Die Juden haben zum Großteil keine Schläfenlocken, weil sie sie abnehmen um in allem den Ismaeliten zu gleichen..." [303].

Der Bericht bezieht sich zwar auf das Jahr 1859/60, aber aus ihm läßt sich in Bezug auf die Beziehungen zwischen Muslimen und Christen, und Muslimen und Juden auf frühere Jahre zurückschließen.

---

[303] Ya'ari, Schaliah Safad, S. 19.

Die Anführer der Christen, die ihrerseits vom französischen Konsul aufgehetzt wurden, suchten nach Wegen die Feindseligkeit der Muslime ihnen gegenüber auf die Juden zu lenken und beschuldigten diese des Mordes an christlichen und muslimischen Kindern. Diese Beschuldigungen fanden sowohl unter den christlichen Massen, (die bereits mit religiöser und historischer Feindseligkeit gesättigt waren) als auch bei den Muslimen, Gehör [304].

Hier stellt sich die Frage, welche Situation sich für Aleppo ergab. Waren die Blutsverleumdungen an der Stadt vorübergegangen?

Die Antwort heißt: Nein. Obwohl Blutsverleumdungen im Jahr 1840 in Damaskus überall bekannt waren, lautet die historische Wahrheit, daß die Blutsverleumdungen im Jahr 1810 in Aleppo ihren Anfang nahmen [305], in Syrien danach nur noch sporadisch [306] und 1835 zum zweiten Mal in Aleppo auftraten [307] und ihren Höhepunkt in den Blutsverleumdungen in Damaskus im Jahr 1840 erreichten. In diese war auch der französische Konsul verwickelt [308]. Hätten die Blutsverleumdungen in Damaskus ihren Anfang genommen, hätte man vielleicht im Abstieg der Macht, des Status' und des Einflußes der Familie Farḥī eine Beschleunigung der Freigabe jüdischen Lebens sehen können, um die jüdisch-christliche Konkurrenz (deren Vorreiter die Familien Farḥī und Baḥrī waren) zu beenden [309].

Diese wirtschaftliche Konkurrenz wurde von einem religiös-kulturellen Antagonismus begleitet. War sie in der Vergangenheit durch den Kampf um einflußreiche Positionen, Kontrolle über Handelsstationen und Vermarktung durch Mittel, wie Kauf gegen Geld, Schmiergeld, Intervention und wirtschaftliche Manipulationen gekennzeichnet, so wurde sie ab 1810 gewalttätig, indem das Leben der Juden freigegeben wurde. Die Tatsache, daß die Ereignisse in Aleppo ihren Anfang nahmen, läßt darauf schließen, daß sie Symptom eines Prozesses

---

[304] Ma'oz, Changes in the Position, S. 148; Ginzburg, Account of the Damas Affairs, 1840, MS 561.

[305] 'Abd al-'Āṭī, S. 116-117; Ma'oz, S. 22.

[306] 'Abd al-'Āṭī, S. 116-120; Ma'oz, Communal Conflict, S. 101.

[307] 'Antebi, S. 'aein - 'aein bet (70-72).

[308] Ginzburg, Account of the Dames Affaires 1840, MS 561.

[309] Siehe in Folgenden: Kap. 8.

waren, der durch den gesellschaftlichen Umschwung in der Gemeinschaft der Christen (sie wurden stärker) herangereift war. Die Juden verloren ihre dominante Stellung in der Wirtschaft. Fügt man im Hintergrund die Tatsache hinzu, daß gegen Ende des 18. Jahrhunderts nicht mehr englische und französische Konsuln gab, so wird deutlich, daß sie auch das Patronat und den Schutz verloren [310].

[310] Siehe im Folgenden: Kap. 6.2.3., 6.3.3. und 7.3.

6. Die Fremden in der Gesellschaft und Politik Aleppos

6.1. Daten

Um die Position der Fremden Aleppos im politischen, gesellschaftlichen und wirtschaftlichen System sowie deren Beziehungen untereinander zu untersuchen, sollten zunächst deren Zahlen betrachtet werden.

a. Die Franzosen in Aleppo im Vergleich zu Damaskus

Jahr	Damaskus	Aleppo Konsul[1]	Sekretär	Handelshäuser	Kaufleute	Fachkräfte	Geistliche	Inges.	Anm.
1630	-	1			40				
1653	-	1			15 [2]				
1660	-	wenige [3]							
1670	-	1			60 [4]		8 [5]		
1681	-	1						28 [6]	
1683	-	1 [7]			6 [8 [1]]				
1698 [9]	-	1	1		19	7	13		
1717 [10]	-	wenige							
1731 [11]	-	1		11			ca. 15		
1740 bis 1743 [12]	-	1							
1759	-	1		7 [13]					
1764	-	1			12 [14]				
1765	-	1		9 [15]				42 [16]	
1772	-	1		6 [17]					
1781	-	1		9 [18]					
1783 bis 1785	-	1 [19]		7 [18]					
1789	-	1		9-10 [20]					
1791							wenige [21]		
1794	1 [22]								
1800									
1810				3 [23]					
1816		1 [24]							
1817	1 [25]			-					
1820				2 [26]					
1821									2 [27]

[1] Bis zum Jahr 1789 gab es in der Handelsstation in Aleppo französische Konsuln. In dem Jahr wurde die Station auf Grund der Französischen Revolution geschlossen und in Jahr 1791 wurde auch die Handelsabteilung in Marseille aufgehoben. Siehe: AE B III, Bobine 2, Renseignement sur le Commerce du Levant, L'Etat du Commerce du Levant, 13. Mai 1825; AE B III 243, Bobine 1, Petition, S. 4; Sauvaget, S. 190.

[2] Masson, XVIIe, S. 378. Es handelt sich hier um einige Kaufleute und französische Ärzte.

[3] Ibid., S. 378-379.

[4] Ibid., S. 379; D'Arvieux, Bd. VI, S. 73.

[5] Ibid., Bd. VI, S. 72-74; Masson, XVIIe, S. 472.

[6] Ibid., XVIIe, S. 457; D'Arvieux, Bd. VI, S. 72-74.

[7] Masson, XVIIe, S. 379.

[8] Ibid.; Die Nr. 1 in der eckigen Klammer soll darauf hinweisen, daß sich 5 der 6 Kaufleute im Abzug befanden.

[9] AE B I 76, cc Alep 1696-1707, Etat de la Ville d'Alep 1698, S. 358-359, La Nation de la France a Alep.

[10] Masson, Ibid., S. 386-387, zitiert Lucas, der behauptet, daß er in diesem Jahr in Damaskus nur Missionare antraf und nicht auch nur einen französischen Untertanen.

[11] AE B I 81, cc Alep, S. 127-128 vom 11. August 1731.

[12] Masson, XVIIIe, S. 26-28, 523; Dieses ist auch das Jahr in dem mittels Gesetz festgelegt wurde, daß die Franzosen in Aleppo nur 9-10 Handelshäuser haben dürfen.

[13] Russell, Bd. II, S. 5.

[14] Bodman, S. 128, Anm. 179.

[15] AE B I 89-90, cc Alep 1763-1765, Etat des Draps Francais, dans le Magasin.

[16] Masson, XVIIIe, S. 524, 525.

[17] Russell, idib.

[18] Olivier, Bd. II, S. 307-308; Masson, XVIIIe, S. 523.

[19] Volney, S. 93, 151.

[20] Olivier, ibid., AE B III 243, Bobine 2 Nr. 2, Renseigement sur le Commerce du Levant, 13. Mai 1825, Tableau du Etablissement; Masson, XVIII, S. 523.

[21] 1791 ist das Jahr, in dem die Handelsabteilung in Marseille auf Grund der Französischen Revolution geschlossen wurde. Siehe dazu: Kapitel 6.2., Die französische Gemeinschaft in Aleppo; AE B I 97, 11. Juli 1791.

[22] Olivier, Bd. II, S. 255; Gibb und Bowen, Teil 2, S. 263.

[23] Olivier, Bd. IV, S. 181; Bodman, S. 128, Anm. 179.

[24] AE B III 243, Bobine 1, Depesche vom 18. April 1816, Bericht über den Konsul Guys in Aleppo.

[25] Ibid., Generalinspektor der Levante, 5. Juli 1817, hier wird berichtet, daß keine französischen Handelshäuser mehr in Aleppo bestehen.

[26] AE B III 243, Bobine 2, 13. Mai 1825, Renseignement sur le Commerce du Levant, Tableau des Etablissement Francais.

[27] Ibid.; In ganz Syrien gab es insgesamt 2 französische Handelshäuser.

b. Die Engländer in Aleppo im Vergleich zu Damaskus

Jahr	Aleppo								
	Damaskus	Konsul	Sekretär	Handelshäuser	Kaufleute	Fachkräfte	Geistliche	Inges.	Anm.
1662 bis									
1670	-	1		50	60 [28]				
1680	-			30-40 [29]	+ 60 [29]			60 [30]	
1699	-	1 [31]	1 + 1 [31]			1 [31]		40 [32]	
1725	-				30 [33]				
1734	-			15 [34]	15 [35]				
1737/8	-				10-12 [36]				
1740	-			7-8 [37]					
1741 [38]	-	1	1		10	2	14		
1743	-			10 [39]					
1748	-			7 [40]					
1750	-			5-6 [41]					
1753 [42]	-	1		8					
1772 [43]	-	1		4					
1781	-			3 [44]					
1783	-			2 [45]					
1783-5	-	- [46]		2 [47]					
1791	-	- [48]			wenige [48]			wenige [48]	
1799	-								
1800	-								
1803	-	1 [49]							
1806	-	1 [50]							
1812	1 [51]								
1824	-	1 [52]							
1825				- [53]					
1833	1 [54]								
1833 bis									
1841		1 [55]							

[28] D'Arvieux, Bd. VI, S. 73; Wood, S. 126; Ab diesem Jahr beginnt der Vergleich zwischen den Zahlen der französischen und der englischen Gemeinschaft, da in diesem Jahr beide Gemeinschaften die gleiche Anzahl aufwiesen.

[29] Davis, S. 5.

[30] Maundrell, S. 1; Teonge, S. 147.

[31] Maundrell, S. XXIV.

[32] Ibid., S. XXIII, 198.

[33] SP 105.127 cc, Brief 16. April 1725 (auf dem Brief sind 27 Unterschriften); Wood, S. 162.

[34] Davis, S. 89.

[35] SP 105.117 cc, Brief 12. Oktober 1734; Wood, S. 162.

[36] SP 110.27 pff, Aleppo 10. Dezember 1737; SP 110.27 pff 6309, Aleppo 13. Februar 1737/8 (auf dem Brief sind 12 Unterschriften); SP 110.27 6309, Aleppo 17. August 1738 (auf dem Brief sind 10 Unterschriften).

[37] Pococke, Bd. II, Teil 1, S. 151; Hasselquist, S. 398.

[38] Al-Ghazzī, Bd. III, S. 298.

[39] Davis, S. 89.

[40] Ibid.

[41] Masson, XVIIIe, S. 522.

[42] Russell, Bd. II, S. 1-2.

[43] Ibid.

[44] Masson, XVIIIe, S. 523.

[45] Volney, S. 274.

[46] Die Levant Company entsandte keinen Konsul anstelle des verstorbenen Konsuls Abbot; Wood, S. 162; SP 105.121, 26. September 1783; SP. 105.59, 28. Januar 1784.

[47] Volney, S. 274.

[48] Olivier, Bd. II, S. 307-308; Olivier behauptet, daß die englischen Handelshäuser geschlossen wurden und nur einige Kaufleute verblieben; Gibb und Bowen, Teil 2, S. 64; AE B III 243, Bobine 2, Renseignement sur le Commerce du Levant, Tableau du Etablissement, 13. Mai 1825.

[49] Wood, S. 196; Barker, der von der East India Company als Agent in Aleppo ernannt worden war, war auch Konsul der Levant Company und erhielt von dieser sogar ein Gehalt. Bis zum Jahr 1824 war Barker der einzige Engländer, der in Aleppo wohnte.

[50] SP 105.130 pff 6304, 11. Februar 1806.

[51] Burckhardt, Nubia, S. 47.

[52] Wood, S. 176.

[53] Ibid., S. 202; Die Levant Company ging an die "Krone" über.

[54] Durbin, S. 70.

[55] SP 105.343 pff 6299, 12. August 1835.

c. Andere Fremde

Jahr	Holländer Konsul	Holländer Handelshäuser	Holländer Kaufleute	Venezianer Konsul	Venezianer Handelshäuser	Venezianer Kaufleute	Inges.	Italiener Handelshäuser	Österr.
1671			2[56]						
1676			2[57]						
1680[58]		2	wenige				3		
1699									
1700									
1781[59]		1			2			1	
1783-5[60]		1			2			1	
1783-4[61]									
1789[62]								2	
1791[63]								2	
1800									
1820									
1830									

---

56 Wood, S. 100.

57 Ibid., S. 127; Masson, XVIIe, S. 379.

58 Ibid., XVIIe, S. 379, Anm. 2.

59 Olivier, Bd. II, S. 307-308; Masson, XVIIIe, S. 523.

60 Volney, S. 274.

61 Ibid.; Aṭ-Ṭabbākh, Bd. III, S. 292.

62 Siehe: Anm. 59.

63 Olivier, ibid.; Gibb und Bowen, Teil 2, S. 64.

6.1.2. Schlußfolgerungen und Fragestellungen

1. Das Studium der Tabelle und des Graphen führt zu folgenden Schlußfolgerungen:

a. Die französischen und englischen Kaufleute zählten zusammen nie mehr als maximal 150 Personen.

b. Im 18. Jahrhundert (im Vergleich zum 17.) erfolgte bis 1789 und 1791 eine drastische Abnahme der Anzahl der französischen und englischen Kaufleute in Aleppo.

c. Im 18. Jahrhundert befanden sich im Gegensatz zu Aleppo überhaupt keine Fremden in Damaskus.

d. Die französischen und englischen Kaufleute kehrten nach Aleppo zurück und kamen Anfang des 19. Jahrhunderts auch nach Damaskus.

2. Die Tabelle deutet zwar auf einen Rückgang der Anzahl der Kaufleute in der Gemeinschaft. Wie jedoch im weiteren Verlauf der Studie zu sehen sein wird, bedeutet dies keinen Rückgang in der allgemeinen Anzahl der Fremden in der Gemeinschaft, die (wie auch die Anzahl der Geistlichen) paradoxerweise sogar zunahm.

3. Diese Schlußfolgerungen werfen einige Fragen auf, die im Verlauf dieser Studie beantwortet werden sollen:

a. Warum gibt es im 18. Jahrhundert Fremde in Aleppo, jedoch nicht in Damaskus?

b. Worauf ist die Abnahme der Anzahl der französischen und englischen Kaufleute zurückzuführen? Beruht dies auf ähnlichen Gründen?

c. Aus welchem Grund erscheinen Anfang des 19. Jahrhunderts wieder Franzosen und Engländer in Aleppo, und dieses Mal auch in Damaskus?

d. Wie läßt sich erklären, daß die Kaufleute (wie im Folgenden ersichtlich werden wird) soviel Einfluß und Macht besaßen und sich in einem Ausmaß einbrachten, die in keinem Verhältnis zu ihrer geringen Anzahl stehen?

6.2. La Nation Francaise - Die französische Gemeinschaft in Aleppo

6.2.1. Allgemeines

Die französische Handelsstation in Aleppo nahm im Jahr 1562 ihren Anfang[64]. Bemühungen eine solche aufzubauen setzten schon 1612 ein, als Alexandretta anstatt Tripoli zum Hafen Aleppos wurde [65]. Die juristische Grundlage für die Aktivitäten der Station wurde durch den osmanisch-französischen Kapitulationsvertrag vom Februar 1535 gelegt [66]. Die Organisation und administrative Struktur der Gemeinschaft konsolidierten sich im Verlauf des 17. und der ersten Hälfte des 18. Jahrhunderts. Die dominante Persönlichkeit in dieser Hinsicht war Colbert, der Finanzminister Louis XIV. Bis zu seiner Amtszeit unterstanden die Handelsstationen (*echelles*) der Handelskammer (*chambre de commerce*) in Marseille. Colbert stellte die Handelsstationen unter die Aufsicht des für die Marine zuständigen Staatssekretärs und legte genaue Verwaltungs- und Arbeitssatzungen fest [67]. Diese Satzungen wurden später, im Verlauf des 18. Jahrhunderts durch Maßnahmen, Erlasse und Normen konsolidiert und bekräftigt. Sie bestanden bis zur Französischen Revolution 1791.

Die französische Gemeinschaft in Aleppo setzte sich aus verschiedenen Elementen zusammen:

1. Der Konsul und die Kaufleute, die Angehörigen der Handelsstation;
2. Fachkräfte;
3. Geistliche;
4. Unter Schutzherrschaft stehende osmanische Nicht-Muslime und Fremde.

Unter diesen Elementen stellten die Konsuln und Kaufleute den größten Teil und die wichtigsten Autoritätsfiguren in der französischen Gemeinschaft [68].

---

[64] AE B I 81 cc Alep 1729-1732 tome 6, S. 81, Memoire; Sauvaget, Alep, S. 201; Masson, XVIIeme siecle, S. 78-79. Masson behauptet, daß der erste Konsul im Jahr 1612 aus Tripoli eintraf.

[65] Fermanel, S. 259, 300; Masson, XVIIeme siecle, S. 380, erklärt, daß der Übergang zu Alexandretta auf der Tyrannei des Gouverneurs in Tripoli beruhte.

[66] Siehe dazu: Kap. 1.2.

[67] Über den Anfang der französischen Handelsstation (*echelle*) in Aleppo im 16. und 17. Jahrhundert siehe: Masson. XVIIeme siecle, besonders Kap. 5; Sauvaget, Alep, S. 200-202.

[68] AE B I, 76 Alep 1696-1707, Etat de la Ville d'Alep 1698, S. 358-359, la Nation de France a

6.2.2. Organisation und Struktur der Gemeinschaft

1. Der Konsul

Der Konsul stand der Handelsstation vor und kraft dieses Amtes stand er auch der französischen Gemeinschaft vor [69]. Wer waren diese Konsuln? Woher stammten sie? Welche Stellung hatten sie inne?

Im 17. Jahrhundert entstammten die Konsuln im allgemeinen Familien der Provence und aus Marseille. Sie hatten deshalb gute Aussichten, weil die meisten Kaufleute, Funktionäre und Fachkräfte auch aus dieser Gegend stammten [70]. Dieses Phänomen spiegelt die französische Gesellschaft dieser Zeit wider: eine Gesellschaft mit nationaler und staatlicher Trennung, in der ein aggressiver Regionalnationalismus existierte [71].

Im 18. Jahrhundert (d.h. der Zeit, mit der sich diese Studie auseinandersetzt) nahm der Einfluß aus Marseille und der Provence, in Bezug auf die Ernennung des Konsuls der Handelsstation, ab. Im 18. Jahrhundert konnte nur derjenige in dieses Amt ernannt werden und es ausführen, der von den Beamten des Königs (*officiers du roi*) ernannt worden war. Auch wenn der Einfluß aus Marseille und der Provence abgenommen hatte, so fand man immer noch mehr Konsuln aus dieser Gegend als aus anderen [72].

Bis 1781 wurden die Konsuln ohne jegliche festgesetzten, institutionalisierten Kriterien und ohne geordnete Ausbildung ernannt [73]. Sie wurden vom Minister

---

Alep; AE B I, 94 cc Alep tome 19, 1777-1779, Memoire 16. April 1777, S. 29; AE B I, 96 cc Alep, 1784-1786, tome 21, Etat des Francais a Alep 1783; Paris, S. 232, 235-238, 290; AE B III 290 und ACCM.J 904 Brief von Peleran; Russell, Bd. II, S. 5-7, und wie im Folgenden zu sehen sein wird.

[69] Masson, XVIIeme siecle, S. 90-91, XVIIIeme siecle, S. 140.

[70] AE B I 76, ibid.; Daß der Konsul und 15 der 19 Kaufleute aus Marseille stammen, ist ein typisches Beispiel für die Struktur der französischen Gemeinschaft. Auch die meisten Handwerker und Funktionäre der *echelle* stammten aus Marseille.

[71] Wallace und Merrill, S. 397, 423; Masson XVIIeme siecle, S. 447, note 1, berichtet über Konflikte zwischen aus Paris stammenden Konsuln und Kaufleuten, wie z. B. Blondel, der Konsul in Izmir und Maillet, der Konsul in Kairo.

[72] Masson, XVIIIeme siecle, S. 140, bringt als Beispiel die Familie Delane in Aleppo und Arazy in Sidon, Paris, S. 234-235; AE B III., 274.

[73] Ordonnance du Roi: Concernant les consulats 1781 signer par de Castries, HH5; HH5 - chambre de commerce de Marseille Serie H.H memoire diverse sur la Residence le commerce et la navigation des sujets du roi dans les echelles du Levant et Barbarie; Masson XVIIIeme siecle, S. 181.

der Marine berufen, für den Küngeleien kein Novum waren. In vielen Fällen wurden die Konsuln aus konsularischen Familiendynastien ernannt, deren Anfang schon im 17. Jahrhundert zu suchen ist. Auch der Dienst als Staatssekretär in Istanbul stellte ein Sprungbrett für hohe Ämter in Aleppo und Kairo dar [74].
Der Erlaß aus dem Jahr 1781 setzte die Kriterien, den Ausbildungsweg und die Prozeduren für die Ernennungen in Aleppo (Izmir, Baghdād und Sidon) fest. Der Erlaß setzte ebenfalls die reguläre Einberufung auf der Grundlage von Hierarchie und rang- und amtsmäßigem Aufstieg fest. Der Vizekonsul konnte erst nach drei Jahren in diesem Amt zum Konsul ernannt werden. Auszubildende für das Amt des Konsuls, die ihre Ausbildung unter Aufsicht eines allgemeinen Konsuls absolvierten, konnten zu Konsuln ernannt werden, ohne aktiv als Vizekonsuln gedient zu haben. Diese Auszubildenden mußten zwischen 20 und 25 Jahre alt sein. Söhne und Neffen ersten Ranges von Konsuln aus der Levante und Barbarie wurden bevorzugt. Der Erlaß legte ebenso den technischen Ausbildungsweg der Konsuln und alle ihre konsularischen Aufgaben fest. In der Praxis mußten diese Abmachungen drastischen Änderungen widerstehen, bestanden jedoch nur zehn Jahre bis zur Französischen Revolution, im Zuge derer die Handelskammer in Marseille aufgelöst wurde [75].

Im 18. Jahrhundert waren die Ämter und Befügnisse des Konsuls bereits institutionalisierter als im 17. Jahrhundert. Seine Befugnisse und Aufgaben waren in Erlassen und Prozeduren verankert. Obwohl diese ihm viel Arbeit machten, wurde die Arbeit durch Veränderungen in der Zusammensetzung der Gemeinschaft und der Tradition, die sich in ihren Beziehungen zu den Repräsentanten der Zentralregierung in der Stadt gebildet hatten, erleichtert [76].

---

[74] Im Jahr 1707 kam Peleran aus Istanbul nach Aleppo. Im Jahr 1722 wurde er der Erbe seines Vaters in Aleppo. 1730 ersetzte er seinen Schwager de Manhenault. 1745, drei Jahre nach dem Tode seines Vaters Leon, erhielt Francois Delane das Amt; Masson XVIIleme siecle, S.141-143; Paris, S. 222-223.

[75] AE B III., 243 Bobine 2, Renseignement 13. Mai 1825, und siehe im Folgenden: Anm. 1 und 20.

[76] Siehe im Folgenden: Kap. 6.2.2.4. und Kap. 7.1.

Die Aufgaben des Konsuls erstreckten sich auf drei Ebenen:

1. Repräsentanz der Führungsspitze der Marine gegenüber der französischen Gemeinschaft in Aleppo, der Zentralregierung und deren Repräsentanten dort und vica versa.

2. Repräsentänz der Gemeinschaft gegenüber dem *pascha* und direkte Kontaktaufnahme mit der Zentralregierung und deren Repräsentanten in der Stadt auf offizieller und zeremonieller sowie auf der praktischen Ebene der Einhaltung der Kapitulationen, das Verhindern von Steuern und Beleidigungen, die Sicherung des Handels und der Erhalt von zusätzlichen Handelserleichterungen [77].

3. Verwaltung der Handelsstation und der Gemeinschaft:

a. Der Konsul war Repräsentant der königlichen Autorität und es gehörte zu seinen Pflichten die Erlasse und Anweisungen, die er vom Staatssekretär für Marineangelegenheiten erhalten hatte, auszuführen.

b. Er war mit der Aufrechterhaltung von Disziplin und Ordnung unter den Kaufleuten beauftragt. Er besaß die Autorität, ihnen im Falle unangebrachten Verhaltens Hausarrest zu erteilen, sie zu bestrafen, in der *assemble* (Generalversammlung) zu rügen und Geldstrafen aufzuerlegen. In schwerwiegenden Fällen, und mit der Zustimmung der *assemble*, konnte er sie sogar nach Frankreich zurückschicken.

c. Der Konsul fungierte für die Kaufleute als Richter in zivilrechtlichen Angelegenheiten. Er besaß die Autorität Schulden von verstorbenen Kaufleuten der Station aus ihrem Nachlaß zu tilgen. In strafrechtlichen Angelegenheiten konnte der Konsul keine effektiven Strafen verhängen. Er konnte den Verbrecher nur per Schiff nach Marseille schicken und ihn dort vor Gericht stellen lassen. Der Konsul war nicht der einzige Richter. Ihm standen gewählte Vertreter (*deputies*) und vier angesehene Kaufleute der Gemeinschaft zur Seite.

---

[77] Über die Frage der Repräsentierung der Führungsspitze der Marine gegenüber der Nation und umgekehrt, siehe: Kap. 7.1.

d. Der Konsul war für die Kaufleute Vormund, Tutor und Ratgeber. Dies war keine angenehme Aufgabe. Da er im allgemeinen im Vergleich zu den jungen Kaufleuten und Agenten älter und erfahrener war, konnte er aus seiner Erfahrung beisteuern und unlauteren Wettbewerb vermeiden.

e. Der Konsul war für Kontakte mit den Konsuln der anderen Nationen verantwortlich, schützte und verlieh Schutzherrschaft an fremde Staatsangehörige, die nicht durch Konsuln vertreten waren, wie Venezianer, Holländer und nicht-muslimische Untertanen der Pforte [78].

Die Beschreibung der Aufgabe und der Kompetenzen des Konsuls läßt erkennen, daß sein Stellvertreter die Persönlichkeit und Talente eines Direktors, Diplomaten, Soziologen und Psychologen aufweisen mußte.

Im 17. Jahrhundert trieb der Konsul in Aleppo Handel und sein Amt war finanziell einträglich. Gegen Ende dieses Jahrhunderts wurden die Konsuln zu einer "Art" diplomatischer Stellvertreter und der Handel wurde ihnen untersagt[79]. Da ihm nun der Handel verboten war, wurde für den Konsul von Aleppo ein Gehalt festgesetzt. Infolgedessen war das Amt nicht mehr finanziell einträglich. Die Erlasse vom 31. Juli 1691 und 27. Januar 1694, die bis 1721 in Kraft blieben, regelten diesen Aspekt. Laut diesen zahlte die Gemeinde dem Konsul Gehalt und Wohnungsmiete und finanzierte Ausgaben und Geschenke, die der Konsul machte. Diese Summen genügten den tatsächlichen Bedürfnissen nicht, da der Konsul mehr ausgab [80]. Obwohl die Handelskammer im Erlaß vom 2. September 1721

---

[78] AE B I, 81 cc Alep tome 16, S. 101, 7. Januar 1730; D'Arvieux, Bd. VI, S. 4-8; Masson XVIIeme siecle, S. 86, 445-447, die Beziehungen zwischen den Konsuln und Kaufleuten wird ausführlich im weiteren Verlauf dieses Kapitels behandelt: 6.2.4.; Über die Beziehungen zwischen den Konsuln, der Gemeinschaft und den nicht-muslimischen Schutzangehörigen, siehe im Folgenden: Kap. 7.3.

[79] ACCM AA 132; ACCM AA 363, siehe im Folgenden Anm. 80 und die ordonnance vom 12. Juli 1665; den englischen Konsuln wurde bereits 1624 untersagt Handel zu treiben. Siehe im Folgenden: Kap. 6.3.3., Anm. 226. Der holländische Konsul hörte 1792 auf Handel zu treiben; Siehe ebenfalls Masson, XVIIIeme siecle, S. 91, 92, 149-151; Russell, Bd. II, S. 8.

[80] Le Arret du Conseil du 31 Juillet 1691; Masson XVIIeme siecle, S. 450; Le Arret du Conseil du 27. Janvier 1694; AE B I 78 cc Alep 1716-1719, S. 291-292 Avril 1718 Signe Peleran; AE BI 78 cc Alep 1716-1719, S. 298, Avril 1718 Signe Peleran.

eindeutig die konsularischen Ausgaben auf sich nahm [81], sanken die Summen in Wirklichkeit. Dies war der Fall, weil die Beträge, welche 1694 für Aleppo und Izmir festgesetzt worden waren, mit der Teuerungsrate für den Lebensunterhalt und der Währungsminderung nicht mithalten konnten [82]. Das Gehalt war sogar so niedrig, daß es in Aleppo Konsuln gab, die nach ihrem Tod ihre Frauen ohne Ersparnisse zurückließen[83]. Es bliebe noch zu erwähnen, daß das Gehalt der französischen Konsuln in Aleppo im Vergleich zu dem der englischen niedrig war. Dies erweckte, wie im Folgenden zu sehen sein wird, den Neid der französischen Konsuln und beeinträchtigte sie, ihrer Meinung nach, sogar bei der Ausübung ihres Amtes [84].

Das persönliche Dienstpersonal des Konsuls schloß oftmals einen Koch, einen Küchengehilfen, Diener und Reitknechte ein [85]. Sein Haus war prachtvoll möbliert[86] und es gab einige Konsuln, die Pferde hielten [87]. Darüberhinaus wurde der Konsul, wie im Folgenden zu sehen sein wird, von *janitscharen* begleitet. Ein persönlicher *dragoman* sowie die Institutionen der *echelle* und deren Beamte standen zu seiner Verfügung.

<u>2. Der Sekretär der Handelsstation</u>: Diese Funktionäre stammten aus derselben Bevölkerungsschicht wie die Konsuln. Der Sekretär wurde von den Kaufleuten der Station nicht gewählt, denn diese Funktion stand unter einem Monopol. Die Registratoren konnten sich bis zum 18. Jahrhundert, ebenso wie die Konsuln, nicht am Handel beteiligen, obwohl sie den Titel und die Stellung von Kaufleuten innehatten. Sie erhielten ein Jahresgehalt und die Miete für die Wohnung, was in

---

[81] AE B I, 276 Arret du 2 Sep 1721.

[82] Gibb und Bowen, Teil 1, S. 308, Teil 2, S. 51, 57-58; Barker, Bd. I, S. 60-61; Lewis, Emergence, S. 29, 109; Aṭ-Ṭabbākh, Bd. III, S. 298, 299, 330; Al-Ghazzi, Bd. III, S. 294, 301, 308, 365; AE B I 81 cc Alep tome 6, S. 92, 2 Janvier 1730.

[83] AE B I 91, Bobine 1, 1769-1771, tome 16, Brief vom 26. Januar 1769, S. 13; AE B I 91, Brief vom März 1769, S. 25-26.

[84] Wood, S. 217, 218; Masson XVIIIeme siecle, S. 145; siehe im Folgenden Kap. 6.3., und Kap. 7.4.

[85] D'Arvieux, Bd. I, S. 354; AE B I, 94 cc Alep, tome 19, 1777-1779, Memoire, 16. April 1777, S. 29.

[86] AE B I 90, 1766-1768, cc Alep, S. 4, etat des depenses, 22. Mai 1763.

[87] Fedden, S. 215-216.

den Finanzberichten der Station aufgeführt ist. Zu ihren Aufgaben gehörten die Eintragungen in die Kartei der *assemble*, die Ausführung der Anweisungen und Erlasse aus Frankreich, die Katalogisierung der Aktivitäten der Kaufleute und die Verträge [88].

3. Der Finanzverwalter wurde jedes Jahr im Dezember von der *assemble* der Station unter den Kaufleuten gewählt. Die Wahlbedingungen waren: Mindestalter von 25 Jahren und ein Mindestaufenthalt von zwei Jahren in der Station [89]. Er war für die Verwaltung der Stationskasse verantwortlich, aus der laufende und andere Kosten bestritten wurden.

4. Da die Konsuln und Kaufleute der lokalen Sprache nicht mächtig waren, brauchten sie *dragomane*. Die *dragomane* in Aleppo waren ortsansässige, nicht-muslimische (christliche und jüdische) Untertanen der Pforte. Im Dienst der französischen Station in Aleppo standen zwei (oftmals mehr) *dragomane*. Der eine war der persönliche *dragoman* des Konsuls und der andere stand den Kaufleuten der Station zur Verfügung. Die *dragomane* erhielten von der Station ein Gehalt, die Wohnungsmiete sowie Verpflegung und standen unter Patronat, was bedeutete, daß sie einen Teil der Rechte der Fremden und den Schutz des Konsuls erhielten[90].

5. Der Konsul wurde von zwei *janitscharen* begleitet, die jeden Tag am Tor des Konsulats standen und auf seinen Befehl warteten. Diese *janitscharen* verliehen dem Konsul Prestige, schützten ihn vor Beleidigungen, halfen ihm dabei seine

---

[88] Masson, XVIIeme, S. 265-266, 453, XVIIIeme, S. 176, l'ordonnance vom 4. Dezember 1691, ACCM AA 132, et l'arret vom 31. Mai 1699, ACCM AA 132; AE B I 78 cc Alep 1716-1719, S. 293, 298, April 1718, unterschrieben von Peleran; AE B I 90 cc Alep, 1768, S. 234, 28. Oktober 1768; Über die *assemble* siehe im Folgenden.

[89] AE B I 78, S. 298; Masson XVIIeme, S. 452. Die Wahl des Schatzmeisters rief oftmals Konflikte zwischen Konsul und Kaufleuten hervor. Siehe im Folgenden: Kap. 6.2.4.

[90] AE B I 78, S. 293, 298; D'Arvieux, Bd. VI, S. 21; Sauvaget, Alep, S. 205; Masson, XVIIIeme, S. 182; Russell, Bd. II, S. 6; AE B I 90, 1766-1768, S. 43,44, etat des depenses, 22. Mai 1766; AE B I 90, S. 294, 28. Oktober 1768; AE B I 94 cc Alep tome 16, 1777-1779, Memoire 16. April 1777, S. 31; es werden vierzehn *drogmans*, darunter fünf Inhaber von *barā'a*, die auch ein *fermān* besitzen, aufgezählt. Fünf stehen unter französischem Patronat und vier haben Teilprivilegien inne. Siehe im Folgenden: Kap. 7.1., und Kap. 7.3. Über die Frage der *protégées* der französischen Gemeinschaft siehe im Folgenden.

Anordnungen in die Tat umzusetzen, schützten das Konsulat vor Dieben und standen auch den Kaufleuten für deren Schutz zur Verfügung, wenn diese aus geschäftlichen Gründen die Stadt verliessen. Ebenso begrüßten sie Gäste [91].

6.2.3. Institutionen der Gemeinschaft

a. Die *assemble*

Mitglieder in der *assemble* waren Kaufleute und Kapitäne, die sich in der Station aufhielten. Die Schicht der Kaufleute war die wichtigste der Gemeinschaft. In der *assemble* nahmen jedoch auch Gruppen aus der Schicht der *negociants* aus dem 17. und der *regisseurs* aus dem 18. Jahrhundert teil. Diese stellten die Aristokratie der "Republik" der Station dar. Eine weitere Gruppe von Kaufleuten, die *commis*, waren Beauftragte, die in den Büros der *regisseurs* beschäftigt waren. Sie stellten eine kleine, bourgeoise Gruppe außerhalb der *assemble* [92]. Wurde eine *assemble* zusammengerufen, waren die Kaufleute zur Teilnahme verpflichtet. Ein Fernbleiben zog eine Geldstrafe nach sich. Kaufleute wurden von der Teilnahmepflicht befreit, wenn sie sich im Streit oder Konflikt mit dem Konsul befanden. Ein Erlaß vom 3. November 1700 setzte für einen Kaufmann ein Mindestalter von 25 Jahren fest. Der Erlaß vom 17. März 1716 senkte, auf Wunsch der Kaufleute, das Mindestalter auf 18 [93].

Maurepas erlaubte der Kammer sogar, jüngeren Kaufleuten ein Zertifikat auszustellen, unter der Bedingung, daß die Franzosen der Station beim Konsul für deren Verhalten bürgten, und mit der Einschränkung, daß Kaufleute unter 24 Jahre nicht an der *assemble* teilnehmen und vor dem 25. Lebensjahr nicht wählen dürften. Eine weitere Bedingung für die Mitgliedschaft war die Zugehörigkeit zur katholischen Kirche [94]. Handwerker, Fachkräfte und Landwirte nahmen, trotz ihrer französischen Staatsbürgerschaft, nicht an der *assemble* der Station teil [95].

---

[91] Lucas, S. 72; Russell, Bd. II, S. 5; AE B I 90, 1766-1768, ibid.; Masson, XVIIeme, S. 86, 408.

[92] AE B III., S. 274-290; Paris, S. 232-233; Philipp, French Merchants, S.2.

[93] L'Ordonnance du 3. Novembre et du Mars 1716.

[94] Masson, XVIIIeme siecle, S. 150.

[95] Ibid.

Kaufleute der Station, die vor ihrem 30. Lebensjahr Französinnen, ohne die Einwilligung deren Eltern geheiratet hatten, wurden ihrer öffentlichen Ämter in der Station enthoben. Heirateten sie Nicht-Musliminnen, so wurde ihnen und ihren Erben die Teilnahme an der *assemble* verboten [96].

Im Jahr 1731 wurde festgelegt, daß Kaufleute aus Aleppo - aber auch aus Istanbul, Izmir, Sidon und Kairo - nur dann als Mitglieder der *assemble* aufgenommen werden können, wenn sie ein Unternehmen im Wert von mindestens 3.000 *piastres* unterhielten, welches ihnen ermöglichte sich an den Ausgaben zu beteiligen [97]. Hinter diesem Erlaß stand die Überlegung, daß diejenigen, die sich nicht an den Ausgaben beteiligt hatten, nicht das Recht haben sollten gegenüber denjenigen die sich finanziell beteiligt hatten, zu bestimmen. Die Mitglieder der *assemble* begleiteten den Konsul bei Ehren- und Pflichtbesuchen beim *pasha* und zu religiösen Zeremonien [98].

b. Der Geistliche und die konsularische Kirche

Der Geistliche des Konsuls war auch der Geistliche der französischen Gemeinschaft. Die Kirche des Konsulats befand sich im Gebäude des Konsulats und war eine katholische Kirche. Der Priester gehörte im allgemeinen der "Terra Santa" an oder war Kappuziner. Mittels eines Erlasses des Königs aus dem Jahr 1723 erhielten die Kappuziner Aleppos das Amt des verantwortlichen Geistlichen in der Levante[99].

c. Die Handelshäuser

Die Kaufleute der Station standen Handelshäusern (*maisons*) vor, welche Kaufleute in Marseille vertraten. Diese Kaufleute wurden vom *negociant* in Marseille gewählt, nachdem diese die Erlaubnis erhalten hatten ein Handelshaus in der Station aufzubauen. Das Handelshaus verdiente an der Kommission und der Vertreter in der Station (*regisseur*), hatte das Recht Handel für sich selbst und auf eigene Rechnung zu treiben [100].

---

[96] L'Ordonnance vom 11. April 1716; Masson, XVIIIeme siecle, S. 155.

[97] Ibid., XVIIIeme siecle, S. 164.

[98] Siehe im Folgenden: Kap. 7.1.

[99] AE B I 76 cc Alep 1690-1707, Brief von D'Arvieux vom 22. Mai 1680, und S. 78-90 vom 22. Juni 1680; Masson XVIIIeme siecle, S. 160; Sauvaget, Alep, S. 218; Siehe im Folgenden: Kap. 6.2.4.

[100] AE B III., 243, Nr. 2, Formation de Maison Francais dans le Levant, 13. Mai 1825; Paris, S. 232

6.2.4 Die gesellschaftliche Struktur der Gemeinschaft

Die meisten französischen Staatsbürger gehörten dem dritten Stand an. Dieser Stand war nicht einheitlich und unter deren Angehörigen gab es bedeutende wirtschaftliche und gesellschaftliche Unterschiede. Stadtbewohner und viele Landwirte hatten diese Stellung inne. Unter die Stadtbewohner fielen das Stadtproletariat und die Handwerker sowie die reiche und wohlhabende Bourgeoisie: Kaufleute, Schiffseigentümer, Plantagenbesitzer auf dem Land, Bankiers usw. Die merkantile Politik, deren Vorkämpfer Colbert war, förderte den französischen Handel in Übersee und führte zur Entstehung einer neuen gesellschaftlichen Schicht in Frankreich, der Finanzaristokratie [101]. Dieser Bourgeoisie entstammten die Konsuln und Kaufleute. Im hier behandelten Zeitraum kamen die meisten aus der Provence und Marseille. Nach einem Dokument aus dem Jahr 1698, das über die Zusammensetzung der französischen Gemeinschaft berichtet, stammten die meisten Angehörigen der Station, der konsularische Mitarbeiterstab und die Kaufleute, aus Marseille. So kamen z.B. 15 von 19 Kaufleuten aus Marseille [102]. Interessant ist die Tatsache, daß im 18. Jahrhundert bei den Angehörigen der Station in Bezug auf Herkunft keine Änderung eintrat. Dokumente aus den Jahren 1777 und 1784, die sich auf die französische Nationalität der Gemeinschaft beziehen, zeigen, daß die aus Marseille stammenden Angehörigen der Station die absolute Mehrheit ausmachten. Zahlenmäßig betrachtet sank der Anteil der Angehörigen der Station zur Gesamtzahl der Franzosen vor Ort im Verhältnis zu den Angehörigen der französischen Gemeinschaft (*nation*) [103].

Die Zusammensetzung der Gemeinschaft im 17. Jahrhundert wurde als schlecht und unpassend charakterisiert. Dies kam in internen Streitigkeiten und Streitigkeiten mit dem Konsul zum Ausdruck sowie in unnötigen Provokationen der

---

[101] Clement, Bd. I, Kap. XIII, S. 333-368; Rambert, Bd. IV, Paris 1954; S. 496, 509-528.

[102] Siehe dazu: Anm. 70; AE B I 76 tome 1, S. 358-359, Etat de la Ville d'Alep, la Nation de France d'Alep 1698.

[103] AE B I, 94 cc Alep 1777-1779, tome 19, Memoire vom 16. April 1777, S. 28-29, Memoire vom 25. Juni 1778; AE B I, 96 cc Alep, 1784-1786, tome 2, Etat des Francais a Alep 1781, 1784, mar 1784; AE B III. 274; Paris, S. 234, 235; Rambert, Bd. IV, S. 517-528, gibt das Wachstum des Marseiller Elements unter den Kaufleuten in den Jahren 1720-1789 an.

Zentralregierung und deren Repräsentanten in der Stadt [104]. Der Beweis dafür ist, daß man in Marseille daraus eine Lehre zog und für die Handelsvertreter und Kaufleute, die in die Levante gingen, neue Kriterien aufstellte:

a. Nur derjenige, der im Besitz eines "certificat de residence" war, das von der Kammer in Marseille ausgestellt und vom Beauftragten für den Handel in der Levante bestätigt war, konnte dorthin reisen [105].

b. Als Mindestalter für die Ausreise zur Station wurde ein Alter von 25 Jahre festgesetzt [106]. 1716 wurde es auf 18 Jahre herabgesetzt [107].

c. Nur wirkliche Katholiken konnten zur Station ausreisen. Neuen Konvertiten war es nicht gestattet in der Station zu dienen und zu fungieren. Trotz der anti-jüdischen Atmosphäre, die zu dieser Zeit in Marseille herrschte, richtete sich dieses Statut nicht nur gegen Juden, sondern auch gegen Hugenotten und aus dem Languedoc Stammenden [108].

Um die Einhaltung dieser Kriterien in der Praxis zu garantieren und auf Grund der Erfahrung, die die Handelskammer mit den Verstößen gegen ihre Anordnungen gesammelt hatte, wurden Geldstrafen von 2.000 *livres* für diejenigen, die die Anordnungen umgingen und deren Helfershelfer, festgesetzt. Die Konsuln erhielten den Befehl dies strengstens zu überwachen und diejenigen, die in die Station eingedrungen waren, nach Frankreich zurückzuschicken [109]. In der Realität erwies sich das Leben stärker als die Anweisungen. Um Gärungen und Unruhen bei den Angehörigen der Station und Funktionsstörungen zu vermeiden, sahen die Konsuln über einen langen Zeitraum hinweg davon ab, die Anweisungen genau zu befolgen. Sie "drückten ein Auge zu" und erlaubten Passagieren ohne Zertifikat als "Reisende"

---

[104] Siehe im Folgenden: Kap. 6.2.4.

[105] L'Ordonnance vom 21. Oktober 1685; L'Ordonnance vom 3. November 1700; Masson XVIIIeme, S. 149; Paris, S. 239-240.

[106] L'Ordonnance vom 3. November 1700; Masson XVIIIeme siecle, S. 150; Paris, S. 234; ACCM B 78, 13. Juni 1701.

[107] L'Ordonnance vom 17. März 1711; Masson XVIIIeme siecle, ibid; Paris, ibid; das Alter wurde stufenweise herabgesetzt, siehe: ACCM B 80, B 81, 8. Juli 1711, 2. Sept. 1711; Siehe dazu: Kap. 6.2.2.2., Anm. 93.

[108] Siehe dazu: Kap. 6.2.2.2., Anm. 93; Masson XVIIIeme siecle, ibid., Paris, ibid.; ACCM J 60 a 92; Philipp, French Merchants, S. 7.

[109] Siehe dazu: Anm. 104.

die Schiffe zu verlassen und an Land zu gehen. In Marseille zeigte man Verständnis dafür, daß den Anordnungen nicht Folge geleistet werden konnte und ermöglichte es den Konsuln, den Franzosen ohne Zertifikat zu erlauben in der Station zu verbleiben und die Erlaubnis der Kammer dazu retroaktiv zu erwirken. Diese Erleichterung richtete sich an diejenigen, die vor Ostern 1720 in die Station gekommen waren und ein gutes Betragen aufweisen konnten. Fachkräfte, die sowieso nicht an der *assemble* teilnehmen durften, konnten ohne Vorbedingungen bleiben [110].

Die Abschweifungen von diesen Kriterien in der Praxis und die Konkurse der Kaufleute in der Station, die den anderen Kaufleuten zur Last fielen, führten zu einer gänzlich neuen Vorsichtsmaßnahme. Ab 1743 wurde von jedem Kaufmann und Vertreter auf dem Weg zur Station verlangt, eine Bürgschaft über 60.000 *livres* zu hinterlegen. Diese Bürgschaft verpflichtete den Kaufmann zur Vorsicht und Mäßigung und sollte die gesellschaftliche und menschliche Qualität sicherstellen [111]. Die Möglichkeit Menschen, die in die Station geschickt wurden, auszuwählen, erweiterten sich, als

a. eine maximale Aufenthaltsdauer in der Station festgesetzt wurde[112].

b. willkürlich festgesetzt wurde, daß es in der Station nur 10 Handelshäuser geben dürfe [113].

Diese Schritte hatten im Grunde das Ziel, eine permanente Niederlassung in der Station zu unterbinden. Um dies zu bekräftigen, wurde ab 1749 die Akkumulation von Immobilienbesitz untersagt. Auf diesem Weg konnte der Minister der Marine aussuchen, wer die aus der Levante Rückkehrenden ersetzen sollte und so die destruktive Konkurrenz unter den französischen Kaufleuten verringern. Die Konkurrenz führte zu Konkursen, welche wiederum zu Klagen von Einheimischen

---

[110] L'Ordonnance vom 4. September 1725; Masson XVIIIeme siecle, S. 150.

[111] AE B III. 243 2, Regime du Commerce de la France dans le Levant, 13. Mai 1825; Masson XVIIIeme siecle, S. 151; Paris, S. 242.

[112] L'ordonnance vom 21. März 1731, L'ordonnance aus dem Jahr 1743; Masson XVIIIeme siecle; S. 158; Paris, S. 234, 241; ACCM J 59.

[113] Siehe dazu: Anm. 111; Masson XVIIIeme siecle, S. 150; Paris, S. 232, 234.

gegen die Gemeinschaft und zu *avanias* führten [114]. Dies und die eben erwähnten Auswahlfunktionen verbesserten die Qualität des Mitarbeiterstabs und konsolidierte die Gemeinde relativ im Vergleich zum 17. Jahrhundert. Auf der anderen Seite könnte man daraus auch schließen, daß der verhältnismäßig schnelle Wechsel zu einem Verfall der Geschäftsmoral führen könne.

Wie den Kaufleuten, so wurden auch den Handwerkern und Fachkräften, die zur Station reisten, Kriterien vorgeschrieben:

a. Ein Handwerker mußte ein "certificat de residence" mit sich führen [115], das von der Kammer in Marseille ausgestellt und vom Handelsbeauftragten in der Levante bestätigt worden war.

b. Die Auswahl und Ernennung eines Fachmanns, entsprechend den Wünschen der Station, lag in den Händen der Handelskammer [116].

Die Kriterien verloren, besonders was Ärzte und Sanitäter anging, schnell ihre Wirkung. Dieses waren besonders gefragte Berufe, die oft mit Scharlatanen ohne jeglichen Titel besetzt wurden. Die Situation war so ernst, daß es Ärzten untersagt wurde, ohne die Erlaubnis des Königs, oder Inspektoren der Handelskammer, zur Station zu reisen. Nach ihrer Ankunft in der Station mußten sie sich mit ihrer Ausrüstung im Sekretariat der Station einfinden. Der Konsul war für die Überprüfung ihrer Glaubwürdigkeit verantwortlich [117]. Russell beschrieb dieses nicht-kaufmännische Bevölkerungselement als minderwertig [118].

Die meisten Kaufleute waren jung und ledig. Was das Alter angeht, so setzte im 18. Jahrhundert (im Vergleich zum 17.) ein Umschwung im Altersdurchschnitt der Station ein. Im Gegensatz zu dem sonst Üblichen stellte sich auf Grund der Personaltabellen heraus, daß sich der Altersunterschied zwischen dem Personal

---

114 L'Ordonnance vom 6. Juli 1749; Masson XVIIIeme siecle, S. 150, 158; Paris, S. 244; ACCM J.59; AE B III, 4.
115 Siehe dazu: Anm. 105 und 110.
116 Masson, XVIIIeme siecle, S. 152.
117 L'Ordonnance vom 10. Mai 1788; Masson XVIIIeme siecle, S. 154.
118 Russell, Bd. II, S. 66.

des Konsulats und den Kaufleuten verringert und sich die Homogenität in Bezug auf das Alter verändert hatte. Sowohl unter den Kaufleuten als auch unter dem Personal des Konsulats sind 30-50jährige zu finden. D.h., daß im 18. Jahrhundert Jugend schon kein Charakteristikum mehr für die demographische Zusammensetzung war [119]. Diejenigen, die verheiratet waren und Kinder hatten, mußten ihre Familien in Frankreich zurücklassen. Im Gegensatz zum 17. Jahrhundert verschärfte sich das Problem des Ledigseins und des Lebens ohne Frauen im 18. Jahrhundert [120], auf Grund der zunehmenden Erfahrung mit den dadurch bedingten Schwierigkeiten, Unannehmlichkeiten und Schäden. Der bereits erwähnte Erlaß vom 17. März 1716, der es den Frauen und Kindern gestattete, mit der Erlaubnis des Inspektors und der Kammer, sich ihren Männern und Vätern anzuschließen, wurde praktisch durch den königlichen Erlaß vom 20. Juli 1726 annulliert. Durch den neuen Erlaß wurde es Frauen und Kindern untersagt mit zur Station zu kommen und es wurden Sanktionen (wie Entlassungen) für diejenigen festgesetzt, die gegen den Erlaß verstießen. Der Erlaß verbot ebenfalls Ehen mit Nicht-Musliminnen und Französinnen in der Station und ebenso setzte der Erlaß vom 25. August 1828 dafür hohe Strafen fest [121]. Diese Anweisungen wurden von den Konsuln nicht streng befolgt und machten so weitere Erlasse notwendig [122]. In der Station in Aleppo gab es zahlreiche Kinder aus Ehen mit Nicht-Musliminnen[123].

Geistliche und Missionare stellten ein weiteres Element der Gemeinschaft. In zahlreichen Korrespondenzen gibt es Berichte über sie und sie werden in den Tabellen aufgeführt, die den "Personalbestand" in der Gemeinschaft widerspiegeln.

---

[119] Siehe dazu: Anm. 102 und 103. Die Geburtsdaten erscheinen in den Tabellen dort.

[120] Siehe im Folgenden: Kap. 6.2.3.

[121] L'Ordonnance vom 20. Juli 1726; AE B III. 243, 2, Regime, August 1728 du Commance de la France dans le Levant, 13. Mai 1825; Masson XVIIIeme siecle, S. 155; Auch die Engländer, wie in Kap. 6.3., Anm. 271, zu sehen sein wird, verboten ihren Leuten mit ihren Frauen in die Levante zu kommen. Sie untersagten ebenfalls die Ehe mit Nicht-Musliminnen.

[122] L'Ordonnance vom 24. Juli 1732; L'Ordonnance vom 30. März 1735; L'Ordonnance vom 12. März 1742; AE B I 93 Alep 1775-1776, Brief vom 9. März 1776; Masson XVIIIeme siecle, S. 156; Wie in Kap. 6.2.3. und 6.2.4. zu sehen sein wird, hatte dies Auswirkungen auf den Lebenswandel und die Beziehungen des Konsuls zu den Angehörigen der Gemeinschaft.

[123] Masson, XVIIIeme siecle, S. 157, zitiert Paragraph 14 des Erlasses vom 3. März 1781, der sich auf "die vielen Kinder aus schlechten Ehen in den Stationen" bezieht; AE B I cc Alep, S. 365-366, Brief vom 22. Oktober 1761; AE B I 88 cc Alep, S. 367, Brief vom 23. Oktober 1761 an Monseigneur Beryen, Staatsminister.

Neben den Jesuiten waren auch deren alte Widersacher von "Terra Santa" zu finden sowie die Kappuziner, Karmeliten und Cordelieren. Die Auswahl der Geistlichen verlief nicht nach qualitativen Grundsätzen. Von Anfang an gab es unter ihnen aggressive Elemente, deren Verhalten dem Ansehen der Gemeinschaft schadete und sogar zu Konflikten mit der osmanischen Regierung und Strafen (*avanias*) führte. Im Jahr 1723 erneuerte der König Frankreichs den Kappuzinern in Aleppo den Titel des für die Station verantwortlichen Geistlichen. Dies bedeutete, daß er der Geistliche des Konsulats wurde. Es muß aber auch erwähnt werden, daß, wenigstens in Bezug auf die Auswahl der Franziskaner, Cordelieren und Terra Santa, die Kammer in Frankreich nicht den geringsten Einfluß hatte. Sie wurden in Italien und nicht in Frankreich angeworben [124].

Die *protégés* stellten eine weitere Gruppe innerhalb der französischen Gemeinschaft dar. In diese Kategorie fielen zwei Gruppen: 1. Europäische Fremde; 2. Nicht-muslimische Untertanen der Pforte. Diese waren Teil der Gemeinschaft und genossen die Rechte, die die Kapitulationen und die Befreiung von den Steuern verliehen. Zusammen mit der ganzen Gemeinde begleiteten sie den Konsul zu Zusammenkünften mit dem Gouverneur, nahmen an den Ereignissen der Gemeinde teil und erhielten religiöse Dienste. Auf Grund der Tatsache, daß sie nicht an der *assemble* teilnahmen, lassen sie sich als Gruppe gegenüber den Angehörigen der Handelsstation abgrenzen [125]. Der Handel mit Frankreich war den *protégés* immer untersagt gewesen. Der Erlaß vom 4. Februar 1727 verschärfte die Regelungen für das Erlangen französischer Schutzherrschaft und das Verbot mit Frankreich Handel zu treiben [126]. Es gab solche, die sich als Franzosen ausgaben, um den

---

[124] Siehe dazu: Anm. 70, 102; AE B I 76; S. 357; Ibid.; AE B I 76, Brief von D'Arvieux, 16. Juni 1680 und vom 22. Juni 1680; AE B I 76, S. 93-96, D'Arvieux, 29. Juli 1680; Masson XVIIIeme siecle, S. 160-162; siehe im Folgenden: Kap. 6.2.3., sowie Kap. 6.2.4.

[125] In Kap. 5 wurde ihr Anteil an den Beziehungen der Nicht-Muslime untereinander behandelt. Die Berichte stellen sie als organischen Bestandteil der Station dar; AE B I 81 cc Alep, 1729-1732, tome 6, S. 73, 11. Juli 1729, l'etat des Francais et de protégés resident cette echelle; AE B I 90 tome 16, S. 98, 15. Januar 1767; AE B I 94, Memoire, tableau 1, Januar 1777; Dieser Abschnitt wird im Folgenden auch Aspekte ihrer Integration in die Gemeinschaft, ihren Anteil an den Kontakten der Gemeinschaft mit der Regierung, ihren Einfluß auf das Beziehungssystem mit der Regierung und den muslimischen Bewohnern der Stadt, behandeln.

[126] L'Ordonnance vom 4. Februar 1727; Masson XVIIIeme siecle, S. 168.

Erlaß zu umgehen. In der Praxis war es jedoch schwierig dessen Einhaltung zu überwachen [127]. Der Erlaß vom 2. Februar 1735 setzte für diejenigen, die ihn umgingen, eine Geldstrafe von 10.000 *livres* fest [128].

Das zahlenmäßige Wachstum der *protégés* war von größter Relevanz und Bedeutung. Wer das französische Patronat erlangen wollte, mußte dafür zahlen. D.h., daß ein Zuwachs der *protégés* eine finanzielle Einnahme bedeutete und das Einkommen der Konsuln vergrößerte. Der Konsul de Perdriau nahm im Jahr 1780 eine Summe von 6.000 *livres* von schwedischen und neapolitanischen *protégés* ein [129]. Auch das Prestige der Gemeinschaft und ihre Stellung in der Stadt und bei lokalen Regierungsstellen stiegen mit ihrem zahlenmäßigen Wachstum. Im Jahr 1791, mit der Französischen Revolution und der Schließung der Kammer in Marseille hatte die Herrschaft der Vorrechte ein Ende [130]. Offiziell fanden diese Begünstigungen im Jahr 1809 mit dem Frieden der Dardannellen (Januar 1809) ihr Ende [131].

---

[127] Ibid.

[128] Ibid.

[129] Al-Ghazzi, Bd. III, S. 311; Taoutel, Bd. II, S. 119; Volney, S. 288; Masson XVIIIeme siecle, S. 167; Bezüglich Ziffern, die sich auf die *protégés* beziehen, siehe die oben erwähnten Tabellen in Anm. 102 und 103.

[130] AE B III. 243 no 2, 13. Mai 1825.

[131] Wood, S. 191.

6.2.5. Das Leben in der Station

Wie im Folgenden zu sehen sein wird, hatten die Anzahl der Franzosen in Bezug auf Bildungsstand und berufliche Ausbildung, die Satzungen der Kammer und die Erlasse des Königs entscheidenden und direkten Einfluß auf das Leben in der Station, zusätzlich zu den politischen, geographischen, demographischen und soziologischen Bedingungen, die in der Stadt herrschten.

Das auffallende Charakteristikum im 17. und 18. Jahrhundert, war die Einsamkeit. Das Gefühl der Einsamkeit nahm im 18. Jahrhundert, auf Grund des Rückgangs der Anzahl der Kaufleute[132], und der Verpflichtung ohne Frauen zu leben, zu [133]. Das Verbot französische Frauen mitzubringen, hatte objektive Gründe, wie den Mangel von Wohnraum für Familien in den kleinen *khāns* [134], Angst vor Beleidigungen seitens der Einheimischen sowie Schwierigkeiten und Probleme zwischen verheirateten und ledigen Kaufleuten. Das Verbot einheimische Nicht-Musliminnen zu heiraten, sollte

a. verhindern, daß sich Untertanen des Königs in der Station niederliessen;

b. die religiösen Interessen wahren, die durch den Einfluß der Frauen auf die Kinder gefährdet werden könnten, weil erstere nicht immer katholisch waren;

c. Reibungen mit der einheimischen osmanischen Regierung vermeiden, die gegen diese Ehen war.

Und war ein Franzose dazu verurteilt in der Levante zu heiraten, dann aus den oben erwähnten Gründen nur mit einer Französin und in der Absicht

a. das Monopol des französischen Handels zu wahren;

b. das Prestige der Gemeinschaft zu stärken [135].

---

[132] Wie aus Kap. 6.1., Daten, ersichtlich.

[133] Wie im Folgenden zu sehen sein wird, verschärfte sich diese Verpflichtung im Verlauf des 18. Jahrhunderts von Erlaß zu Erlaß. Siehe dazu: Anm. 121, 122.

[134] Siehe im Folgenden.

[135] Masson, XVIIIeme siecle, S. 154, 156-157.

Masson zählt eine Reihe von Erlassen auf, die diesbezüglich in der ersten Hälfte des 18. Jahrhunderts herausgegeben wurden [136]. Eine Analyse der oben erwähnten Erlasse ergibt drei Schlußfolgerungen:

a. Im Vergleich zum 17. Jahrhundert verschärfte sich die Situation;

b. Von Erlaß zu Erlaß ist ein Prozeß der Verschärfung der Anweisungen und Sanktionen zu beobachten;

c. Die Realität und das Leben erwiesen sich stärker als Befehle und Erlasse. Diese wurden von den Konsuln nicht auf das Genaueste eingehalten. Der Beweis dafür ist die Tatsache, daß von Zeit zu Zeit ein neuer Befehl notwendig war.

Die Langeweile, das Verbot französische Frauen mitzubringen, das einsame Leben und die Abgeschiedenheit [137] brachten die einsamen und ledigen Franzosen in der Station in Aleppo dazu, andere Lösungen zu suchen. Eine der Lösungen war ein Besuch bei christlichen Prostituierten. Zwischen Aleppo und Alexandretta gab es ein Städtchen namens Martaouan. Dieses Städtchen war bei Muslimen und Europäern dafür berühmt, daß seine Einwohner ihre Frauen und Töchter für Geld zur Verfügung stellten. Nach Volney hielten die Franzosen diese Frauen für schön[138]. Eine weitere Lösung fanden die Ledigen in Ehen mit Nicht-Musliminnen (Griechinnen, Armenierinnen, Maronitinnen - alles Christinnen). Diese Ehen waren vom christlichen Glauben her zugelassen, wurden jedoch wie bereits erwähnt, von den französischen Behörden nicht gern gesehen. Sie wurden sogar von den Franzosen verboten, indem denjenigen die die Anweisungen umgingen, ihren Hinterbliebenen und Nachkommen, strenge Sanktionen auferlegt wurden. Je mehr sich die Verbote Französinnen zu heiraten und mit in die Station zu bringen, verschärften, desto stärker nahmen die Ehen mit einheimischen Nicht-Musliminnen zu.

---

[136] Ibid.

[137] Siehe im Folgenden: Kap. 7.2. und 7.3.

[138] Volney, S. 279, die erwähnte Prostituierte war keine Ausnahme. Von Generation zu Generation überlieferte Geschichten berichten von Prostituierten für Kreuzfahrer in Nazareth.

Die Erlasse [139] wurden nicht befolgt und allein die Tatsache, daß neue Erlasse herausgegeben wurden, zeugt von der Umgehung der vorherigen während dieser ganzen Zeit. Ehen mit Nicht-Musliminnen erregten den Widerstand der osmanischen Regierung und ihrer Repräsentanten in Aleppo. 1677 erließ der Großwesir Kara Mustafa einen Erlaß, demnach jeder Europäer, der eine Einheimische ehelichte, alle Rechte der Kapitulationen verlor und als osmanischer Untertan galt. Dieser Widerstand stand auch hinter dem Verbot, das von der Kammer am 8. Oktober 1687, bezüglich Ehen mit Nicht-Musliminnen erlassen wurde [140]. Die Ehen mit Nicht-Musliminnen warfen Probleme hinsichtlich ihrer Nachkommen und Hinterbliebenen auf. Die oben erwähnten Erlasse beziehen sich auch auf dieses Thema und hielten den Nachkommen ihre französische Nationalität vor, hinderten sie daran an der *assemble* teilzunehmen und verbaten ihnen mit Frankreich Handel zu treiben[141]. Da sie in vielen Fällen keine Möglichkeiten hatten ihren Lebensunterhalt zu verdienen, fielen sie der Gemeinschaft zur Last [142]. Dieser finanzielle Druck rief mit Sicherheit Unruhen hervor und trübte die internen Beziehungen.

Das Leben in der Station wurde auch von der Tatsache beeinflußt, daß der Aufenthalt dort sowohl als willkürlich als auch als Folge des Wechsels der Menschen betrachtet wurde. Dazu wäre anzumerken, daß die Erlasse, die einige Zeit zuvor herausgegeben wurden, das Verbot der Akkumulation von Immobilienbesitz und das Heiratsverbot mit Nicht-Musliminnen unterstützten. Im Hintergrund stand jeweils die Tendenz Franzosen daran zu hindern sich in der Station niederzulassen.

Zufälligkeit und Wechsel beeinflußten die Lebensführung in der Station in zweierlei Hinsicht:

---

[139] Siehe dazu: Anm. 135, dieselben Erlasse bezogen sich sowohl auf Ehen mit Französinnen, als auch auf Ehen mit Nicht-Musliminnen.

[140] Siehe dazu: Anm. 121-124; Wood, S. 244; Masson XVIIeme siecle, S. 461; Rycaut, S. 192; Siehe dazu: Kap. 7.1.

[141] Siehe dazu: Anm. 135.

[142] Siehe dazu: Anm. 123.

a. Das Streben soviel Geld wie möglich in kürzester Zeit zu verdienen, beeinflußte die Geschäftsmoral und -gewohnheiten [143].

b. Die gesellschaftliche Konsolidierung wurde erschwert. [144].

Die Einsamkeit und das Junggesellendasein wurden in gewissem Maße durch Art, Ort und Charakter der Wohnverhältnisse erleichtert. Wohnort und -charakter wurden durch politische und wirtschaftliche Beweggründe bestimmt[145].

Zu Anfang wohnten die Franzosen zusammen mit den Engländern und Holländern im *khān* Douane. Dort wickelten sie auch ihre Geschäfte ab. Der *khān* wurde im Jahr 1574 von Ibrāhīm khān Zadeh und Muḥammad Pasha erbaut und dem *waqf khayrī* gewidmet [146]. Dieser *khān* befindet sich im al-Madīna Viertel, in dem die meisten Bewohner Muslime waren. Sein Vorteil lag darin, daß er in der Nähe der *bāzārs* lag [147]. Ungefähr 1680, als die Anzahl der fremden Kaufleute anstieg, begann man nach Nationalität getrennt in verschiedenen *khāns* zu wohnen, die im allgemeinen im christlichen Viertel lokalisiert waren. Die Franzosen, die zahlreich waren, mieteten zu ihrem exklusiven Gebrauch den *khān* al-Ḥibāl in der Nähe des Baumwollmarkts (*khān* al-Ḥibāl wurde 1594 erbaut und war der *waqf* von Nishanji Pasha) [148] und das daneben liegende Haus als Wohnung für den Konsul. Mitte des 18. Jahrhunderts, als im *khān* Douane, auf Grund des Rückgangs der Anzahl der Engländer, Platz frei wurde, kehrten auch die Franzosen dorthin zurück und nutzten ihn. Das französische Konsulat verblieb jedoch bis 1819 im *khān* al-Ḥibāl[149]. Die Miete für das Wohnen in den *khāns* wurde an die Pforte in Form von *multāzim* gezahlt [150]. Ihre Wohnung im *khān* nannten sie "le camp". Es handelte sich um ein rechtwinkliges Gebäude, das nach außen vollständig abgeschlossen war. Nachts

---

[143] Masson, XVIIeme siecle, S. 26-28.
[144] Siehe im Folgenden.
[145] Siehe dazu: Kap. 7.1.
[146] Al-Ghazzī, Bd. II, S. 81, 515-517; Sauvaget, Alep, S. 217.
[147] Qarā'li, S. 64.
[148] Al-Ghazzī, Bd. II, S. 233.
[149] Qarā'li, S. 64, 72; AE B I cc Alep, 26. Juni 1680; Russell, Bd. I, S. 184; Masson, XVIIeme siecle, S. 445; Sauvaget, Alep, S. 217, 218; Davis, S. 5; Ibby, S. 238.
[150] Aṭ-Ṭabbākh, Bd. III, S. 236; cc Alep, Bd. XXV f.27r; J.R. Rousslau, Description succincte du pachalik d'Alep 1812; Bodman, S. 41.

wurden die Eingangstore geschlossen und die Schlüssel dem Konsul, oder zwei türkischen Offizieren übergeben, die die Tore am nächsten Morgen wieder aufschlossen. Die Wohnungen lagen im ersten Stock und waren um einen Innenraum angeordnet, in dessen Mitte sich ein Springbrunnen befand. Im Erdgeschoß befanden sich die Läden der Kaufleute und Handwerker. Im selben Gebäude befanden sich auch die Konsulatswohnungen, die Gästezimmer für einheimische und europäische Besucher sowie ein Raum für die *assemble*. Auch die Geistlichen wohnten im *khān* und verrichteten dort ihre religiösen Dienste [151].

Obwohl das "camp" in Aleppo das größte und schönste Syriens war, wohnten die Kaufleute dort auf engstem Raum zusammen. Das Wohnen mit Familien war dort nicht möglich und so entstand eine Art gesellschaftliche "Wohngemeinschaft". Diese "Wohngemeinschaft" machte die Einsamkeit erträglicher, wies jedoch auch Elemente gesellschaftlicher Spannung auf, die auf Grund von Reibungen im Laufe der Zeit und der Isolation von der sie umgebenden Gesellschaft entstanden waren.

Es gab Kaufleute, die am Tisch des Konsuls mitaßen und dafür zahlten. Es gab aber auch Kaufleute, die, wenn die Geschäfte gutgingen, eigene Häuser mit Bediensteten gehobenen Niveaus unterhielten, da die Unterhaltskosten niedrig waren [152].

Der Altersdurchschnitt [153] und die Einsamkeit hatten auch Auswirkungen auf die Lebensweise und das gesellschaftliche Leben in der Station. Diese waren lebenswichtig, um die Routine zu durchbrechen. Jedes Jahr hielten die jungen Leute der französischen Gemeinschaft einen Karneval ab, der sogar ein lärmendes Wettrennen in den Straßen miteinschloß. Für die Karnevale und das entsprechende Betragen waren die jungen Leute der Station verantwortlich, die sogar nicht davor zurückschreckten den *shūbāshi* zu bestechen, um die Erlaubnis für dieses lärmende

---

151 Sauvaget, Alep, S. 218; Masson XVIIeme siecle, S. 463-464, XVIIIeme, S. 139.

152 AE B I 80 cc Alep 1724-1728, tome 5, S. 302-303, 23. März 1728; Masson XVIIeme siecle, ibid.

153 Siehe dazu: Kap. 6.2.2., und Anm. 102, 103 und 119.

Wettrennen zu erhalten [154]. Hier wäre zu betonen, daß eine Zeitspanne von 10-20 Jahren nicht zu kurz ist um der gesellschaftlichen Konsolidierung zu schaden. Die hier untersuchten Quellen zeigen, daß die Lebensweise und das gesellschaftliche Leben im 18. Jahrhundert bei den Franzosen weniger entwickelt waren als bei den Engländern. Die Quellen berichten z.B. nicht über Feste, Empfänge und Picknick- und Jagdausflüge. Es scheint, als ob dies von der Tatsache herrührt, daß die Franzosen im 18. Jahrhundert in Bezug auf den Altersdurchschnitt weniger Homogenität aufwiesen, und daß die Jugend im Vergleich zum 17. Jahrhundert nicht mehr dominant war. Die französische Gemeinschaft war daher weniger konsolidiert und traditionell als die englische, obwohl sie zahlenmäßig größer war.

Das Leben der Gemeinschaft wurde teilweise auch von geographischen, klimatischen und urbanen Faktoren beeinflußt. Eine Stadt wie Aleppo, ohne sanitäre Anlagen, die große Hitze und die Lage in einer für Erdbeben prädestinierten Gegend, schufen eine immerwährende Bedrohung durch Krankheiten, wie z.B. Dysenterie, Malaria, Pest und Cholera, Brände und Erdbeben [155]. Die Europäer mußten sich an diese Bedingungen gewöhnen. Sie lernten Wasser zu desinfizieren, verbarrikadierten sich in den Häusern, wenn eine Seuche umging oder flüchteten an Orte mit besserem Klima. Nach Russell steckten sich die Europäer aus den folgenden Gründen nur selten bei Krankheiten und Seuchen an:

1. Sie hatten nur wenige freundschaftliche gesellschaftliche Kontakte zu den Einheimischen und waren daher Krankheiten weniger ausgesetzt;
2. Ebenso achteten sie auch auf ihre Ernährung und aßen nur selten ungekochte Speisen, wie z.B. unverdauliches Obst;
3. Sie wohnten in durch Treppen erhöhte Häuser, so daß ihre Wohnungen gut durchlüftet waren;

---

[154] D'Arvieux VI, S. 48-49; Poullet, tome II, S. 26; Masson XVIIeme siecle, S. 471, 472; Siehe dazu: Kap. 6.2.4., und vergleiche mit Kap. 6.3.; Siehe auch: Kap. 7.1.

[155] Aṭ-Ṭabbākh, Bd. III, S. 279, 297, 306; Al-Ghazzī, Bd. III, S. 253, 265, 291, 293, 302, 320, 329.

Diese Tatsachen werden dadurch bewiesen, daß die Missionare, die mehr Kontakte zur einheimischen Bevölkerung hatten und die Europäer, die mit Einheimischen verheiratet waren und wie solche lebten, Krankheiten mehr ausgesetzt waren [156]. Der *ḥammām* (das Bad) war einer der Orte der Erfrischung und Erholung in Aleppo (wie in jeder muslimischen Stadt). Es kann als Institution betrachtet werden. Über die Engländer wissen die Quellen zu berichten, daß sie diesen Brauch übernommen haben [157]. Die Quellen beziehen sich nicht auf die Franzosen und man kann nur annehmen, daß sie sich ähnlich verhalten haben.

Wie bereits erwähnt wurde, so war in Aleppo der Priester des Konsuls auch das geistliche Oberhaupt der Gemeinschaft [158]. Die Kirche des Konsulats diente seit Beginn ihrer Existenz in der Station als Kirche der Gemeinschaft, da die Osmanen den Bau von neuen Kirchen nicht gestatteten [159].
Gegen Ende des 17. und zu Beginn des 18. Jahrhunderts gab es in Aleppo beim Konsul eine katholische Kirche, die er als "öffentlich" beschreibt. Die Kirche diente der gesamten französischen Gemeinschaft. Sie wurde auch von anderen Fremden, wie Venezianern und Nicht-Muslimen besucht, die dort religiöse Dienste erhielten. Ebenfalls diente sie den Geistlichen der verschiedenen Orden. Der Konsul konnte sich aussuchen, an welcher Messe er teilnehmen wollte [160].

Der Zeitplan für die Benutzung der Kirche durch die verschiedenen Orden und die Vorrangsrechte wurden von der *assemble* festgesetzt [161]. Die Kirche befand sich im Zentrum des Konsulats und zeichnete sich durch ihre Einfachheit aus. Wurde eine Messe für die Gemeinschaft abgehalten, so schloß man die Türen. Der Konsul räumte seinen Platz und empfing seine Gäste im Salon [162].

---

156 Russell, Bd. II, S. 25, 26, 380-382; Davis, S. 79-80; Sim, S. 97.
157 Siehe im Folgenden: Kap. 6.3.4., und Kap. 7.2.
158 Siehe dazu: Anm. 99.
159 Fattal, S. 160-171.
160 D'Arvieux, Bd. VI, S. 72; AE B I 76 cc Alep 1690-1700, tome 1, S. 39, 40, 46; 12. Mai 1677 und S. 76, 22. Juni 1680; Siehe im Folgenden Kap. 7.4.
161 AE B I, 76 tome 1; S. 57, 16. Juni 1680.
162 AE B I 76 1690-1707, D'Arvieux, Brief vom 22. Mai 1680 und Brief vom 22. Juni 1680.

Als der Kirche auf Grund von Streitigkeiten zwischen den Geistlichen [163] Schaden zugefügt wurde, forderte der Konsul von der Kammer in Marseille, daß diese für deren Wiederherstellung aufkommen solle [164].

In der französischen Gemeinschaft in Aleppo gab es zwar religiöse Aktivitäten, der religiöse Eifer der Fremden und des Personals des Konsulats war jedoch nicht sehr ausgeprägt. Es scheint, als ob die Geistlichen größere Resonanz unter den Nicht-Muslimen als unter den Franzosen der Station fanden [165]. Letztere waren sehr praxisorientiert und ihr einziges Ziel war Handel und Profit. Aus diesem Grunde waren sie schließlich nach Aleppo gekommen. Sobald sie das religiöse Leben und die Aktivitäten der Missionare Geld kostete und sie beim Handel, den alltäglichen konsularischen Aktivitäten und ihre Beziehungen zu den osmanischen Behörden und den Einheimischen beeinträchtigten, konnten sie nicht tatenlos zuschauen [166]. Als die Kaufleute Aleppos merkten, daß die vielen religiösen Feste ihre wirtschaftlichen Aktivitäten und ihr Einkommen beeinträchtigten, wandte sich der Konsul de Perdriau in einem Memorandum an den Botschafter Kardinal de Bernis in Rom mit der Bitte einige Feste zu annullieren [167].

6.2.6. Die internen Beziehungen der Gemeinschaft

Nach außen hin herrschte in der Station Einigkeit in allem was den Handel anging. Es gab jedoch interne Streitigkeiten, gegenseitige Beschuldigungen und Konflikte sowohl unter den Kaufleuten als auch zwischen ihnen und dem Konsul. Im 18. Jahrhundert war dies weniger der Fall gewesen. Diese Konflikte erforderten die ständige Intervention der Behörden in Frankreich [168] und hatten unterschiedliche Gründe:

---

[163] Siehe im Folgenden: Kap. 6.2.4.

[164] AE B I 76 cc Alep, 1690-1707, S. 94, Brief vom 29. Juli 1680; ACCM, AA 304 (1699) und AA 338 1.1.1713.

[165] Siehe im Folgenden, Kap. 7.3.

[166] AE B I 76 cc Alep D'Arvieux, 16. Juni 1680 und 19. Juni 1680 und 22. Juni 1680, B I 91, tome 16, S. 150, Brief vom 21. April 1770; Siehe im Folgenden: Kap. 6.2.4.

[167] Masson, XVIIIeme siecle, S. 161, Masson stützt sich auf einen Brief de Perdriau aus dem Jahr 1772.

[168] Roux, S. 37-42, 172; AE B III. 243, 2, Formation des Maisons Francaises dans le Levant, 13. Mai 1825.

1. Die finanziellen Ausgaben der Konsuln waren sehr hoch, höher als ihre Einnahmen. Seit Beginn des 17. Jahrhunderts führte dies zu Meinungsverschiedenheiten mit der Kammer in Marseille und den Kaufleuten in der Station, die diese Ausgaben finanzierten [169]. Diese Auseinandersetzungen warfen einen Schatten auf das Leben der Gemeinschaft und die internen Beziehungen. Die Ausgaben waren tatsächlich hoch. Ein Teil waren Ausgaben für den Unterhalt der Station und das "Schmieren" (Bestechung) des lokalen Systems [170], ein anderer Teil ging an die Unterhaltung des Gebäudes des Konsulats, die nicht immer bescheiden ausfiel [171]. Die Verbitterung der Kaufleute wird somit verständlich. Sie beruhte auf Neid, aber auch darauf, daß diese Ausgaben den Wettbewerb mit den Holländern und Engländern erschwerten, und inbesondere, als zu diesen noch osmanische Steuern hinzukamen [172].

2. Das Ausmaß des Gleichgewichts oder fehlenden Gleichgewichts der Macht und Stärke der Machtzentren in der Station. Bis zu den Reformen Colberts waren die Konsuln auch Kaufleute, die mit den Kaufleuten der Station, der sie vorstanden, konkurrierten. Sie nutzten ihre Kontakte zu den osmanischen Behörden sowie ihre gerichtliche Autorität bei Gerichtsverhandlungen aus. In letzterem Fall konnte eine der beiden Seiten der Konsul selbst sein. Nachdem es den Konsuln untersagt worden war als Kaufleute tätig zu sein, kam dies im 18. Jahrhundert nicht mehr vor [173]. Die *assemble* wurde zu einer ausgleichenden Institution und der Konsul konnte ohne deren Mitwirken sein Amt nicht ausführen. Als Beispiel soll hier die Auswahl der Finanzverwalter betrachtet werden: Die *assemble* ernannte jedes Jahr im Dezember aus dem Kreise der Kaufleute zwei Gesandte als Schatzmeister. Diese Gesandten mußten zumindest 25 Jahre alt sein und sich seit mindestens zwei Jahren in der Station aufhalten. Diese Wahl war Ursache von Auseinandersetzungen und Intrigen. Der Konsul hatte im allgemeinen seine eigenen

---

[169] Siehe dazu: Anm. 80, sowie im Folgenden Kap. 7.1.
[170] Siehe im Folgenden: Kap. 7.1., und Kap. 7.4.
[171] Siehe dazu: Anm. 85, 86, 87, 90, 91.
[172] D'Arvieux IV, S. 322; Masson XVIIeme siecle, S. 77.
[173] Siehe dazu: Anm. 67, 79.

Kandidaten. Nachdem endlich Gesandte für dieses Amt ausgewählt worden waren, war dies eine Quelle für weitere Auseinandersetzungen. Die gewählten Schatzmeister sahen sich selbst als auf einer höheren Stufe stehend. Dies führte zu Eifersüchteleien [174].

Wie bereits erwähnt, besaß der Konsul die Autorität Kaufleute in der *assemble* zu tadeln, ihnen Geldstrafen aufzuerlegen und in schwerwiegenden Fällen konnte er sie sogar, unter Zustimmung der Mitglieder der *assemble*, nach Frankreich zurückschicken. D.h., die Autorität des Konsuls war in gewisser Hinsicht durch die *assemble* eingeschränkt, für die Kaufleute bedeutete sie praktisch jedoch eine fast absolute Abhängigkeit. Dies wird besonders durch die Autorität des Konsuls als Richter in zivilen Angelegenheiten deutlich. In strafrechtlichen Angelegenheiten konnte der Konsul keine effektiven Strafen verhängen. Ohne die Unterstützung der Repräsentanten der Gemeinschaft und vier Kaufleuten konnte der Konsul nicht Gericht halten. Im allgemeinen hatte er Schwierigkeiten Kaufleute zu finden, die ihn in der Rechtssprechung unterstützten. Anfang des 18. Jahrhunderts, im Jahr 1702, kam ein Erlaß heraus, der ihm die Aufgabe insofern erleichterte, als daß festgesetzt wurde, daß derjenige der die Aussage verweigerte mit einer Geldstrafe belegt werden konnte [175]. Somit führte die Autorität des Konsuls oftmals zu Konflikten. Da die Kaufleute jedoch seines Schutzes bedurften, wurde im allgemeinen ein Bruch vermieden und die Harmonie wieder hergestellt [176].

3. Die Frage des protokollarischen Vorrangs - das Thema "Ehre" und "Ehrenbezeugungen". Dieser Themenbereich läßt sich in drei Aspekte unterteilen:
Der Aspekt der Außenbeziehungen - protokollarischer Vorrang der Konsuln während des Besuchs beim Gouverneur und bei zeremoniellen Empfängen.
Der Aspekt der internen Beziehungen der Gemeinschaft - protokollarischer Vorrang unter den organisatorischen Elementen der Gemeinschaft während verschiedener Zeremonien.

---

[174] ACCM AA 304, 27. März 1709.
[175] Siehe dazu: Anm. 78.
[176] Siehe dazu: Kap. 7.1.

Der Aspekt der Position der *protégés* bei den Zeremonien - während die Bevorzugung und der protokollarische Vorrang der Konsuln im 18. Jahrhundert bestens arrangiert und respektiert war [177], war dies für die Sekretäre und *dragomane* nicht der Fall. Die Kaufleute betrachteten diese als Angestellte (Funktionäre), die von ihnen bezahlt wurden und somit unter ihrer Oberherrschaft standen. Daher konnten sie einer Plazierung dieser Funktionäre bei öffentlichen Zeremonien nicht zustimmen. Diese Auseinandersetzung zog einen Erlaß, vom 17. Dezember 1732, nach sich, der festlegte, daß die Sekretäre, die im Besitz eines "certificat du roi" waren, sich nach den Repräsentanten und vor den Kaufleuten einordnen sollten. Später wurde dann bestimmt, daß die Kaufleute nach den Repräsentanten, und nach ihnen die Sekretäre und *dragomane*, gehen sollten.
In Zusammenhang mit der protokollarischen "Ehre" kam auch das Thema der Position der Ehefrauen des Konsuls während einer religiösen Zeremonie, gegenüber der Position der Kaufleute, auf [178].

4. Zwischen den älteren und verheirateten Fachkräften (die aber nicht die Erlaubnis erhielten, ihre Familien mitzubringen) und den jungen Kaufleuten bestand im 17. Jahrhundert ein Altersunterschied. Auch zwischen dem, im allgemeinen älteren, Konsul und den anderen bestand ein Altersunterschied.
Als Beispiel für die Spannungen, welche sich auf den Altersunterschied in der Station und das Bestreben des Konsuls beziehen die Auferlegung von Geldstrafen an die Gemeinschaft seitens der Muslime zu vermeiden, wäre die Initiative des Konsuls nach einem Aufstand der jüngeren Generation der Station in einer Karnevalsnacht im Jahr 1681, zu nennen. Der Konsul ließ die jungen Leute für 24 Stunden festnehmen und gab einen Erlaß heraus, der bei Wiederholung mit Geldstrafe und Inhaftierung drohte [179].

---

[177] Der Aspekt des protokollarischen Vorrangs unter den Konsuln während des Besuches beim Gouverneur, wird in Kap. 7.1 behandelt. Bezüglich der beiden anderen Aspekte, siehe dieses Kapitel.
[178] Masson, XVIIIeme siecle, S. 171.
[179] Siehe dazu: Anm. 154.

Wie bereits erwähnt, veränderte sich im 18. Jahrhundert der Altersdurchschnitt und die Zusammensetzung der Gemeinschaft. Die Anzahl der Kaufleute sank im Verhältnis zur Gesamtzahl der Gemeinschaft. Auch der Altersunterschied zwischen dem Personal des Konsulats und den Kaufleuten verringerte sich und eine Heterogenität bezüglich des Alters, die zwischen Kaufleuten und dem Personal des Konsulats unterschied, war nicht mehr gegeben [180]. Diese Veränderung trug zweifellos zu einer Beruhigung der Gemüter der Gemeinschaft bei, da der Grund zur Aufregung entfiel.

5. In dem Kapitel über das Leben in der Station, wurde das Thema der Eheschließungen von französischen Kaufleuten mit Nicht-Musliminnen behandelt. Dabei wurde festgestellt, daß die Handelskammer in Marseille gegen derartige Eheschließungen war [181]. Diese Einstellung der Handelskammer verpflichtete den ehewilligen Kaufmann oder Angehörigen der Station dazu die schriftliche Erlaubnis des Konsuls für die Heirat einzuholen. In der Praxis verhinderte der Konsul oft diese Eheschließungen gänzlich.
Solche Vorkomnisse trugen den Konsuln sicher nicht die Zuneigung der Gemeinschaft ein. Besonders dann nicht, als der Erlaß vom 16. März 1716 in der Gemeinschaft selber eine interne Diskriminierung und Spannungen zwischen den Kaufleuten erzeugte, indem er denjenigen wirtschaftliche Begünstigungen zukommen ließ, die mit Französinnen verheiratet waren. Der Erlaß befreite sie von den Steuern und der Verwaltung der Gemeinschaft und bestrafte diejenigen, die Einheimische geheiratet hatten, dadurch, daß sie und ihre Kinder aus der *assemble* der Gemeinschaft ausgeschlossen wurden.

Jedoch müßte, um der Objektivität willen, erwähnt werden, daß es auch Konsuln gab, die sich der Relevanz der "gesellschaftlichen Ruhe" für das Wirtschaftsleben bewußt waren. Diese Konsuln setzten sich für den Erhalt von Heiratserlaubnissen

---

[180] Siehe dazu: Kap. 6.2.2.4., sowie Anm. 119.
[181] Siehe dazu: Kap. 6.2.3., und ebenfalls Anm. 135 und 139.

für verschiedene Angehörige der Gemeinschaft ein, wie z.B. Kaufleute u.a. [182].

Wie bereits erwähnt, waren das Eheverbot, das Verbot Immobilienbesitz zu akkumulieren und die Festsetzung einer bestimmten Aufenthaltsdauer, Teil eines Kampfes, der die Franzosen daran hindern sollte sich in der Station niederzulassen. Der Verbot der Akkumulation von Immobilienbesitz erfolgte nicht nur, da dieser Besitz die Rückkehr nach Frankreich erschwerte, sondern auch weil dies in der Station interne Auseinandersetzungen auslöste, die die Sicherheit der Station bedrohten und gefährdeten.

Im Kapitel über die Zusammensetzung der Station wurde die Verschärfung der Auswahlkriterien und die Einschränkungen in Bezug auf Familie und Kinder erwähnt. Zur Aufgabe des Konsuls gehörte es dafür zu sorgen die Aktivitäten der Station anzukurbeln. Die Grundbedingung für eine erfolgreiche Aktivität war die Zufriedenheit der Stationsbevölkerung und eine positive, kreative Atmosphäre innerhalb der Gemeinschaft. Um eine derartige Atmosphäre zu erzeugen und zu bewahren, mußte der Konsul "ein Auge zudrücken" und nicht pedantisch seinen Anweisungen folgen. Die Konsuln erkauften die gesellschaftliche Ruhe, die für das Weiterbestehen der Station so wichtig war, mittels Verstößen gegen Erlasse und Anweisungen. So gestatteten sie z.B. Kaufleuten ohne Zertifikat unter dem Deckmantel von "Passagieren" an Land zu gehen. Auf diesem Weg sicherten sie sich auch die Sympathie der Angehörigen der Gemeinschaft. In Marseille hatte man Verständnis dafür, daß man dem Geschäft zuliebe die für den Handel und die Konkurrenzfähigkeit notwendige Ruhe ermöglichen sollte. Der Erlaß vom 4. September 1725 war eine Wiederholung vorangegangener Erlasse und befahl den Konsuln Kompromisse zu schließen und die eintreffenden Bürger, unter der Bedingung, daß sich diese angemessen verhielten, in Frieden zu lassen [183].

---

[182] AE B I 88 cc Alep, S. 365, Brief vom 22. Oktober 1761; AE B I 88 cc Alep, S. 367, Brief an Monseigneur Beryeen, Ministre d'Etat, 23. Oktober 1761; AE B I 89 cc Alep 1763-1765, S. 346, Brief vom 5. Juni 1765; AE B I cc Alep 1775-1776, Brief vom 9. März 1776.

[183] Siehe dazu: Kap. 6.2.2.4.; L'Ordonnance vom 4. September 1725; Masson XVIIIeme siecle, S. 150.

Den Erlaß aus dem Jahre 1743, der jeden Kaufmann dazu verpflichtete, auf Grund der Konkurse in der Station eine Bürgschaft zu hinterlegen, gilt es unter dem Aspekt der internen Beziehungen in der Station zu verstehen. Die "Konkurse" fielen zu Lasten der Gemeinschaft, die - da es hier um Geld und die Akkumulation von Kapital ging - die Rückzahlung der Schulden finanzieren mußte.
Wird die Brieftasche des Einzelnen belastet, so leiden auch die internen Beziehungen (genauso wie im 20. Jahrhundert). Einige Franzosen hatten ein Vermögen gemacht und um der Bestrafung für begangenes Unrecht zu entgehen und um sich an ihren Konkurrenten zu rächen, schloßen sie sich den Muslimen an.

Ein Franzose namens Daniel, der Geld schuldete, wurde zum Verbrecher, schloß sich den Kurden an und kam am 21. Januar 1742 mit 200 Reitern und 300 Fußsoldaten aus den Bergen und überraschte alle Franzosen beim Gottesdienst. Diese fürchteten sich so sehr, daß sie die Waren in den Geschäften liegen ließen und in ihre Häuser flüchteten. Die Gemeinschaft mußte 22 *bourse* an Daniel zahlen, um die Ruhe wiederherzustellen.
Andere Kaufleute, wie die Brüder Longy, drohten im Jahr 1750 dem Beispiel Daniels zu folgen, um einer Gerichtsvorladung durch die Gemeinschaft zu entgehen. Die Gemeinschaft mußte sich beugen und mit ihnen einen Kompromiß aushandeln[184]. Hieraus wird deutlich, daß die "Bürgschaft", welche den Kaufmann zur wirtschaftlichen Vorsicht und Mäßigung in seinem Handelsverhalten verpflichten sollte, nicht immer der Prüfung standhielt, und daß die Auswahlkriterien das Eindringen von korrupten Elementen, die die internen Beziehungen der Gemeinschaft belasteten, nicht verhindern konnten.

Die Gemeinschaft der Fremden in Aleppo war durch Epidemien, Krankheiten und Naturkatastrophen auch gesundheitlich Gefahren ausgesetzt. Ein guter Konsul

---

[184] Ibid., XVIIIeme siecle, S. 284, 285, und Anm. 1; AE B I 84 tome 9. 1743-1745, Arazy 14. Februar 1743 und S. 177-178; Response au memoire des Seurs Antoin et Louis Longy, 2. Februar 1744.

war sich selbstverständlich dieser Problematik bewußt. Als die Handelskammer in Marseille kein festes und attraktives Gehalt für einen Arzt oder Sanitäter zahlen wollte, entstand die Gefahr, daß die Gemeinschaft ohne ärztlichen Beistand verblieb. Aus der oben erwähnten Sorge für seine Gemeinschaft, war der Konsul Peleran zu einem Trick bereit, der die Anweisung der Handelskammer umging und schlug 1724 vor, daß der Sanitäter Aleppos auch Handel treiben dürfe. Er schlug vor diese Regelung zu institutionalisieren und dem Sanitäter so zu einem zusätzlichen hohen Einkommen zu verhelfen. Die Handelskammer war dagegen, aber der Konsul unternahm auf Grund dieses stillschweigenden Übereinkommens nichts, als sich vier Sanitäter in Aleppo an der Straße nach Persien und Indien niederließen, eine "Praxis" eröffneten und der allgemeinen Öffentlichkeit (auch Einheimischen) zu Diensten standen [185]. Dies ist ein spezifisches und seltenes Beispiel der Wechselwirkung und Zusammenarbeit.

6. Die Geistlichen und Missionare trugen (viel) zur Unruhe in der Station und zu den internen Auseinandersetzungen bei. Hinsichtlich der Beziehungen zu den Muslimen und der Zentralregierung sowie der internen Beziehungen, stellten sie ein großes Problem für die Gemeinschaft dar [186]. Sie waren Teil der Gemeinschaft. Obwohl ihre Aufgabe die Arbeit mit Nicht-Muslimen war, entstanden Streitigkeiten und Konflikte sowohl untereinander als auch mit dem Konsul und der Gemeinschaft.

Der Vorstoß der Religion in der Levante, vor allem der der Jesuiten, erfolgte nachdem diese vom Vatikan im Rahmen der Gegenreformation im 17. Jahrhundert und von der Regierung Louis XIV. Unterstützung erhalten hatten. Im 18. Jahrhundert waren sie so zahlreich, daß sie die Anzahl der Kaufleute in der Station überstiegen[187]. Die Störung des zahlenmäßigen Gleichgewichts und die Zunahme ihrer Aktivitäten führte zunächst zu Auseinandersetzungen mit dem Konsul und der Gemeinschaft

---

[185] AE B I 80 cc Alep tome, 1724-1728, S. 105, Peleran, 28. April 1725; ACCM.J.904, Brief von Peleran; Paris, S. 234; Masson XVIIIeme siecle, S. 153.
[186] Siehe im Folgenden: Kap. 7.1.; Kap. 7.2.
[187] D'Arvieux, Bd. V, S. 72, 147; Bd. VI, S. 72-74; Russell, Bd. II, S. 7; Siehe auch: Anm. 102, 103; Rabbath, Bd. I, S. V und S. 113., 115, 116, 117, 122 - Firman en faveur missioneures au Levant, 13. Juli 1689, S. 358, 359; Philipp, French Merchant, S.2.

über den Vorrang und die Aufgabe des konsularischen Geistlichen. Und so enthoben die Jesuiten, die unter der Schutzherrschaft des königlichen Hofes standen, im Jahr 1674 den Pater der "Terra Santa" seines Amtes als konsularischer Priester. Ihre Beförderung führte zu großer Eifersucht seitens der anderen Geistlichen und zu scharfen Auseinandersetzungen zwischen ihnen und den übrigen Orden [188]. Dies wurde in den Auseinandersetzungen um die Kirche des Konsulats fortgesetzt, (die wie bereits erwähnt, die einzige war) sowie in der zeitlichen Festsetzung der Messen für jeden Orden [189]. Ihre Aktivitäten fanden Ausdruck in der intensiven Beschäftigung des Konsuls mit dem Thema der Religion und den Auseinandersetzungen mit den Konsuln und Kaufleuten. Letztere waren sich in dieser Hinsicht einig und dagegen, da dies ihre Geschäftsbeziehungen störte und ihnen die Aktivitäten der Mission auf der Tasche lagen und sie zwangen viel Geld auszugeben [190]. Andererseits stellten sich die Kaufleute auf die Seite des konsularischen Geistlichen, als einer der Kaufleute das Osterfest nicht an den katholischen Feiertagen beging und wegen seines Verhaltens ein Konflikt ausbrach[191]. Die Auseinandersetzungen und Konflikte zwischen den Geistlichen und der Gemeinschaft nahmen auch auf Grund des Fanatismus der Geistlichen und ihres provokativen Verhaltens unter der nicht-muslimischen Bevölkerung zu, die einen Antagonismus seitens der Muslime und der lokalen osmanischen Behörden entstehen ließen [192].

---

[188] D'Arvieux, Bd. VI, S. 1-3, 5, 7-8, 11-13; Lewis, Levantine, S. 196-216; AE B I cc Alep tome 1, 11. Juni 1680; AE B I, S. 132, Raisons de Terre Sante et les Jesuites, 22. Juni 1680.

[189] D'Arvieux, Bd. VI, S. 173-174; AE B I 76 cc Alep tome 1, 12. Mai 1677, und 18. Juni 1680 und 22. Mai 1680 und 29. Juli 1680; AE B I cc Alep tome 5, 1724-1728, S. 94-95.

[190] D'Arvieux, Bd. VI, S. 11-13, 26, 50, 70; AE B I 76 cc Alep tome 1 , 22. Mai 1680, "Ma salle devienne une Eglise publique depuis quatre heure du matin Jusqu`a amidy.que mes oudience cessent...qui gaste tout et qui metre ici un desordre cruel entre 24 Religieux et 14 Marschands Francais sans le mal et les Avanies qui en Peuvent arriver de la part des Turcs"; AE B I 76 tome 1, 19. Juni 1680 und 20. Juni 1680 und 29. Juli 1680; AE B I 81 cc Alep tome 6, S. 127, Memoire 11. August 1731 und S. 137, Peleran 5. Okt. 1730.

[191] AE B I 80 cc Alep 1724-1728, tome 5, S. 94 (1725).

[192] AE B I 76 cc Alep tome 1, 22. Mai 1680: "...Cette multipleit de Religieux contre si petit nombre de merschands fait souvent munmurer les Turcs"; AE B I 76 tome 1, 16. Juni 1680 und 19. Juni 1680, und 29. Juli 1680 und 16. Juli 1696; AE B I 81, cc Alep tome 6, S. 127; Maemoire 11. August 1731 und S. 137, Peleran, 5. Okt. 1730, S. 144, 7. Okt. 1730; AE B I, 84 cc Alep 7. August 1754; Rabbath, Bd. I, S. 57; Masson XVIIIeme siecle, S. 161; Philipp, French Merchants, S. 4.

Diese Aktivitäten stellten eine Gefährdung der wirtschaftlichen Interessen der Angehörigen der Handelsstation dar. Als Hintergrund für die Feindschaft zwischen Angehörigen der Station und den Geistlichen, ließe sich die Tatsache hinzufügen, daß der religiöse Faktor einer der Gründe für das Eheverbot mit Nicht-Katholinnen, d.h. griechisch-orthodoxen Frauen war. Ein Verbot, daß wie bereits beschrieben, nur schwer einzuhalten war.

Diese Schwierigkeiten in den Beziehungen kamen während der ersten Hälfte des 18. Jahrhunderts zum Ausdruck. Der Konsul kann von Zeit zu Zeit über seine Erfolge Harmonie und Ruhe herzustellen, berichten, die für das Interesse an der Existenz der Station so lebenswichtig waren. Sogar in solchem Ausmaße, daß sich im Jahr 1731 ihr Verhalten derart besserte, daß sie "La Couronne des Religieux" genannt wurde [193].

Die Aktivitäten der Geistlichen waren mit denen der Kaufleute weder abgesprochen noch abgestimmt. Sie verliefen weder parallel dazu, noch kreuzten sie sich. Somit stellten sie einen Störfaktor dar, der den gesellschaftlichen und ökonomischen Interessen der Gemeinschaft zuwider lief und diese gefährdete. Der Beitrag des Konsuls Peleran in der Beilegung dieser Religionskonflikte und -kämpfe war so entscheidend, daß die Gemeinschaft seine Abreise aus Aleppo nicht zuließ, bevor sein Nachfolger eingetroffen war [194].

Die Beziehungen innerhalb der Gemeinschaft zwischen dem rein französischen Element und den *protégés* (entweder Nicht-Muslime oder Fremde) waren scheinheilig.

Die Gemeinschaft in Aleppo reflektierte die Gesellschaft in Marseille nicht nur in Bezug auf ihre gesellschaftliche Zusammensetzung, sondern auch den "Geist der Zeit und des Ortes" [195]. Dies fand seinen Ausdruck vor allem im Verhältnis zu

---

[193] AE B I 81 cc Alep, S. 128, Memoire 11. August 1731; AE B I 84 cc Alep 7. August 1754.
[194] AE B I 81 cc Alep tome 6, S. 137 Peleran, 5. Oktober 1730.
[195] Wie im Folgenden zu sehen sein wird; Rambert 4, S. 537-539; Weyl, La Residance, REJ, Bd. XVIII, 1888, S. 98-100.

einer Gruppe von Juden aus Livorno, welche die größte Gruppe unter den fremden *protégés* ausmachte und sogar drohte die Anzahl der französischen und englischen Kaufleute zu übersteigen [196]. Die Juden aus Livorno standen bis 1748 unter dem Patronat des französischen Konsuls von Aleppo. Da sie Untertanen des Herzogs der Toskana waren, gerieten sie dann unter das Patronat des englischen Konsuls, der im selben Jahr der Ehrenkonsul der Toskana, des Habsburgischen Reichs, Hamburg und Lübecks wurde [197].

In Aleppo kristallisiert sich ein gewisser "wirtschaftlicher Antisemitismus" heraus, obwohl der Begriff "Antisemitismus" erst in den 70er Jahren des 19. Jahrhunderts gebräuchlich wurde [198]. Ende des 17. und Anfang des 18. Jahrhunderts wird in der französischen Gemeinschaft in Aleppo deutlich, wie antijüdische Ideen und Emotionen, deren Ursprung in der Atmosphäre des Katholizismus und der französischen Wirtschaft von Marseille zu suchen sind [199], sich mit den wirtschaftlichen Interessen der französischen Gemeinschaft in Aleppo verbanden[200]. Der Rahmen und die Bedingungen der Schutzherrschaft wurden in einem Erlaß aus dem Jahr 1727 festgelegt [201].
Die Juden aus Livorno waren für die Kasse der Gemeinschaft eine ernstzunehmende Einnahmequelle. Die Gebühren für die Schutzherrschaft stellten 1718 die Hälfte aller Kasseneinnahmen der Gemeinschaft [202]. Sie zahlten auch einen verhältnismäßigen Anteil der Steuerzahlungen und den Gegenwert von 2% des Handelsumfangs unter französischer oder einer anderen Fahne [203] - Geld stinkt

---

[196] Masson, XVIIIeme siecle, S. 303; Weyl, Les Juifs Protégés, REJ, Bd. XIII, 1886, S. 267-282; Philipp, French Merchans, S. 9-1.
[197] AE B I 85 cc Alep, 17. Februar 1748.
[198] Katz, S. 7, schreibt die Einführung des Begriffes Antisemitismus Marr zu, Des Sieg Judenthums uber das Germananenthum, Bern 1879.
[199] Über die Atmosphäre des Katholizismus in Frankreich und die Position der Juden in der Wirtschaft, siehe: Philipp, French Merchants, S. 7, 9, 10. Phillip stützt sich auf Yardeni, M., "religion race et code moral - les Juifs dans les Recits de voyage du XVIIeme siecle = Le point theologique", Bd. 33, 1979, S. 117-135; Weyl, La Residence, S. 106; Weyl, J., Les Juifs Proteges, S. 272, stützt sich auf AA.art 16 vom 4. November 1911 und zitiert: "Sentiment de M Arnoul sur la protection s'accorde aux Juifs par les consuls et corps de la Nation de France etablir dans L'echelle d'Alep...il est vray monseigneur que la protection qui s'accorde aux juifs de Livourne et de Venise est tres prdjudiciable au bien du commerce de Marseille depuis environ 25 a 30 ans; Rambert, ibid.
[200] Wie im Folgenden zu sehen sein wird.
[201] Philipp, French Merchants, S. 10.
[202] AE B I 78 cc Alep, S. 393; eine Summe von 2117 aus 4635 *piastres*.
[203] AE B I 78 cc Alep, Memoire du Peleran, 7. August 1718.

nicht; und wenn ihre Zahlungen in die Kasse der Gemeinschaft die Ausgaben von allen Kaufleuten verringerten, so waren sie sehr willkommen.

Durch ihren Vorsprung hinsichtlich wirtschaftlicher und anderer Beziehungen zu den jüdischen Untertanen des *sultan* [204], gewannen sie an Relevanz für das ökonomische Interesse der Gemeinschaft. Konsul Peleran befürchtete sehr, daß sie, da sie nun unter die Schutzherrschaft des englischen Konsuls fielen, die Engländer - die Konkurrenten der Franzosen - in wirtschaftlicher Hinsicht bevorzugen würden [205]. Die livornischen Juden Aleppos wußten um ihre besondere Position und spielten die Franzosen und Engländer gegeneinander aus, um die Steuern an die Gemeinschaft unter deren Patronat sie standen, zu senken[206]. Für den Konsul waren die Beziehungen zu den jüdischen Untertanen des *sultan* nicht nur in Bezug auf direkte Handelsbeziehungen von Bedeutung, sondern auch auf Grund seiner Kontakte zum Gouverneur. 1742 erbat der Konsul Arazy ihre Hilfe. Durch ihre Beziehungen zu den einheimischen Juden sollten sie ihm dabei helfen eine Zusammenkunft mit dem neuen Gouverneur zu vereinbaren, der ihn seit einigen Monaten ignorierte [207]. Sie waren ihm zwar bei der Vereinbarung des Treffens behilflich, jedoch selbst nicht dabei anwesend. Da sie sich ihrer Wichtigkeit bewußt waren, aber auch um ihre Stellung innerhalb und außerhalb (d.h. gegenüber der osmanischen Regierung) der Gemeinschaft zu wahren, führten sie mit dem Konsul Arazy einen Kampf um Prestige, d.h. einen Kampf um ihre zeremonielle Position im Gefolge bei den Zusammenkünften mit dem Gouverneur. Sie forderten eine respektablere Position als ihnen der Konsul zugestehen wollte. Diese Auseinandersetzung führte, trotz Arazys Versuchen zu einem Kompromiß zu gelangen, im Grunde zu keiner Lösung [208]. Die Beziehungen blieben gespannt, während beide Seiten, die sich gegenseitig brauchten, dafür Sorge trugen, daß der Status der Schutzherrschaft weitergeführt wurde. In den nächsten drei Jahren nahmen jedoch keine Juden an den Zeremonien teil.

---

[204] Ibid.; Tournefort u putton de: Bd. I, S. 16.
[205] Ibid.; AE B I 78 memoire, 5. Dezember 1718.
[206] Ibid.
[207] Philipp, French Merchants, S. 2.
[208] Ibid.; AE B I 84 cc Alep, 11. Dezember 1742 und 12. Februar 1743.

Die Juden aus Livorno, die als *protégés* alle Rechte der Kapitulationen, einschließlich der Steuerbefreiung [209] genossen, stellten auf Grund der "jüdischen Beziehungen" zu den Einwohnern ihrer Stadt und den einheimischen Juden eine wirtschaftliche Gefahr und Konkurrenz dar. Die ihnen offenstehenden Handelswege machten einen Erfolg der mit ihnen konkurrierenden französischen Kaufleute unmöglich. Daher wurde empfohlen, ihnen das Patronat zu entziehen [210]. Mit dem Entzug der Schutzherrschaft, wurden die Sonderrechte eingestellt. Der relative Vorteil entfiel und die Bedrohung seitens des wirtschaftlichen Konkurrenten hatte ein Ende.

In Bezug auf die Beziehungen zwischen Gemeinschaft und nicht-muslimischen *protégés* (Juden und Christen), findet man auch hier wieder dieselbe Scheinheiligkeit. Was die Juden betrifft, so verschwanden die anti-jüdischen Ausdrücke und Emotionen. Hier wird das Phänomen der Mäßigung von Gefühlen und Ausdrücken auf Grund von wirtschaftlichen Interessen deutlich. Das kommt daher, daß ohne diese Nicht-Muslime (Christen und Juden) die Franzosen keine Möglichkeit gehabt hätten im Handel und in den Beziehungen mit den Regierungsbehörden erfolgreich zu sein [211]. Auf der anderen Seite fürchteten die Franzosen dieses Element, das auf Grund von Sonderrechten, die auf den Kapitulationen beruhten, den Kontakten und Bekanntschaften in der Stadt und Kenntnissen der lokalen Sprache in den Beziehungen mit den muslimischen Händlern und der Festlegung von Ankaufs- und Verkaufspreisen, entscheidenden Vorrang genoß. Diese Abhängigkeit ermöglichte allerdings auch Betrügereien seitens der Nicht-Muslime [212].

---

[209] Siehe dazu: Anm. 125.

[210] Masson, XVIIeme siecle, S. 303-304, Rambert, Bd. IV, ibid, S. 537-539; Weyl, Les Juifs protégés, S. 227; Philipp, French Merchants, S. 10; AE B I 76 cc Alep cc Alep, S. 327, 328, 22. August 1696; Siehe auch: Kap. 7.4.,

[211] Siehe dazu: Kap. 7.1., und Kap. 7.3.

[212] Siehe im Folgenden: Kap. 7.3.

6.3. Die englische Gemeinschaft in Aleppo

6.3.1. Allgemeines

Im Jahre 1583 wurde Richard Forster zum ersten englischen Konsul von Tripoli, Aleppo, Damaskus, Jerusalem, Amman und den restlichen Häfen Syriens und Palästinas ernannt. Als Amtssitz wurde Tripoli festgelegt [213]. Im gleichen Jahr war bereits John Barret als amtierender englischer Konsul in Aleppo tätig [214]. Im Jahre 1589 nahm Aleppo den Platz von Tripoli als Zentrum des englischen Handels in Syrien ein [215]. Die Tätigkeit der Konsuln und Kaufleute beruhte zu dieser Zeit auf der Grundlage der Kapitulationen aus dem Jahr 1580 und der könglichen Charta vom 11. September 1581 bezüglich des Monopols, welches zur Gründung der Levant Company geführt hatte [216]. In dem hier behandelten Zeitraum waren die Kaufleute der Levant Company und deren Repräsentanten in Aleppo auf Grundlage der Kapitulationen von 1675, die jene aus dem Jahr 1580 erneuerten und erweiterten sowie auf Grundlage der königlichen Charta aus den Jahren 1606 und 1661 tätig, welche der Levant Company die alleinigen Rechte - das Handelsmonopol - am Handel zwischen England und dem Osmanischen Reich zusprachen [217]. In Aleppo war die Handelsstation (The Factory) bis in das Jahr 1791 in Betrieb. Später verblieben dort nur einige Kaufleute ohne Konsul. Ein englischer Konsul kam erst im Jahre 1803 wieder nach Aleppo [218].

Ähnlich der französischen, setzte sich die englische Gemeinschaft in Aleppo aus folgenden Elementen zusammen:

1. Angehörige der Handelsstation, die Handel trieben;
2. Funktionäre der Station;
3. Fachkräfte;
4. Geistliche;
5. Andere Fremde und Nicht-Muslime unter Schutzherrschaft.

---

[213] Hakluyt, Bd. III, S. 115-117, 5. September 1583; Wood, S. 15.
[214] Ibid.
[215] Masson XVIIeme siecle, S. 379; Sanderson, S. 130; Wood, S. 24; Die Engländer ließen sich ungefähr 30 Jahre nach den Franzosen in Aleppo nieder. Siehe dazu: Kap. 6.1., Daten.
[216] Siehe dazu: Kap. 1.2.; Wood, S. 11; Hurewitz, S. 9-15, (The Charter).
[217] Davis, S. 43; Siehe: Anm. 216.
[218] Siehe: Kap. 6.1., Daten, und dazu Anm. 48.

Reisende und Besucher, die in der Station verweilten, stellten keinen organischen Bestandteil dieser dar, auch wenn sie, wie im weiteren Verlauf zu sehen sein wird, manchmal einen Anteil an deren Aktivitäten nahmen. Ähnlich wie in der französischen Gemeinschaft bildeten auch hier die Konsuln und Kaufleute die hauptsächliche und dominante Körperschaft [219]. Im Gegensatz zur französischen Handelsstation, in der sich im Laufe des 17. und 18. Jahrhunderts die Organisation, die Strukturen und die Prozeduren konsolidiert hatten [220], war dieses in der englischen Handelsstation fast von Beginn an der Fall. Demzufolge war die englische Handelsstation zu einem früheren Zeitpunkt als die französische organisiert und etabliert [221].

6.3.2. Der organisatorische Aufbau der Handelsstation

Die Generalversammlung der Levant Company in London legte den organisatorischen und prozedualen Aufbau der Gesellschaft, und somit auch den der Stationen fest. Sie war jene Körperschaft, die neue Mitglieder aufnahm und Konsuln, Angestellte und Geistliche auswählte. Ab dem Jahre 1631 trat die Versammlung der Gesellschaft zweimal wöchentlich zusammen. Entscheidungen wurden durch eine Mehrheitswahl angenommen [222].

1. Der Konsul

Der Konsul wurde von der Gesellschaft in London ernannt. Das Amt des Konsuls in Aleppo (und in Izmir) war rangmäßig gesehen das hochgestellteste. Dieses kam in den für diese beiden Ämter festgelegten hohen Gehältern zum Ausdruck. Ab 1649 hatte der Konsul in Aleppo (und in Izmir) ein Jahresgehalt von 2.000 Dollar sowie eine jährliche Zuwendung von 1.000 Dollar und 500 Dollar für die Deckung der Reisekosten in jede Richtung. Die Grundlage dieses Gehalts verblieb bis Ende

---

[219] Siehe im Folgenden.

[220] Wie bereits im Kap. 6.2. zu sehen war, fand der Beginn der Organisation in den Jahren 1661-1715 auf Anordnungen Colberts statt; Siehe auch: Masson XVIIeme siecle, S. 137.

[221] Sanderson, S. 167; SP 105.118, S. 27; SP 105.148, 8. Juni 1623/4; SP 105.151, 30. Oktober 1649; Montraye, Bd. I, S. 153, und wie im Nachfolgenden zu sehen sein wird.

[222] Wood, S. 209.

des 18. Jahrhunderts in Kraft, als Veränderungen des Geldwertes und der Anstieg der Lebenshaltungskosten eine Gehaltserhöhung notwendig machten. Diese Gehaltsbedingungen ermöglichten dem Konsul eine respektable Lebensführung und Auftreten sowie mehr Großzügigkeit im Verhältnis zu seinen ausländischen Konkurrenten. Dieses erweckte deren Neid [223].

Alle von der Versammlung ausgewählten englischen Konsuln waren zu einem Treueschwur, respektablem Verhalten und der Hinterlegung einer Bürgschaft hierfür verpflichtet. Diese Bürgschaft wurde für denjenigen, der für die Aufgabe in Aleppo bestimmt war, im Jahr 1649 in einer Höhe von 5.000 Dollar festgelegt[224].

Ein Konsul wurde für eine Periode von insgesamt 3-5 Jahre ernannt, doch tatsächlich amtierte er über einen längeren Zeitraum, falls er nicht auf Grund von schlechtem Verhalten entlassen wurde [225]. Ab 1624 war es den Konsuln verboten sich im Handel zu betätigen. Dieses Statut blieb bis zum Ende der Gesellschaft in Kraft[226].

Im Jahre 1701 wurde der englischen Konsul Hastings nach England zurückberufen, da er dieses Statut mißachtet und Handel getrieben hatte [227].

Auf administrativer Ebene der Station und Gemeinschaft wurden dem Konsul folgende Auflagen gemacht:

a. Ausführung von Erlassen und Statuten der Gesellschaft und die Repräsentanz der Herrschaft dieser gegenüber den Kaufleuten;

b. Gerichtsverhandlung und Urteil bei jedem Streit zwischen Kaufleuten der Gesellschaft;

c. Anleitung und Kontrolle der Aktivitäten der Angehörigen der Station;

d. Schutz für die Personen der Station;

e. Einberufung der Generalversammlung [228].

---

[223] Zu den Gehaltsbedingungen der Franzosen siehe: Kap. 6.2.; Masson, XVIIIeme siecle, S. 145; SP 105.151, 26. Oktober 1649; Wood, S. 217, 218, und siehe: Kap. 7.4.

[224] Sanderson, S. 167; SP 105.151, 30. Oktober 1649; Bei den Franzosen war die Bürgschaft erst ab dem Jahr 1743 üblich; Siehe dazu: Kap. 6.2., und Anm. 53.

[225] Wie der Konsul Purnell im Jahre 1725 und der Konsul Kinloch im Jahr 1766.
SP 105.116, Company an Stanyan, 2. November 1726; SP 105.119, Company an Kinloch, 1. Juli 1760; Wood, S. 219.

[226] SP 105.148, 8. Januar 1623/4; Wood, S. 218; Russell, Bd. II, S. 8.
Bei den Franzosen achtete man zwar bereits 1618 auf diese Angelegenheit, dennoch wurde ein tatsächliches Verbot erst im Rahmen der Anordnungen Colberts ausgesprochen; ACCM AA 132 Ordonnance, 12. Dezember 1644 und 7. Juli 1655; ACCM AA 363.

[227] SP 105.115, 27. Februar 1700/1; Wood, S. 218.

[228] Ibid., S. 219.

Die wichtigere und bedeutendere Aufgabe des Zwecks ihres Aufenthaltes vor Ort war jedoch die "diplomatische" Aufgabe. Da sie für die Überwachung aller Vorrechte, die Verhinderung von Auflagen (*avanias*) und Verletzungen und Beleidigung ihrer Leute und das Erwirken von weiteren Handelserleichterungen verantwortlich waren, hatten sie enge Beziehungen und führten andauernde Verhandlungen mit dem *pasha* und den lokalen Behörden [229].
Im Rahmen dieser Aufgabe wurden folgende Personen empfangen: andere Konsuln, lokale Notabeln und andere Gemeinschaften [230]. Darüberhinaus ist ihre Rolle als Gastgeber für Besucher und Reisende hinzuzufügen [231].

Bis zum Jahr 1767 mußte die Station in Aleppo und die anderen Stationen der Levant Company alle Ausgaben für den Unterhalt der Konsuln finanzieren. Um diese Ausgaben aufzubringen, wurden in Aleppo und den anderen Stationen Steuern eingezogen. Diese Steuer, die sich von Zeit zu Zeit veränderte, wurde vom Konsul eingezogen. Auf Stoffe, die in Friedenszeiten (die 30er Jahre des 18. Jahrhunderts) nach Aleppo importiert wurden, erhob die Gesellschaft keine Steuer. Andererseits erhob der Konsul für Seide, die von Aleppo nach England exportiert wurde, eine effektive Steuer von 2,5%. In Kriegszeiten, wenn der Handel rückläufig war, wurde die Steuer in Aleppo drastisch angehoben, um die Unterhaltskosten des Konsuls zu finanzieren. So stieg z.B. in den Jahren 1742-1747 die Steuer für Exportware aus Aleppo allmählich an und erreichte 10%. Darüberhinaus wurden sogar Steuern auf Stoffe erhoben, die nach Aleppo importiert wurden. Die Auflage für Importe lag im Jahr 1741 bei einem Wert von 1,5 Dollar pro Stoff, und 1747 bei 3 Dollar. Auf Grund des Rückgangs im Handelsumfang erhielt die Levant Company im Jahr 1767 staatliche Zuwendungen für die Unterhaltung des Konsul[232].

---

[229] Die Art der Beziehungen zwischen Konsuln und Gouverneuren wird ausführlicher behandelt in: Kap. 7.1.
[230] Davis, S. 45; Siehe dazu: Kap. 7.2., sowie Kap. 7.4.
[231] Maundrell, Introduction, S. XXXI-XXXIV, S. 189-199; Maundrell bezieht sich auf Sidon, Jerusalem und Tripoli; Teonge, S. 145, 157; Sim, S. 82; Burckhardt, Nubia, S. XXIV, XXVI; Ibby, S. 232-233.
[232] SP 105.332; Davis, S. 47, 48; Wood, S. 161.

2. Der Sekretär der Station

Das Amt des Sekretärs der Station bestand in Aleppo seit dem Jahr 1596 [233]. Der Sekretär wurde von der Versammlung in London ernannt. Ähnlich wie der Konsul war auch er zu einem Schwur und der Bürgschaft für gutes Betragen verpflichtet, welche jedoch nur 300 Dollar betrug. Auch ihm war es verboten sich im Handel zu betätigen und er erhielt ebenfalls ein jährliches Gehalt. Im Jahr 1740 betrug dies für einen Sekretär in Aleppo 200 Dollar. Die Aufgabe des Sekretärs war der Schriftverkehr und die Überwachung sämtlicher offizieller Angelegenheiten der Station [234].

3. Der Schatzmeister der Station

Das Amt des Schatzmeisters bestand seit Errichtung der Station in Aleppo. Ebenso wie der Sekretär, wurde auch er von der Generalversammlung in London ernannt[235]. Auch er mußte schwören seine Aufgabe zu erfüllen ohne Partei zu ergreifen und eine Bürgschaft von 2.000 Dollar hinterlegen. Um in dieser Funktion amtieren zu können, mußte er vor seiner Ernennung mindestens 5 Jahre lang Bewohner der Handelsstation gewesen sein. Seine Ernennung erfolgte für eine Amtsperiode von 2 Jahren. Seit Beginn des 17. Jahrhunderts war auch ihm verboten (wie auch dem Konsul und dem Sekretär) Handel zu treiben, selbst wenn ein Teil von ihnen in London als Kaufleute eingeschrieben waren und ein anderer Teil nicht. Anfangs arbeiteten sie auf Kommissionsbasis, bald jedoch für ein Jahresgehalt von 400 Dollar [236].

Der Schatzmeister war für die Auszahlung der Gehälter und den Einzug der Steuern verantwortlich und entsprechend den Anweisungen des Konsuls zahlte er die erforderlichen Gelder für die Auflagen (*avanias*), Geschenke, Bestechungsgelder und andere lokal übliche Ausgaben. Ebenso war er für die Verwaltung der Waagen der Handelsstation verantwortlich [237].

---

233 Sanderson, S. 151; Maundrell, Introduction, S. XXIV; Wood, S. 221.

234 SP 105.118 P 22; SP 105.117, Company an die Manufaktur in Aleppo, 24. Mai 1740; Maundrell, Introduction, ibid.; SP 105.33, S. 19-20; Wood, S. 220, 223.

235 Maundrell, ibid.; Wood, S. 220.

236 Wood, S. 220, 221; Davis, S. 23; SP 105.164; SP 105.333, S. 17; SP 105.155, 19. April 1699.

237 Maundrell, ibid.; Wood, ibid; SP 110.27 PFF 6309; Zu den Geschenken, Bestechungsgeldern

4. Der Geistliche des Konsulats

Er wurde von der Generalversammlung in London ernannt und seine Aufgabe war es als Geistlicher in der Kirche des Konsulats zu dienen. Dieses Amt verlieh dem Inhaber die Möglichkeit persönlichen Vergnügungen und Studien nachzugehen. Andererseits war dieses Amt ein gutes Sprungbrett für eine gehobene Laufbahn[238]. Das Gehalt betrug im 17. Jahrhundert, zur Zeit von Maundrell, 100 Dollar jährlich, wobei Übernachtung und Verpflegung in der Handelsstation vom Konsul beglichen wurden. Ebenso erhielt er von den Angehörigen der Station Geschenke im Wert seines Gehalts [239]. Zu Beginn des 18. Jahrhunderts betrug das Gehalt in Aleppo 500 Dollar. Im Laufe des 18. Jahrhunderts, parallel zum Geldverfall in der Levante, stiegen die Gehälter an [240].

5. Funktionäre, die Untertanen der Pforte waren

Im Dienst des Konsulats von Aleppo standen 2 *janitscharen* als Wächter und Sicherheitsbeamte. Die *janitscharen* bewachten den Konsul und das Haus und gaben ihm Geleitschutz, schützten ihn vor Beleidigungen und verliehen ihm somit auch Prestige. Sie erhielten dafür ein festes Gehalt. Ebenso wurde ein *jawush* beschäftigt [241]. Zusätzlich unterhielt der englische Konsul von Aleppo, ebenso wie andere Konsuln, *dragomane* , die von der Levant Company ein Gehalt erhielten. Bis 1722 wurden drei, und später zwei *dragomane* beschäftigt [242]. Diese waren nicht-muslimische Untertanen der Pforte, die auf Grund ihrer Kenntnisse der lokalen Sprache dem Konsul und den Kaufleuten, zum einen im Umgang mit den Regierungsstellen, und zum anderen mit den lokalen Händlern und anderen behilflich waren. Wie noch deutlich werden wird, genossen die *dragomane* den Schutz des Konsuls und die Vorrechte von Fremden [243].

---

und den örtlichen Zahlungen siehe: Kap. 7.1.

238 Maundrell, Introduction, S. XXIV-XXV; Zum religiösen Leben in der Station in Aleppo siehe im Folgenden.

239 Maundrell, Introduction, S. XXIII; Wood, S. 223.

240 Ibid.

241 Russell, Bd. II, S. 3-4; Wood, S. 228, und siehe: Kap. 7.1.

242 SP 105.209; Wood, S. 227; Russell, Bd. II, S. 4.

243 Siehe: Kap. 7.1., sowie Kap. 7.3.; Hurewitz, S. 26, Das endgültige Abkommen der Kapitulationen

6. Unter Schutzherrschaft stehende Fremde

Obwohl die Kapitulationen von 1601 und 1607 die Holländer und Venezianer unter englisches Patronat stellten [244], so standen die Holländer jedoch tatsächlich unter französischem und erst nach dem Krieg der Augsburger Liga (1668-1669)[245] unter englischem Schutz. Die Venezianer nahmen die religiösen Dienste der französischen Gemeinschaft in Anspruch [246]. Holländer und Venezianer zahlten Steuern sowie Zusatzsteuern für diesen Schutz [247].

7. Geschäftsrepräsentanten der Handelsstation

In Aleppo gab es große und kleine Handelshäuser, die die Kaufleute der Londoner Levant Company repräsentierten. Mitte des 18. Jahrhunderts befand sich unter den Kaufleuten der Levant Company in London eine kleine und geschlossene Gruppe reicher Kaufleute und Monopolisten, die nicht nur gegen die Interessen der britischen Nation handelten, sondern auch gegen kleine Kaufleute, die Mitglieder der Levant Company waren [248]. Fast die Hälfte des Seidenimportes von Aleppo der Jahre 1731-1736 und eine noch größere Quantität anderer Produkte aus der Levante war innerhalb dieser Gruppe in den Händen von 5 Firmen oder Familiengruppen konzentriert:

Snelling and Fawkener

R.E. und J. Radcliffe

H.J. und T. March

D.S. und C. Basanquet

J.C. und S. Lock [249].

---

von September 1675 zwischen dem Osmanischen Reich und England, Paragraphen XLV und LIX.

[244] Sanderson, Intruduction, S. XXV-XXVI, 238; Wood, S. 29, 30.

[245] Caldwell und Merril, S. 404; Masson. XVIIeme siecle, S. 379; Paris, S. 414.

[246] Zum religiösen Leben in der französischen Station siehe: Kap. 6.2.3.

[247] Davis, S. 48.

[248] Ibid., S. 52, 75.

[249] Ibid., S. 60; SP 105.169, und siehe: 6.3.3.

Das Einkommen eines Geschäftsrepräsentanten in Aleppo und der Levante setzte sich aus folgenden Betätigungen zusammen:

a. Kommission für einen Tauschhandel, der für eines der Handelshäuser getätigt wurde;
b. Unterschiedliche Einkünfte aus diesen Transaktionen;
c. Zusätzlicher, privater Handel über die Tätigkeit als Repräsentant des Handelshauses hinaus.
d. Gelddarlehen an Einheimische, Nicht-Muslime, Fremde (Franzosen, Italiener und Holländer). Die Zinsdarlehen gewährte er aus seinem Privatvermögen. Grundsätzlich verbietet der Islam die Vergabe von Zinsdarlehen, dennoch gab es Ausnahmen und Muslime nahmen Darlehen auf. Diese brachten den fremden Kreditgebern nicht nur Gewinne ein, sondern führten auch zu Konkursen [250].

Die Ausgaben eines Geschäftsrepräsentanten der Handelsstation waren:

a. Zölle;
b. Beratung;
c. Lastträgerarbeiten und Transporte;
d. Verpackung;
e. Wiegen;
f. Vermittlung;

Diese Ausgaben waren nicht festgesetzt und so konnte gefeilscht werden. Sogar die Zölle konnten dem Interesse des lokalen Beamten entsprechend angepaßt werden [251]. Ebenso hatte der Geschäftsrepräsentant die laufenden Ausgaben für den Unterhalt des Handelshauses zu tragen, wobei die meisten einen Angestellten

---

[250] Ibid., S. 81, 208-209; SP 110.23; SP 105.182; Siehe dazu: Kap. 2., und Kap. 7.1., sowie Kap. 7.3; Rafeq , City and Countryside, S. 323-324; Rogan, S. 239-255. Dieses Beispiel bezieht sich zwar auf eine spätere Periode als jene mit der sich diese Studie auseinandersetzt, es kann dennoch daraus rückgefolgert werden.

[251] Davis, S. 82, 83.

oder Registrator beschäftigten, der oftmals Italiener oder Engländer war. Deren Gehälter waren niedrig, es war ihnen jedoch erlaubt privat Handel zu treiben. In den Handelshäusern wurden des weiteren zwei einheimische Lagerarbeiter beschäftigt, die zum Teil auch für die Vermittung mit lokalen Seiden entschädigt wurden und ebenfalls privat Handel trieben [252]. Trotz der Ausgaben war der Profit, den der Geschäftsrepräsentant machte, im Vergleich zu seinen Ausgaben sehr hoch [253].

8. Die Generalversammlung

Die Generalversammlung wurde nach Ermessen des Konsuls zusammengerufen, oder wenn zwei oder mehr Kaufleute dieses wünschten. An der Versammlung konnten nur solche Kaufleute - bzw. deren Sohn - teilnehmen, die dem Gesellschaftsverband angehörten. Auch ein Lehrling eines im Gesellschaftsverband organisierten Kaufmannes war berechtigt an der Sitzung teilzunehmen. Das gesetzliche und zur Entscheidungsannahme notwendige Quorum wurde vom Konsul und drei Kaufleuten gestellt. Die Entscheidungen wurden mit Stimmenmehrheit angenommen. Nur im Falle eines Unentschieden stimmte der Konsul ab [254]. Die auf der Versammlung Anwesenden waren zu einem Schweigegelübte in Bezug auf den Inhalt der Sitzung verpflichtet. Die Versammlung wurde beispielsweise zusammengerufen, wenn es notwendig wurde den Kaufleuten Steuern aufzuerlegen, Gelder aus den Finanzen der Station abzuziehen oder ein wichtiger Handel abgeschlossen werden sollte. Es gab auch Fälle von Meinungsverschiedenheiten, Konflikten oder Streitigkeiten zwischen Konsul und Repräsentanten der Kaufleute der Station. Dies ging sogar so weit, daß sich ein Repräsentant weigerte bei der Sitzung anwesend zu sein[255].

---

[252] Ibid., S. 86; SP 105.343; SP 110.27.126; SP 112.60.
[253] Davis, S. 88.
[254] SP 105.333, S. 13; SP 105.117, Company an die Manufaktur in Aleppo, 8. Juli 1740; Wood, S. 219.
[255] Ibid.; SP 105.117, Company an den Konsul Coxe, Aleppo 15. Dezember 1732.

6.3.3. Die gesellschaftliche Struktur der Angehörigen der Station

Nicht jeder konnte Kaufmann im Verband der Levant Company und Angehöriger der Handelsstation in Aleppo und anderer Handelsstationen werden. Wenn, wie dargestellt, in der französischen Station hierfür ein vom generellen Befehlshaber bestätigtes "certificat de residence" notwendig war [256], so war es bei den Engländern Bedingung, Sohn eines zum Verband der Levant Company gehörigen Kaufmannes zu sein (er mußte für dessen Aufnahme "a mere merchant", d.h. nicht im Einzelhandel tätig sein. Wenn er Londoner war, so mußte er Bürger der Stadt - "free man" - sein. Diese Aufnahmebedingungen wurden 1753 abgeschafft), zu einer Familie von Notabeln zu gehören, ein Verwandter ersten oder zweiten Grades eines der Mitglieder des Verbandes zu sein (Vetter, verheiratete Brüder) oder in einem Ausbildungsverhältnis zu stehen [257]. Es handelte sich hierbei aber nicht nur um angesehene und reiche Familien, sondern auch um Dynastien familiärer Kaufmannsbetriebe der Levante und Aleppos. Diese Dynastien heirateten untereinander und/oder es bestanden Partnerschaften unter ihnen. Natürlich beschäftigten diese Familien Engländer, die nicht Familienangehörige waren, als Agenten und Repräsentanten [258].

Die Franzosen legten erst mit dem Erlaß von 1781 einen geordneten Ablauf und Kriterien für die Lehrlingsausbildung fest [259], die Engländer taten dieses jedoch von Beginn an [260], was die menschliche Qualität der Kaufleute der Station garantierte und sich auch, wie noch zu sehen sein wird, auf die Lebensweise und internen Beziehungen in der Handelsstation auswirkte [261]. Es handelte sich hierbei um eine kaufmännische Ausbildung bei einem Kaufmann, der Mitglied im Londoner Verband der Gesellschaft war. Söhne von Mitgliedern oder Kadetten wurden nicht zu einem Beitrittsgeld verpflichtet [262]. Als Gegenleistung für die Ausbildung

---

256 Siehe dazu: Kap. 6.2.2.4.

257 Wood, S. 215; Davis, S. 50, 51, 64.

258 Davis, S. 18-22; Die Familie Radcliffe beschäftigte z.B. William Hamond und Colvill Bridger.

259 Masson, XVIIIeme siecle, S. 181; Siehe: Kap. 6.2.2.4.

260 Charter 1661, Davis, S. 66; Wood, S. 215.

261 Siehe dazu: Kap. 6.3.4., Das Leben, und Kap. 6.3.5.

262 Davis, S. 50, 51; Die unter anderen Kriterien in die Gesellschaft einsteigenden, wurden zu einer Zahlung von 25 Dollar bei einem Alter über 27 Jahre verpflichtet. Wenn sie unter 27 Jahre

verpflichteten sie sich 7 Jahre in der Gesellschaft zu dienen, davon 3 Jahre in London - um die Geschäfte der Ausbilder kennenzulernen - und 4 Jahre in der Handelsstation [263]. Für die Ausbildung hatte der Lehrling oder dessen Familie eine hohe Prämie zu zahlen, die im Jahre 1708 festgesetzt worden war [264]. Nach Ablauf der 7 Jahre wurde ihnen die offizielle Handelserlaubnis erteilt und sie durften für Kaufleute in London Handel treiben. Es war üblich, daß sie als Kompagnons tätig waren und Prozente erhielten. Es gab auch solche, die im Einzelhandel tätig wurden und dafür die offizielle Erlaubnis erhielten [265].

Dennoch lief es im 18. Jahrhunderts in der Praxis nicht ganz so wie gewünscht und geplant, da viele in den Handel unter dem Schutz von Verwandten einstiegen, die üblichen Schritte der Ausbildung oder des Dienstes in der Handelsstation in der Levante nicht durchliefen. Außerdem bezahlte nicht jeder die Prämie [266].

Im 18. Jahrhundert wurde von den Anordnungen der königlichen Charta von 1661 bezüglich des Dienstes in der Levante nach der Ausbildung abgerückt. Von der Pflichtausbildung, die in London absolviert werden sollte, wurde Abstand genommen, auch wenn weiterhin für Kaufleute der Levant Company die Notwendigkeit des Erlernens und Erlangens einer besonderen Qualifikation für den Handel durch einige Jahre Aufenthalt in der Handelsstation in der Levante bestand. Anstatt der zu zahlenden Prämie für die Ausbildung, bezahlten die Eltern fortan eine gleichwertige Summe für die Aufnahme als Kompagnon in einem Handelshaus in der Handelsstation in Aleppo oder einer anderen Handelsstation. Diese Summen, ebenso wie die damals zu leistende Prämie, waren der Preis für Beziehungen und Eintritt in den Handel, für den Fall, daß die Eltern keine persönlichen Beziehungen besaßen, die dies umsonst geleistet hätten [267].

---

waren, so mußten sie eine Zahlung von 50 Dollar leisten.

263 Wood, S. 215.

264 PRO IR - I; Davis, S. 65.

265 Wood, S. 215; Davis, S. 10; SP 105.156.112.

266 Davis, S. 64.

267 Ibid., S. 66, 67. So bezahlte z.B. sein Vater Richard Statton 600 Dollar, um den Beitritt seines Sohnes in die Handelsstation von Radcliff in Aleppo zu sichern.

Nicht immer wurde die richtige Wahl getroffen. Es gab auch Mißgriffe in der Auswahl der für den Handel passenden Repräsentanten [268]. Juden waren nicht Mitglieder der Levant Company und somit befanden sich auch keine unter den englischen Kaufleuten in Aleppo (und anderen Stationen der Levant Company). Der Grund hierfür ist im Verdacht zu sehen, daß sie gemeinsam mit ihren Brüdern in der Levante ein Handelsmonopol aufbauen und die christlichen Kaufleute der Station unterdrücken würden [269]. In dieser Hinsicht besteht sogar Ähnlichkeit mit der Handelskammer in Marseille.

Die Engländer legten kein Mindestalter fest, dennoch waren die meisten von ihnen junge Menschen um die 20 und fast alle Kaufleute der Levant Company stießen in jungem Alter zum Geschäft. Ein Teil von ihnen hatte sogar keine Erfahrung [270] und war nicht nur jung, sondern auch ledig. Da sich die jungen Leute, mit Ausnahme des Konsuls, der das Recht hatte eine europäische Frau mitzunehmen, dieses nicht erlauben konnten, unterstützte die Levant Company die Anwesenheit von Frauen und Kindern auch nicht. Sie sah darin ein Hindernis und auch eine Gefahr unter den gegebenen Lebensumständen [271]. D.h., daß hinsichtlich der menschlichen Zusammensetzung, ebenso wie bei der französischen Gemeinschaft, ein Altersunterschied zwischen den Kaufleuten oder Repräsentanten der Station und dem Konsul und Fachkräften bestand [272].

Um Repräsentant in Aleppo (oder einer anderen Station) sein zu können, mußte der junge Mensch einen starken Charakter haben, um, wie im Verlauf noch zu sehen sein wird, mit den Umständen der Einsamkeit und der Entfernung von zu Hause fertig werden zu können.

---

[268] Ibid., S. 20, erwähnt den Fall von Robert Golightly.

[269] Wood, S. 255. Es scheint, daß es sich hierbei um einen gewissen Grad von Antisemitismus handelt, der in Verbindung mit der internen Geschichte und Haßbeziehungen zwischen Engländern und jüdischen Kaufleuten in London steht. Zur ähnlichen Haltung der Handelsabteilung in Marseille und den Kaufleuten Frankreichs siehe: Kap. 6.2.4., und Anm. 195.

[270] Siehe: Anm. 262; Davis, S. 19, 20, 66, 67.

[271] Maundrell, Introduction, S. XXIII; Wood, S. 225, 244; Davis, S. 3, 5.

[272] Über die auf den Altersunterschied beruhenden Auswirkungen siehe: Kap. 6.3.4., und Kap. 6.3.5.

Um die Handelsmethoden genaustens kennenzulernen, die Auflagen, welche Feilschen mit den lokalen Händlern erforderten, in die Tat umsetzen zu können und für Auseinandersetzungen mit ihren englischen, französischen und italienischen Konkurrenten [273] brauchten die Kaufleute noch zusätzliche Charaktereigenschaften, wie: Fährigkeiten Verhandlungen führen, menschliche Beziehungen und Kommunikation aufbauen zu können sowie Geduld und Ausdauer.
Ebenso wie nicht jedermann Kaufmann der Levant Company werden konnnte, so konnte auch nicht jeder Geistlicher der Station werden [274]. Auch die Geistlichen kamen im allgemeinen aus angesehenen Familien sowohl aus dem Kreise der Kirche, des Handels, des Bankwesens als auch der Levant Company selbst. Allerdings erfolgte manchmal eine Ernennung nach Aleppo, um den Betreffenden aus London fernzuhalten, so wie Maundrell von einer unpassenden Liebesaffäre ferngehalten wurde [275]. Die Geistlichen wurden von der Generalversammlung gewählt, nachdem sie vor der Versammlung der Kaufleute gepredigt hatten. Man bestand auf Qualität und menschlichem Niveau, was Garantie für ihre Fähigkeit war die Aufgabe in einer Gemeinschaft von jungen und ehrgeizigen Menschen zu erfüllen [276].

Ebenso wie die französische Gemeinschaft setzte sich die englische vorwiegend aus jungen und ledigen Personen zusammen. Mit Ausnahme des Konsuls, dem die Mitnahme einer europäischen Frau und Kindern gestattet war, lehnte die Gesellschaft die Entsendung von verheirateten Kaufleuten ab[277]. So beschäftigte sich auch die englische Gemeinschaft Aleppos nicht mit der gleichen Intensität wie die französische mit dem Thema der Eheschließungen mit europäischen und einheimischen Frauen. Es finden sich hier nicht derart viele Erlasse, Anordnungen und Änderungen derselben, wie dies bei den Franzosen der Fall war [278]. Es ist

---

273 Wood, S. 230; Davis, S. 20, 51, 70; Siehe: Kap. 6.3.4.
274 Siehe: Anm. 238.
275 Maundrell, Introduction, S. XXII-XXIII, XXIX-XXXI.
276 Siehe im Folgenden.
277 Siehe dazu: Anm. 271.
278 Siehe: Kap. 6.2.

möglich, daß der Grund hierfür auf dem Fakt beruht, daß die Engländer diesbezüglich disziplinierter als die Franzosen waren oder aber einen Weg gefunden hatten das Problem zu meistern. Die Eheschließungen mit Griechinnen, die Untertaninnen der Pforte waren, sind Beispiel für eine Lösung[279]. Diese gliederten sich in die Bevölkerung der Stationen ein. Da die osmanische Regierung gegen Eheschließungen mit Nicht-Musliminnen war, und 1677 einen Erlaß verabschiedete, wonach jeder Europäer, der eine Einheimische heiratete seine Rechte entsprechend den Kapitulationen verliert und als osmanischer Untertan betrachtet wird, erließ die Levant Company strenge Anordnungen gegen diese Eheschließungen und die Kaufleute wurden sogar zu einem Schwur aufgerufen, keine nicht-muslimischen Untertaninnen des *sultan* zu heiraten. Im Laufe der Jahre verloren diese Anordnungen ihre Wirkung und im 18. Jahrhundert, der Zeitraum mit dem sich diese Studie auseinandersetzt, heirateten Engländer wieder ohne Probleme einheimische Nicht-Musliminnen und sogar europäische Frauen gelangten in die Handelsstation [280].

Im Gegensatz zu den Franzosen beschränkten die Engländer den Aufenthalt in der Station nicht. Der Dienst in dieser Station wurde (bis zu den 40er Jahren des 18. Jahrhunderts) dem in anderen Stationen vorgezogen, da dies die Möglichkeit bot, viel Kapital relativ schnell zu akkumulieren, was letztendlich den Aufenhalt vor Ort verkürzte. Schon alleine die Attraktivität eines Zehntel des Geldes konnte einen Engländer (und Franzosen) dazu bewegen, sein Land zu verlassen. Im allgemeinen hielt man sich zwischen 8 bis 10 Jahren in der Station in Aleppo auf, es gab aber auch solche, die länger blieben. Die Zeitspanne von 8-10 Jahren ermöglichte es einem Engländer bis 1760 in sein Land als ca. 30 jähriger mit einem Kapital zurückzukehren, welches ihm erlaubte einen eigenen Handelsbetrieb selbständig mit der Levante aufzubauen[281]. In Bezug auf diejenigen, die über längere Perioden blieben, gilt es die Zeitspanne ihres Aufenthaltes zu untersuchen. Die Zeit des Aufenthaltes wurde zur Mitte des 18. Jahrhunderts immer länger, da

---

[279] Siehe: Anm. 271; Russell, Bd. II, S. 100; Sim, S. 81.

[280] Russell, ibid.; Montraye, Bd. I, S. 153; Wood, S. 244; Siehe dazu: Kap. 6.2., Kap. 7.1., und Kap. 7.2.

[281] Davis, S. 80, 81, 224; Wood, S. 247.

es schwer war in kurzer Zeit Geld anzusammeln oder aber auf Grund des Willens noch mehr zu akkumulieren. Es bleibt anzumerken, daß sie kein Bargeld nach England zurückführten, sondern dafür Sorge trugen dieses in Waren zu investieren, die sie von Aleppo nach England exportierten [282]. Dem Anschein nach entstand hier ein Problem eines schnellen Wechsels. 10 Jahre sind jedoch eine ausreichende Zeitspanne für die Konsolidierung der englischen Gemeinschaft[283], auch wenn im 18. Jahrhundert ein generelles Problem des Wechsels entstand. Bis zum Jahr 1739 (Kriegsjahr) wogen die nach Aleppo Kommenden, die nach England Zurückkehrenden und Verstorbenen auf. 1739 war das Jahr der Wende. Danach kam eine kleinere Anzahl von neuen Geschäftsrepräsentanten. Diese Anzahl wog die der nach England Zurückkehrenden nicht mehr auf. Wenn man diesen Zahlenrückgang untersucht, so stellt sich heraus, daß dieses nicht auf einen Handelsrückgang zurückzuführen ist, denn der Zahlenrückgang erfolgte schneller als der Rückgang des Handelsumfangs. Zuerst verschwanden die kleineren Handelshäuser und auch die größeren nahmen ab. Der Handelsumfang vergrößerte sich trotzdem, bis er schließlich in den 50er Jahren kollabierte. Auch wenn in den Kriegsjahren keine Sendungen aus England eintrafen, so scheint es doch, daß die Tatsache einer kleineren Gewinnspanne der Grund hierfür war und ein längerer Aufenthalt in Aleppo als zuvor notwendig war. Dies gefiel den jungen Engländern nicht, denn nur die Attraktivität eines schnellen Geldmachens konnte sie, wie gesagt, dazu bewegen ihr Land zu verlassen. Als jedoch dafür eine längere Zeitspanne erforderlich war, nahm die Attraktivität ab. Dies ist selbstverständlich auch mit Prozessen, die die Gesellschaft in London durchlief, verbunden. Die Levant Company war laut einer königlichen Charta eine Monopolgesellschaft. Ihre Mitglieder waren eine Gruppe monopolistischer Kaufleute, deren unflexible Mitgliedschaftsregeln dazu führten, daß nur wenige Neue in die Londoner Gesellschaft zwischen 1710 und 1754 einstiegen. In den Jahren 1731-1736 waren nur 50 bis 60 aktiv im Handel tätig, obwohl im Jahr 1753 im Zuge einer Gesetzgebung des Parlaments die Aufnahmebeschränkungen aufgehoben wurden. Wenn man

---

[282] Davis, S. 193.

[283] Siehe im Folgenden.

hier die Konkurse auf Grund des Kollapses des Seidenpreises hinzufügt, so sind die Gründe verständlich [284] und diese Erscheinung begann den zahlenmäßigen Niedergang der englischen Gemeinschaft in Aleppo zu beschleunigen.

6.3.4. Das Leben in der Station

Maundrell beschreibt die Gemeinschaft der Engländer in Aleppo als eine kleine Gemeinschaft junger, lediger Personen, die wenig Kontakt zur Außenwelt hatten und ein Leben in fast mönchhafter Abgeschiedenheit führten [285].

Die Lebensweise der englischen Bevölkerung der Handelsstation in Aleppo, wie auch die der französischen wurde, von den politischen, geographischen, demographischen und soziologischen Bedingungen des Ortes bestimmt [286] und zusätzlich vom Aufbau, der Zielsetzung, der menschlichen Zusammensetzung, dem quantitativen Gefüge und der englischen Tradition der Bevölkerung der Station. Demnach war das Leben durch Einsamkeit, Abgeschnittensein von zu Hause [287], Rückzug [288], Langeweile und Nichtstun [289] sowie Zerfall [290] charakterisiert. Diese Charakterzüge fanden ihren Ausdruck in der Lebensweise. Die Verbindung nach England und nach Hause war schwer und umständlich. Im 17. Jahrhundert gab es in Aleppo Konsuln, die über einen Zeitraum von ein und zwei Jahren keinen Kontakt nach Hause hatten. Und parallel dazu waren die Beziehungen eines Engländers zu den Personen aus dem Kreise, in dem er lebte, auf geschäftliche Angelegenheiten und offizielle Zeremonien beschränkt. Religiöse und gesellschaftliche Unterschiede sowie der unterschiedliche Status von Muslimen und Fremden machten eine Annäherung an Muslime so gut wie unmöglich [291].

---

[284] Davis, S. 51, 89, 92; Wood, S. 151; SP 105.332.333; Chardin, S. 5; Macpherson, Bd. III, S. 115.

[285] Maundrell, Introduction, S. XXIII.

[286] Siehe dazu: Kap. 3., und Kap. 6.1., Daten, und 6.2.3.

[287] Maundrell, Introduction, S. XXXI; Wood, S. 216, 221; SP 110.39, Die Manufaktur in Aleppo an John Yarnton, 15. März 1769; Davis, S. 3, 10.

[288] Ibid., S. 79, 80.

[289] Ibid., S. 76.

[290] Siehe im Folgenden.

[291] Siehe dazu: Kap. 7.1., und Kap. 7.2; Russell, Bd. I, S. 337; Maundrell, Introduction, S. XXXI; Fedden, S. 215; Wood, S. 229, 230, 235, 266; Frampton, S. 42.

Zur Zeit des Beginns der englischen Handelsstation wohnten deren Kaufleute im großen *khān*, dem *khān* Douane [292], der sich im al-Madīna Wohnviertel befand, das ein gemischtes Wohnviertel für Muslime und Europäer war [293].

Diese Lokalisierung widerlegt die verbreitete Auffassung, der zufolge sich die Fremden aus Gründen der Sicherheit in christlichen Wohnvierteln niederließen[294]. Bis 1680 wohnten im großen *khān* zusätzlich zu den Engländern auch die Franzosen und Holländer. In dem Gebäude, das als Wohnhaus diente, waren ebenfalls die Büros der Station, die Kapelle des Konsulats und die Lagerräume untergebracht und dort wurde die Ware geprüft und Tauschtransaktionen durchgeführt. Als die europäischen Handelsstationen wuchsen und sich vergrößerten, war nicht mehr genügend Platz im großen *khān*. Die Engländer und der englische Konsul verblieben dort, die Franzosen und Holländer zogen an einen anderen Ort. Die Franzosen zogen in den *khān* al-Kurd und die Holländer in einen Bau, der nach ihnen benannt wurde [295]. Für die Anmietung des *khān* und dessen Bewohnen zahlten sie an die Pforte mittels der *multazim* eine Miete [296]. Das Wohnen und die Lokalisierung der Station im *khān* waren die Antwort auf die Bedürfnisse des Handels, denn der *khān* lag in der Nähe der *bāzārs* [297] und bedeutete somit ebenfalls Sicherheit. Die Tore des *khān* wurden nachts geschlossen und der Schlüssel vom Konsul oder türkischen Offizieren, die am Morgen zum Aufschließen kamen, verwahrt [298]. Im Sommer schliefen die Kaufleute wegen der Hitze auf dem Dach oder den Balkonen[299].

---

[292] Sauvaget, Alep, S. 217; Thevenot, Bd. III, S. 108-109.
[293] Qarā'li, S. 65.
[294] Maundrell, S. 198; Ibby, S. 238; Wodd, S. 236, Masson, XVIIeme siecle, S. 466, 468; Es scheint, daß sie sich auf die Periode nach 1680 beziehen, in der die Franzosen und Holländer in andere *khāns* zogen.
[295] Sauvaget, Alep, S. 218; Qarali, S. 72; AE B I 76, 26.6.1680; Russell, Bd. I, S. 84; Davis, S. 5; Masson, XVIIeme siecle, S. 445.
[296] Aṭ-Ṭabbākh, Bd. III, S. 236; Bodman, S. 41; Sauvaget, Alep, S. 217.
[297] Ibid., S. 215.
[298] Wood, S. 239; Masson, XVIIe, S. 466.
[299] Pococke, Bd. II, Teil 1, S. 151.

Auch im 18. Jahrhundert wohnten die englischen Angehörigen der Station weiterhin im großen *khān*, dessen Erdgeschoß die Lagerräume für die Waren beherbergte und in dessem ersten Geschoß die Kaufleute wohnten. Die Räume in diesem Trakt wurden unterteilt, um diese zu Wohneinheiten zu machen. Hatte der Konsul bisher eine gute Wohnung, so kam diese 1745 bereits der Größe einer "Mönchszelle" gleich. Im Laufe des 18. Jahrhunderts, als die Anzahl der englischen Kaufleute zurückging, nahm auch der Platzmangel im *khān* ab und andere begannen den freigewordenen Platz zu nutzen. Im Jahr 1750 kehrten die Franzosen sowohl als auch lokale Händler und sogar der türkische Zoll zurück. Mit dem Auszug der Engländer Ende des 18. Jahrhunderts übernahm der osmanische Zoll das Gebäude[300].

Das Wohnen im *khān* war ein Teil der Lebensweise der Station. Bei diesem Lebensstil gab es keine richtige Privatsphäre, sondern ständige Reibereien und ein fast kollektives Leben. Um Ausgaben zu sparen, die ohnehin schon im Verhältnis zum hohen jährlichen Profit niedrig waren, gab es solche, die gemeinschaftliches Wohnen (sogar gemeinsam mit dem Konsul) vorzogen. Es gab solche, die gemeinsam speisten und solche, die gegen Entgeld sogar am Tische des Konsuls aßen [301]. Die menschliche Zusammensetzung hatte entscheidenden Einfluß auf die Lebensweise und den Charakter des Lebens in der Station. Wie bereits erwähnt, waren die meisten jung und ledig. Trotz der Richtlinien der Gesellschaft gegen Eheschließungen mit lokalen Frauen, veralteten diese im Laufe der Jahre. Im 18. Jahrhundert heirateten Engländer wieder Untertaninnen des *sultan*, die aus verständlichen Gründen vorwiegend griechisch-orthodox waren[302]. Diese Eheschließungen mit einheimischen Griechinnen hatten sehr wahrscheinlich Einfluß auf die Lebensweise einer solchen gemischten Familie. Der ledige Bevölkerungsteil verringerte sich noch mehr. Burckhardt behauptet, daß alle Europäer der Station sich ohne gebildete und freundschaftliche weibliche Begleitung erbärmlich

---

[300] Russell, Bd. I, S. 19-20, BD. II, S. 9; Sauvaget, S. 217; Drummond, S. 184; Davis, S. 5; Burckhardt, Nubia, Memoire, S. XXIV.

[301] Ibid., S. 87.

[302] Siehe: Kap. 6.3.3.

fühlten[303]. Diese Situation besserte sich gegen Ende des 18. Jahrhunderts ein wenig, als in der Station bereits europäische Frauen anwesend waren [304].

Um die Muslime nicht zu verärgern und zu verletzen und um sie nicht zu Beleidigungen der fremden Kaufleute zu provozieren, trugen die Fremden in Aleppo, wie alle anderen Fremden auch, orientalische Kleidung zur Tarnung. Nur wenige trugen westliche Kleidung [305]. Wenn, wie bereits dargestellt, die Tore des *khān* nachts aus Sicherheitsgründen geschlossen wurden, so blieben die Europäer zum Zeitpunkt des Freitagsgebetes in den Moscheen in ihren Wohnungen[306]. Mitte des 18. Jahrhunderts besserte sich die Sicherheitssituation in Aleppo (im Vergleich zu Izmir) zusehends und die Kaufleute genossen eine ungewöhnliche Freiheit. Sie konnten Ausflüge in die Natur machen und ohne Angst vor Beleidigungen und Verletzungen nachts in Zelten schlafen [307].

Hinsichtlich der im 18. Jahrhundert in Aleppo lebenden Engländer gab es im Alltag Perioden intensiver Aktivität gegenüber Zeiten von beinahe Langeweile und Nichtstun [308]. Dieser Alltag beruhte darauf, daß das Arbeitsleben um zwei mit dem Handel der Station verbundene Ereignisse herum stattfand:

1. Die Seidenraupenernte (*racolta*)
2. Die Ankunft des nächsten Schiffes, das Waren lieferte und aufnahm.

Die Seidenraupenernte fiel immer in die gleiche Jahreszeit. Die erste Seide erreichte die Märkte Anfang Juli und in großen Mengen im September. Mit dem Erscheinen der ersten Seide mußte der englische Kaufmann an Ort und Stelle sein, um die

---

303 Sim, S. 96-97; Russell, Bd. II, S. 11.
304 Russell, ibid.; Wood, S. 244.
305 Russell, Bd. II, S. 2; Wood, S. 240.
306 Masson, XVIIeme siecle, S. 466.
307 Volney, S. 152; Pococke, Bd. II, Teil 1, S. 152; Russell, Bd. II, S. 15; Zum gesellschaftlichen Leben, Ausflügen und Picknicks siehe im Folgenden.
308 Davis, S. 76; Ibby, S. 235; Ibby bezieht sich auf das Jahr 1817 und nach seinen Aussagen wurde die Langeweile von der Tatsache beeinflußte, daß in allen türkischen Städten eine große Eintönigkeit herrschte, dadurch, daß es keine Lokale, Theater und Museen gab. Dieses ist im 18. Jahrhundert nicht der Fall.

Qualität und den Preis der Ware festzustellen. Wenn die Ware im September ankam, waren sie mit Aushandeln und Geschäftsabschlüssen beschäftigt [309]. Zu Beginn der 30er Jahre des 18. Jahrhunderts kam das Schiff im allgemeinen im Frühjahr an, blieb den Sommer über im Hafen und kehrte im Herbst nach London zurück. Dazwischen lag die Zeit des Tausches von Stoffen gegen Seide, die Reinigung der Seide, des Fertigmachens für den Transport und der Absprachen mit den Kamelführern für die Überführung zum Hafen Alexandretta. Nach 1735 trafen die Schiffe im Herbst ein und kehrten bald darauf nach London zurück. Die großen Einlagerungen von Stoffen erlaubten es den Angehörigen der Station den Tauschhandel zu einem günstigen Zeitpunkt, den die Seidenhändler bestimmten, abzuwickeln. Ab den 40er Jahren des 18. Jahrhunderts gingen die Vorräte in den Lagerräumen zur Neige und alle Transaktionen wurden zum Zeitpunkt der Ankunft des Schiffes abgeschlossen [310]. Die auf diesen Angaben beruhende Schlußfolgerung, weist darauf hin, daß der Zeitpunkt zum Frühjahr hin, eine tote Zeit der Station war, ebenso wie andere Zeitabschnitte, die zwischen den Phasen der Aktivität lagen im Grunde von Nichtstun, Untätigkeit und sogar fast Langeweile charakterisiert waren. War dies wirklich der Fall?

Die Engländer der Handelsstation in Aleppo führten ein isoliertes Leben und genossen es [311]. Im Gegensatz und im Vergleich zu den Franzosen, die, wie dargestellt, einen alljährlichen Karneval abhielten [312], waren die Engländer über das ganze Jahr hinaus viel aktiver, um die Fremde und die Monotonie zu durchbrechen und zu erleichtern. Sie luden Gäste ein, veranstalteten Feste, Vergnügungen und sportliche Betätigungen [313]. Das gesellschaftliche Leben der Engländer in Aleppo spiegelte das Leben in der Heimat wieder. Sie brachten das gesellschaftliche Leben, die Vergügungen und die Freizeitbeschäftigungen der Heimat mit sich nach Aleppo. Im Laufe des 17. Jahrhunderts und solange wie die englische Gemeinschaft im 18. Jahrhunderts noch ihre zahlenmäßige

---

[309] Davis, S. 77.
[310] Ibid., S. 78.
[311] Maundrell, Introduction, S. XXIII; Pococke, ibid.
[312] Siehe dazu: Kap. 6.2.3.
[313] Siehe im Folgenden.

Zusammensetzung behielt, scheint sie im Vergleich zu ihren Konkurrenten relativ vereint und konsolidiert, zumindest was die gesellschaftlichen Aktivitäten der Gemeinschaft anbelangt. D.h., daß eine wechselseitige Abhängigkeit zwischen dem gesellschaftlichen Leben und der Anzahl der Bewohner der Gemeinschaft besteht[314].

Die Kaufleute im Aleppo des 18. Jahrhunderts hatten viel Zeit. Deshalb beschäftigten sie professionelle Maler oder Amateure, um sich Portraits anfertigen zu lassen [315]. Ebenso wurde von der Leitung die Zeit für Vergnügungen und Sport festgelegt. Im Herbst und Frühjahr gingen alle Angehörigen der Station zweimal wöchentlich auf Jagd. Während des heißen Sommers ritten sie bei Sonnenuntergang auf ihren Pferden. Zu diesem Zweck hielten die Kaufleute ihre eigenen Pferde und schnelle Jagdhunde. Sie jagten Hasen und Wildgänse. Sie spielten Kricket, veranstalteten Picknicks und Wanderungen in der Natur. Auf den Picknicks wurde gespielt, gegessen und Wein getrunken [316]. Auf diese Weise festigte und verwurzelte sich im Kreise der Engländer die Tradition von Ausflügen außerhalb der Stadt. Auch wenn es sich zu Beginn des 19. Jahrhunderts um eine kleine Gemeinschaft handelte, so zogen sie doch zu Jagdfesten aus, ganz wie in den Tagen von Barker, der Reisende und Gäste zu solchen einlud. Was alles gejagt werden konnte, ist erstaunlich: Steinhühner, Gänse, Waldhühner, Schildkröten und Stachelschweine. Die Jagd fand mit Hilfe von schnellen Jagdhunden und Falken statt [317]. Die Picknickausflüge weisen auf die Lebensweise der Station, die gesunden und guten Beziehungen, trotz geschäftlicher Konkurrenz und ebenso auf die Sicherheitslage zu Zeiten von Pococke und Volney, die ihnen dieses ermöglichte. Die personelle Zusammensetzung der Bevölkerung der Station (Junge und Ledige) trug ohne Zweifel zu dieser Lebensweise bei. Da sie jung und fröhlich waren, gründeten sie einen Orden, der "Knights of the Malhue" hieß. Diese Gemeinschaft veranstaltete

---

[314] Siehe: Kap. 6.1., Daten; Wood, S. 237, 240; Davis, S. 22, 79-80; Siehe auch: Kap. 6.3.5.

[315] Davis, S. 24.

[316] Russell, Bd. II, S. 9, 15-18; Maundrell, Introduction, S. VI und S. 198; Volney, S. 152; Teonge, S. 146, 159; Pococke, Bd. II, Teil 1, S. 152; Wood, S. 242; Davis, S. 46, 49, 87.
Auch die Franzosen hielten Pferde. Siehe dazu: Fedden, S. 215-216; Siehe auch: Kap. 6.3.5.

[317] Ibby, S. 233-234; Sim, S. 81.

feierliche Krönungszeremonien für den Titel "Knight of the Malhue". Die Zeremonie und der Titel wurden unter anderem auch Engländern, die die Station besuchten, zu teil [318]. Die Beschreibung von Teonge bezieht sich zwar auf die 70er Jahre des 17. Jahrhunderts, aber dennoch kann man hieraus die Lebensweise der Station ablesen, zumindest solange es dort noch eine ausreichende Zahl von Bewohnern gab.

In der englischen Station Aleppos gab es auch eine große Bibliothek [319], und wer lesen wollte, konnte diese benutzen.

Die Personen der englischen Gemeinschaft verstanden es auch sich der lokalen Lebensweise anzupassen, die Antworten auf das Klima bot, das sich so sehr von dem englischen Klima unterschied. Eine der Institutionen zur Entspannung und Erfrischung war in Aleppo, wie in jeder anderen muslimischen Stadt auch, der *ḥammām*. Es ist durchaus angebracht im *ḥammām* eine Institution zu sehen. Die Engländer in Aleppo übernahmen die Erfrischung im *ḥammām*, wo auch für Frauen und Männer getrennte Feiern veranstaltet wurden [320].

Aus dem bisher Erwähntem ergibt sich die Frage, warum die Engländer aktiver als die Franzosen und restlichen Europäer waren und dafür sorgten Abwechslung ins Leben zu bringen, die Monotonie zu durchbrechen und viel konsolidierter und vereinter als die Franzosen waren?

Es scheint, daß sowohl die Engländer als auch die Franzosen einem ähnlichen gesellschaftlichen Hintergrund entstammten (in London und Marseille verwurzelte Kaufmannsfamilien, die den gehobenen gesellschaftlichen Kreisen nahestanden). Darin kann m.E. nicht die Antwort auf die oben gestellte Frage gefunden werden.

---

[318] Teonge, S. 153-155, 167-168.
[319] Fedden, ibid.
[320] Dieses wird ausführlich behandelt in: Kap. 7.2.

Der Unterschied zwischen den beiden Gemeinschaften beruht auf einigen Faktoren:

1. Die Engländer legten früher als die Franzosen Auswahlkriterien für Kaufleute der Levant Company, die in die Levante gingen, fest.

2. Die von den Engländern festgelegten Kriterien waren schärfer und unflexibler, als die der Franzosen.

3. Die Engländer überwachten die Einhaltung dieser Kriterien für die Entsandten strenger als die Franzosen.

4. Die Statuten und Regeln, die die Franzosen für die Gesellschaften und die Abwicklung der Versammlung festlegten, unterschieden sich von denen der Engländer und riefen interne Auseinandersetzungen und Streitigkeiten hervor, insbesondere in Bezug auf die Notwendigkeit aus Geldern der Gesellschaft Konkurse und Rückerstattungen finanzieren zu müssen.

5. In der Schicht der französischen Kaufleute gab es eine interne Hierarchie und Standesunterschiede:

a. die *negóciants, regisseurs* stellten die Aristokratie der Station dar. Nur sie bildeten die Versammlung, hatten Wahlrecht, konnten gewählt werden und abstimmen.

b. Die *commis* und *fateurs* kamen in ihrer Anzahl den zuvor genannten fast gleich, waren jedoch keine Mitglieder der Versammlung.

Diese Differenzierung rief Spannungen hervor und schadete der Einheit in solchem Ausmaße, daß in den Berichten der französischen Kaufmannsverbände in Aleppo behauptet wurde, wie es schwer sei noch eine weitere Körperschaft zu finden, die das Heraufbeschwören von Meinungsverschiedenheiten und Konflikten untereinander und mit dem Konsul so sehr liebte [321]. Auch wenn die Franzosen im 18. Jahrhundert zahlreicher als die Engländer waren, so scheint doch die Möglichkeit zu bestehen, daß die Engländer in Aleppo eher als die Franzosen eine homogenere und konsolidiertere Gemeinschaft vorfanden, da die menschliche Qualität des englischen Personals bereits von Beginn an besser war. Hierzu gilt es die

---

[321] Chardin, S. 7-8; Wood, S. 237; Ferriol, S. 112.

unterschiedlichen Traditionen, die jede Gemeinschaft aus der Heimat mit sich brachte, hinzuzufügen. Die Tradition der Freizeitgestaltung war in England im 18. Jahrhundert anders als jene in Frankreich, auch wenn Europäer gemeinsame Eigenschaften, wie z.B. Leichtsinn, Sinnlichkeit und Spott aufwiesen.

In England stellten Klubs und Kaffeehäuser das Zentrum gesellschaftlicher Aktivität dar, in denen die Kunst des Redens und der Gedanken gepflegt wurde. Es gilt festzuhalten, daß diese mit weniger Zartgefühl und Geschmack geäußert wurden als in Frankreich. Die Vergnügungen der Londoner waren Wein, Frauen und Würfelspiele und in den Klubs fanden Kartenspiele statt. Die Freizeitgestaltung in England hatte volkstümlichen Charakter. Ein Teil der Vergnügungen waren unterschiedliche Sportarten wie: Hahnenkämpfe, Hofhunde, Bulldoggen, die auf Bären gejagt wurden und es entwickelten sich Pferderennen, Gestüte für Rassepferde, Fuchsjagden, Kricket und Boxkämpfe.

In Frankreich imitierte man das Geschehen in Paris, wo das Zentrum gesellschaftlicher Aktivitäten die "Salons" waren, die Ideen und Mode hervorbrachten. Dort pflegten sich die Nouvellisten zu versammeln, die sich in den verschiedenen Parks von Paris mit Auslegungen, Analysen der Außenpolitik, Literatur und Sprache beschäftigten. Dieses fand in Frankreich einen betont urbanen Ausdruck (Theater, Oper usw.), wobei die Stadt mit Begeisterung den königlichen Hof nachahmte [322].

Das religiöse Leben war Teil des Lebens der Station. Englische Geistliche waren seit dem Jahr 1599 in Aleppo [323]. Gottesdienste und weitere Dienste der Geistlichen fanden in Aleppo in der Kirche des Konsulats statt, da die Osmanen den Bau von christlichen Kirchen außerhalb der Grenzen von Istanbul und Izmir nicht erlaubten[324]. Maundrell fand in Aleppo einen tiefen Respekt vor Zeremonie und der englischen Kirchenverfassung vor. Seinem Bericht zufolge gehörte das tägliche Morgengebet

---

[322] Russell, Bd. II, S. 18; Maurois, Histoire d'Angleterre, [Übersetzt ins Heb.], S. 270, 278-290; Idem., Histoire de la France, S. 175-177, 199-201, 206; Crington, S. 635-637.

[323] Siehe: Kap. 6.3.2., und Anm. 238, 239.

[324] Sauvaget, Alep, S. 218; Wood, S. 224.

zur ersten Handlung der Kaufleute [325]. Die Aufnahme eines Geistlichen war von dessen Charakter abhängig, da es sich hier um eine Gemeinschaft von jungen, ambitionierten und initiativfreudigen Personen mit frohem Lebensmut handelte. Jeder Geistliche, der deren jungen Geist nicht verstand, sie belehren wollte und als eine Gruppe ungewöhnlicher junger Menschen behandelte, stieß dadurch auf deren Ablehnung und erhielt von ihrer Seite selbstverständlich keine Kooperation[326].

Die Lebensweise in der Station Aleppos wurde auch von geographischen, klimatischen und urbanen Faktoren beeinflußt. Eine bevölkerte Stadt wie Aleppo, ohne sanitäre Anlagen, großer Hitze im Sommer, ihre Lage in einem für Erdbeben prädestiniertem Gebiet, bedeutete eine beständige Gefährdung durch Krankheiten wie Dysenterie und Malaria, Pest- und Choleraepidemien, Brände und Erdbeben[327]. Die Europäer mußten lernen unter diesen Bedingungen zu leben. Sie lernten Wasser zu desinfizieren, sich bei Epidemien in ihren Häusern einzuschließen und in Gebiete zu flüchten, in denen bessere klimatische Bedingungen herrschten [328]. Ihre Toten bestatteten die Europäer Aleppos auf dem lateinischen Friedhof [329].

6.3.5. Die internen Beziehungen in der Gemeinschaft

In Aleppo gab es große und kleine Handelshäuser. Einer der Charakterzüge im Bereich der wirtschaftlichen Zusammenarbeit der Gemeinschaft war die Seltenheit wirklicher Partnerschaft in der Station [330]. Die Tatsache, daß die großen Firmen, die in London besonders im Handel mit Aleppo und der Levante im allgemeinen dominant waren, Mitte des 18. Jahrhunderts einen erbitterten Konkurrenzkampf untereinander führten, schlug sich auch in Aleppo nieder [331]. Dies kam im gefühlslosen Bruch von Partnerschaften und im Wechsel von Geschäftspartnern[332],

---

[325] Maundrell, Introduction, S. VI und S. 198.
[326] Wood, S. 224; North, Bd. II, S. 356-357.
[327] Aṭ-Ṭabbākh, Bd. III, S. 243, 297, 306.
[328] Russell, Bd. II, S. 25, 26, 380-382; Davis, S. 79-80; SP 105.141, Barker an die Company, 16. Juli 1829; Sim, S. 97.
[329] Taoutel, Bd. I, S. 90.
[330] Davis, S. 75.
[331] Ibid., S. 56-57, 155.
[332] Ibid., S. 21.

ebenso wie in Meinungsverschiedenheiten und Streitigkeiten zwischen den Kaufleuten der Gesellschaft und dem Konsul über Steuern und Auflagen zum Ausdruck. In Friedenszeiten hatte das Steuerniveau keinen Einfluß auf die Konkurrenz zwischen den englischen und anderen fremden Kaufleuten, die ebenfalls Steuern entrichteten. Holländer und Venezianer zahlten den englischen und französischen Konsuln Steuern für den Schutz. In Kriegszeiten und Perioden drastischen Niedergangs des Handels in den 60er Jahren war die Steuer eine Last für die Kaufleute, wobei die Steuern, die den Franzosen auferlegt waren, im 18. Jahrhundert zurückgingen[333]. Die Konkurrenz und die Streitigkeiten zwischen Konsul und Kaufleuten trafen auch das Funktonieren der Versammlung, so z.B. als sich ein Kaufmann weigerte auf dieser Versammlung anwesend zu sein [334]. Auch wenn eine große geschäftliche Konkurrenz bestand, gab es einige Fälle, in denen es englische Kaufleute schafften ein "Kartell", d.h. gemeinsame Preisabsprachen mit den Seidenverkäufern im Jahr 1746, untereinander abzustimmen[335]. Was einen der Partner - Stratton - nicht daran hinderte, seine Partner zu betrügen, sich bevor die Kartellabsprache in Kraft trat an die Seidenlieferanten zu wenden, diesen mit dem Kartellpreis zu drohen und die Ware zu einem leicht höheren Preis zu kaufen [336]. Die geschäftliche Konkurrenz zwischen den Repräsentanten der Firmen war verflochten mit Freundschafts- und Feindschaftsverhältnissen zwischen Personen. Die Notwendigkeit nach Einheit gegenüber äußeren Faktoren, die wirtschaftliche Interessen bedrohten, führte dazu, daß dieses die feindschaftlichen Beziehungen zwischen Personen, soweit sie bestanden, in großem Maße neutralisierte [337].

Im vorangegangen Kapitel wurde deutlich, daß die Engländer, im Gegensatz zu den Franzosen, zusätzlich zu offiziellen Ereignissen, Karten spielten, wöchentliche Konzerte, Maskenbälle und Karnevale veranstalteten[338]. Die englische Gemeinschaft

---

[333] Ibid., S. 48; Paris, S. 117-123, 310-318.

[334] SP 105.117, Company an Konsul Coxe, Aleppo 15. Dezember 1732; Wood, S. 219.

[335] SP 105.343; Davis, S. 155-156.

[336] Ibid.

[337] Siehe dazu: Kap. 7.1.

[338] Russell, Bd. II, S. 12; Wood, S. 237.

machte einen konsolidierteren Anschein als ihre Konkurrenten und auch wenn interne Konkurrenz bestand, so handelten sie doch gemeinschaftlich und einheitlich in Bezug auf alles, was ihre Gemeinschaft anging [339]. Es läßt sich sogar sagen, daß die gesellschaftlichen Ereignisse, die die Angehörigen der Station anregten und ausführten, im Grunde nicht nur auf eine Lebensweise hinweisen, sondern mehr noch auf gute interne Beziehungen. Auch in diesem Bereich unterschieden sie sich von den Franzosen [340].

6.4. Die Beziehung zwischen dem Niedergang Aleppos und dem Zahlenrückgang der Fremden

Ebenso wie das entstandene Bild, welches auf den Prozeß des wirtschaftlichen Niedergangs von Aleppo hinweist, so zeigen die Zahlenangaben und Graphen für den Verlauf des 18. Jahrhunderts, daß die Zahl der französischen und englischen Kaufleute im Verhältnis zum 17. und zum Beginn des 18. Jahrhunderts zurückging [341], was natürlich folgende Frage aufwirft: Gibt es eine Beziehung oder Verbindung zwischen dem Rückgang der Anzahl der fremden Kaufleute und zwischen dem Prozeß des Niedergangs? Wenn ja, worin besteht diese Beziehung?

Es gibt solche, die meinen, daß es eine derartige Beziehung gibt, und daß der wirtschaftliche Niedergang Aleppos und der Rückgang im Handel den Rückgang der Anzahl der fremden Kaufleute verursacht hat [342]. M.E., und wie im Folgenden ersichtlich werden wird, ist die Antwort auf die Frage in Bezug auf die Engländer nicht identisch mit der bezüglich der Franzosen. Anfang des 18. Jahrhunderts glich die Größe der englischen Gemeinschaft in Aleppo der der Franzosen. Der englische Handelsumfang war bedeutender als der französische. Erst im Laufe des Jahrhunderts vollzog sich eine Änderung in den Zahlen und die Daten zeigen auf, daß sich beide Gemeinschaften in einem zahlenmäßigen Abstieg befanden. Bei den Engländern besteht wirklich eine Beziehung zwischen dem Rückgang der

339 Siehe dazu: Anm. 331 und 337.
340 Wie deutlich wurde in: Kap. 6.2.
341 Siehe dazu: Kap. 6.1., Daten.
342 Bodman, S. 128, Masson, XVIIIeme siecle, S. 521.

Anzahl der Kaufleute und dem Prozeß des wirtschaftlichen Niedergangs Aleppos. Darüberhinaus unterstützten und beschleunigten die Engländer den Niedergang noch mit dem Verlegen des englischen Handels an den Persischen Golf oder nach Izmir auf der Suche nach Alternativen oder günstigerer und qualitativer Ersatzseide, als jene die sie in Aleppo erwarben[343]. Es besteht also eine Beziehung, jedoch ist dieses nicht der einzige Grund für den Zahlenrückgang der Engländer. Der Wendepunkt war im Jahre 1738. Bis zu diesem Jahr wogen die nach Aleppo kommenden Personen die gehenden auf. Ab diesem Jahr kamen jedoch nur Einzelne und die Abziehenden übertrugen die Handhabung der Handelshäuser den zurückbleibenden und in Aleppo ansässigen Personen [344]. Dieses lag unter anderem an den internen Prozessen in der Levant Company in London, in der sich ein drastischer Rückgang der Mitgliederzahlen in den Jahren von 1670 bis 1753 vollzogen hatte, und da einige der Kaufleute der Levant Company und Handelshäuser in Konkurs gegangen, Verstorbene keine Erben hinterlassen oder anderen Geschäften nachgegangen waren. Denn der Handel war nicht attraktiv genug, um die aus der Station nach London Abziehenden zu ersetzen. Auch war der Preis der französischen Stoffe z.B. günstiger als der der englischen Produkte[345].

Demgegenüber verblieben die Franzosen in allen Stationen Syriens und dominierten im Handel. In Aleppo war der Rückgang in der Anzahl der französischen Kaufleute ein Ergebnis von in Frankreich getroffenen administrativen Entscheidungen:

1. Die Festlegung kürzerer Aufenthaltsperioden in der Station [346].
2. Die Begrenzung der Anzahl der Handelshäuser [347].

Zusätzlich zu dem Dargestellten [348], hatten diese Statuten auch noch wirtschaftliche Gründe und Auslöser. So wie z.B. die Notwendigkeit den Verkaufspreis der

---

[343] Siehe: Kap. 2; Masson, XVIIIeme siecle, S. 520; Davis, S. 27, 36.
[344] Davis, S. 89.
[345] Ibid., S. 62, 63, 89, 240, 242; Siehe dazu: Kap. 6.3.3., und Anm. 284.
[346] Masson, XVIIIeme siecle, S. 25-28, 157; Masson bezieht sich auf die Ordonnance vom 21. März 1731.
[347] Ibid., Ordonnance von 1743.
[348] Siehe dazu: Kap. 6.2., und Anm. 113-116.

französischen Ware anzuheben, den Kaufpreis vor Ort mittels Verringern der Konkurrenz zwischen den Handelshäusern sowie auch durch die Verhinderung von Monopolen unter den bestehenden Handelshäusern zu drücken und neuen Kaufleuten die Möglichkeit zu geben einen Platz im Handel in der Levante zu finden [349]. Der Beweis, daß keine Verbindung zwischen dem Rückgang der Anzahl französischer Kaufleute und dem wirtschaftlichen Niedergang Aleppos besteht, ist die Tatsache, daß trotz der Festlegung auf 9-10 Handelshäuser und der Rückgang in der Anzahl im Verhältnis zum 17. und 18. Jahrhundert, der französische Handelsumfang in Aleppo dennoch von ca. 1.000.000 *livres* (alte französische Währung) im Jahr 1715 auf 1.400.000 in Jahr 1760 anstieg [350]. D. h., daß es sich hierbei um einen Anstieg des französischen Handelsumfangs handelte, und es scheint, daß die Franzosen in diesen Jahren den Platz der Aleppo verlassenden Engländer einnahmen und daraus sogar noch Gewinn schlugen. Die Schlußfolgerung von Masson, die auf dem Handelsumfang in französischer Währung (*livres*) aufbaut, stimmt zwar tatsächlich mit den von Robert Paris angeführten Zahlen überein [351]. Diese Zahlen sind jedoch falsch. Bei den ersteren handelt es sich um nominale Werte und wenn man einerseits die Inflationsrate und andererseits die Geldabwertung einbezieht, so besteht entsprechend realer Werte kein Wachstum, sondern Stagnation und vielleicht sogar ein Rückgang [352].

Diese Schlußfolgerung wird auch an Hand der Tabelle, die sich auf den prozentualen Anteil der Ankäufe der Marseiller in Aleppo bezieht, erhärtet. Sie zeigt einen Rückgang von 14,7% für das Jahr 1671 auf 11,5% für die Jahre 1736-1740, und auf 9% für die Jahre 1785-1789 [353].

Was sehr wohl auf einen Anstieg des französischen Handels in Aleppo hinweist, ist der beständige Anstieg (Prosperität) des französischen Kaufumfanges in Aleppo

---

[349] Siehe dazu: Anm. 347.
[350] Masson, XVIIIeme siecle, S. 522.
[351] Paris, S. 414-416, 583; Philipp, Syrians, S. 9-10; Masson, XVIIIeme siecle, S. 522-523.
[352] Paris, S. 583; Philipp, Syrians, S. 10.
[353] Paris, S. 415.

von Seide und Baumwolle, und zwar im Verhältnis zu den französischen Ankäufen in Mittelsyrien [354].

Jahr	**1700-1702**	**1750-1754**	**1785-1789**
Seidenankauf in *livres*	298.000	48.000	223.000
Baumwollankauf in *livres*	56.000	92.500	339.000

Auch wenn man Inflationsrate, Preisanstieg und Geldabwertung mitberechnet, so zeigen diese Zahlen dennoch ein reales (nicht nominales) Wachstum.

In den Jahren 1776-1787 stiegen die Ankäufe der Franzosen in Aleppo gegenüber Sidon und Akko wieder an. Hierfür gibt es einige Gründe: Das Ende des Krieges zwischen Türken und Persern erleichterte den Handel in Richtung Osten, wohingegen das Chaos in Syrien den Handel in Sidon und Akko erschwerte. Der Seidenankauf ging zwar zurück, doch die französische Baumwollmanufaktur fuhr fort zu expandieren und basierte auf dem Import von Baumwolle und Baumwollfäden aus der Levante und Aleppo, die die Baumwolle aus Akko ersetzte. Die französischen Kaufleute waren gezwungen auf Grund der Kurzsichtigkeit des Jazzār Pasha, der sie zum Weggang zwang, Akko zu verlassen [355]. Mitte des 18. Jahrhunderts waren Textilien aus dem Orient für die Franzosen attraktiver und der Import dieses Produktes nach Frankreich war von größerem Umfang als der Handel mit Aleppo. Ab dem Jahr 1789 besaßen die Franzosen in Syrien kein Handelshaus mehr und erst 1820 hatten sie dort wieder zwei Handelshäuser [356]. Die Schließung

[354] Ibid., S. 415, 516.
[355] Philipp, Social Structure, S. 102.
[356] Davis, S. 28-29; Masson, XVIIIeme siecle, S. 523; AE B III 243, Bobine 2, Renseignement sur le Commerce du Levant, Division par l'echelles et tableu des etablisement, 13. Mai 1825.

der französischen Handelsstation hatte politische Gründe: die Französische Revolution und die Entsendung französischer Truppen nach Ägypten, die eine Unterkühlung des Verhältnisses zwischen Frankreich und dem Osmanischen Reich verursachte [357].

Es gilt festzuhalten, daß in Bezug auf den Aspekt des französischen Handels ein Unterschied zwischen der Handelsstation in Aleppo und den restlichen Handelsstationen in Mittel-Syrien bestand. Die französische Handelsbilanz in Aleppo war positiv, im Gegensatz zu den negativen Handelsbilanzen der restlichen Stationen. In Aleppo verkauften die Franzosen mehr als sie ankauften[358].

Es besteht also keine Beziehung zwischen dem Rückgang der Anzahl der französischen Handelshäuser und dem wirtschaftlichen Niedergang Aleppos, eine Tatsache, die man in Bezug auf die Engländer nicht anführen kann.

---

[357] Sauvaget, Alep, S. 180-192; Luzki, S. 63.

[358] AE B III. 243, Bobine 2, Renseignement sur le Commerce du Levant, Paralle du commerce fair dans le Levant par les divers Nations en 1789-1820, 13. Mai 1825; Masson, XVIIleme siécle, S. 522-523; Davis, S. 29.

7. Synchronisierung der Systeme

7.1. Die Beziehungen zwischen der Zentralregierung, ihren Repräsentanten und den Gemeinschaften der Fremden

Die Beziehungen der Gemeinschaften der Fremden zur Zentralregierung und ihren Repräsentanten in Aleppo - Gouverneur, *muḥaṣṣil* und *qāḍī* - bestanden, wie im Verlauf zu sehen sein wird, über den Konsul. Kam ein neuer Konsul nach Aleppo, so wurde dieser vom Gouverneur, dem er das Beglaubigungsschreiben übergab und ebenso vom *qāḍī* und *muḥaṣṣil* empfangen. Nur der *muḥaṣṣil* erwiderte dem Konsul einen Höflichkeitsbesuch [1]. Bereits in Kapitel 3.1.1. wurde deutlich, daß *pasha*, *qāḍī* und *muḥaṣṣil* nur auf ein Jahr ernannt wurden. Dem lag die Absicht zu Grunde, den *pasha* daran zu hindern zuviel Macht zu konzentrieren. Dem *pasha* stand der *muḥaṣṣil* gegenüber, der direkt der Pforte unterstand [2]. Eine Ernennung auf ein Jahr bedeutet eine sehr kurze Amtsperiode. Diese kurze Zeitspanne hinderte den Gouverneur, langfristige Angelegenheiten zu übernehmen. Trotzdem lassen sich hier die Wurzeln eines Systems unaufhörlicher Forderungen finden, die alle osmanischen Funktionäre den Gemeinschaften der Fremden stellten. Noch schwerwiegender ist die Tatsache, daß es sich hierbei um offene Forderungen von Geschenken, Bestechungsgeldern und Anleihen, die nicht zurückgezahlt wurden, handelte[3]. Demzufolge brachte der Konsul, wenn er dem Gouverneur sein Beglaubigungsschreiben überreichte, oder diesen aus irgendeinem anderen Anlaß besuchte, Geschenke mit. Jeder Besuch war von einer großen Zeremonie begleitet. Der Konsul wurde von der gesamten Gemeinschaft und jenen, die unter deren Schutzherrschaft standen, eskortiert [4]. Die Konsuln nahmen nicht an der Gefolgschaft teil, die auszog, um einen neuen Gouverneur in Alexandretta oder

---

[1] Russell, Bd. II, S. 21.

[2] Ibid., Bd. I, S. 322, 325; Sauvaget, Alep, S. 188; Gibb und Bowen, Teil 1, S. 201; Volney, S. 41.

[3] Pitton de Tournefort, Bd. II, S. 283; Sauvaget, ibid.; D'Arvieux, Bd. VI, S. 309; Davis, S. 208-209; SP 105.182; SP 110.27 PFF 6309; SP 110.23; Barker, Bd. I, S. 342-343; Auch der *qāḍī* und seine Beamten nahmen Bestechungsgelder an. Russell, Bd. I, S. 319; Al-Ghazzī, Bd. III, S. 298, 304; AE B I 90 cc Alep 1769, S. 118-122; Rambert, S. 47-56.

[4] Taoutel, Bd. I, S. 48, beschreibt die Zeremonie und die Gefolgschaft; Masson, XVIIeme siecle, S. 448-449; Lucas, S. 282-285; AE B I 90 cc Alep 1766-1768, S. 43, S. 289-294 vom 23. Oktober 1767 und Nr. 143 vom 30. April 1767.

auf dem Weg in die Stadt zu empfangen. Die Konsuln wurden von dem neuen Gouverneur im Salon des Regierungshauses empfangen, wobei zu seiner Rechten der *qāḍī* und die restlichen Amtsträger standen. Auf diese Weise empfing der Gouverneur sowohl die Konsuln als auch die *a'yān*, die sich ebenfalls nicht unter jenen befanden, die auszogen, um den Gouverneur zu begrüßen [5]. Bei offiziellen Zeremonien wurde dem französischen Konsul vor dem englischen der protokollarische Vorzug gegeben. Dieses beruhte darauf, daß die Franzosen vor den Engländern eine Handelsstation in Aleppo errichtet hatten [6].

Bei einer Zusammenkunft mit dem *pasha* oder *qāḍī* stand für den Konsul kein westlicher Stuhl bereit und er hatte die Wahl entweder zu stehen oder aber sich auf Kissen niederzulassen. Das Mitbringen eines westlichen Stuhls war eine weitere Möglichkeit. Diese Sitzmöglichkeiten waren alle im Vergleich zu den Sitzplätzen des Gouverneurs und *qāḍī* niedriger [7]. Die grundsätzliche Idee, die sich hierhinter verbirgt, ist auf die Überlegenheit des Gouverneurs im Verhältnis zu einem fremden Christen zurückzuführen. Diese Überlegenheit beruht auf dem muslimischen Gefühl gegenüber jedem, der Nicht-Muslim ist und geht sowohl auf die religiöse Denkweise, nach welcher jeder Nicht-Muslime als minderwertig betrachtet wird [8], als auch auf die Nachahmung der am Hofe des *sultan* üblichen Sitten zurück [9].

Der französische und englische Konsul waren berechtigt von zwei *janitscharen* begleitet zu werden. Dieses Geleit wurde den Konsuln als Schutz vor physischen Verletzungen, Beleidigungen und zur Erhöhung ihrer Stellung gewährt. Die Begleitung war auch dazu gedacht, das Haus des Konsuls vor Einbrechern zu

---

5 Al-Ghazzi, Bd. I, S. 321; Barker, ibid.

6 Russell, Bd. II, S. 5.

7 Philipp, French Merchants, S. 1; AE B I 84 cc Alep 1743-1745 tombe 9, 7. Juni 1754; AE B I 90 cc Alep 1766-1768, tome 15 Nr. 144 vom 30. April 1767; Teonge, S. 155; Russell, Bd. II, S. 20, 21; Taoutel, ibid, führt die Geschichte mit dem Stuhl an.

8 Siehe dazu: Kap. 1.; Wood, S. 230; Qu'rān, Sure 2, Vers 61, Sure 3, Vers 112, Sure 5, Vers 51, Sure 9, Vers 33, Sure 48, Vers 28, Sure 69, Vers 9; Taoutel, ibid., erklärt die Angelegenheit um den Stuhl damit, daß der *pasha* dem Konsul das Sitzen nach seinem Brauch erlaubte, da vielleich auf Grund der Kleidung des Fremden (europäische Kleidung) ein Sitzen mit angewinkelten Beinen nicht bequem war.

9 Wodd, ibid.; G. Larpent, Bd. I, S. 228; Eton, S. 109.

schützen[10]. Parallel dazu ermöglichte diese Begleitung den Regierungsrepräsentanten der Stadt die Schritte und Kontakte des Konsuls mit der lokalen Bevölkerung zu überwachen. Die Begleitung durch die *janitscharen* wurde vom Konsul bezahlt[11]. Der englische und französische Konsul wurden darüberhinaus, wenn sie zu offiziellen Zeremonien erschienen, von einem *jawūsh* begleitet, der vor ihnen herging und einen versilberten Stab trug [12].

Im allgemeinen waren die Konsuln nicht der lokalen Sprache mächtig und nur wenige versuchten Arabisch und Türkisch zu erlernen. Deshalb bedienten sie sich für die tagtäglichen Kontakte mit der Zentralregierung und deren Repräsentanten in Aleppo der *dragomane*. Diese waren nicht-muslimische Untertanen der Pforte. Bis zum Jahr 1722 unterhielt die englische Handelsstation drei *dragomane*, später ging diese Zahl auf zwei zurück (dieses beruhte, wie im Kapitel 6.1. und 6.2. deutlich wurde, auf dem Rückgang des Handels und der Kaufleute). Die meisten von ihnen waren griechisch-orthodoxe Araber, die Italienisch - die vorherrschende Handelssprache -, aber auch andere europäische Sprachen, wie Englisch und Französisch, beherrschten. Selbstverständlich beherrschten sie Arabisch und Türkisch in Schrift und Wort. Die *dragomane* der englischen Handelsstation erhielten Gehälter von der Levant Company [13]. Die französische Handelsstation unterhielt zwei *dragomane*. Darunter einen persönlichen *dragoman* für den Konsul, der auch an dessen Tisch speiste. Der zweite *dragoman* stand den Kaufleuten der Station zur Verfügung. Beide erhielten ihre Gehälter vom Konsul und der französischen Gemeinschaft. Die *dragomane* der Franzosen wurden als Beamte des Königs angesehen [14]. Die persönlichen und direkten Kontakte zwischen Konsul und Gouverneur sowie anderen Repräsentanten beschränkten sich im allgemeinen

---

10 AE B I 90 cc Alep 1766-1768, S. 43, 294; Russell, Bd. II, S. 4; Masson, XVIIeme siecle, S. 466, 468; AE B I 89 cc Alep 1763-1765, S. 332; Auch der holländische Konsul verfügte über einen *janitschar*.

11 AE B I 90 cc Alep 1766-1768, S. 43; Russell, Bd. II, ibid.

12 Ibid., Bd. II, S. 3; Wood, S. 228; AE B I 90 cc Alep 1766-1768, S. 44, 22. Mai 1766 und Nr. 143, 30 April 1767.

13 Russell, Bd. II, S. 1-6; Wood, S. 225, 227; SP 105.209, S. 221; AE B I 91 Alep 1769-1771 tome 16, S. 48; Und siehe dazu: Kap. 7.3.

14 Masson, XVIIeme siecle, S. 454 und XVIIIeme siecle, S. 182; Russell, Bd. I, S. 227.

auf offiziellen Zeremonien oder besonders wichtige Angelegenheiten. Es gab auch Ausnahmen, die zu einer persönlichen Beziehung führten, so wie bei d'Arvieux und dem *mufti* und *qāḍī* von Aleppo[15].

Die Abhängigkeit der Konsuln und Gemeinschaften von den *dragomanen*, die diesen als Augen, Ohren, Mund und Führer auf allen Ebenen des geschäftlichen und politischen Lebens vor Ort dienten, [16] stellte ein "zweischneidiges Schwert" für die Konsuln dar. Die Beschäftigung von Untertanen der Pforte hatte Auswirkungen auf die Beziehungen zwischen Gouverneur und den anderen Repräsentanten der Regierung und zwischen den Konsuln und den Gemeinschaften der Fremden. In vielen Fällen war dies sogar der eigentliche Anlaß, der die Beziehungen zwischen diesen beiden Seiten verkomplizierte. Die *dragomane* erhielten den Schutz der Konsuln, der ihnen *barā'a* verlieh. Dieser *barā'a* gewährte ihnen die Befreiung von der Zahlung der *takālif al-amirīya* und somit die Rechte der Kapitulationen. Auf diese Weise wurden sie Inhaber von Schutzrechten, wenn auch nicht der vollen Rechte, die notwendig waren, um ihnen mehr oder weniger Handlungsfreiheit zugunsten der Schutzgebenden zu ermöglichen. Die Zunahme der Inhaber von *barā'a* führte zu Konflikten zwischen dem Gouverneur und den Konsuln und Gemeinschaften der Fremden auf Grund von Steuereinbußen. Auf Bitten von Sulaymān Faydi, dem osmanischen Gouverneur Aleppos der Pforte, traf im Jahr 1793 Kusbi Efendi ein und untersuchte diesen Sachverhalt. Er befand, daß nur 6 von 1.500 Inhaber von *barā'a* in Aleppo im *sijill at-tarājima* (die Liste der Übersetzer) eingetragen waren und der Rest diese Stellung auf betrügerischen und irreführenden Wegen erhalten hatte. Zum Ende dieser Untersuchung wurden diese verpflichtet dem Gouverneur und *muḥaṣṣil* eine Summe von 10.000 *dhahab* zurückzuerstatten. Auf jeden Fall zeugt diese Erscheinung von Form und Charakter der Beziehung der nicht-muslimischen Untertanen und Fremden zur Zentralregierung und deren Repräsentanten. Bietet sich die Möglichkeit zu betrügen

---

[15] D'Arvieux, Bd. VI, S. 21-22, 538-543.
[16] Russell, Bd. I, S. 227; Sauvaget, Alep, S. 205; Wood, S. 225; Marcus, S. 46.

und irrezuführen, so sollte diese genutzt werden [17]. Da die *dragomane* selbst Untertanen der Pforte waren, waren sie einer doppelten Loyalität verpflichtet. Dies wirft drei Fragen auf:

a. Was verursachte diese enorme Zunahme der Inhaber von *barā'a* ?

b. Was gewannen die Inhaber von *barā'a* wirklich dadurch?

c. Gilt die doppelte Loyalität nur für die im *sijill at-tarājima* Eingetragenen oder für jeden der 1.500?

Die Tatsache, daß die Regierungsrepräsentanten in der Stadt von den Grundsätzen der Beziehung zur nicht-muslimischen Bevölkerung (wie auch zur muslimischen) abwichen und diesen Unrecht antaten und Forderungen stellten, zwang die Bevölkerung Schutz zu suchen. Die muslimische Bevölkerung hatte mehr Optionen Schutzherrschaft zu erhalten als die nicht-muslimische. So wie die muslimische Bevölkerung Schutz von lokalen Elementen erhalten konnte, z.B. *janitscharen*, *'ulamā'*, *ashrāf*, *a'yān* und innerhalb der Organisation des Wohnviertels, so konnten die Nicht-Muslime sich nur an die *janitscharen* wenden. Auf Grund der Abwesenheit von zusätzlichen lokalen Optionen, wandten sich die Nicht-Muslime an die fremden Konsuln und erhielten dort Schutz [18]. Im 18. und zu Beginn des 19. Jahrhunderts wurden die *barā'a* in übertriebener Weise von den europäischen Konsuln vergeben, unter Übertretung der ihnen durch die Kapitulationen zugestandenen Rechte. Im Grunde hatte die Absicht bestanden ein *barā'a* an einheimische Angestellte und Agenten der Konsuln zu vergeben. Im allgemeinen verkauften die Konsuln die *barā'as* an eine wachsende Zahl von lokalen Händlern, die auf diesem Wege fiskale Privilegien und eine Schutzstellung erhielten. Die *barā'as* verkaufenden Konsuln hatten hierdurch, neben ihrem Gehalt, ein zusätzliches finanzielles Einkommen, wobei ihnen verboten war Handel zu treiben. Den lokalen nicht-muslimischen Händlern verlieh ein *barā'a* geschäftlichen Vorteil gegenüber den einheimischen, muslimischen Händlern und ermöglichte ihnen ebenso, mehr oder weniger gleichgestellt im Vergleich mit den Fremden, konkurrieren zu können.

---

[17] Siehe dazu: Kap. 5.5., Al-Ghazzī, Bd. III, S. 311; Taoutel, Bd. I, S. 104; Volney, S. 288; Sauvaget, Alep, S. 205-206; Barker 1, S. 342; AE B 1 90 cc Alep 1767, S. 171-173; AE B I 90 cc Alep 1768, S. 205-207; SP 110.53 PFF 6299, 23. August 1793.

[18] Siehe dazu: Kap. 3. und 5.

Zur Zeit der Herrschaft von Salim III. war eine der Lösungen den Einkommensverlust des *sultan* auszugleichen und um mit den *barā'as* der Konsuln konkurrieren zu können, der Verkauf von *barā'as* an Nicht-Muslime für 1.500 *piastres*. Im weiteren Verlauf wurden diese auch an Muslime für 1.200 *piastres* verkauft [19]. In der Praxis gewannen die Inhaber von *barā'as* fiskale Vorteile, allerdings war die rechtliche Immunität nicht total, wie noch zu sehen sein wird. Dieses trifft sowohl auf die Inhaber von *barā'a* , die in der *sijill at-tarājima* eingetragen waren, als auch auf die restlichen zu.

Die doppelte Loyalität ist vorwiegend an die Inhaber von *barā'a*, die eingetragene und rechtmäßige Übersetzer und Agenten der Station waren, gebunden. Sie hatten praktisch den Status von "Dienern zweier Herren" und standen unter dem Druck der Repräsentanten der Regierungsbehörden der Stadt und der Konsuln. Als Untertanen waren sie zur Loyalität gegenüber dem Herrscher verpflichtet. Diese Loyalität wurde nicht mittels der Kraft des Schutzes aufgehoben, was eigentlich ein *barā'a* hätte gewährleisten sollen. Die lokalen Gouverneure verletzten in vielen Fällen die Abkommen der Kapitulationen, so daß oftmals die fiskalen und rechtlichen Erleichterungen nur theoretisch waren und keine absolute Immunität verliehen. Hier gilt es den Fakt hinzuzufügen, daß ein *barā'a* personifiziert war und der gewährte Schutz (auch wenn er in vielen Fällen nur theoretisch war) nicht für die Familienangehörigen eines *barā'atli* galt. In dieser Situation waren die Inhaber eines *barā'a* und deren Familienangehörige ohne Schutz vor Unterdrückungen, finanziellen Forderungen u.ä. Andererseits war der Inhaber eines *barā'a*, der bei einem Konsul beschäftigt war, verpflichtet, dafür zu sorgen, daß sein Arbeitgeber mit seinen Diensten zufrieden war. War dieses nicht der Fall, wurde ein besserer anstatt seiner angestellt. Dieses war eine Situation der doppelten Loyalität. Eine Situation, die die sich in ihr Befindenden nötigte den Willen beider eigentlich durch Betrug zu entsprechen oder zumindest nicht völlig offen zu ihnen zu sein, um die eigenen Interessen zu wahren.

---

[19] Siehe: Kap.1., Anm. 49.

Da ihnen ein *barā'a* nicht die volle Immunität vor Strafen des Gouverneurs verlieh, gaben sie ihm nicht immer unbedingt den genauen Inhalt der Schreiben wieder, um ihre Haut vor seinem Zorn zu retten. Oftmals verkomplizierten die Konsuln auf Grund ihrer Hilfsbereitschaft die Sache, wenn diese wegen der Ausnutzung der Immunität, die ihnen ein *barā'a* verlieh, vor Gericht gestellt wurden (da sie eine Verhaltensweise an den Tag gelegt hatten, die ein Muslim nicht von einem Nicht-Muslim dulden konnte) [20]. Die Einheimischen, die Habgier und interne Korruption der osmanischen und lokalen Funktionäre kannten, waren in nicht geringem Maße für die Erhöhung der Bestechungsgelder an die lokale Regierung verantwortlich [21].

Sie können als "pusher" angesehen werden, die die Konsuln und die Gemeinschaft der Fremden zu einer lokalen Umgangsweise zwangen, welche in dieser Form in deren Herkunftsländern unbekannt war.

Kontakte zwischen dem Konsul und der Gemeinschaft mit den Regierungsinstanzen in der Stadt fanden aus folgenden Gründen statt:

a. Bestehen auf Einhaltung der Sonderrechte durch die Kapitulationen; Vermeiden von Beleidigungen, Wahrung der Erleichterungen in Handel und Besteuerung, Verhinderung von lokalen, erpresserischen Forderungen (*avanias*) und das Erreichen von weiteren Handelserleichterungen [22].

b. Garantie der Sicherheit der Handelswege. Dieses Thema ist von besonderer Relevanz, denn, wenn Handelswege nicht sicher sind, so findet auch kein Handel statt. Dieses Thema wurde vom Konsul intensiv mit dem Gouverneur besprochen, so z.B. Mitte des 18. Jahrhunderts die Beschwerde

---

[20] AE B I 81 cc Alep 1729-1732, S. 172, Relation de la édition, 24. Oktober 1730; AE B I 90 cc Alep 1767, S. 146; SP 110.23, S. 16 1703-4; Masson, XVIIeme siecle, S. 155; Wood, S. 226.

[21] AE B I 80 cc Alep 1724-1728, S. 379; AE B I 91-92 cc Alep 1769-1771 tome 16, S. 78; Sauvaget, Alep, S. 193.

[22] Masson XVIIeme siecle, S. 446, XVIIIeme siecle, S. 151; Davis, S. 51; Al-Ghazzi, Bd. III, S. 287; Wood, S. 220, 233; AE B I 77, 20. November 1709; AE B I 78, Memoire vom 26. Februar 1718; AE B I 79, Memoire vom 1. November 1723; SP 110.23, S. 16 1703-4.

des französischen Konsuls von Aleppo beim Gouverneur Aleppos, Urfa und Maraqa, über den Karawanenüberfall durch Kurden. Die Situation vor Ort war derart ernst, daß die französischen Kaufleute begannen Brieftauben zwischen Baghdād und Alexandretta einzusetzen. Tatsächlich kam dann im Jahr 1753 ein Gouverneur nach Aleppo, der gegen Kurden und Turkmenen vorging. Auch in den Jahren 1775 bis 1776 wurden zwei Strafexpeditionen gegen die Turkmenen geführt, nachdem die französische Gemeinschaft sich über diese bei der Pforte und dem Gouverneur beschwert hatte [23].

c. Gerichtliche Aspekte - Teonge berichtet über ein Gerichtsverfahren zwischen einem Muslim und einem Engländer, der, nach Aussagen eines Einheimischen, einem maltesischen Matrosen geholfen haben soll ein mit Waren beladenes Schiff zu stehlen. Dies ist ein klassischer Fall von Rechtsbeugung von Seiten des *qāḍī* und einer Intervention eines Konsuls, der auch den Botschafter in Istanbul ins Spiel brachte, und die "sich zusammen mit einer mutigen Gruppe englischer Kaufleute und einiger Holländer und Franzosen an den *serai* wandten und sich kühn vor dem *qāḍī, mütasallim* und dem Oberhaupt der *janitscharen* behaupteten" [24].

Im Jahr 1731 kam Richard Lannoy von einer Jagd zurück und stieß an den Stadttoren mit vielen Menschen zusammen. Bei diesem Zusammenstoß verletzte er einen Muslim und beging somit eine kriminelle Tat, die nach dem osmanischen Gesetz als eine Verletzung eines Muslim durch einen Nicht-Muslim gehandhabt wurde, wofür er vor Gericht verantwortlich und bestrafbar war. Es handelt sich hierbei um eine Kapitalstrafe. Um ihn vor dieser Strafe zu bewahren, wurde dem *pasha* eine Summe von 1.995 Dollar gezahlt. Kurze Zeit später verließ er die Stadt Aleppo [25].

---

[23] SP 110.27 PFF 17. April 1738; AE B I 89-90 cc Alep 1763-1765, 3. März 1763; AE B I 94 cc Alep, de Perdriau, 25. Januar 1777; Al-Ghazzi, Bd. III, S. 98; Masson, XVIIIeme siecle, S. 285-286.

[24] Teonge, S. 156-157; Siehe dazu: Kap. 7.4.

[25] SP 110.27; Davis, S. 46.

Im Oktober 1769 stieß der Konsul William Clarke grob einen *sharīf* auf der Straße an. Obwohl der Konsul durch die Kapitulationen geschützt war, wurde er zur *maḥkama* vor den *qāḍī* geladen und konnte sich aus dieser Angelegenheit mittels der Zahlung von 3.000 *piastres* und der Intervention des Botschafters in Istanbul retten.

Im Jahr 1786 wandte sich ein fremder Kaufmann an das Tribunal des Gouverneurs mit einer Beschwerde über Ibrāhīm Bey, der ihm Schulden nicht zurückzahlte. Der Gouverneur zwang Ibrāhīm Bey die Schulden zu erstatten[26].

Der beständigste Kontakt mit den Repräsentanten der Zentralregierung lief über die hohen Ausgaben für Bestechungen und das Schmieren des lokalen Systems anhand von Geld und Geschenken, die die Regierung regelmäßig zu erhalten pflegte. Diese Geschenke und Gelder erscheinen in den Finanzberichten der Konsuln[27]. Es war schwer dieses zu ändern, da die Beziehung der Konsuln und ihrer Gemeinschaften zu der Zentralregierung und deren Repräsentanten in Aleppo eindeutige Ziele und Zwecke hatte - die Sicherung des Handels und der Vorrechte. Dieser Brauch war im 18. Jahrhundert weit verbreitet und sehr teuer, bis die Franzosen im Jahr 1749 einen Erlaß herausgaben, der die Ausgaben eines neuen Konsuls bei dessen Eintritt einschränkte [28]. Da ein Abweichen von diesem üblichen Brauch für die Gemeinschaft mit Unannehmlichkeiten hinsichtlich ihrer Beziehungen zu den Regierungsrepräsentanten verbunden war, traf der Konsul de Perdriau anonym ein und ersparte der Gemeinschaft auf diese Weise Unannehmlichkeiten und natürlich auch Ausgaben [29].

Bisher wurde deutlich, daß es in Aleppo viele Abweichungen von den Kapitulationen und deren Inhalten gab. Dies kann dadurch erklärt werden, daß es sich hierbei um zwei Gruppen mit ökonomischen Interessen handelte, die in gegenseitiger

---

[26] AE B I cc Alep, de Perdriau, 8. Oktober 1769; Burckhardt, Travels, S. 649, 650; Charles Roux, S. 215. Diese Angelegenheit hatte auch Auswirkungen auf das alltägliche Leben der Engländer und deren Beziehungen zu den Einheimischen. Siehe dazu: Kap. 7.2, Anm. 72.

[27] Siehe dazu: Anm. 3, 16 und 21; Davis, S. 45; D'Arvieux, Bd. VI, S. 309; SP 110.23, S. 16, 1703-4; AE B I 78 cc Alep 1716-1719, S. 182-185, 225, 228, 229, 267; AE B I 80 cc Alep tome V 1724-1428, S. 20, Memoire Peleran und S. 370-371, 27. Januar 1728, Unterschrieben von Peleran; AE B I 80 cc Alep tome V, S. 60, Peleran, 24. April 1724; AE B I 89-90 cc Alep 1763-1765, 30. März 1763, S. 315.

[28] Masson, XVIIIeme siecle, S. 165-166.

[29] AE B I 91-92 cc Alep 1769-1771 tome 16, 17. Mai 1769, S. 24.

Abhängigkeit zueinander standen. Diese Beziehungen waren von der Habgier der Regierung und der Bereitschaft der Fremden für die Garantie ihrer Rechte zu zahlen, charakterisiert. Die Regierung selbst hatte ein Interesse an der Aufrechterhaltung der ökonomischen Interessen der Fremden, da diese für sie die gesetzliche und illegale Einkunft von Steuern sowie Bestechungsgelder und Geschenke garantierten. Auf Grund dessen entstand eine gegenseitige Abhängigkeit der beiden Gruppen. Sowohl die Europäer, als auch die Zentralregierung und deren Repräsentanten in der Stadt wußten, daß der "europäische Handel" die eigentliche wirtschaftliche Grundlage der Stadt darstellte, und somit auch ihre eigene wirtschaftliche Basis bedeutete. So z.B. reichte zu Beginn des 17. Jahrhunderts die bloße Androhung einer Verlegung der europäischen Handelshäuser von Aleppo aus, um die Forderungen der *avanias* aufzuweichen [30]. Ein anderes, interessantes Beispiel ist ein Ereignis aus dem Jahr 1832, bei dem sich der maronitische Bischof in Aleppo an den englischen Konsul wandte und um dessen Intervention beim Gouverneur bat. Der letztere hatte die Gemeinschaft brutal behandelt, Strafen auferlegt, Geistliche verhaften und töten lassen [31].

Wie deutlich wurde, war die osmanische Regierung in Aleppo an der Präsenz der Fremden interessiert, doch fiel es ihr schwer, zu Beginn des 17. sowie auch im Laufe des 18. Jahrhunderts für die physische Sicherheit und den Besitz der Europäer zu bürgen. Deshalb leitete sie einige Schritte ein:

a. Zuteilung der Begleitung von *janitscharen* für den Konsul [32].

b. Verhinderung des Ausgangs der Fremden außerhalb des *khān* in der Nacht. Die Tore des *khān* wurden jede Nacht geschlossen und die Schlüssel von türkischen Offizieren verwahrt, die morgens zum

---

[30] Rambert und Gaston, S. 47-49, 51-52; Sauvaget, Alep, S. 191, 202-204; Masson, XVIIeme siecle, S. 373; Bis zu den Reformen Colberts machten auch die französischen Konsuln Profite. Sie verstanden es ihre Beziehungen zum Gouverneur gegen die Kaufleute der französischen Gemeinschaft zu nutzen. Da die Beziehungen auf der Grundlage von Bestechung aufbauten, wurden diese aus gestohlenen Gelden gedeckt, Masson, XVIIeme siecle, S. 89-90.

[31] Taoutel, Bd. I, S. 134.

[32] Siehe dazu: Anm. 10,11 und 12.

Aufschließen kamen. Befanden sich die Wohnungen von Europäern und Konsuln außerhalb der *khāns*, so lagen sie in den christlichen Wohnvierteln[33].

c. Im Laufe des 17. und zu Beginn des 18. Jahrhunderts schlossen sich die Europäer zur Zeit der Freitagsgebete im *khān* ein [34].

Da die Regierung auch Schwierigkeiten hatte für die Sicherheit der Europäer tagsüber zu bürgen, verkleideten sich diese im 17. Jahrhundert als Einheimische und vermieden auf diese Weise physische Angriffe und Beleidigungen. Und auch als Mitte des 18. Jahrhunderts in gewissem Maße die Sicherheit anstieg, und die Europäer westliche Kleidung hätten tragen können, bevorzugten die meisten dennoch weiterhin orientalische Gewänder [35]. Mit einem Wort: Die Zentralregierung hatte noch immer Schwierigkeiten für deren Sicherheit zu bürgen.

Im Laufe des 17. Jahrhunderts gab es nicht wenige Fälle von Übertretungen von *sharī'a* -Gesetzen, *qanūn* und Kapitulationen in Bezug auf die Fremden, wie z.B. die Forderungen des Gouverneurs Qarabakr (im Jahr 1683) an die französische Gemeinschaft seine Leute einzukleiden, die mit ihm auszogen, um der osmanischen Armee beizustehen. Der Konsul d'Arvieux, der erfaßt hatte, daß das Versprechen des Gouverneurs die Ausgaben zurückzuerstatten ein leeres Versprechen war, kam mit ihm zu einer Übereinkunft, wonach der Gouverneur anstatt der Kleider eine Summe von 300 *piastres* erhielt [36]. Im 18. Jahrhundert setzte sich diese Erscheinung fort, wobei die meisten Probleme durch Geldzahlungen gelöst wurden[37].

---

[33] Wie dazu deutlich wurde in: Kap. 6.2.3. In Bezug auf das Thema der Wohnungen siehe bei: Wood, S. 239, 240; Masson, XVIIIeme siecle, S. 154; Lucas, S. 172; Ibby, S. 238.

[34] Lucas, S. 172; Masson, XVIIeme siecle, S. 466; Siehe dazu: Kap. 7.2.

[35] Lucas, ibid.; Russell, Bd. II, S. 2; Niebuhr, Bd. I, S. 113, 116; Wood, S. 240; Burckhardt, Nubia, Memoire, S. XXVII, Brief vom 22. Mai 1809, und S. XXVIII, Brief vom 2. Oktober 1809.

[36] Russell, Bd. I, S. 316; D'Arvieux, Bd. VI, S. 349; Lewis, Levantine, S. 217.

[37] AE B I 90 cc Alep 1766-1768 tome 15 Nr. 102, 20. Januar 1767 und Nr. 104, 21. Januar 1767 und Nr. 113, 27. Januar 1767 und Nr. 144, 30. April 1767 und Nr. 174-177, 23. August 1767; AE B I 91, 1769-1771 tome 16 Nr. 3, S. 27-29, 15. April 1769 und Nr. 4, S. 36-37, 31. Juli 1769 and Nr. 5, S. 107-108, 8. Oktober 1769.

Es wurde einsichtig [38], daß die osmanische Regierung gegen Eheschließungen von Fremden mit Nicht-Musliminnen war. Aus diesem Grund wurde bereits 1677 ein Erlaß vom *sultan* herausgegeben, wonach jeder Europäer, der eine Nicht-Muslimin heiratete, seine Rechte der Kapitulationen verlieren und fortan als osmanischer Untertan angesehen würde. Die Regierung war aus dem gleichen Grund wie sie gegen die Aktivitäten der Mission im Kreise der Nicht-Muslime war, auch gegen diese Eheschließungen. Ihrer Ansicht nach verlor sie durch diese Aktivität, ebenso wie in den oben erwähnten Eheschließungen, einen Teil ihrer Untertanen, an fremden Einfluß [39]. Die osmanischen Behörden, die versuchten die Konvertierungen zu unterbinden, verboten europäischen Geistlichen die Häuser von einheimischen Christen zu betreten und verhängten gegen Übertretungen dieses Erlasses Strafen[40]. Um dem Willen der Zentralregierung zu entsprechen und aus wirtschaftlichen Überlegungen heraus, erließen die Handelsstation in Marseille und die Levant Company Eheverbote mit Nicht-Musliminnen[41]. Die französischen Konsuln in Aleppo setzten sich für die Mäßigung der Aktivitäten der Mission ein (wenn auch nicht für deren Einstellung). Die französischen Konsuln hörten nicht auf gegen die Unvorsichtigkeit der Geistlichen und deren aggressive Aktivitäten zu protestieren [42]. Im Jahr 1732 verließ der französische Konsul an einem Feiertag die franziskanische Kirche, da dort einige syrianische Frauen , entgegen des Erlasses des *pasha*, empfangen worden waren[43].

Auch interne Angelegenheiten der Gemeinschaft der Fremden unterlagen der Intervention der Zentralregierung. Es gab sowohl Auseinandersetzungen der Fremden untereinander als auch zwischen ihnen und den Einheimischen, welche

---

[38] Siehe: Kap. 6.2.2., 6.2.3. und 6.3.4.

[39] Rycaut, S. 2; AE B I 76, vom 22. März 1681; Wood, S. 244; Sauvaget, Alep, S. 208-209; Russell, Bd. II, S. 39, 100; Auch für das 18. Jahrhundert wurde einsichtig, daß die Anweisungen veraltet waren und Engländer gänzlich freizügig Einheimische heirateten. Siehe dazu: Kap. 7.3.

[40] AE B I 76, vom 22. März 1681 und 12. Juli 1696; AE B I 81, S. 140-143, 7. Oktober 1730; Sauvaget, ibid.; Qarā'li, s. 8, 12-14, 21; Siehe dazu: Kap. 7.3.

[41] Masson, XVIIIeme siecle, S. 154-147; Wood, S. 244; Montraye, Bd. I, S. 153.

[42] Siehe: Kap. 6.2., Anm. 190, 191; Sauvaget, Alep, S. 208; AE B I 77 cc Alep, 20. November 1709; AE B I 81 cc Alep tome 6 Memoire, S. 127, 11. August 1731.

[43] Sauvaget, ibid.; Philipp, French Merchants, S. 4; AE B I 84 Alep vom 3. August 1745.

zu einer Rechtsprechung vor den lokalen *qāḍī* kamen [44]. Darüberhinaus zögerten Anfang des 18. Jahrhunderts die Konsuln Frankreichs, Englands und Hollands nicht, von sich aus den Gouverneur und die Zentralregierung bezüglich interner Angelegenheiten zwischen ihnen und den Kaufleuten einzubeziehen. Sie erbaten seine Intervention im Bereich der geschäftlichen Konkurrenz unter Fremden und wandten sich in den Jahren 1698 und 1711 an den Großwesir mit der Bitte den Juden, welche aus Livorno nach Aleppo kamen, die Pflichten von nicht-muslimischen, osmanischen Untertanen aufzuerlegen. Ihr Ziel diesbezüglich war, auf diese Weise den Juden Livornos die ihnen durch die Kapitulationen zugesprochenen Erleichterungen entziehen zu lassen, was ihnen somit Schwierigkeiten bereitet hätte im Handel mit den Fremden zu konkurrieren[45].

Zusätzlich zu den offiziellen Beziehungen, die den Europäern zustanden, bestanden auch informelle Beziehungen, in Rahmen derer die Europäer Toleranz und in einem gewissen Maße Respekt von Seiten der Regierung erfuhren. Im Jahr 1750 wurde die französische Gemeinschaft zu einer Feierlichkeit des Gouverneurs eingeladen [46]. Hierbei gilt es anzumerken, daß es nur wenigen Europäern gelang die Hürden von Religion und Vorurteilen zu überwinden und persönliche Freundschaften mit öffentlichen Amtsträgern aufzubauen; d'Arvieux wurde bereits erwähnt. Zur Zeit von d'Arvieux besuchten Angehörige der englischen und holländischen Gemeinschaft den *mufti* und waren mit ihm befreundet [47]. Es sollte hier auch der Fall von Frampton erwähnt werden, der die türkische Sprache erlernte und ein persönlicher Freund des *qāḍī* und *mufti* von Aleppo wurde [48]. Diese Beispiele stellen jedoch Ausnahmen dar. Hier sollte auch das Beispiel der ärztlichen Hilfe erwähnt werden, welche der Konsul Thomas im Jahr 1767, der in Diyārbakr erkrankten Frau des Gouverneurs (die die Tochter des Großwesir war), mittels

---

[44] Wood, S. 236.

[45] Masson, XVIIeme siecle, S. 303-304; ACCM AA 365, 26. April 1692 und 22. Juni 1692, und BB 6, 22. November 1711; Siehe dazu: Kap. 7.4.

[46] Russell, Bd. II, S. 23; Sauvaget, Alep, S. 204; AE B I 86 cc Alep 43; zu den Beziehungen zwischen den Fremden und den Muslimen siehe: Kap. 7.2.

[47] Siehe dazu: Anm. 15.

[48] Frampton, S. 172; Russell, Bd. II, S. 337.

einer von ihm entsandten christlichen, einheimischen, Armenierin zukommen ließ[49].

In der Einleitung wurde das absichtliche Ignorieren Bodmanns bezüglich der Stellung der Nicht-Muslime und der Fremden im Machtkampf dargestellt. Jede Gruppe für sich, *janitscharen* und *'ulamā'*, erkannte die Stellung der Konsuln beim Gouverneur an; eine Stellung, die parallel zum Handelsumfang anstieg[50]. Sie zögerten nicht, sich an die Konsuln um Vermittlung zwischen ihnen und dem Gouverneur zu wenden. Die Konsuln, die sicherlich Interessen verfolgten und eine Gruppe mit ökonomischen Interessen repräsentierten, waren natürlich an einer Einstellung der Kämpfe interessiert, was Handel und Wirtschaft zuträglich war. Wurden sie also gebeten zwischen den *janitscharen* und dem Gouverneur und den *janitscharen* und der *'ulamā'* zu vermitteln, so taten sie dies [51].

7.2. Die Beziehungen zwischen den Gemeinschaften der Fremden und den muslimischen Einwohnern Aleppos [52]

Die zahlenmäßigen und faktischen Daten zeigen auf, daß während in Aleppo im 18. Jahrhundert Handelsstationen und Gemeinschaften von Fremden bestanden, diese in Damaskus überhaupt nicht existierten. Während des gesamten 18. Jahrhunderts findet man keinen europäischen Konsul in Damaskus und nur sehr wenige kamen durch die Stadt oder verweilten dort. Erst zu Beginn des 19. Jahrhunderts trifft man sie auch in Damaskus an [53].

Die allgemein akzeptierte Ansicht erklärt diese Erscheinung damit, daß nur in Aleppo, im Verhältnis zu anderen Orten des Osmanischen Reiches, die Europäer ein hohes Maß an Liberalität und Respekt von Seiten der einheimischen Bevölkerung

---

[49] AE B I 88 cc Alep tome 13, 18. April 1762; AE B I 90 cc Alep 1766-1768 tome 15, 30 April 1767, Nr. 143-145.

[50] Sauvaget, Alep, S. 161; Burckhardt, Nubia, Memoire, S. XXVII, Brief vom 22. Mai 1809.

[51] Qarā'li, S. 54; Burckhardt, Travels, S. 652; Aṭ-Ṭabbākh, Bd. III, S. 319-320; Eine zusätzliche und weitergefaßte Diskussion über die Form ihres Platzes im Machtkampf, siehe dazu: 7.2.

[52] Dieses Unterkapitel wird sich mit den gesellschaftlichen und politischen Beziehungen auseinandersetzen. Die wirtschaftlichen Beziehungen und Verbindungen wurden in Kap. 2. behandelt.

[53] Siehe dazu: Kap. 8., Nicht-Muslime und Fremde in Damaskus.

vorfanden, die in ihrem Wesen höflicher, freundlicher, herzlicher und angenehmer zu Menschen (und darunter auch Europäern) war [54]. Im Gegensatz zur Bevölkerung Aleppos war die von Damaskus für ihre Intoleranz und ihren Fanatismus gegenüber Fremden bekannt [55]. Hierbei müssen die folgenden Fragen aufgeworfen und behandelt werden:

a. Warum wurden die Einwohner von Damaskus als intolerant und fanatisch in Bezug auf Fremde angesehen und ist dieses der Grund für die Abwesenheit von Fremden im 18. Jahrhundert?

b. Ist die europäische Einschätzung Damaskus' im Verhältnis zur Bevölkerung Aleppos richtig und ist dieses der Grund für die Anwesenheit der Fremden dort?

Die Intoleranz, der religiöse Fanatismus und der damaszenische Fanatismus beruhen auf der religiösen Stellung und der Heiligkeit der Stadt Damaskus. Auch wenn sie nicht den religiösen Status von Mekka, Medina und Jerusalem hat, so steht sie ihnen jedoch nicht viel nach, denn sie war einer der Ausgangspunkte für die *ḥajj* -Karawanen und wurde daher Bāb al-Janūb genannt. Die Stadt war im 8. Jahrhundert Sitz der ersten Kalifendynastie gewesen und der Standort der Umayya-Moschee. In Damaskus entwickelte sich, wie aufgezeigt wurde, eine lokale Elite, die auf der urbanen *'ulamā'*, die Land und Einkünfte aus Immobilien und wirtschaftliche Macht besaßen, aufbaute. Die Gouverneure der al-'Aẓm Familien und sogar die *muftis* wurden unter den Einheimischen ernannt und alle *janitscharen* standen unter deren Einfluß. Diese Gründe - eine heilige Stadt, eine hohe Konzentration von Pilgern auf dem Weg von und nach dem *ḥajj*, die Vorbereitungen um die Karawane herum, die hohe Anzahl von *madrasas* und *'ulamā'* - erzeugten eine ausgeprägt religiöse Atmosphäre, die im Fremden einen Unreinen sah. Die

---

[54] Volney, S. 51, 54, 152; Olivier, Bd. II, S. 313: Gibb und Bowen, Teil 1, S. 309-310; D'Arvieux, Bd. III, S. 534-535, Bd. VI, S. 414; Sauvaget, S. 204; Aṭ-Ṭabbākh, Bd. III, S. 238; Masson, XVIIIeme siecle, S. 286; Paris, Bd. V, S. 413; Browne, S. 442.

[55] Volney, S. 152; Gibb und Bowen, Teil 1, S. 310; Browne, S. 459, 460; Niebuhr, Bd. II, S. 241, fügt hinzu, daß in Damiette und Kairo die Europäer verhaßt sind; Fedden, S. 34, 35, 37; Ad-Dimashqī, S. 22.

Gouverneure hatten zwar keinen Anteil an der Erzeugung dieser religiösen Atmosphäre, suchten aber auch nicht sie zu mäßigen, da sie unter dem Einfluß der *'ulamā'* standen. Eine stark religiöse Atmosphäre läßt sicherlich Intoleranz und Fanatismus aufkommen, die nicht nur im 18., sondern auch noch im 19. Jahrhundert, charakteristisch für Damaskus waren [56]. Ist dieses jedoch der Grund für die Abwesenheit von Fremden in Damaskus im 18. Jahrhundert? Auf eine negative Antwort wurde schon dadurch hingewiesen, daß der Fanatismus auch im 19. Jahrhundert bestand und zu dem Zeitpunkt schon nicht mehr die Anwesenheit von Fremden verhinderte. Ist jedoch die oben erwähnte Beschreibung in Bezug auf das Verhältnis der Bevölkerung zu den Fremden richtig?

Es scheint, daß die generelle Atmosphäre in Aleppo für Fremde angenehmer war, auf Grund deren aufgezeigten Anzahl und der Abhängigkeit der Stadt vom europäischen Handel [57], was sie eine Symbiose des Nebeneinanderherlebens erlernen ließ. Die einheimische muslimische Bevölkerung erlernte über einen langen Zeitraum auf Grund ökonomischer Interessen Kooperation und Aufbau guter Beziehungen zu Fremden. Dieses ermöglichte grundsätzlich für die Europäer ein ruhiges Leben in Sicherheit, solange sie unter sich blieben [58]. War die Bevölkerung Aleppos in ihrem Grundwesen weniger religiös fanatisch als die von Damaskus?

Im alltäglichen Leben, wenn man sich auf die Ebene des Individuums bezieht, war jedoch nicht alles rosig. Eine Untersuchung des Mikro- und Makrobereiches verdeutlicht Unterschiede:

1. Es wurde aufgezeigt, daß im 17. Jahrhundert die Konsuln und die Gemeinschaften der Fremden in Aleppo sich in Gefahr befanden und sich vor Angriffen auf Leib und Besitz durch Muslime auf Grund von religiösem Fanatismus fürchteten. Deshalb wohnten sie in *khāns*, deren Tore nachts verschlossen wurden, versteckten sich in den Häusern zum

---

[56] Siehe dazu: Anm. 55; 'Alī Bey, S. 272; Lamartine, S. 65-67; Durbin, S. 68; Kinglake, S. 344; Zur Dominanz der Geistlichen im Machtgefüge von Damaskus siehe: Kap.4.

[57] Siehe dazu: Kap. 2. und 6.

[58] AE B I 76 cc Alep, 30. September 1682; D'Arvieux, Bd. III, S. 534-535, Bd. VI, S. 249, 414; Volney, S. 274-275, 385; Maundrell, S. 148; Russell, Bd. I, S. 226-227, Bd. II, S. 2, 11; Fedden, S. 51; 'Alī Bey, S. 296; Sauvaget, Alep, S. 204.

Zeitpunkt des Freitagsgebetes, ließen sich Bärte wachsen und trugen zur Tarnung orientalische Kleidung und den Konsuln wurde sogar die Begleitung von *janitscharen* zugeteilt[59].

2. Auch im 18. Jahrhundert wohnten sie weiterhin in *khāns* und als die Zahl der Engländer zurückging, wurde im *khān* Douane Platz frei, der von einheimischen Händlern als Lagerraum eingenommen und genutzt wurde. Trotz der generellen Unsicherheit, die sich im 18. Jahrhundert im Osmanischen Reich auf Grund des Prozesses des Niedergangs und Verfalls des Reiches bemerkbar machte, hatten die Fremden in Aleppo dennoch paradoxerweise das generelle Gefühl einer gewissen Sicherheit, anscheinend auf Grund der erwähnten Atmosphäre gegenüber Fremden in der Stadt. Trotz dieses Gefühls benötigten die Konsuln immer noch die Begleitung von *janitscharen*. Im alltäglichen Leben, trotz der durch die Kapitulationen verliehenen Immunität und dem Schutz vor Fanatismus, waren die Europäer dennoch Beleidigungen und Schlägen ausgesetzt, besonders von Seiten der Angehörigen der niedrigen Schichten. Sie mußten sich sogar orientalisch kleiden, um keine Aufmerksamkeit auf sich zu ziehen [60]. Trotz des oben Erwähnten muß angemerkt werden, daß es immer Geschäftsbesitzer und gerechte Muslime gab, die sich zu ihren Gunsten einsetzten [61].

Sowohl in Aleppo, als auch in Damaskus und im Gegensatz zur allgemein üblichen Meinung bestand also Gefahr für die Europäer auf Grund von religiösem Fanatismus; auch wenn für Kaufleute im Vergleich zu Konsuln, die von *janitscharen* begleitet wurden, ein Unterschied im Grad der Gefährdung bestand. In Bezug auf den religiösen Fanatismus soll hier angemerkt werden, daß im 18. Jahrhundert die meisten der muslimischen Einwohner Aleppos und Damaskus' nicht des Schreibens und Lesens mächtig waren. Dieses läßt darauf schließen, daß es sich hierbei nicht um einen, auf schriftliche Texte des Qur'āns basierenden Fanatismus, sondern um

---

[59] Siehe dazu: Kap. 6.1., Anm. 9, 10, 11, 34 und 36 bis 39.

[60] Siehe Anm. 59; Russell, Bd. I, S. 184, Bd. II, S. 24; Davis, S. 5; Burckhardt, Nubia, Memoire, 21. Oktober 1809, S. XXXVIII.

[61] Russell, Bd. II, S. 24.

den volkstümlichen Islam handelte. Der religiöse Fanatismus war im Grunde ein lokaler Fanatismus, der sich gegen das Fremde und Unbekannte richtete und seine Wurzeln im Analphabetismus hatte. Hinsichtlich dieses Aspektes sind Aleppo und Damaskus gleichgestellt. Dies erklärt auch die oben dargestellte Tatsache, daß Europäer vorwiegend den Beleidigungen von Elementen, die niedrigen Schichten angehörten, ausgesetzt waren. Wie im Folgenden ersichtlich wird, wurden die höheren Schichten nicht durch das Erlernen des Lesens und Schreibens weniger fanatisch, sondern durch wirtschaftliche Interessen.

Die europäischen Konsuln luden muslimische Besucher aus folgenden Kreisen ein: Regierungsangehörige, Notabeln der Stadt, Oberhäupter von Gruppen und Händler. Der Besuch wurde im Empfangszimmer des Konsulats abgehalten. Im französischen Konsulat wurde sogar ein besonderes Zimmer mit orientalischen Möbeln ausgestattet, damit sich die Besucher bei ihrem Besuch wohlfühlten [62]. Es gab sogar europäische Konsuln, die freundschaftliche Beziehungen zu einheimischen Muslimen aufbauten, auch wenn dies nur wenige waren. Es handelte sich hierbei nicht um Muslime niedriger Stellungen oder Schichten [63]. All dies zeugt vom Pragmatismus des Konsuls bezüglich seines Verhältnisses zu Elementen der lokalen Bevölkerung, solange es sich um öffentliche Amtsträger und nicht um das Volk handelte. Denn die Konsuln kamen ja schließlich nicht nach Aleppo um sich zu amüsieren, sondern um Geschäfte zu machen. Muslime ließen sich selten in den Wohnvierteln der Europäer sehen [64].

Wie deutlich wurde, beschränkten sich also die Beziehungen der Europäer zur einheimischen Bevölkerung im allgemeinen auf öffentliche Zeremonien und Geschäftsangelegenheiten sowie Auftritte vor Gericht [65]. Nur wenige Europäer betraten die Häuser von Muslimen, und wenn, dann nur in Begleitung des Hausherren[66]. In der muslimischen Gesellschaft ist es nicht üblich einen Mann -

---

[62] Masson, XVIIeme siecle, S. 464.
[63] Siehe dazu: Kap. 7.1., Anm. 46 und 47; SP 105.130, S. 325-327, Barker an Right Worshiful, 15. März 1805.
[64] Maundrell, S. 148; Russell, Bd. I, S. 226-227, Bd. II, S. 2, 11.
[65] Siehe dazu: Kap. 7.1., Anm. 4, 22, 24, 25; Davis, S. 80; Russell, Bd. II, S, 11.
[66] Niebuhr, Bd. II, S. 221; Teonge, S. 150-152.

sowohl Nicht-Muslime als auch Europäer (Christen) - in der Gegenwart der Frauen des Hauses alleine zu lassen. Teonge, der sich auf die Jahre 1675 bis 1679 bezieht, führt eines der wenigen Beispiele eines britischen Besuchers an. Die Frau eines lokalen Notabeln initiierte eine Affäre mit ihm und verbrachte mit ihm während der Abwesenheit ihres Mannes drei Nächte in ihrem Haus. Jedoch nicht bevor der Besucher sich darüber mit dem Konsul beraten hatte [67]. Zweifelsohne erleichterte die Tatsache, daß es sich hierbei um einen Besucher und nicht um einen Bewohner der Handelsstation handelte, die Angelegenheit für die Frau und den Mann. Ein ständiger Bewohner der Handelsstation hätte sich eine derartige Affäre nicht erlauben können. Interessant ist, daß wenn die Rede vom Betreten eines muslimischen Hauses ist, es sich hierbei (anscheinend) um die Häuser der Notabeln aus dem Kreise der *muḥaṣṣil*, *janitscharen* und *a'yān* handelte. Diese Elemente, die, wie bereits deutlich wurde (Kapitel 3. und 4.), in Aleppo existierten, waren trotz ihrer Zugehörigkeit zu einer Machtgruppe und unterschiedlichen Interessen, ein Teil der hochgestellten Bevölkerungsschichten. Auf Grund ihrer Zugehörigkeit zu Interessengruppen hatten sie aus wirtschaftlichen und geschäftlichen Gründen Interesse am Kontakt mit Fremden. Dies steht im Gegensatz zu Damaskus, wo es im 18. Jahrhundert die *'ulamā'* waren, welche die gehobene Schicht repräsentierten und deren ökonomische Interessen nicht an den Handel mit Fremden gebunden waren, sondern eher an Bodenbesitz, der die Basis ihrer wirtschaftlichen Macht bildete. In Damaskus bedurften diese Interessen nicht der Beziehung zu Fremden. Sowohl in Aleppo als auch in Damaskus handelte es sich in jedem Fall nicht um niedrige Schichten. Die niedrigen Schichten besaßen überhaupt nicht das Potential zum Handel mit Fremden und deshalb waren sie, wenn Fremde anwesend waren, nicht an diese gewöhnt. Die Notabeln sind diejenigen, die Patron bei seinem Besuch in der Stadt in den 40er Jahren des 19. Jahrhunderts als höflicher gegenüber Europäern in westlicher Kleidung als gegenüber jenen in orientalischen Gewändern beschreibt [68]. Es ist aber auch möglich, daß die Frau, über die Teonge berichtet, nicht so gehandelt hätte, wenn sie von niedriger Stellung gewesen wäre.

---

[67] Ibid., S. 159-160.

[68] Paton, S. 225.

Es wurde dargestellt, daß ein *ḥammām* eine Institution in jeder muslimischen Stadt war, und daß es muslimische, christliche und auch jüdische *ḥammāms* gab[69]. Die Konsuln und ihre Gäste in Aleppo erlernten die Lebensweise der Stadt und paßten sich ihr an. Die Lebensweise war an das Klima angepaßt und so ging man ins *ḥammām* . In diesem Kapitel, das sich mit der Frage der Beziehungen zwischen den Gemeinschaften der Fremden und den Nicht-Muslimen auseinandersetzt, soll folgende Frage gestellt werden: In welchen *ḥammām* gingen sie? Gingen sie in die muslimischen oder in die christlichen *ḥammāms* ? Es scheint, daß ihnen beide Optionen offen standen, und daß sie nicht am Betreten eines muslimischen *ḥammām* gehindert, sondern dort vielmehr mit Respekt empfangen wurden. Das Hauptvergnügung von Burckhardt war es, in das türkische *ḥammām* von Aleppo zu gehen. Er berichtet, daß der Gang und Aufenthalt fast eine Zeremonie waren, und daß es angenehm war den Körper von einem älteren und erfahrenen Diener massieren zu lassen, sich im heißem Wasser einzuseifen und abzuwaschen und danach die Entspannung; das Kaffeetrinken und Rauchen. Burckhardt beschreibt sogar, daß Frauen und Männer separate Feiern im *ḥammām* abhielten und sich auf diese Weise ganze Abende vertrieben [70]. Ein Indikator bezüglich des Gangs der Fremden in die muslimischen *ḥammāms*, läßt sich auf dem Wege der Eliminierung aus der Beschreibung Lamartines über eine ähnliche Feier in Beirut entnehmen, an der muslimische, christliche und europäische Frauen teilnahmen[71]. Es ist interessant, daß im Gegensatz zur englischen Bezugnahme zu Besuchen im *ḥammām* keine derartige von den Franzosen vorliegt und es ist nicht eindeutig, ob sie überhaupt ein *ḥammām* aufsuchten oder sich auf anderem Wege erfrischten.

Bisher wurden die Beziehungen während friedlicher Zeiten untersucht. Wie sahen diese jedoch zu Zeiten der Aufstände der verschiedenen Gruppen aus? Besteht ein Unterschied bezüglich der Position der europäischen Fremden und in der Einstellung

---

69 Siehe dazu: Kap.5. und 6.2.3. und 6.3.4.
70 Sim, S. 83.
71 Lamartine, S. 183-186.

zu ihnen in Zeiten der Kämpfe im 18. und dem zu Beginn des 19. Jahrhunderts?

1. Im Oktober 1769 verletzte der englische Konsul den *sharīf* und wurde vom *qāḍī* des Übertretens der anglo-türkischen Kapitulationen beschuldigt. In Zeiten der *maḥkama* wurden die Tore des *khān* und die Geschäfte der Engländer geschlossen. Nach den Beschreibungen des französischen Konsuls de Perdriau, ereignete sich der Zwischenfall während der Abwesenheit des Gouverneurs, wodurch die französische Gemeinschaft in Aleppo bloßgestellt wurde " ... Au Corps des Cherifs de s'y attribuer une autorite des plus insolentes" [72].

2. Im Jahr 1770 entfaltete sich in Aleppo ein Kampf zwischen verschiedenen Interessengruppen. Dieser Kampf fand Ausdruck in einem Aufstand, in dem die *ashrāf* den *serai* angriffen. Die Europäer schlossen sich in ihre *khāns* ein und jedes Mal, wenn sie hinausgingen, wurden sie mit Steinen beworfen. In diesem Zusammenhang ist besonders die Beschreibung, die Roux anführt, interessant: zu diesem Zeitpunkt waren alle Geschäfte des *bāzār* geschlossen, auch die der Franzosen.

> "... mais plaisiesrs cherifs on dit hautement qu'ils Pretendraient que les Europee'ns ne montassent Plus a cheval, ni meme sur les anes; que le Premier qu'lis y Rencotreraient aurant lieu de s'em Repentir' que de plus ils ne voulaient Pas qu'ucuns Francais ni Chretiens sortissent des leur maisons apres l'araison du soleil couche... et" nous ne Pouvons que nous estimer heureux d'avoir Pach pous Commandant ecrit le Consul'mayant ete assute que si nous en eussions ete prives Plus long temp' les Cherifs se Proposaient de mettre a contribution toutes les maisons de Francais en faisant Payer 1000 Piaster a chacuns d'elles."[73]

Es ist eindeutig, daß diese Situation den Niedergang der Zentralregierung widerspiegelt.

---

[72] Roux, S. 215.

[73] Masson, XVIIleme siecle, S. 286; Paris, Bd. V, S. 414; Roux, S. 214; Zu diesen Ereignissen siehe: Aṭ-Ṭabbākh, Bd. III, S. 281.

3. Zum Zeitpunkt der Aufstände von 1775 trafen die Fremden Vorsichtsmaßnahmen wie Schritte der Isolation und des freiwilligen Sich-Einschließens. Die Pforte entschloß sich die Grob- und Frechheiten der *ashrāf* zu unterdrücken, einige von ihnen verließen die Stadt oder wurden getötet. Das entstandene Vakuum füllten die *janitscharen* aus, die dabei einen gewissen Extremismus an den Tag legten [74].

4. In den Jahren 1804 bis 1806 entfaltete sich erneut ein Kampf zwischen den Interessengruppen in Aleppo. Am Ende dieses Kampfes schafften es Gouverneur und *ashrāf* beinahe die *janitscharen* zu unterwerfen. Die Europäer in Aleppo, die bis zu diesem Zeitpunkt die tyrannische Unterdrückung der Untertanen des Gouverneur durch diesen passiv mit angesehen hatten, begannen sich auf Grund der Ereignisse von Latakia (der Taten des ʿAlī Aghas und seines Verhaltens gegenüber den Europäern), um Leben und Besitz zu sorgen. In Aleppo befürchteten die Europäer, daß die Bewohner der Stadt dies als einen Freibrief für ein ähnliches Verhalten ansehen könnten. Die *janitscharen* , die deren ernste Situation erkannten, zögerten nicht, sich an die fremden Konsuln zu wenden und diese um Intervention und Vermittlung zwischen ihnen und dem Gouverneur zu bitten, was diese auch auf Grund ihrer eigenen Interessen taten. Die Kapitulationsbedingungen der *janitscharen* wurden unter der Vermittlung der Konsuln vereinbart, allerdings fingen die *janitscharen* einen *fermān*, der von Istanbul aus für den Gouverneur Muhammad eintraf, ab und rieten ihm die Stadt zu verlassen. Dieses beendete den Krieg. Die *janitscharen* gelangten zu einem Kompromiß mit den *ashrāf*, und anstatt ihre Stellung zu verlieren, wurden sie zu den absoluten Herren der Stadt[75]. Im Laufe dieses Bürgerkriegs wurden das Leben und der Besitz der Fremden peinlichst geachtet. Die Europäer lernten auch sich zu verteidigen und paßten sich an, indem sie die Kommunikation untereinander so organisierten, daß sie auf die Dächer stiegen und in Zeiten von Epidemien und Unruhen von Dach zu Dach kletterten.

---

[74] Zur Zerstörung Aleppos siehe: Olivier, S. 209-312; Paris, ibid.
[75] Burckhardt, Travels, S. 652; SP 105.129 PFF 6304, S. 363, 1. September 1804.

Darüberhinaus hörte, wenn die Europäer über die Dächer stiegen, das Scharfschießen aus den *minarets* auf; und wenn ein Europäer doch in eine Auseinandersetzung zwischen *janitscharen* und *ashrāf* geriet, so wurde unter allgemeiner Übereinkunft das Feuer eingestellt. Es sollte angemerkt werden, daß während die *janitscharen* davon absahen den Europäern Schaden zuzufügen, die *ashrāf* davon abwichen und diese verletzten [76]. Es ist nicht sicher, ob dieses darauf beruht, daß die Oberhäupter der *ashrāf* keine wirtschaftlichen Interessen mit den Fremden verfolgten, sondern darauf, daß der (religiöse) Fanatismus der niedrigen Schichten mit ihrer Armut (zu jeder Zeit der Geschichte) Hand in Hand gingen. Dennoch ist richtig, daß auch die meisten der *janitscharen* niedrigen gesellschaftlichen Schichten entstammten. Aus soziologischer Sicht waren sie, wie deutlich wurde, durch eine Identifizierung mit der urbanen Bevölkerung charakterisiert [77].

5. Als die *janitscharen* in ihrem Kampf gegen die Gouverneure Niederlagen voraussahen, zögerten sie nicht ihren Besitz (Edelsteine) bei fremden Kaufleuten, Konsuln und Juden zu deponieren und zu verstecken (*at-tujjār al-ajānib qanāṣil al-yahūd*). Wenigstens in einem Fall, im Jahr 1813, weigerten sich die europäischen Hauseigentümer, bei denen Besitz deponiert worden war, der Forderung des Gouverneurs , der den Besitz der *janitscharen* für sich beanspruchte, nachzugeben. Man soll nicht meinen, daß diese Verweigerung auf der großen Loyalität der Hüter des Besitzes beruhte. Bei der Rückkehr der *janitscharen* nach Aleppo nach einigen Jahren, weigerten sie sich ihnen ihren Besitz zurückzugeben [78].

6. Die Aufstände des Jahres 1819 zeugen ebenfalls von einem Einbeziehen der Konsuln in die Verhandlungen mit dem Gouverneur . Die *aghas* der *janitscharen* und die Oberhäupter der *'ulamā'* trafen bei den europäischen Konsuln Frankreichs, Englands, Österreichs und Rußlands zusammen und baten sie einen *sulh* mit dem

---

[76] Ibby, S. 238; Fedden, S. 215; Sim, S. 80-81; Burckhardt, Nubia, S. XXVII, Memoire, Brief vom 22. Mai 1809, berichtet über die geachtete Stellung des Konsuls bei den *janitscharen*.

[77] Siehe dazu: Kap. 3.1.2.

[78] Barker, Bd. I, S. 140; Al-Ghazzi, Bd. III, S. 318.

Gouverneur abzuschließen. Diese Notabeln erwarben das Vertrauen der Konsuln, die ihre *dragomane* (Nicht-Muslime) zusammen mit einem christlichen Arzt und zwei Engländern zum Gouverneur sandten, der nachgab und daraufhin einen *ṣulḥ* anordnete [79]. Aṭ-Ṭabbākh gibt eine geringfügig andere und für unsere Angelegenheiten interessante Version wieder: Ihm zufolge machten die Fremden eine Rechnung ihres Handels und der ihnen durch die Unruhen verursachten Schäden auf. Sie erhielten sogar einen eindeutigen Hinweis von Ibn al-Nāṣr, einem der Anführer der Aufständischen, daß wenn sie nicht beim Sturz des Gouverneurs intervenieren würden, die lokalen Anführer keine Kontrolle mehr über die hungrigen Massen hätten. Die Massen würden die *khāns* und Lagerräume der Fremden überfallen und es wäre unmöglich für deren Sicherheit zu bürgen. Daraufhin setzten sie sich für einen *ṣulḥ* ein [80].

Hier wurde deutlich, daß die Fremden eine Funktion und einen Platz im Kampf der Interessengruppen der Stadt hatten. Ihre Funktion als Vermittler rührte daher, daß die verschiedenen Interessengruppen ihre Stellung beim Gouverneur anerkannten. Diese Stellung basierte auf Autorität (die parallel zum Handelsumfang anstieg), auf deren Relevanz und Beitrag zur wirtschaftlichen Basis der Stadt und somit auch als Quelle für die großen Einkünfte der Einzelnen. Die Konsuln und deren Gemeinschaften, so wie aṭ-Ṭabbākh sie sah, bildeten eine Gruppe mit wirtschaftlichen Interessen, die bereit war, sich vermittelnd für die Beruhigung der Lage einzusetzten und somit die Weiterführung des Handels ermöglichte: ihr raison d'être in Aleppo.

Weiterhin wurde einsichtig, daß die Haltung der Muslime zu den Fremden nicht einheitlich war, und daß in der Einstellung zu Fremden Unterschiede zwischen *janitscharen* und *ashrāf* bestanden. Nicht-Muslime und Fremde wurden von den *janitscharen* geachtet, jedoch nicht von den durch Intoleranz und religiösen Fanatismus charakterisierten *ashrāf*, welche auf Grund ihres Elends, und um die

---

[79] Qarā'li, S. 7, 54.
[80] Aṭ-Ṭabbākh, Bd. III, S. 319-320.

Unterstützung der Massen zu erhalten, diese gegen Fremde und Nicht-Muslime einsetzten [81]. D.h., im Grunde bestand kein Unterschied zwischen den Bewohnern Aleppos und Damaskus' in Bezug auf deren Intoleranz und religiösen Fanatismus. In beiden Städten existierte die gleiche Intoleranz und derselbe religiöse Fanatismus, nur daß dies bei den Bewohnern Aleppos durch ökonomische Gesichtspunkte gemäßigt wurde. Und wenn man trotz des religiösen Fanatismus', der Intoleranz und der Machtkämpfe Fremde in Aleppo antraf, so ist die Antwort - wirtschaftliche Interessen. Wenn dies also die Antwort ist, und Fanatismus und Intoleranz nicht die Anwesenheit von Fremden in Damaskus des 18. Jahrhunderts verhindern konnten, so waren es wirtschaftliche Interessen, die an Ziele, Produkte und Handelswege gebunden waren [82]. Obwohl Damaskus in der hier behandelten Periode ein potentieller Markt für Fertigprodukte aus Europa und England war und diese auch durch nicht-muslimische und muslimische Händler nach Damaskus gelangten, so hatte Damaskus den Europäern und Engländern kein attraktives Erzeugnis anzubieten (wie z.B. Seide) [83]. Hierzu sollte eine grundsätzliche und grundlegende Tatsache hinzugefügt werden: Ein nicht geringer Anteil des Handels von Damaskus war an die *ḥajj* -Karawanen gebunden. Mittels dieser und der *ḥajj* -Pilger wurde ein Ex- und Importhandel in Richtung Mekka und Medina abgewickelt, die selbst ein Sammelplatz für Waren aus dem Süden der arabisch-ägyptischen Halbinsel waren. Aus Gründen der Religion können nur Muslime diesen Handel betreiben [84]. Und wenn auf den zentralen Handelswegen auf Grund von Religion ein striktes muslimisches Monopol und kein attraktives Erzeugnis existieren, dann besteht auch kein wirtschaftliches Interesse und Vermögen dieses zu entwickeln. Ohne attraktives Erzeugnis, d.h. unter Abwesenheit eines wirtschaftlichen Interesses, bestand kein Anlaß dort eine Handelsstation für diese Leute aufzubauen. Die Levant Company hatte z.B. eine eindeutige Politik, die sie

---

[81] Siehe dazu: Anm. 73 und 74; Taoutel, Bd. I, S. 123; AE B III 243, Bobine 2, Rapport sur l'Etat Commercial et Politique de Syrie 1848.

[82] Siehe dazu: Kap. 2. und 6.4.

[83] Davis, S. 123.

[84] Barbir, S. 108, 161-167; Hofman, S. 259-260; Rafeq, The Province, S. 73; Der Aspekt, ob dieses Problem auch Auswirkungen auf die Nicht-Muslimen von Damaskus in Bezug auf deren Zahl in der Bevölkerung und Betätigung hatte, wird behandelt in: Kap.8, Die Nicht-Muslime in Damaskus.

einhielt: Repräsentanten nicht zu verstreuen, sondern an einem Ort zu konzentrieren[85]. Und wenn es nichts zu kaufen gibt, so können Fertigprodukte mittels nicht-muslimischer und muslimischer Händler in Aleppo oder einer anderen bestehenden Handelsstation verkauft werden. Was diese Annahme weiterhin festigt, ist die Tatsache, daß im 19. Jahrhundert in Damaskus die gleiche fanatische Atmosphäre bestand wie im 18. Jahrhundert[86]. Trotzdem waren in der Stadt Fremde tätig. Nicht etwa, weil plötzlich ein lokales, für die Fremden interessantes Produkt aufgetaucht war, sondern weil politisch starke Elemente, wie die Regierung Muḥammad 'Alī's in Syrien, darauf drang. Muḥammad 'Alī war interessiert seine Einkünfte durch Erhebung von Steuern auf Transithandel und Expansion der Seidenproduktion zu vergrößern und hatte ebenso an der Zustimmung der Europäer für diese Expansionspolitik Interesse. Um diese Politik umsetzen zu können, bedurfte Muḥammad 'Alī für das Ankurbeln des Handels und die Vergrößerung der Gewinne aus den Zöllen, fremder Kaufleute und führte auf diese Weise eine Änderung der Stellung der Nicht-Muslime herbei. Der Zeitpunkt war perfekt abgepaßt, denn auch Europa, das sich auf dem Höhepunkt seiner industriellen Entwicklung und Modernisierung der Industrie befand, brauchte Märkte für seine Produkte und benötigte Rohstoffe für seine sich entwickelnde Industrie. In diesem Stadium öffnete sich Damaskus für fremde Kaufleute, wobei von deren Seite ein spezielles wirtschaftliches Interesse an der Vermarktung von Textilfertigprodukten in großen Quantitäten und an bedürftigen Märkten für solche Produkte entstanden war. In Bezug auf den Export nach Europa waren die wichtigsten Produkte: Baumwolle, Rohseide und Wolle.

Damaskus wurde zu einem Zentrum des Handels. Baghdād, Basra und der Süden Persiens konnten nur über sie Handel mit Europa treiben [87].

Rafeq' behauptet, daß keine französischen Kaufleute in Damaskus ansässig waren, da wegen der Revolten und Machtkämpfe in der Stadt und den Überfällen der

---

[85] Davis, S. 38; SP 110.29.189.

[86] Fedden, S. 34, 35, 37; Lamartine, S. 65-67.

[87] Ashton, S. 53-78; Hofman, S. 253, 267, zitiert Robinson und Anton Laurin, Mudhakkirat, S. 92-95; Wood, S. 192.

Beduinen, die die französischen Behörden im 18. Jahrhundert niedergeworfen hatten, eine Gefährdung für zum Handel nach Damaskus entsandte Kaufleute oder die Unterhaltung eines Konsuls bestand. Daher wurde den französischen Kaufleuten verboten ihre Waren nach Damaskus zu schicken und dort Käufe zu tätigen [88].. Allerdings bleibt anzumerken, daß auch in Aleppo Unruhe herrschte, sogar noch mehr als in Damaskus. Auch die Handelskarawanen nach Aleppo wurden angegriffen und von Beduinen überfallen. Darüberhinaus erscheint die von Rabbath angeführte Referenz überhaupt nicht in dem Buch. Rabbath Band II. endet auf Seite 408 und es gibt überhaupt keine Seiten 571-572 und die Quelle AE BI 1024 Sidon 10.2.40 bezieht sich auf das Verbot der Entsendung und des Kaufes von Produkten (wodurch der Handel nach Sidon verlegt wurde) und nicht auf das Verbot einer Niederlassung in Damaskus.

7.3. Die Beziehungen zwischen den Gemeinschaften der Fremden und der Nicht-Muslime

Die hauptsächliche Ebene der Beziehungen zwischen den Konsuln und den Gemeinschaften der Fremden und den Nicht-Muslimen war natürlicherweise der wirtschaftliche Bereich, um den herum das Konsulat und die Handelsstation geführt wurden [89]. Damit das Konsulat und die Handelsstation tätig sein konnten, mußten sie sowohl mit den Institutionen der Regierung [90], als auch mit der muslimischen Umgebung Verbindung aufnehmen. Wenn, wie aufgezeigt wurde, die Konsuln und Kaufleute nicht der lokalen Sprache mächtig waren, die meisten von ihnen noch nicht einmal versuchten diese zu erlernen, und sich selbst objektiv Nicht-Muslimen näher gestellt sahen als den Muslimen, so entsteht eine Abhängigkeit von den, der lokalen und der europäischen Sprachen mächtigen Nicht-Muslime[91]. Das Konsulat bedurfte ihrer und die Gemeinschaft versammelte eine Anzahl von Nicht-Muslimen um sich, die ihnen Dienste leisteten. Hierbei handelte es sich um

---

[88] Rafeq, The Province, S. 138, 178, basiert auf Rabbath, Bd. II, S. 571-572; AE B I 1024 Sidon 29. Juli 1739; AE B I 1024, Sidon 10. Februar 1740; AE B I 979, Sidon 6. Juli 1783.

[89] Zu den Beziehungen auf wirtschaftlicher Ebene, siehe: Kap.2.

[90] Wie dazu deutlich wurde in: Kap. 7.1.

[91] Siehe dazu: Anm. 13 und 16.

Nicht-Muslime der verschiedenen Gemeinden: christliche Armenier, Griechisch-Orthodoxe, Maroniten und Juden. Unter ihnen findet man: *dragomane* für den Konsul und die Kaufleute[92], Nachrichtenübermittler und Informanten[93], Makler, Warenprüfer, Geschäftsbesitzer und -betreiber [94], Diener[95] und Bankiers [96].

Dadurch, daß das Konsulat und die Gemeinschaft die Nicht-Muslime benötigte, gewährten sie den mit ihnen in Verbindung Stehenden konsularischen Schutz, dessen Bedeutung sowohl rechtlich als auch wirtschaftlich war. Der Schutzerhaltende erhielt die gleichen Rechte, die die Kapitulationen den Fremden verliehen, d.h. rechtlichen Schutz und Befreiung von der Kopfsteuer, *avanias* und Zollrechte [97]. Im Jahre 1793 erließ Sulaymān Pasha eine Anordnung, nach der (vom Zeitpunkt des Erlasses aus) es den Angehörigen von Inhabern von *barā'a* und *nafar fermān* nicht mehr zustand, *kalpak* und die ihnen üblichen Kleider zu tragen, sondern Kleider wie Christen, die nicht unter fremder Schutzherrschaft standen, d.h. braune Kleidung und rote Schuhe, so wie es den *dhimmīs* auferlegt war [98]. Aus dieser Anordnung läßt sich ersehen, daß bis dahin die unter fremder Schutzherrschaft stehenden Nicht-Muslime sich ähnlich wie die Schutzgebenden zu kleiden pflegten, somit also anders als die nicht unter Patronat Stehenden; ein Recht, das ihnen mehr Sicherheit verlieh. Die Konsuln gewährten diesen Nicht-Muslimen die Schutzherrschaft aus rein ökonomischen Erwägungen heraus, um diesen Funktionären ein freies Handeln zu ermöglichen und den Handel in Bewegung zu bringen; beide Seiten profitierten davon.

Da die politischen und gesellschaftlichen Bedingungen in Aleppo, wie bereits aufgezeigt wurde [99], ein Bestehen irgendeines Patronats notwendig machten,

---

92 Siehe dazu: Anm. 90 und 91.
93 Siehe dazu: Anm. 16.
94 Masson, XVIIIeme siecle, S. 158; Wood, S. 214-215; R. North, Bd. III, S. 53-54.
95 AE B I 77 cc Alep, 15. April 1712; Olivier, Bd. II, S. 307.
96 Masson, XVIIIeme siecle, S. 491; Wood, S. 214; Die Levant Company untersagte Kreditgeschäfte und bestand auf Barzahlung. Die Bankiers liehen den Europäern Geld für die Entrichtung von *avanias* -Zahlungen.
97 Gibb und Bowen, Teil 1, S. 311; Siehe dazu: Kap. 1.3.
98 SP 110.53, 17. September 1793, 50.
99 Siehe dazu: Kap. 5.6.

versuchten viele Nicht-Muslime, auch wenn sie nicht in Diensten der Gemeinschaft standen, die Schutzherrschaft, die ihnen viele Vorteile verschaffte, zu erlangen. Die Konsuln, die eine Möglichkeit sahen Geld zu machen, begannen *barā'a* an jeden, der sich an sie wandte, zu verkaufen. Somit kauften die Reichen unter den Armeniern, Juden und Griechisch-Orthodoxen für viel Geld diese Rechte von den Konsuln [100]. Der Verkauf von *barā'a* an jeden der darum bat, wurde so sehr übertrieben, daß viele Nicht-Muslime unter Betrug in die Stellung von *dragomane* gelangten. Im Jahr 1793/1208 betrug deren Anzahl fast 1.500. Ein spezieller Abgesandter kam auf Bitten des Gouverneurs von Aleppo in die Stadt und befand, daß nur 6 der 1.500 Eingetragenen wirklich im *sijill at-tarājima* - der Liste der Übersetzer - eingetragen waren [101]. Das Recht die Schutzherrschaft, *barā'a*, zu verkaufen blieb den Konsuln im Osmanischen Reich erhalten und wurde erst im Januar des Jahres 1809 im Zuge des Dardanellen-Friedens aufgehoben [102]. Auch wenn die Konsuln Geld aus dem Verkauf von *barā'a* schlugen, sollte man die Nicht-Muslime nicht für naiv halten. Es gab solche, die sich als Franzosen ausgaben und mit Frankreich, trotz offiziellen Verbots, Handel trieben. Gegen Ende des 18. Jahrhunderts verstanden es Christen und Juden auch als Diener der Europäer Gewinne zu machen. Für jedes Geschäft, welches sie für die Europäer abschlossen, erhoben sie für sich selbst eine Kommission von 25% und es gab auch solche, die nicht aufrichtig waren und betrogen [103]. Sie liehen von den Europäern Geld und zahlten Schulden nicht zurück [104]. Allerdings muß auch gesagt werden, daß es ebenso Europäer gab, die Geld auf Zinsen von einheimischen Christen liehen und die Darlehen nicht zurückzahlten. Dies war der Fall, als im Jahr 1740 das Handelshaus Brand Freres in Konkurs ging und der französische Konsul die Ausstände beglich, um Rechtsklagen und die Intervention der osmanischen Behörden zu verhindern [105].

---

100 Volney, S. 288; Wood, S. 135; Sauvaget, Alep, S. 205.
101 Siehe dazu: Anm. 17.
102 Wood, S. 119; Barker, Bd. I, S. 342.
103 Olivier, Bd. II, S. 307; Sauvaget, Alep, S. 206.
104 AE B I 89 cc Alep 1763-1765, Tome 14, 31. Januar 1763, S. 5; SP 105.108; SP 110.43 PFF 6299, 28. Oktober 1774; Taoutel, Bd. I, S. 73; Masson, XVIIIeme siecle, S. 168; Davis, S. 208-209.
105 Marcus, S. 188, zitiert AE B I 84, 14. Februar 1743, Nr. 125-126 und 16. Februar 1743, Nr.

Es stellt sich heraus, daß man es hier, wenn man sich mit den Beziehungen zwischen den Gemeinschaften der Fremden und Nicht-Muslime auseinandersetzt, mit zwei Gruppen von Nicht-Muslimen zu tun hat. Eine Gruppe umfaßte die große Mehrheit der nicht-muslimischen Bevölkerung, mit der Stellung von *dhimma* und allem was dazugehört. Die andere, im Verhältnis kleinere Gruppe umfaßte die nicht-muslimischen Untertanen der Pforte, die unter der Schutzherrschaft der fremden Konsuln standen und sich der Vorrechte erfreuten[106]. Im Grunde war diese Gruppe ein Teil der fremden Nation/Gemeinschaft und nahm als solche an offiziellen Ereignissen und Zeremonien teil [107]. Wohlgemerkt als ein "Teil", denn es handelt sich hierbei nicht um ein Verlassen der nicht-muslimischen Gemeinschaft. Auf Grund der Familie verblieben sie in der unter fremdem Patronat stehenden nicht-muslimischen Gruppe. Diese blieb weiterhin ein integraler Teil der Gemeinschaft der nicht-muslimischen Untertanen der Pforte und unterstand der osmanischen Regierung. Auf diese Weise entstand eine gesellschaftliche und wirtschaftliche Polarisierung zwischen den beiden nicht-muslimischen Gruppen. Die Konsuln und die Gemeinschaften der Fremden hatten daran großen Anteil.

Zwischen Fremden und Nicht-Muslimen bestanden auch gesellschaftliche Beziehungen. Die Frage der Eheschließungen der Ledigen der Gemeinschaft mit einheimischen, nicht-muslimischen Frauen wurde bereits behandelt und es wurde dargestellt, daß trotz Erlassen, Verboten und deren Abänderungen sowie trotz der negativen Haltung der osmanischen Regierung, eheliche Verbindungen mit einheimischen Nicht-Musliminnen zustande kamen. Und wenn Ehen geschlossen werden, so werden selbstverständlich auch Kinder geboren und Erziehungsfragen aufgeworfen, da viele der Frauen griechisch-orthodox waren und die Großfamilie der Ehefrau zum gesellschaftlichen Rückhalt des Ehemannes wurde, der von seiner Familie in England und Frankreich abgeschnitten war [108].

202-203 und 30. April 1744, Nr. 245-255 und 27. Juli 1745, Nr. 334-335.

[106] Zur gesellschaftlichen Bedeutung, die auf Grund der Entstehung dieser zwei Gruppen entsteht, siehe dazu: Kap. 5.3.

[107] Siehe dazu: Kap. 6.2.2.4.

Wenn sich, wie aufgezeigt, Besuche bei Muslimen im allgemeinen auf die Häuser der Notabeln der Regierungsbeamten, der *janitscharen* und der *a'yān* beschränkten[109], so war es durchaus üblich, daß Fremde und Gäste die Häuser von Nicht-Muslimen besuchten, in diesem Fall die der Juden, die sie mit Achtung und Gastfreundschaft empfingen und ihnen ihre Häuser und Gärten öffneten [110].

Auch im alltäglichen Leben bestand eine Abhängigkeit der Fremden von den Nicht-Muslimen hinsichtlich einiger Lebensmittel, die sie nicht bei den Muslimen erhalten konnten. Wein und Fleisch kauften die europäischen Fremden im christlichen Viertel al-Jadīda [111]. Der Einkauf von Wein bei Christen läßt sich damit erklären, daß die Muslime aus religiösen Gründen keinen Wein herstellten und verkauften [112].

Eine weitere Ebene der Beziehungen zwischen Fremden und Nicht-Muslimen ist die der Religion. Da den Nicht-Muslimen Aleppos von Seiten der Regierung Einschränkungen in Bezug auf Restauration und Bau von Kirchen auferlegt waren, zogen sie die Fremden zu Hilfe. In Aleppo leisteten die Kirchen der Fremden den Nicht-Muslimen religiöse Dienste, so z.B. die Kirche des französischen Konsulats für die nicht-muslimische Gemeinschaft der griechischen Katholiken [113]. Als im Jahr 1823 die maronitische Kirche von einem Erdbeben zerstört worden war und der Gouverneur den Geistlichen gefangennahm, ihn nackt auszog und erdrosselte und der Gemeinde eine Strafe für die Restauration der Kirche auferlegt wurde - wandte sich der maronitische Bischof an den englischen Konsul und bat um dessen Intervention beim Gouverneur [114]. D.h., daß die Nicht-Muslime nicht zögerten

---

[108] Siehe dazu: Kap. 6.2.2.4.

[109] Siehe dazu: Kap. 7.1. und 7.2.

[110] Teonge, S. 151, erzählt, daß man die jüdischen Frauen nicht sah. Diese Tatsache hinsichtlich der jüdischen Frauen muß man auf die jüdische Halacha und nicht auf einen lokalen Brauch der muslimischen oder sogar der nicht-muslimischen Gesellschaft beziehen. Siehe dazu: Kap. 6, Anm. 128.

[111] Qarā'li, S. 66.

[112] Siehe dazu: Kap.2, Anm. 67.

[113] D'Arvieux, Bd. VI, S. 1-3; Lewis, Levantine, S. 196.

[114] Taoutel, Bd. I, S.134.

die Stellung des Konsuls zu ihren Gunsten zu nutzen. An einen europäischen (französischen) Konsul wandten sie sich nicht nur, um sich von ihm vor der Regierung repräsentieren zu lassen, sondern auch in Fällen von internen Konflikten zwischen den Gemeinden, falls der Konsul nicht auf Eigeninitiative eine Funktion bei diesen übernahm [115]. Zum religiösen Aspekt des Konsulats kommt ein weiterer Faktor hinzu, wonach der nicht-muslimischen Bevölkerung religiöse Dienste nach europäischem Muster gewährte wurden - die Mission. Grundsätzlich stand die Aktivität der Mission unter dem Schutz, der dem französischen König im Jahr 1604 über heilige Stätten und mittels der Kapitulationen gewährt worden war, die festlegten, daß die Kaufleute der Handelsstationen ihre religiösen Bräuche offen und frei praktizieren können. Die in die Stationen entsandten Geistlichen wurden gleichzeitig zu Missionaren[116].

Für den Zeitraum mit dem sich diese Studie auseinandersetzt finden sich in Aleppo Missionare, die religiösen Orden angehörten. Wie Franziskaner und Jesuiten, die ihre Mission auf die lokalen christlichen Kirchen ausrichteten: Armenier, Griechen, Syrianer und Jakobiten, um diese in die katholische Kirche zu holen. Die Franziskaner errichteten zum Dienste der Katholiken sogar im *khān* ash-Shibāni eine Kirche. So lassen sich in Aleppo Karmeliter, die eine Kirche im *khān* Douane hatten, ebenso finden wie Kapuziner, die eine Kirche und ein Kloster im *khān* al-Qaṣṣabīya errichteten [117]. Hierbei sollte betont werden, daß nicht im Kreise der Muslime missioniert wurde, sondern ausschließlich unter der einheimischen christlichen Bevölkerung [118]. Die Aktivität der europäischen Missionare stieß bei der Priesterschaft der Ostkirchen auf Ablehnung [119]. Wie aufgezeigt, hatte dies Auswirkungen auf die Beziehungen zwischen den Fremden und der Zentralregierung sowie auf die Art und Weise der Tätigkeit der Mission, die manchmal sogar im geheimen stattfand [120]. Dies hatte eine weitere Auswirkung auf die internen

---

[115] Ibid., Bd. I, S. 88, 113, und siehe dazu: Kap.5, Anm. 245.
[116] Siehe dazu: Kap. 1.2., und Kap. 6.2.2.2. und 6.2.2.4.; Sauvaget, Alep, S. 192; AE B I 81 cc Alep, Tome 6, S. 127, 11. August 1773.
[117] Siehe dazu: Kap. 6.2.2.2. und Anm. 69; Kap. 6.2.2.4., 6.2.3.; Qarā'li, S. 69; Sauvaget, Alep, S. 207-208; AE B I 81, ibid.
[118] Ibid.; Russell, Bd. II, S. 39.
[119] Qarā'li, Bd. I, S. 5-7.
[120] Siehe dazu: Kap. 7.1. und Anm. 39.

Beziehungen der Christen [121]. Die Gemeinde der christlichen Gemeinschaft Aleppos war in Bezug auf die Aktivität der Mission nicht geeinigt. Ein Teil sah in dieser Tätigkeit den Anlaß für die Verschlechterung der Beziehungen zur Zentralregierung und ihren Repräsentanten, die in den Missionaren "Agenten der Fremden" sahen. Ein anderer Teil erachtete die Aktivität als positiv, da der Schutz des Königs sie zu einer extra nationalen Öffentlichkeit / Gruppe werden ließ [122]. Die nicht einheitliche Stellung verhinderte die Standhaftigkeit der christlichen Gemeinschaft.

Zu dem bisher Erwähnten muß hinzugefügt werden, daß die Haltung der christlichen Gemeinschaft Aleppos, und insbesondere der griechisch-orthodoxen, in Bezug auf die Aktivität der Mission ohne Zweifel von den internen Prozessen, die diese durchlief, beeinflußt wurde. Auf der einen Seite sind wir Zeugen eines internen Kampfes zwischen der griechischen Priesterschaft und der arabischen Gemeinde; und andererseits sind wir Zeugen dessen, daß im Laufe und gegen Ende des 18. Jahrhunderts die meisten Christen Aleppos Katholiken waren. Von dieser Situation ausgehend, kann man annehmen, daß die katholische Mehrheit kein Problem mit der Tätigkeit der Mission hatte, dies also ein Problem der griechischen-orthodoxen Priesterschaft blieb. Diese Priesterschaft war dagegen und zwar ohne die massive Unterstützung ihrer arabischen Gemeinde.

7.4. Die Beziehungen der Gemeinschaften der Fremden untereinander

In die Kategorie der Gemeinschaften der Fremden sind hier, wie bereits deutlich wurde, Holländer und Venezianer eingeschlossen. Sie hatten in Aleppo keinen Konsul, erhielten jedoch den konsularischen Schutz der Franzosen und Engländer. Sie waren nur wenige und es bestand keine ökonomische Rechtfertigung für die Unterhaltung eines eigenen Konsuls [123].

---

[121] Siehe dazu: Kap. 5.7.
[122] Sauvaget, Alep, S. 192, 209.
[123] Siehe dazu: Kap. 6.1.; Kap. 6.2.2.4.; Kap. 6.2.4.; Kap. 6.3.2.; Paris, Bd. 5, S. 414.

Zwischen den Konsuln und den Gemeinschaften bestanden sowohl offizielle als auch inoffizielle Beziehungen. An nationalen Feiertagen veranstalteten die Konsuln Empfänge und Feierlichkeiten, wie z.B. den Empfang eines neuen Konsuls, eines Ehrengastes, Geburtstage etc. Diese Empfänge hatten eine "diplomatische" Bedeutung für die Förderung von Beziehungen und Geschäftsverbindungen sowohl als auch eine gesellschaftliche Bedeutung. Zu diesen Empfängen wurden im allgemeinen eingeladen:

a. Angehörige der Handelsstation des gastgebenden Konsuls;
b. europäische Konsuln;
c. Kaufleute der Handelsstation und andere Gemeinschaften.

Bei diesen Empfängen wurden Erfrischungen, darunter auch Wein, gereicht, man rauchte Wasserpfeife und trank Kaffee. Als im Jahr 1734 der persische Botschafter 'Abd al-Baqi-khān nach Aleppo kam, sandten die Konsuln Frankreichs, Englands und Hollands (aus praktischen Gründen) ihre Übersetzer zur Begrüßung und zur Übergabe von Geschenken zu ihm [124]. Den französischen Konsuln stand im Verhältnis zu den englischen ein beschränktes Budget für Ausgaben zur Verfügung. Das den Engländern zur Verfügung stehende Ausgabenbudget ermögliche ihnen ein großzügiges Leben zu führen und rief den Neid der Franzosen hervor [125]. Diese Empfänge trugen sehr zum Aufbrechen der Einsamkeit und zur Bereicherung des gesellschaftlichen Lebens und der Abwechslung bei. Was der gesellschaftlichen Tätigkeit ebenso wie dem Gefühl des "Miteinander" in Zeiten der Not zuträglich war, war das gemeinsame Wohnen in den *khāns* [126].

Trotz wirtschaftlicher Konkurrenz [127] verstanden es die Konsuln und Angehörigen der Handelsstation zwischen Geschäft und individueller Freundschaft,

---

[124] D'Arvieux, Bd. I, S. 130; Sim, S. 82, 96; Teonge, S. 144, 145, 147, 156, 162; Taoutel, Bd. I, S. 121; Tournefort, Bd. I, S. 198.
[125] Masson, XVIIIeme siecle, S. 145; Wood, S. 217, 218; SP 195.151, 26. Oktober 1649.
[126] Siehe dazu: Kap. 6.2.3., und 6.2.3.; Fedden , S. 215.
[127] Siehe dazu: Kap.2.

gesellschaftlichem Leben und Öffentlichkeitsarbeit zu unterscheiden. Diesbezüglich ist es recht natürlich, daß sich Europäer in anderen Gemeinschaften zusammenschlossen als Muslime oder sogar Nicht-Muslime. Die Beziehungen zwischen den Kaufleuten und den Angehörigen der Stationen beschränkten sich nicht auf offizielle Anlässe. In Aleppo fanden Kartenspiele, wöchentliche Konzerte, Bälle und Maskenbälle zur Zeit der Karnevale statt. Dies zusätzlich zu den oben erwähnten Empfängen bei Geburtstagen, Feiertagen und nationalen Ereignissen[128].

Ein besonders interessanter Aspekt ist die Frage des Verhaltens und der Beziehungen der Gemeinschaften der Fremden der Stadt untereinander zu Zeiten von Kriegen zwischen den Vaterländern. Spiegelten in solchen Zeiten die Beziehungen in Aleppo die der Vaterländer wider? Es stellt sich heraus, daß die Angehörigen der Stationen in Aleppo auch hier, wie ebenfalls in Bezug auf die wirtschaftliche Konkurrenz, zu differenzieren verstanden. Ebenso wie sie in Bezug auf Geschäftsangelegenheiten und individuellen Beziehungen trennten und unterschieden, so taten sie dies auch hinsichtlich der Beziehungen zwischen den Vaterländern und den Beziehungen zwischen den Angehörigen der Stationen in Aleppo. Auch wenn offizielle Zeremonien zwischen den Konsuln der in Konflikte verwickelten Nationen nicht stattfanden, so fuhren die einzelnen Angehörigen dennoch fort sich zu treffen und gemeinsam zu vergnügen, allerdings unter Ausschluß politischer Gesprächsthemen[129]. D.h., daß es sich die zahlenmäßig so sehr eingeschränkten, von ihren Ländern und der sie umgebenden einheimischen Gesellschaft weit entfernten und vereinsamten europäischen Gemeinschaften nicht erlauben konnten, über das, was das lokale Leben ohnehin mit sich brachte, zu vereinsamen und zu isolieren.

Es wurde bereits dargestellt, daß unter den Handelsstationen und Kaufleuten eine starke wirtschaftliche Konkurrenz bestand. Besteht eine äußere Gefahr (d.h. von

---

[128] Siehe dazu: Anm. 124, 126.; Russell, Bd. II, S. 12.

[129] Ibid., Bd. II, S. 13; Maundrell, Introduction, S. XXXI - XXXII; Zur Zeit in der Maundrell nach Sidon, Jerusalem und Aleppo kam, kämpften England und Frankreich gegeneinander (1697). Dieser Krieg, der der Krieg der Augsburger Verbündeten genannt wird, endete im Jahr 1697 mit dem Vertrag von Rijswijk.

einem Element außerhalb der Gemeinschaften der Fremden) für die wirtschaftlichen Interessen, wie Vorrechte oder Handelskonkurrenz, schweißte dies die Konsuln und die Angehörigen der Handelsstationen gegen das für sie gefährliche Element zusammen und sie wurden gemeinsam aktiv:

a. Nach der Rechtsbeugung des *qāḍī* von Aleppo zur Zeit eines Strafrechtsverfahrens zwischen einem Engländer und einem Einheimischen, erschien der Konsul von Aleppo in Begleitung der englischen, holländischen und französischen Gemeinschaft im *serai* . In dieser Stellung beschuldigte der von der Gemeinschaft ernannte Konsul den *qāḍī* , die *qā'immaqām*, den *mütasallim* und das Oberhaupt der *janitscharen* des Verstoßes gegen die Kapitulationen [130].

b. Als in Aleppo ein konkurrierendes und die Vorrechte bedrohendes Element erschien und dieses eben auf Grund seines Europäisch-Seins erbat, versuchten englische und französischen Konsuln sowie holländische Kaufleute zu verhindern, daß dieses das französische Patronat erhielten. Sie initiierten eine Eingabe an den Großwesir, an die Zentralregierung in Istanbul, daß diese dem konkurrierenden Element Auflagen und Pflichten wie einem nicht-muslimischen Untertanen machen sollte, so daß sie dementsprechend, also nicht wie Europäer, behandelt werden würden; einschließlich der Kleidervorschriften der *dhimmī*. D.h., daß sie nicht in den Genuß der Kapitulationen kämen und ihnen somit der wirtschaftliche Vorteil in der Konkurrenz abgesprochen würde. Hier handelt es sich um die Juden Livornos, die unter dem Schutz des französischen Konsuls standen und deren Zahl beständig zunahm, so daß deren Anzahl die der anderen Franzosen und Engländer überstieg[131]. Zu dem ökonomischen Motiv der Franzosen gesellten sich Antisemitismus und Vorurteile und vielleicht sogar eine antisemitische Einstellung, deren Quelle, wie Prof. Philipp aufzeigte, im "Vaterland" und in der Handelsstation in Marseille zu finden ist. [132]

---

[130] Teonge, S. 155-157, (Darstellung der gesamte Affaire); AE B I 81 cc Alep tome VI, S. 101, 7. Januar 1730, und siehe auch: Kap. 7.1., und dazu Anm. 24-25.

[131] Philipp, French Merchants, S. 6-7; Masson, XVIIeme siecle, S. 303-304; ACCM, AA 365, 26. April 1692 und 22. Juni 1692; ACCM BB. VI, 26. November 1711; Siehe dazu auch: Kap. 6.2.2.4.

[132] Philipp, ibid.

Bisher wurden freundschaftliche und gesellschaftliche Beziehungen des alltäglichen Lebens und der Zusammenschluß vor einer äußeren Bedrohung dargestellt. Wenn dann jedoch eine Plage wie eine Pestepidemie auftaucht, was in der hier behandelten Zeitspanne in Aleppo häufig vorkam -, so ist kein Platz mehr für Sentimentalitäten und jeder ist sich selbst der Nächste. Die französische Gemeinschaft in Aleppo zahlte in den Jahren von 1703 bis 1707 einem Sanitäter ein festes, lebenslängliches Gehalt von insgesamt 150 *piastres*, damit er den Franzosen Vorrang geben und sie vor allen anderen behandeln würde, d.h. somit auch vor allen anderen Europäern[133]. Es bleibt also festzuhalten, daß nicht immer idyllische Beziehungen bestanden. Es gab z.B. Funktionäre der Gemeinschaft, die gegen übliche Handlungsweisen und Erlasse handelten, um die Beziehungen zwischen französischer und englischer Gemeinschaft zu stören und die nur Konflikte suchten[134]. Dieses trotz der Tatsache, daß sich die englische Gemeinschaft im 18. Jahrhundert zahlenmäßig verringerte und im Grunde keine wirtschaftliche Bedrohung mehr darstellte.

---

[133] Masson, XVIIeme siecle, S. 460; ACCM AA 365, 30. Mai 1703 und 365, 8. März 1709 und 337, 31. Oktober 1704.

[134] Roux, S. 16-22; Masson, XVIIIeme siecle, S. 177, stützt sich auf: AE B 7 275 und 289, Memoire sur le Commerce des Echelles 1717, 1720.

8. Nicht-Muslime und Fremde in Damaskus[1]

8.1. Damaskus

In dem hier behandelten Zeitraum war Damaskus keine kosmopolitische Stadt[2]. Sie war auch nicht direkt in den europäischen Transithandel mit dem Orient involviert und europäische Konsuln und Kaufleute waren nicht in der Stadt ansässig[3].

Damaskus war, wie Aleppo, Provinzhauptstadt und Sitz des Gouverneurs[4] und wies spezifische Charakteristika auf. Diese beruhten auf ihrer historischen Vergangenheit, der geographischen Lage der Stadt und der Rolle, die Damaskus während der gesamten Studienperiode spielte. Innerhalb dieses Rahmens lebten Nicht-Muslime und Fremde.

Dieses Kapitel beschäftigt sich mit Themen, welche Damaskus von Aleppo abgrenzen. Hier soll untersucht werden, wie diese verschiedenen Charakteristika auf die Nicht-Muslime und ihr Leben in Damaskus, im Vergleich zu Aleppo, einwirkten. Es handelte sich um folgende Charakteristika:

1. Damaskus hatte, wie Aleppo, vor ihrer Eroberung durch die Muslime eine christliche und jüdische historische Vergangenheit. In Damaskus lebten seit der Eroberung weiterhin Christen unter der Schutzherrschaft des Islam[5].

2. Damaskus wurde im Jahre 14 von Khalid ibn al-Walid und Abū 'Ubayda erobert[6]. Im Jahre 41 (661) machte Mu'āwiyya Damaskus unter der Herrschaft der Omaijaden zur Hauptstadt des muslimischen Reiches. Unter der Herrschaft der Omaijaden wurden in der Stadt prächtige Moscheen erbaut. Die größte darunter war die Umayya-Moschee, welche zuvor die Kirche von Johannes dem Täufer gewesen war.

---

1 Im Verlauf des Kap. sol die spezifische Situation in Damaskus untersucht werden.
2 Mit Ausnahme der *ḥajj*-Perioden; Fedden;. 34-37, 47; Rafeq, The Province, S. 178.
3 Siehe dazu: Kap. 6.1. und Kap. 7.2.
4 Siehe dazu: Kap. 3.1.1. und 4.1.1.
5 Sauvaget, Damas, S. 437-371.
6 Al-Balādhuri, Bd. I, S. 145-146; Ibn al-'Asākir, Bd. I, S. 40, 45, 46, 196.

3. In Damaskus befinden sich die Gräber von Muslimen, die z.T. den *aṣ-ṣaḥāba* angehörten, die als Vorreiter des Islam und dessen Anfängen und als eine Art "Gründungsväter" angesehen werden können. Dazu zählen:

a. Der Abyssinier Bilāl, der mu'adhdhin Muḥammads.

b. Mu'āwiyya, der Gegner 'Alīs und der Gründer der Omaijadendynastie.

c. Drei Ehefrauen Muḥammads.

d. Fatma, die Enkelin Muḥammads und Tochter 'Alīs.

e. Abū 'Ubayyda, der Anführer der Muslime bei der Eroberung von Damaskus[7], d.h. Damaskus hatte den "Status" einer heiligen Stadt.

4. Damaskus diente seit den Anfängen der muslimischen Herrschaft ununterbrochen als Sammel- und Ausgangspunkt für die *ḥajj* -Karawanen[8].

5. Damaskus war, wie bereits erwähnt, Provinzhauptstadt. Der Gouverneur von Damaskus war der wichtigste unter den Gouverneuren Syriens und hatte einen hohen Rang inne. Er war für die Verwaltung und Sicherheit der *ḥajj* -Karawanen verantwortlich[9].

6. Die geographische Lage von Damaskus trug dazu bei, daß die Stadt über Jahre hinweg mit den Beduinenstämmen Handel trieb und einen Sammelpunkt für Handelskarawanen aus Baghdād, die Waren aus Persien und Indien mitführten, darstellte. Ihre geographische Lage stellte die wirtschaftliche Verbindung zu den jährlichen *ḥajj* -Karawanen aus und nach Mekka dar, die sich dort sammelten und an die Handelskreise Aleppos anknüpften [10].

---

[7] Porter, S. 43-45, 112; Durbin, S. 68.

[8] Siehe dazu: Kap. 7.2. und siehe dort Anm. 87; Sauvaget, Damas, S. 469.

[9] Zu den Aufgaben des Gouverneurs bez. der Verwaltung der *ḥajj* -Karawanen, siehe: Kap. 4.1.1., Anm. 9-11, dieses Kap. Anm. 8.

[10] Sauvaget, Damas, S. 469-471; Rafeq, The Province, S. 73, 178; Burckhardt, Nubia, S. XLVII, Brief aus Damaskus, 30. Mai 1812.

8.2. Daten

Jahr	**Gesamtein-wohnerzahl**	**Muslime**	**Christen**	**Juden**	**Fremde (Europäer)**
1630 [11] Konsul u. sowie					1 französischer einige Kaufleute Venezianeren
1660 [12]					Einige französische Kaufleute und Ärzte
1717 [13]					Missionare: Kapuziner, Jesuiten und Terra Santa
1729 [14]			25.000		
1731 [15]			20.000		
1783-85 [16]	80.000		15.000		
1794 [17]					1 französischer Arzt
1797 [18]	200.000				
1803/7 [19] und	200.000		25.000	1.000	Europäische Ärzte einige Abenteurer
1812 [20]					1 englischer Konsul
1817 [21]					1 Arzt
1820 [22]					1 konsularischer französischer Agent
1833 [23]	200.000 400.000		30.000		1 englischer Konsul
1842 [24]	115.552	89.000	11.272	5.000	
1848 [25]	108.000	74.464	14.005	4.630	

[11] Masson, XVII, S. 386; Fermanel, S. 326-328.

[12] Masson, ibid., S. 386-387.

[13] Masson, ibid., zitiert Lucas, S. 349, der aussagt, daß er in diesem Jahr nur Missionare in Damaskus und keinen einzigen französischen Untertanen antraf.

[14] Rabbath, Bd. II, S. 397, zählt in Aleppo 40.000 und in Damaskus 25.000, unter ihnen 3/4 Katholiken.

[15] Rabbath, Bd. I, S. 590, zählt 4.000 *kharāj* zahlende Christen; Siehe dazu: Anm. 2 zur Errechnung der Anzahl der Christen.

[16] Volney, S. 321.

[17] Gibb und Bowen, Teil 2, S. 163; Der französische Arzt Chaboceau war der einzige Europäer in Damaskus. Siehe: Rouyer, S. 233; Olivier, Bd. II, S. 255.

[18] Browne, S. 458.

[19] 'Alī Bey, S. 262; 'Alī Bey behauptet, daß es in Damaskus, im Gegensatz zu den anderen Städten des Nahen Ostens, mehr Katholiken als separatistische Christen gibt und nach seiner Unterteilung handelt es sich um 20.000 Katholiken und 5.000 Armenier. Die Zahl 1.000 bezieht sich auf Familien.

[20] Burckhardt, Nubia, S. 47; Burckhardt bezieht sich auf den Konsul Barker.

[21] Ibby, S. 283; Ibby bezieht sich auf den Arzt Chaboceau, der in Anm. 17. erwähnt wird.

[22] Lamartine, Bd. III, S. 67; Der Name des Agenten ist M. Baudin, der mehr als 10 Jahre in Damaskus lebte.

[23] Durbin, S. 70; Durbin meint hier den Konsul Wood.

[24] Lamartine, Bd. III, S. 96, 102.

[25] Porter, S. 139.

Eine Analyse der Datentabelle ergibt folgende Resultate:

1. Die Anzahl von Christen und Juden in Damaskus in absoluten Zahlen ist niedriger als die in Aleppo[26].

2. Auch wenn man diesen Ziffern die Anzahl der katholischen Emigranten [27] hinzufügt, ändert sich die oben erwähnte Tatsache nicht.

3. Im 18. Jahrhundert gab es in Damaskus zwar keine Konsuln und Handelsstationen für europäische Fremde, aber (europäische) Fachleute und Missionare ließen sich trotzdem dort nieder.

Die oben erwähnten Resultate werfen folgende Fragen auf:

1. Warum ist die Anzahl der Christen und Juden in Damaskus niedriger als in Aleppo?
2. Welche Bedeutung ist der Niederlassung von europäischen Fachleuten und Missionaren in Damaskus beizumessen?
3. Welche Bedeutung hat die Tatsache, daß es in Damaskus keine fremden Handelsstationen und Konsuln gab, für die Beziehungen zwischen Nicht-Muslimen und Muslimen auf der einen, und für die Beziehungen zwischen Nicht-Muslimen innerhalb ihrer Gemeinschaften auf der anderen Seite?
4. Welche Beziehungen bestehen zwischen Muslimen und Fremden in Damaskus?

---

[26] Vergl.: Datentabelle, Kap. 5.1.3.

[27] Philipp, Syrians, S. 1-2.

8.3. Die Fremden in Damaskus und ihre Beziehungen zur Regierung sowie zu Muslimen und Nicht-Muslimen

Wie bereits erwähnt, gab es in Damaskus im 18. und im 1. Viertel des 19. Jahrhunderts keine fremden (europäischen) Konsuln und Kaufleute[28].

Die geläufige Erklärung für diese Erscheinung, die dies der Intoleranz und dem religiösen Fanatismus der Bewohner Damaskus' (im Unterschied zu den Bewohnern Aleppos z.B.) zuschreibt, wurde untersucht und durch die Feststellung widerlegt, daß zwischen der Intoleranz und dem Fanatismus der Bewohner Aleppos und Damaskus' kein Unterschied bestand und dieses Phänomen in beiden Städten existierte.

Weiterhin wurde festgestellt, daß weder religiöser Fanatismus, noch Intoleranz für die Abwesenheit von (europäischen) Fremden im Damaskus des 18. Jahrhundert verantwortlich waren, sondern fehlende wirtschaftliche Interessen von Fremden, die ein Wohnen vor Ort und längere Aufenthalte gerechtfertigt hätten[29].

Diese Schlußfolgerung wird durch Daten bestätigt, wonach in den 30er Jahren des 17. Jahrhunderts in Damaskus ein französischer Konsul und venezianische Kaufleute anwesend waren, die, nach Fermanel, in sehr großer Freiheit lebten. Im Verlauf des 18. und zu Beginn des 19. Jahrhunderts wohnten über einen langen Zeitraum hinweg Missionare der Kappuziner-, Jesuiten und Terra Santa-Orden in Damaskus sowie vereinzelt europäische Ärzte[30].

Ab 1812 hielt sich in Damaskus der englische Konsul Barker auf und unterhielt einflußreiche Beziehungen und Verbindungen zum Gouverneur. Im gleichen Jahrzehnt lebten in Damaskus ein Arzt und ein französischer, konsularischer Kaufmann[31]. Wäre die Bevölkerung Damaskus' tatsächlich derart fanatisch gewesen, wie es europäische Quellen darstellen, so hätte sich dieser Fanatismus in

---

[28] Siehe dazu: Kap. 6.1.; 'Alī Bey, S. 268, beschreibt Damaskus in den Jahren 1803-1807 als eine außereuropäische Komposition von Farben, Nationalität und Religion.

[29] Siehe dazu: Kap. 7.2.

[30] Siehe dazu: Kap. 8.2., Daten; Masson, XVII, S. 386, 388, 458; Masson zitiert Fermanel, S. 312-321 und d'Arvieux, Bd. 1, S. 339-346, Bd. II, S. 462-467; Thevenot, Bd. II, S. 25-40; Ibby, S. 282-283 bezieht sich auf das Jahr 1818; Lewis, Levantine, S. 92; Rabbath, Bd. I, S. 64, 79, 566-569, 777.

[31] Siehe dazu: Kap. 8.2.; Ibby, S. 240.

einer Form manifestieren müssen, daß gerade diese vereinzelten Europäer, die dort ohne jeglichen Schutz und Unterstützung einer etablierten, einflußreichen Handelsstation lebten, die Stadt hätten verlassen müssen. Dies war nicht der Fall.

Im Jahr 1660 traf Dario französische Kaufleute, Ärzte und Sanitäter und einen Besucher in den Häusern der Notabeln in Damaskus an. Er beschreibt die Bewohner der Stadt als gutaussehend, wohlgekleidet und in einer Atmosphäre der Freiheit lebend, da der Gouverneur von Damaskus weniger tyrannisch als in anderen Städten sei[32].

Der Arzt Chaboceau, der auch der Arzt des Gouverneurs war, war ein bevorzugter Gast in den exklusivsten Palästen. Auch wenn Barker und Bruce im christlichen Viertel wohnen mußten, so wurde dem Arzt erlaubt sich nach Sonnenuntergang frei zu bewegen, ohne daß dabei Gefahr für sein Leben bestand[33].

Wiederum wird deutlich, daß Europäer in Damaskus (sowohl als auch in Aleppo) durch die niedriggestellten Schichten und nicht seitens der hochgestellten Schichten physisch gefährdet waren. Auch Baudin hielt sich etwa 10 Jahre in Damaskus auf und lebte wie ein *musta'arib.* Er hatte ein Haus im armenischen Viertel, das wie alle christlichen Häuser in Damaskus (und in Aleppo) aus Gründen der Tarnung vor der Bevölkerung und staatlichen Beamten, von außen eine Ruine und innen ein Palast war. Wie bereits erwähnt, verhielten sich die Muslime in Aleppo ähnlich. Der Unterschied bestand demnach nicht zwischen *dhimmī* und Muslim, sondern zwischen Herrscher und Untertan[34]. Lamartine beschreibt sogar einen gemeinsamen Besuch mit seinem Freund Baudin bei den *aghas* [35]. Baudin besaß allerdings auch in dem christlichen Städtchen Zahle ein Haus, in das er sich in unruhigen Zeiten flüchtete[36].

Darüberhinaus verließen die Venezianer Damaskus nicht auf Grund des religiösen Fanatismus, sondern aus politischen Gründen, d.h. wegen der politischen

---

[32] Masson, Bd. XVII, S. 386-387, Masson zitiert d'Arvieux, Bd. I, S. 339-465.
[33] Haslip, S. 139, 143; Ibby, S. 283.
[34] Lamartine, Bd. III, S. 73, Lamartine bezieht sich auf die Jahre 1832-1833; Siehe dazu: Kap. 5.4., Anm. 107.
[35] Lamartine, Bd. III, S. 83.
[36] Lamartine, Bd. III, S. 65, 87.

Beziehungen zwischen Venedig und dem Osmanischen Reich. Die Franzosen verließen Damaskus wegen der unsicheren Straßen und der großen Gefährdung bei der Übergabe von Geldern. Sie verlegten deshalb die Station nach Sidon und übten ihre Handelsgeschäfte von dort aus[37].

Weiterhin wäre die Tatsache zu erwähnen, daß die Quellen den Missionaren in Damaskus nicht die gleiche Aggressivität wie denen in Aleppo beimaßen. Wahrscheinlich beruht dies darauf, daß es in Damaskus keine europäischen Handelsstationen gab und die Einheimischen die Aktivitäten der Missionare nicht mit den Aktivitäten der Handelsstationen gleichsetzten, die Konsuln sie nicht als störendes Element betrachteten und weder bei den Regierungsbehörden, noch in Marseille gegen sie vorgingen[38].

Die Anordnung der Hohen Pforte aus dem Jahr 1724, die den Untertanen des Osmanischen Reiches den Kontakt mit französischen Missionaren untersagte, wurde auf Grund der Bitte der griechisch-orthodoxen Patriarchen von Istanbul, Jerusalem und Anṭākiya erlassen. Diese Anordnung wurde 1746 erneuert und war mit einer Gefängnis- und Geldstrafe für diejenigen verbunden, die in der Kirche der Missionare beteten[39].

Auf Grund von Bestechungsgeldern an den Gouverneur wurde ihnen erlaubt im Kloster der Europäer (*dayr al-'Ifranj*) zu beten. In den Klöstern der Europäer hielten alle Unierten ihre Gottesdienste ab, da sie keine eigenen Kirchen besaßen[40]. Diese wiederholten Anordnungen zeugten davon, daß die christlichen Einwohner von Damaskus die katholischen Mönche unterstützten. Es wird berichtet, daß sie ihnen sowohl physisch als auch wirtschaftlich beistanden[41]. Der Eifer der katholischen Missionare richtete sich auf den Kampf um die lokalen, Arabisch

---

37 Masson, XVII, S. 386-387; Rafeq, S. 138; AE B1 Sidon 11.10.1738, 10.2.1740; AE B1 979, Akko 6.7.1783 (Memoire sur le Commerce).

38 Siehe dazu: Kap. 6.2.2.4, Anm. 124 und Kap. 6.2.4., Anm. 187-192 und Kap. 7.3., Anm. 117-122; Rabbath, Bd. 1, S. 375-379, Bd. 2, S.343.

39 Buraik, S. 19; Rabbath, Bd. 1, S. 565.

40 Buraik, S. 13, 19, 20.

41 Buraik, S. 19; 'Alī Bey, S. 272; Lamartine, Bd. III, S. 96, 97.

sprechenden Christen gegenüber einer fremden griechisch-orthodoxen Geistlichkeit und hatte großen Einfluß auf die Wahl von Cyrillus in Damaskus und Athanasius in Aleppo[42]. Die Beziehungen zwischen Missionaren und katholischen Christen waren nicht immer gut. 1748 brach ein ernster Konflikt und Streit aus. Dies ging soweit, daß die europäischen Mönche und Missionare die griechisch-katholischen Araber solange nicht in ihren Klöstern aufnehmen wollten, bis diese Latein gelernt hatten und sich nach dem lateinischen Text richteten. Diese Einstellung der europäischen Mönche zwang die griechischen Katholiken dazu ihre Gottesdienste entweder in Privathäusern oder in griechisch-orthodoxen Kirchen abzuhalten[43]. Es scheint, daß die Mönche übertrieben und den Sonderstatus der lokalen christlichen, Arabisch sprechenden Gemeinschaft und ihre zeremonielle Tradition bedrohten, jedoch im Gegensatz zur griechisch-orthodoxen Geistlichkeit die Lage der Dinge verstanden und ihre Worte zurücknahmen.

Die Situation der Missionare hing oft von der Willkür des Gouverneurs ab. So z.B., als im Jahr 1759 der Gouverneur von Damaskus, 'Abd-Allāh ash-Shatiji, auf Grund der Errichtung eines Klosters, Geld von ihnen erpresste[44]. Die Missionare stellten also einen "Spielball" zwischen den sich gegenseitig bekämpfenden christlichen Gemeinschaften und dem Gouverneur dar, der dies oft als eine Quelle zusätzlichen Einkommens oder durch seine Stellung als Vollstrecker der Anordnungen der Pforte ausnutzte. In Folge der Aufstände zwischen Katholiken und Orthodoxen wurde z.B. im Jahr 1818 den katholischen Missionaren untersagt zu religiösen Themen zu predigen[45].

Zwischen Missionaren und muslimischer Bevölkerung bestanden passive Beziehungen. Die Missionare missionierten nicht unter der muslimischen Bevölkerung und im Prinzip stand die einheimische Bevölkerung ihren Aktivitäten unter der christlichen Bevölkerung mit stillschweigenden Einverständnis gegenüber.

---

[42] Rabbath, Bd. 1, S. 592.
[43] Buraik, S. 21.
[44] Ibid, S. 65.
[45] Ad-Dimashqi, S. 42.

1807 fand jedoch eine bedeutende Veränderung statt. Die muslimischen Einwohner von Damaskus wurden durch die Atmosphäre und den Geist der *wahhābiya*, die nach Damaskus kamen, beeinflußt. Die Einwohner von Bāb Tūmā begannen die europäischen Missionare zu verspotten und waren dafür die Mönche zu töten und das Kloster zu zerstören. Die Mönche schöpften Verdacht und "rochen" den Braten. Sie zahlten dem *qāḍī* und den *aghas* der *janitscharen* Geld für Schutz und Verteidigung. Der *qāḍī* bedrohte nun seinerseits die Muslime. Diese wandten sich an den Gouverneur und beschwerten sich, erhielten jedoch zur Antwort, daß sich der Gouverneur nicht einmischen würde[46].

Während der Amtszeit von Ibrāhīm Pasha in Syrien und auf Grund seiner Politik, nahm die Anzahl der Konsuln und Fremden in Damaskus zu[47]. Die europäischen Agenten wohnten im *khān* As'ad Pasha, wo auch ihre Waren lagerten, führten dort ihre Bücher und schlossen ihre Geschäfte ab[48]. Der *khān* wurde nun, wie in Aleppo, Tag und Nacht von Wächtern bewacht[49]. Die Amtszeit Ibrāhīm Pashas brachte eine Veränderung der Stellung der Fremden mit sich. War ein europäische Kleidung tragender Fremder zuvor auf der Straße Beleidigungen und der Gefahr von Angriffen ausgesetzt gewesen (es sei denn, er lebte wie Baudin als *musta'arib*), so änderte sich die Lage mit dem Eintreffen der Konsuln in Damaskus. Die neue Lage befreite die fremden Untertanen der Konsuln und die unter ihrem Patronat Stehenden von den Gesetzen des Osmanischen Reiches und den Steuerzahlungen. Da die Einwohner Syriens wußten, daß die Macht Muḥammad 'Alīs auf der Macht der Europäer, dem französischen General und den Taktiken, die er erlernt hatte, beruhten und sie auch den Respekt bemerkten, den er für die Europäer hegte, entwickelte sich in Damaskus eine gewisse Toleranz gegenüber den Europäern[50]. Wie bereits erwähnt, hatten die Nicht-Muslime den Preis dafür in den Aufständen von 1840 und 1860 zu zahlen, die als Reaktion auf die Politik Muḥammad 'Alīs gegenüber den Nicht-Muslimen und Fremden ausbrachen.

---

[46] Ibid, S.22.
[47] Siehe dazu: Kap. 2.4., Anm. 118-123, Kap. 6.1. und Kap. 7.2., Anm. 87-88; Durbin, S. 58-71.
[48] Lamartine, Bd. III, S. 92.
[49] Ibid, Bd. III, S. 93.
[50] Durbin, S. 68; 'Alī Bey, S. 272; Lamartine, Bd. III, S. 65; Kinglak, S. 326-327.

8.4. Die interne Unterteilung der nicht-muslimischen Gemeinschaften in Damaskus

Die interne ethnische Unterteilung in Damaskus ist (wenn auch nicht zahlenmäßig) mit der in Aleppo identisch. Dies trifft sowohl auf Christen als auch auf Juden zu. In Bezug auf die interne ethnische Unterteilung besaßen Christen und Juden denselben Hintergrund und dieselbe autochthone Herkunft wie in Aleppo und durchliefen im 17., 18. und zu Beginn des 19. Jahrhunderts die gleichen gesellschaftlichen, demographischen und wirtschaftlichen Prozesse. Bei den Christen fand dies auf folgenden Ebenen Ausdruck:

1. Ein Anstieg der Katholiken gegenüber den orthodoxen Christen.
2. Ein sozio-ökonomischer Umschwung, d.h. Übergang von Handwerk zu Handel sowie Eintritt der Katholiken in den Handel auf Kosten der Griechisch-Orthodoxen.
3. Kämpfe zwischen den verschiedenen Ethnien, die auf den Kampf zwischen lokalen, Arabisch sprechenden Christen und einer von außen kommenden Geistlichkeit griechischer Herkunft zurückzuführen sind.
4. Verfolgung der Katholiken und schließlich deren Abwanderung in die syrischen Küstenstädte und nach Ägypten, d.h., daß die christliche Bevölkerung, und insbesondere die katholische, abnahm.
5. In den Beziehungen zwischen Christen und Juden[51].

Die Juden in Damaskus nahmen die *sephardis* in ähnlicher Weise wie die Juden Aleppos auf. In Damaskus war deren Anzahl jedoch geringer, so daß deren Aufnahme und Integration leichter vor sich gingen. In Damaskus, wie in Aleppo, gelangten die *sephardis* zu großem Einfluß[52].

---

[51] Siehe dazu: Kap. 5; 'Ali Bey, S. 272; Hourani, Arabic, S. 57; Lamartine, Bd. III, S. 110: Porter, S. 72, 239, die Zahlen Porters beziehen sich auf die Volkszählung aus dem Jahr 1848, die jedoch die untersuchten Prozesse darstellen und eine Indikation bieten; So auch bei: Durbin, S. 63-70.

[52] Damaskus, EH, Bd. 12, S. 826.

8.5. Die Beziehungen zwischen Nicht-Muslimen und Regierungsbehörden

Die Städte Damaskus und Aleppo sind nicht weit voneinander entfernt und unterstanden ein und demselben Rechts- und Regierungssystem. In Aleppo befanden sich (in der hier untersuchten Zeitperiode) keine Nicht-Muslime, die im Regierungsestablishment dienten, während es in Damaskus die jüdische Familie Farḥī und die christliche Familie Baḥrī gab, die wichtige Funktionen im osmanischen Regierungsapparat der Stadt erfüllten. Hieraus ergibt sich die Frage, wie es dazu kam, daß in der Provinzhauptstadt Damaskus (und in Sidon) Nicht-Muslime Funktionen im Regierungsapparat innehatten, während dies in Aleppo nicht der Fall war? Beruht dies eventuell darauf, daß Damaskus weiter vom Zentrum der osmanischen Regierung entfernt war als Aleppo? [53]

Um diese Frage zu beantworten, soll hier die Familie Farḥī in Damaskus und Akko als repräsentatives Beispiel einer Erscheinung betrachtet werden. Somit soll versucht werden eine Antwort auf die Frage zu finden, warum dies in den Provinzhauptstädten Damaskus und Sidon möglich war, jedoch nicht in Aleppo.

8.5.1. Das Amt der Familie Farḥī in der Provinzhauptstadt Damaskus

Ruf und Berühmtheit der Familie Farḥī beruhten auf der Verbindung des Familiennamens mit dem Amt der *ṣirāfa* in der Provinz Damaskus. Es kam häufig vor, daß ihnen, nachdem sie innerhalb des Finanzapparats in den begrenzten Bereich

---

[53] Es wird eindeutig, daß eine Integration von Angehörigen anderer religiöser Minderheiten im osmanischen Verwaltungsapparat im 18. und 19. Jahrhundert nicht außergewöhnlich war. Siehe auch: Gibb und Bowen, Teil 1, S. 260, 308-311, Teil 2, S. 46-47, 62; In Ägypten gab es sowohl Juden, als auch Christen im Verwaltungsapparat, in Syrien und den Provinzhauptstädten Sidon und Damaskus erreichten die Angehörigen von Minderheiten Schlüsselpositionen, wie aṣ-Ṣabbāgh, der *wesir* von Ẓāhir al-ʿUmar war, siehe: Heyd, S. 82, sowie Beamte der Familie Yāzigi, die ihre Karriere bei Ismāʿīl al-ʿAẓm im Jahr 1730 begannen, siehe dazu Buraik, S. 7; Qarāʾli 1, S. 85, 56. Dies im Gegensatz zur Meinung von Rafeq, der behauptet, daß sich die osmanischen Regierungsbehörden in Damaskus in Steuerangelegenheiten mehr und mehr auf Juden, als auf Christen, stützten. Al-Jazzār beschäftigte in Damaskus einen jüdischen Arzt, siehe: Sim, S. 88; Ibby, S. 283 berichtet von dem französischen Arzt, Chaboceau, der 1818 in den Diensten des Gouverneurs stand; Philipp, Beth Farḥī S. 97-114; Idem, Syrians, S.26.

der *ṣirāfa* befördert worden waren, der Titel *ṣarrāf* erhalten blieb[54]. Die Funktion des *ṣarrāf* ermöglichte ihnen den Eintritt in den osmanischen Finanzverwaltungsapparat. Hinsichtlich der dort bestehenden Hierarchie war die Funktion im Apparat des *daftardār* zweitrangig[55].

Angehörige der Familie Farḥī dienten bereits in den 40er Jahren des 18. Jahrhunderts als *ṣirāfa* in der Provinz Damaskus [56] und es ist nicht auszuschließen, daß sie dieses Amt bereits vorher innehatten. Zu dieser Zeit befand sich das Amt in den Händen zweier jüdischer Familien: Lusāṭū und Farḥī[57]. Es scheint, als ob sich gegen Ende des Jahrhunderts die Familie Farḥī gänzlich dieses Amtes bemächtigt hatte.

In den 90er Jahren des 18. Jahrhunderts wurde der Familie eine weitere Funktion in der Finanzverwaltung der Provinz anvertraut: das Amt des Buchhalters der Provinz[58]. Anscheinend dienten Angehörige der Familie, noch bevor ihnen die Kontrolle über die Buchhaltung übertragen wurde, als Buchhalter der Schatzkammer der Provinz. Ein weiteres Amt, das der Familie anvertraut wurde, war die Finanzierung eines Teils der Reisekosten des *ḥajj*. Um welchen Teil es sich handelte, ist aus den Quellen nicht ersichtlich[59]. Auf jeden Fall stellte die Übertragung dieses Amtes an die Familie einen wichtigen Aufstieg in Bezug auf Stellung und Einfluß dar und erforderte eine gemeinsame Anstrengung und Mobilisierung aller ihrer finanziellen Mittel, um den Anforderungen gerecht werden zu können.

Zu diesem Zweck unterzeichneten Mitglieder der Familie ungefähr im Jahr 1225

---

[54] Mudhakkirat, S. 25, 242; Al-Maghrabī, S. 642; siehe Pakalim unter Eintrag *ṣarrāfiyye*. Der Ausdruck *ṣarrāfiyya* dient als Synonym für Zinsen. Der *ṣarrāf* ist also jemand der Zinsen erhält, d.h. jemand der Geld gegen Zinsen verleiht. Vergleiche mit Hofman, S. 23, der *ṣarrāf* mit Schatzmeister übersetzt und dieses Amt fälschlicherweise mit dem Amt des *dafterdār* gleichsetzt, wobei es sich jedoch um zwei völlig verschiedene Ämter handelt. Auch der Herausgeber irrte sich und ließ das *Mudhakkirāt* von S. 1-29 drucken, wobei *ṣarrāf* mit Schatzmeister übersetzt ist.

[55] Gibb und Bowen, Teil 2, S. 46-47.

[56] Beirab, S. 33-35.

[57] Ibid.

[58] Diese Annahme basiert auf den folgenden Aussagen: Ad-Dimashqī, S. 47, behauptet, daß Angehörige der Familie Farḥī zur Zeit von Salih Basha festgenommen wurden und auf dessen Bitte für ihre Buchprüfung 29 jährliche *mīrī* -Hefte zur Verfügung stellten; Rafeq, S. 20; Gibb und Bowen, Teil 2, S. 47 und nicht 4.

[59] Al-Maghrabī, S. 642; der Verfasser ist der Meinung, daß die Familie in jeder Hinsicht für die Vorbereitung des *ḥajj*, das Beschaffen von Geldern und dessen Finanzierung verantwortlich waren. Die Quelle dieser Information ist wahrscheinlich bei Stanhope, Bd. I, S. 254, zu suchen.

(1810/11) einen Teilhaberschaftsbrief[60]: die Brüder Raphael und Yosef Farḥī, ihr Cousin Shlomo Farḥī sowie Familienangehörige aus Akko, Ḥaim und Moshe Farḥī.

Aus den Bedingungen dieses Teilhaberschaftsbriefes wird deutlich, daß diese Teilhaberschaft für die in Damaskus lebenden Familienangehörigen abgeschlossen wurde. Wie bereits erwähnt, ist die Notwendigkeit dieser Teilhaberschaft in dem Bedürfnis nach der Vergabe von Krediten an die Dörfer zu suchen[61]. In diesem Zusammenhang ist die Aussage von al-Shaykh al-Maghrabī von Bedeutung, der behauptet, daß ein Großteil der Dörfer von Damaskus ihre *mīri* -Steuer an die Familie Farḥī zahlten; Steuern die für die Finanzierung des *ḥajj* bestimmt waren. Das Bedürfnis der Dorfbewohner nach Krediten rührte hingegen daher, daß das Datum der *ḥajj* -Reise nach der Mond-Zeitrechnung festgelegt wurde, die Ernten jedoch der Sonnen-Zeitrechnung entsprachen und somit keine Übereinstimmung zwischen beiden bestand[62].

Aus dem hier bereits Erwähnten kann man mit Sicherheit feststellen, daß zur Zeit der Expansion der Herrschaft Sulaymāns auf die Provinz Damaskus (1810/11-1812/13), die Familie Farḥī, zusätzlich zu ihren übrigen Ämtern, einen Teil der Kosten des *ḥajj* zu finanzieren begann. Angesichts des Einflußes Ḥaim Farḥīs auf Sulaymān und seiner Stellung in Akko, war es für seine Familienangehörigen in Damaskus nicht schwer in dieser Zeit ihren Handlungsbereich auszuweiten. Die drei Handlungsbereiche - Buchhaltung, *ṣirāfa* und Kostenbeteiligung am *ḥajj* - verblieben bis zur ägyptischen Herrschaft in den Händen der Familie. Eine Ausnahme stellte eine kurze Zeitspanne zur Zeit der Herrschaft des Walli ad-Din Pasha in Damaskus (1825/26) dar, während der ein Versuch unternommen wurde, die Familie aus ihren Ämtern und ihrer Stellung zu vertreiben; jedoch ohne Erfolg[63].

---

[60] Nach Ḥazan, S. 1/1, ist das Datum dieser Übereinkunft 1812/13 anzuordnen, während es nach Eliezer, S. 14/2, der 13. *elul* 1812/13 ist. D.h. daß die Teilhaberschaft vor 1812 unterzeichnet wurde. Das Unterzeichnungsdatum der Teilhaberschaft ist wahrscheinlich 1810/11 (1225). In diesem Jahr fuhr Haim nach Damaskus. Siehe al-'Aura: S. 133.

[61] Ibid.; Der in der Quelle gebräuchliche Ausdruck für Profite, war *qabd* (قبض). Er existiert sogar im Türkischen und bedeutet: Erlangen von Profit.

[62] Al-Maghrabi, S. 645-646.

[63] Ibid, S. 646-647 und vergl.: Ya'ari, S. 518; Burckhardt, Nubia, S. 38.

Die ägyptische Herrschaft versetzte der Familie und ihrem Einfluß einen entscheidenden Schlag. Zu dieser Zeit wurde die Familie aus ihren Ämtern der *ṣirāfa* und dem Amt der teilweisen Finanzierung des *ḥajj* vertrieben. Dies fand zwischen den Jahren 1248-1250 (1832/3-1834/5) statt[64].

Was das verbleibende Betätigungsfeld der Familie - die Buchhaltung - angeht, scheint es, als ob die Familienangehörigen weiterhin in diesem Bereich beschäftigt waren. Allerdings ist nicht eindeutig, ob sie auch die Leitung beibehielten. Deutlich wird auf jeden Fall, daß, als die Osmanen wieder die Herrschaft über Syrien übernahmen, Raphael Farḥi mit der Buchhaltung der Schatzkammer beauftragt wurde. (مباشر الخزينة). [65]

---

[64] Al-Maghrabī, S. 652, der Verfasser schreibt dort, daß "die Ägypter bei der Eroberung von Damaskus die Staatskasse nach bestem Vermögen vor diesen *ṣarrāfs* schützten. Dies gelang ihnen durch die Ernennung von Yaḥyā afendi, der sich in Bezug auf die *ṣirāfa* und die finanziellen Geschäfte auskannte; Rustum, Maḥfūẓāt, Dokument Nr. 1954 aus dem Jahr 1248, wo sich Ḥannā al-Baḥrī über Raphael Farḥī, den "*ṣarrāf* der Schatzkammer" in Damaskus beschwerte, in Vergleich zu Dokument 3941 aus dem Jahr 1250H, in dem Raphael Farḥi als "ehemaliger *ṣarrāf* der Schatzkammer" beschrieben wird.

[65] Mudhakkirāt, S. 240, 244.

8.5.2. Stellung und Macht der Familie Farḥī in Damaskus

Nach einer langen Zeitspanne von etwa 40 Jahren (ungefähr 1740-1780), in der die Familie Farḥī dem Finanzapparat der Provinz Damaskus als *ṣarrāfs* diente, hatte sie auf Grund dieses Amtes einen gewissen Einfluß und konnte ihre Stellung innerhalb des Apparates festigen.

In den 80er Jahren des 18. Jahrhunderts, zur Zeit von Shaol (Shḥadah) Farḥī, war die Familie in Damaskus bekannt und berühmt [66] und soweit etabliert, daß Shaol beim Gouverneur zugunsten einer anderen Gemeinschaft, den Christen von Damaskus, intervenieren konnte[67].

Von Shaol, der durch seinen Dienst im Apparat zur Festigung der Stellung der Familie beigetragen hatte, ging der Ruhm auf seine Söhne und weitere Familienangehörige über[68].

In den 90er Jahren des 18. Jahrhunderts hatte sich die Stellung der Familie im Finanzapparat in einem derartigen Ausmaß stabilisiert, daß bei verschiedenen Elementen Widerstände gegen sie aufkamen. Diese versuchten die Familie einzuengen und sie aus dem Staatsapparat herauszudrängen. Während der zweiten Amtszeit von al-Jazzār in der Provinz Damaskus im Jahr 1795, wurden die jüdischen *ṣarrāfs* festgenommen und wahrscheinlich sogar aus ihren Ämtern entlassen[69]. Einer der Brüder, Yosef, floh aus der Haft und der *mütasallim* schickte (um seine Auslieferung zu erreichen) 600 Soldaten aus, um auf die Händler und Bewohner des jüdischen Viertels, Druck auszuüben. Innerhalb kürzester Zeit, während der Amtszeit von 'Abd-Allāh al-'Aẓm (1795/6-1798/9), kehrte die Familie Farḥī jedoch

---

[66] Buraik, S. 111, beschreibt den Prozess der Bekanntwerdung der Familie wie folgt: "Und im Jahr 1780 wurde plötzlich der Name Shhadah (Farḥī), des Juden und *ṣarrāf*, genannt und sein Name wurde bei allen bekannt und berühmt. Die Aussagen Buraiks, die einen schnellen und plötzlichen Aufstieg beschreiben, scheinen jedoch ungenau zu sein. Es scheint, daß der Prozess der Etablierung der Familie im Staatsapparat von Damaskus vielmehr stufenweise vor sich ging.

[67] Ibid; Ad-Dimashqī, S. 39.

[68] Ad-Dimashqī, S. 8, erwähnt einen weiteren Bruder namens Nahum, der ebenfalls als Buchhalter tätig war; Wilson, Travels, S. 341 und Buraik, S. 111, nennen diesen Bruder Nahman, und Stanhope, S. 253, erwähnt einen Bruder namens Menashe. Wahrscheinlich meinen alle denselben Bruder, namens Menahem. Dieser war mindestens bis 1795 im Staatsapparat tätig. Siehe dazu: Ad-Dimashqī, ibid. 1809 war er noch am Leben, siehe: Palaji, Ruaḥ Haḥaim q.N.D/A (154/1). Als im Jahr 18/11 der Teilhaberschaftsbrief unter den Familienangehörigen unterzeichnet wurde, war er anscheinend schon verstorben. Siehe dazu: Palaji, Ḥaqut Ḥaim, S. 8/4, wo die Söhne Menachems auf den Nachlaß ihres Vaters und das Erbe Ḥaims Anspruch erheben, ohne dabei die Geschäftspartnerschaft zu erwähnen.

[69] Ad-Dimashqī, S. 8.

zurück und nahm ihren Platz wieder ein. Darüberhinaus konnte sie in dieser Zeit ihren Einfluß vergrößern und sich ein weiteres Amt sichern: die Buchhaltung. Zwischen 1798-1807 befand sich die Herrschaft über die Provinz Syrien abwechselnd in den Händen von drei Gouverneuren: al-Jazzār, 'Abd-Allāh al-'Aẓm und Ibrāhīm Qaṭṭar Aghāsi. Zu dieser Zeit gab es keine großen Veränderungen in Bezug auf die Stellung der Familie, die ihren Zugriff auf verschiedene, dem Finanzapparat unterstehende Bereiche weiterhin untermauern und ausbauen konnte. Währenddessen begann jedoch in Damaskus die Stellung von 'Abūd al-Baḥrī, der als arabischer *kātib* diente, an Bedeutung zu gewinnen. Als Yūsuf al-Kinj (1807/8-1810/11) die Regierung übernahm, erreichte 'Abūds Stellung ihren Höhepunkt. Zwischen den beiden bestanden bereits gute Beziehungen noch bevor Yūsuf Kanj zum Gouverneur ernannt wurde. Als dieser die Herrschaft über die Provinz erhielt, erwies er 'Abūd al-Baḥrī und dessen Familienangehörigen, deren Anzahl im Dienst des Gouverneurs in dieser Zeit zunahm, seine Gunst[70].

Der Anstieg der Stellung der Familie al-Baḥrī schadete der Stellung der Familie Farḥī , die nun gezwungen war, ihren Platz und ihre Stellung durch Bestechung unterschiedlicher Leute zu wahren[71]. Es scheint, daß die Wurzeln der Streitigkeiten zwischen den beiden Familien in derer beruflicher Konkurrenz um das Erlangen verschiedener Positionen zu suchen ist. Dies wurde durch religiöse Unterschiede weiter verschärft[72].

Mit der Entlassung von Yūsuf al-Kinj und der Ernennung des Gouverneurs von Sidon, Sulaymān, zum Gouverneur der Provinz Damaskus (1810/11-1812/13), wuchs das Ansehen der Familie. Wie bereits erwähnt, konnte die Familie in dieser Zeit ihre Betätigungsfelder erweitern und teilweise die Finanzierung der Kosten

---

[70] Al-'Aura, S. 92-93, erwähnt, daß in der Regierungszeit von Yūsuf Kanj, 'Abūd zum Rang des Amtschefs des Gouverneurs befördert wurde (Dīwān afendi), und daß auch seine Brüder Jirmanaus, Ḥannā und andere Familienangehörige in seinen Dienst traten.

[71] Ibid, S. 93, Al-'Aura beschreibt, daß der Aufstieg der Familie Baḥrī der Familie Farḥī so sehr geschadet habe, daß Ḥaim in Akko versuchte zwischen den beiden Gouverneuren Unfrieden zu stiften, damit seine Familienangehörigen in Damaskus später als Vermittler zwischen den beiden Gouverneuren dienen und somit glänzen könnten.

[72] Ibid, S. 90-92, er fügt als weiteren Grund für die Feindlichkeiten zwischen den beiden Familien den persönlichen Anteil Ḥaims an der Beseitigung von Jirmānus aus seinem Amt in der Provinz Sidon hinzu.

des *ḥajj* übernehmen. Die Ausweitung ihrer Tätigkeiten auf drei Gebiete - Buchhaltung, *ṣirāfa* und Finanzierung des *ḥajj* - untermauerte ihre Stellung sehr und festigte ihre Wurzeln im Finanzapparat. Sie aus dem Weg zu schaffen war somit für ihre Gegner schwieriger. Darüberhinaus machten sich die guten Beziehungen zwischen Ḥaim und Sulaymān in Bezug auf die Stellung der Familie in Damaskus bemerkbar. Anscheinend profitierte die Familie von der Macht Ḥaims in Akko und der Provinz Sidon auch noch nachdem Sulaymān dort nicht mehr Gouverneur war. Allerdings nur solange er noch Gouverneur über Sidon war und solange der Einfluß Ḥaim Farḥis in Akko und in der Provinz Sidon groß war (besonders nach 1814). Zu dieser Zeit war die Stellung der Familie in Damaskus so hoch wie nie zuvor[73].

1820, als sich die Familie auf dem Höhepunkt ihrer Stellung befand, wurde Ḥaim Farḥī von 'Abd-Allāh getötet. Einige Monate später beteiligte sich die Familie an einem Feldzug gegen 'Abd-Allāh, an dessen Spitze der Gouverneur von Damaskus stand[74]. Mit dem Scheitern der Belagerung Akkos und der Beseitigung von Darwīsh Pasha, dem Gouverneur von Damaskus, aus der Regierung, begann der Abstieg der Familie[75].

Zu den Faktoren, die den Aufstieg der Familie und deren Etablierung in Damaskus ermöglicht hatten, ist - neben ihrem Reichtum, der die Grundbedingung für ihre Integration im Finanzapparat war - die Bedeutung der Beziehungen zwischen der Familie und den verschiedenen Gouverneuren hinzuzufügen. Der Gouverneur war

---

[73] Wilson, Travels, S. 339-340, erwähnt die Aussage des Erziehers der Söhne Raphael Farḥīs, nach dem die Zeiten der Juden unter der Familie Farḥī, und besonders unter dem verstorbenen Bruder Raphaels (hiermit ist wahrscheinlich Ḥaim gemeint) den "Zeiten des Messias" gleichen. Vergleiche diesen Bericht mit Stanhope, Bd. I, S. 254, die Damaskus in dieser Zeit besuchte hat und das Beherrschen des *pashalik* durch die Familie beschreibt.

[74] Mishāqa, S. 80-82, führt die Behauptung von 'Abd-Allāh an, dem Gouverneur von Sidon, wonach die Brüder Ḥaims sich gegen ihn verbündet haben und diesen Feldzug als Blutrache für Ḥaim geplant hatten; Ad-Dimashqī, S. 44, präsentiert die Kriegsaffäre so, als ob die Brüder Ḥaims in Damaskus Anteil an deren Planung gehabt hätten; Ben Zvi, S. 343, verdeutlicht die Kriegsaffäre durch die Quellen nicht. Die Idee der Blutrache von Mishāqa erscheint seltsam und passt nicht zum Geist des Judentums und der Juden. Es erscheint wahrscheinlicher, daß sich Shlomo Farḥī am Kriegszug beteiligt hat und sogar zu dessen Planern gehörte, um so den Besitz Ḥaims zu retten, der größtenteils in Akko verblieben war.

[75] Brawer, S. 262; Philipp, Beth Farḥī, S. 99, mißt dem Einflußvermögen der Familie in Istanbul als Machtquelle für die Herrschaft der Familie in Syrien und Palästina großes Gewicht bei. Hier wird deutlich, daß ihre Beziehungen in Istanbul nicht stark genug waren, um ihre Stellung auf lange Sicht hin zu schützen. Lokale Interessen waren mächtiger.

derjenige, der das Vorwärtskommen, oder Nicht-Vorwärtskommen der Familie bestimmte. Der *daftardār* hingegen, der von der Hierarchie her der direkte Vorgesetzte der Familie war, hatte offenbar kaum Einfluß auf deren Stellung.

Wie gesagt, kann das Jahr der Tötung Ḥaims in Akko als Beginn des Abstiegs der Familie in Damaskus angesehen werden. Gründe für diesen Abstieg sind:

a. Die Lichtung ihrer Reihen: der Tod der Brüder Menaḥem, Yosef und Ḥaim, sowie des Cousins Shlomo[76]. Ausschlaggebender ist, daß die Familie hiermit zwei ihrer talentiertesten Mitglieder verlor: Ḥaim und Shlomo.

b. Die Konfiszierung eines Großteils des Besitzes von Ḥaim Farḥī durch 'Abd-Allāh beeinträchtigte die finanzielle Manövrierfähigkeit der Familie, setzte sie jedoch nicht gänzlich außer Gefecht.

c. Die Beseitigung der Familie aus der Machtposition in der Provinz Sidon erfolgte nach dem Tode Ḥaims und stellte für sie den Verlust [77] wichtigen politischen Einflußes dar.

d. Das Scheitern der Belagerung von Akko, und daß 'Abd-Allāh, der Mörder Ḥaims, sein Amt beibehalten konnte, bedeutete für die Familie einen Statusverlust.

Diese Faktoren unterstützten jene Elemente im Staatsapparat der Provinz Damaskus, die entweder aus religiösen Gründen, oder weil sie den Platz der Familie einnehmen wollten, nach deren Vertreibung trachteten.
Ihr immer noch bedeutender Reichtum sowie die Tatsache, daß kein dieselben finanziellen Funktionen erfüllender Rivale in Erscheinung trat, verlängerte die Dauer des Abstiegs der Familie und verhinderte ihre völlige Verdrängung im

---

[76] Siehe dazu: Anm. 68, das Todesjahr Yosefs ist wahrscheinlich 1815; Laniado, Laqdoshim, S. 46 Mazeva, 87, 88, erwähnt Yosef Farḥī, der im Jahr 1810 starb. Dies ist jedoch nicht der Yosef um den es sich hier handelt, der an dem Teilhabergeschäft teil hatte, das zwischen den Angehörigen der Familie 1810/11 unterzeichnet wurde. Shlomo starb während der Belagerung von Akko; Siehe auch: Ben Zvi, S. 343, und Ad-Dimashqi, S. 45.

[77] Über den Anteil Ḥaim Farḥīs aus Akko siehe im Folgenden.

zweiten Jahrzehnt des 19. Jahrhunderts. Des weiteren trugen sowohl die Dynamik des osmanischen Staatsapparates als auch dessen konservative Formen zur Verzögerung dieses Abstiegs bei. Dagegen wurde die Familie während der ägyptischen Herrschaft, als Veränderungen im Apparat einsetzten, ohne viel Federlesen aus ihren Ämtern vertrieben.

Nach der Beseitigung von Darwish Pasha aus der Regierung von Damaskus im Jahre 1238 (1822/23) und der Übergabe der Provinzregierung an Muṣṭafa Bāshā im Jahr 1239 (1823/4) und danach an den Wallī ad-Din Pasha im Jahr 1241 (1825/6), wurden zwei Versuche unternommen die Familie Farḥī aus ihren Stellungen zu vertreiben. Anfangs, zu Zeiten Muṣṭafa Bāshās, wurden Angehörige der Familie verhaftet und mußten ihre Rechnungsbücher zur Prüfung vorlegen[78]. Später, zu Zeiten von Wallī ad-Din Pasha, forderte dieser die Entlassung Raphael Farḥīs[79]. Raphael mußte nach Baghdād flüchten und sein Platz wurde von einem Christen aus Aleppo eingenommen. [80] Dieser Christ konnte jedoch nicht all die finanziellen Aufgaben bewältigen, die die Familie erfüllt hatte[81]. Die Macht der Familie reichte noch immer aus, die Rückkehr Raphaels in sein Amt zu erwirken und seinen Rivalen zu verdrängen [82].

Zu Beginn der ägyptischen Besatzung (Ende 1831 bis Ende 1832) wurden von den Ägyptern keine wesentlichen Änderungen innerhalb des administrativen Regimes in Syrien vorgenommen. Ab 1833 jedoch, mit der Ankunft Muḥammad Sharifs in Damaskus, setzten Veränderungen im Verwaltungsapparat ein.

Die Schädigung der Familie Farḥī und die Vertreibung aus ihren Ämtern, waren nicht nur das Resultat dieser Veränderungen, sondern ergaben sich größtenteils

---

[78] Siehe dazu: Anm. 58; Ad-Dimashqi, S. 47; Ya'ari, S. 518.

[79] Al-Maghrabi, S. 646.

[80] Ibid, S. 646-647; Ad-Dimashqi, ibid; Ya'ari, ibid, erwähnt, daß dieser Christ zuvor als der persönliche Sekretär von *mu'allim* Moshe Farḥī (hiermit ist Raphael Farḥī genmeint) gedient hat.

[81] Ibid., bringt die Zeugenaussage des Rabbiners David Deit Hillel, nach dessen Worten dieser Christ unfähig war die *ḥajj* -Reise zu organisieren.

[82] Ibid., Rabbiner David Debeit Hillel schreibt, daß der Gouverneur von Irak den Sultan bat Raphael in sein Amt zurückzubeordern; Ad-Dimashqi, S. 47, schreibt daß Angehörige der Familie eine Summe von 5.000 Beutel für die Rückkehr Raphaels bezahlten; Al-Maghrabi, S. 647, argumentiert, daß die Familie ihre Kontakte in Istanbul spielen ließ, um den Walli Ad-Din Pasha zu stürzen.

direkt aus der persönlichen Feindschaft zwischen Ḥannā al-Baḥrī, der als allgemeiner Inspektor sämtlichen finanziellen Angelegenheiten vorstand, und Raphael Farḥī. Der Beginn dieser Rivalität geht auf den Anfang des 19. Jahrhunderts zurück.

In einem Bericht Ḥannā al-Baḥrīs von Anfang 1833 über administrative und finanzielle Aspekte Syriens, räumte dieser seinen Beschwerden gegen Raphael Farḥī viel Platz ein[83]. Anscheinend waren der Familie ihre Aufgaben auf dem Gebiet der *ṣirāfa* und des *ḥajj* bereits im selben Jahr oder zu Beginn des Jahres 1834 genommen worden[84]. Mitglieder der Familie dienten jedoch weiterhin im Staatsapparat[85], auch wenn nicht ganz eindeutig ist, in welchen Aufgaben.

Die Stellung der Familie Farḥī verschlechterte sich im Zuge der ägyptischen Regierung. Auf der einen Seite wurde durch die Ägypter die Stellung Raphael Farḥīs als Oberhaupt des jüdischen *millet* institutionalisiert, indem sie ihn zum Repräsentanten der Juden im *majlis ash-shūrā* ernannten, der 1832 eingerichtet worden war[86]. Raphael behielt seine Stellung als Repräsentant der Juden im *majlis* bis zum Ende der ägyptischen Herrschaft und sogar noch nach der Wiedereinsetzung der osmanischen Herrschaft in Syrien[87].

Es ist m.E. nicht möglich die Stellung und Macht der Familie Farḥī in Damaskus zu verstehen, ohne Stellung und Macht Ḥaim Farḥīs in Akko zu betrachten.

8.5.3. Das Amt Ḥaim Farḥīs in Akko

al-Jazzār brachte Ḥaim Farḥī zur Verwaltung der finanziellen Angelegenheiten der Provinzregierung von Damaskus nach Akko[88].

Das genaue Ankunftsdatum Ḥaims in Akko geht aus den Quellen nicht hervor. Anscheinend erfuhr al-Jazzār über Ḥaims Können während seiner ersten Regierungsperiode als Gouverneur von Damaskus (1786-1788)[89]. Dadurch ist

83 Rustum, Maḥfūẓāt, Dokument Nr. 1954.
84 Al-Maghrabī, S. 652; Siehe auch: Rustum Maḥfūẓāt, Dokument Nr. 3941.
85 Falaji, Ḥaqut Ḥaim, S. 9/1 über Yosef Ben Menaḥem und S. 2/4 über Moshe und seinen Sohn Mordechei.
86 Mudhakkirāt, S. 56; Hofman, S. 60; Yelin, S. 7/1.
87 Mudhakkirāt, S. 240, 244.
88 Mishāqa, S. 52, dort steht geschrieben "al-Jazzār übergab Ḥaim die Zügel der Schatzkammer", [زمام شؤون الخزينة]
89 Yelin, S. 8/1.

jedoch nicht erwiesen, daß al-Jazzār Ḥaim bereits damals an seinen Hof rief. Nachdem al-Jazzār Angehörige der Familie al-Sakruj töten ließ, die in Akko das Amt des Verwalters der Schatzkammer der Provinz innegehabt hatten, wurde Ḥaim, nach Aussagen Mishāqas, nach Akko gebracht.

Die Mitglieder dieser Familie wurden ungefähr 1790 getötet. Danach wurde Ḥaim Farḥī auserwählt den freigewordenen Platz einzunehmen[90]. Daraus geht hervor, daß Ḥaim Farḥī ungefähr im Jahr 1790 in Akko eintraf, etwa zur gleichen Zeit, als al-Jazzār zum zweiten Mal als Gouverneur von Damaskus diente. Dieses Amt, Verwalter der Schatzkammer, war das offizielle Amt Ḥaims während der gesamten Amtszeit al-Jazzārs. Allerdings scheint sich al-Jazzār sogar Ḥaims Wissen und Kenntnis der osmanischen Verwaltung zu Nutzen gemacht zu haben[91].

Nach dem Tode al-Jazzārs und der Amtsübernahme Sulaymāns wurde Ḥaim zum zweiten Mal in das Amt des Verwalters der Schatzkammer berufen[92]. al-'Aura beschrieb Ḥaims Aufgaben während Sulaymāns Amtszeit folgendermaßen[93]: "*ṣarrāf*, Gesinnungspartner in Bezug auf die Regierung, Wahrung des Besitzes der Schatzkammer, deren Ausgaben und Rechnungen und Abstimmung der Rechnungen mit der zentralen Schatzkammer

("وحساب المنصب مع خزينة الدولة")

Ḥaim hatte aktiven Anteil an der Regierung, weil er sämtliche finanzielle Vollmachten besaß. In der Verwaltung der Provinzen war jedoch nach dem

---

90 Mishāqa, S. 50-52, nach seiner Definition dienten die Angehörigen der Familie in Akko; Mishāqa verbindet die Tötung der Familie mit dem Abstieg seiner Familie und bemerkt, daß letzteres 1790 stattfand. Zwischen der Ermordung der Familie as-Sakruj und der Revolte von Salīm Pasha im Jahr 1789 besteht ein unübersehbarer Zusammenhang.

91 Über Ḥaims Kenntnis der osmanischen Verwaltung, siehe: z.B. Al-'Aura, S. 230; Stanhope, Bd. I, S. 256, schreibt: "It was said that one of Haym's great merits in the eyes of al-Gezzar was that in writing despatches to the Port he mixed up respect and deliance in such a way that they breathed submission und yet showed the sword."; Siehe auch: Mishāqa, S. 52-53, dort wird beschrieben wie al-Jazzār Ḥaim, entsprechend der Forderung des Reiches, die *jizyia* -Zahlungen der Christen im Libanon auferlegte.

92 Mishāqa, S. 65; Ḥaim wird zum Mudiran li - al Khazina ernannt. [مديرًا للخزينة]

93 Al-'Aura, S. 159, die Beschreibung wird für 1811 gegeben. Es besteht kein Zweifel, daß diese Beschreibung auch auf die zweite Hälfte der Regierungszeit Sulaymāns zutrifft. Bezüglich der ersten Hälfte der Regierungszeit von Sulaymāns ist es nicht unmöglich, daß es sich derart verhielt, jedoch lassen sich hierfür keine Beweise finden.

Gouverneur und dem *kathkuda* der *daftardār* drittwichtigster Mann. In diesem Zusammenhang muß auch al-ʻAuras Bezugnahme auf Ḥaim als "Gesinnungspartner in Bezug auf die Regierung" oder als "Regierungspartner" verstanden werden[94]. Was nun Ḥaims Amt betrifft, so sollte nicht außer Acht gelassen werden, daß er nicht den offiziellen Titel eines *khāzinedār* oder *daftardārs* erhielt, während sein Amtsvorgänger ʻAlī Agha den offiziellen Titel eines *khāzinedār* trug. Der Grund hierfür war wahrscheinlich, daß Ḥaim Jude war.

8.5.4. Das Einbeziehen Ḥaims in die Regierungspolitik

Ḥaims Amt gehörte zum Bereich der Finanzverwaltung. Jedoch reichten nicht nur sein Einfluß, sondern auch seine Vollmachten über diesen begrenzten und festumrissenen Rahmen hinaus. Dies gilt vor allem für die Regierungsperioden von Sulaymān und ʻAbd-Allāh. Bezüglich der Regierungsperiode al-Jazzārs erlauben die vorhandenen Quellen keine eindeutige Stellungnahme. Angesichts des herrschsüchtigen CḤārakters al-Jazzārs und der Tatsache, daß Ḥaims Stellung in dieser Zeit auf keinen Fall als stabil zu bezeichnen ist (da er auf Grund seines Amtes der Vorgesetzte von zweitrangigen Personen wurde und da er neu in Akko war), ist anzunehmen, daß, wenn Ḥaim die Grenzen seines Amtes überschritt, sich solche eine Regelwidrigkeit in Grenzen hielt und wahrscheinlich nicht auf Eigeninitiative beruhte.

Dies gilt nicht für die Regierungsperiode Sulaymāns. In dieser Zeit hatte Ḥaim, wie gesagt, die Funktionen eines *daftardār* inne, auch wenn er nicht den offiziellen Titel eines solchen erhielt. Kraft dieses Amtes zählte er, nach Gouverneur und *katkhuda* zu den drei wichtigsten Männern der Provinz. Und da Sulaymān ein sanfter und bequemer Herrscher war, der sich nicht häufig in Regierungsangelegenheiten einmischte, ruhte die Last des Regierens auf den Schultern des *katkhuda* ʻAlī und Ḥaim Farḥīs[95].

---

[94] Al- Aura, S. 159.

[95] Ibid., S. 477; Ḥaydar, S. 436, beschreibt ʻAlī und Ḥaim als: " اصحاب النهي والامر في باب سليمان ", oder Ad-Dimashqī, S. 47, beschreibt Ḥaim als: " بيده الحل والربط ", oder Al-ʻAura beschreibt Ḥaim während des Besuches von Ḥannā Al-ʻAura in Akko als:

Zur Zeit des Todes von al-Jazzār saß Ḥaim, auf dessen Befehl, im Gefängnis. Ismā'īl übernahm die Regierung und befahl Ḥaim freizulassen, um sich des Erbes al-Jazzārs bemächtigen zu können[96]. Ḥaim neigte jedoch zu einer Fraktion, die Sulaymān, der sich zu dieser Zeit nicht in Akko, sondern auf einer *ḥajj* -Reise befand, als Erben al-Jazzārs vorzog. Darüberhinaus war Ḥaim aktiv in der Sicherung der Herrschaft für Sulaymān involviert, indem er den Oberhäuptern der Armee Geldgeschenke versprach, falls sie den Einzug Sulaymāns in Akko zuließen[97]. Nachdem Sulaymān die Regierung übernommen hatte, verhinderte Ḥaim die Konfiszierung des Erbes al-Jazzārs durch einen Gesandten der Hohen Pforte. Somit hatte er aktiven Anteil an der Sicherung dieses Erbes für Sulaymān[98]. Diese Intervention Ḥaims zugunsten Sulaymāns hatte zweifellos Einfluß auf die guten Beziehungen zwischen den beiden, ebenso wie auf Sulaymāns Vertrauen in Ḥaim und infolgedessen Ḥaims Verbleiben im Amt, was ebenfalls zum Ausmaß von Ḥaims Handlungsfreiheit während Sulaymāns Regierungsperiode beitrug.

Ḥaims Handlungsfreiheit und sein Einfluß auf die Regierungsangelegenheiten wuchsen nach dem Tode von 'Alī-Bāshā im Jahr 1230 (1814/15) und nachdem Ḥaim bei Sulaymān für die Übergabe des Amtes des *kathkuda* an 'Alīs Sohn, 'Abd-Allāh, interveniert hatte[99]. Diese Intervention Ḥaims zugunsten 'Abd-Allāhs zeugt vom Ausmaß seiner Macht in Akko in jener Zeit.
Von da an begannen Ḥaims Einfluß und Unternehmungen zuzunehmen und dies nicht nur auf lokaler Ebene, in Akko, sondern auch außerhalb, in Istanbul. Ein glaubwürdiger Beweis dafür ist der Versuch einer Revolte gegen Sulaymān durch Abu-Nabbūt, dem *mütasallim* des *sanjaq* von Gaza und Jaffo. Ḥaim wird darüber von der Hohen Pforte unterrichtet, damit er seinerseits Sulaymān informieren konnte [100], und dies obwohl 'Abd-Allāh *katkhuda* war. Dies ist nicht verwunderlich,

"متعبط كل الامور".

[96] Ash-Shihebi, Tā'rīkh, S. 168.
[97] Ḥaydar, S. 27, und vergleiche mit Al-'Aura, S. 27, über den Anteil Ḥaims an dem Versuch Sulaymān zu überzeugen die Regierung zu übernehmen.
[98] Al-'Aura, S. 64.
[99] Al-'Aura, S. 253-254, und idem, S. 381, wo die Beschwerde von Abu-Nabbut gegen 'Abd-Allāh gebracht wird. "من اين لهذا الولد ان يكون كتخدا مع وجودي"
[100] Zu dieser Affäre siehe: ibid., S. 270-271.

da 'Abd-Allāh neu im Dienst und darüberhinaus noch relativ jung war und sich noch nicht ähnlich gute Beziehungen wie Ḥaim in Istanbul aufgebaut hatte.
Diese Affäre deutete erstmals auf die Beziehungen und den Einfluß hin, die Ḥaim in Istanbul besaß. Das Ausmaß dieses Einflußes wird nach dem Tode Sulaymāns deutlich, als Ḥaim zugunsten der Übergabe der Provinzregierung an 'Abd-Allāh intervenierte. Obwohl anscheinend geeignetere Kandidaten zur Verfügung standen, gab die Pforte Ḥaim schließlich nach[101]. Die Beziehungen Ḥaims in Istanbul sind Resultat seines langen Dienstes in einer Schlüsselposition in Akko. Als Sulaymān die Regierung übernahm, besaß Ḥaim nicht soviel Einfluß[102]. Ḥaims Intervention zugunsten 'Abd-Allāhs erkaufte ihm hinsichtlich der Führung der Regierungsgeschäfte in Akko praktisch freie Hand. So befand sich dann auch zu Regierungszeiten von 'Abd-Allāh Ḥaims Einfluß auf einem Höhepunkt. Wie später ersichtlich werden wird, übertreibt ad-Dimashqī nicht, wenn er schreibt, daß der *pasha* : "... eingeschränkt war und ohne den Willen und das Einverständnis Ḥaims nichts entscheiden oder tun konnte." [103]
Die Etablierung Ḥaims in Akko und die Ausweitung seines Einflußes in Bezug auf Regierungsangelegenheiten stehen in direktem Verhältnis zum Machtkampf in der Provinz. Über die Teilnahme Ḥaims am Kampf der politischen Mächte in Akko zur Zeit al-Jazzārs, gibt es in den Quellen keine Hinweise.
Zu Beginn der Regierungsperiode Sulaymāns waren Ḥaims Hauptfeinde die Beauftragten über die arabischen Schreiber, zunächst Jirmānaus al-Baḥrī und später Ḥannā al-'Aura[104]. Bevor versucht werden soll den Kampf zwischen Ḥaim und diesen beiden Männern zu cḤārakterisieren, soll auf Ähnlichkeiten zwischen beiden hingewiesen werden. Zunächst ihr Amt: beide hatten das Amt eines hochgestellten, Arabisch sprechenden Beamten in der Provinz Sidon inne. Beide besaßen nicht nur Arabischkenntnisse, sondern verstanden sich auch auf Buchhaltung. Eine weitere Ähnlichkeit beruhte auf ihrer Zugehörigkeit zu einer Splittergruppe melkitischer

---

[101] Ibid., S. 463; Ad-Dimashqi, S. 92; Ḥaydar, S. 861.
[102] Vergleiche mit dem oben Erwähnten die Art und Weise durch die Ḥaim Sulaymān das Amt des Gouverneurs sicherte, und seine Intervention zugunsten von 'Abd-Allāh.
[103] Ad-Dimashqī, S. 92.
[104] Über die Auseinandersetzungen mit der Familie al-Baḥrī, siehe: Al-'Aura, S. 90-98, und über den Streit mit Ḥannā Al-'Aura siehe: ibid., S. 108-134.

Christen, die vor allem zur Zeit von Ẓāhir al-'Umar viele, darunter auch hochrangige, Beamte stellte.

Auf Grund seines Amtes war Ḥaim, wie gesagt, Vorgesetzter der *kātibs* der Provinz, d.h. sowohl der Buchhalter als auch der arabischen Schreiber. Derjenige, der den arabischen Schreibern vorstand, genoß einen Sonderstatus, da ihm das Schreiben sämtlicher Briefe, die mit der Unterschrift des Gouverneurs verschickt wurden, anvertraut war. Kraft seines Amtes stand er in engem Kontakt mit dem Gouverneur, was ihm die Möglichkeit gab, seinen Vorgesetzten bei diesem, falls er dies wollte, in ein schlechtes Licht zu setzen[105]. Es war daher nur natürlich, daß Ḥaim dieses Amt jemandem aus seiner Gefolgschaft sichern wollte, der völlig unter seinem Einfluß stand, da dieses Amt seinem Inhaber viel Unabhängigkeit gewährte. Da diese Beamten zusätzlich noch Kenntnisse in der Buchhaltung besitzen mußten, konnten sie Ḥaim umso leichter zur Konkurrenz werden.

Die Auseinandersetzungen, die Ḥaim mit den Inhabern dieses Amtes zu Beginn der Regierungszeit von Sulaymān hatte, sind vielleicht ein Beweis dafür, daß er sich zu dieser Zeit noch nicht ganz sicher in seinem Amt fühlte[106].

Später verbesserte sich die Beziehung zwischen ihm und Ḥannā al-'Aura, sei es, weil er sich später dessen ehrlicher Absichten hatte versichern können [107] oder, da Ḥaims Stellung und Einfluß in Akko im allgemeinen, und beim Gouverneur im besonderen, so gestiegen waren, daß er nicht mehr darauf angewiesen war sich mit zweitrangigen Beamten auseinanderzusetzen.

Ungefähr gegen Mitte der Regierungszeit Sulaymāns, festigte sich die Stellung Ḥaims in Akko[108] und er begann im Machtkampf der zentralen Figuren der Provinz mitzumischen.

Zunächst gilt es die positive Beziehung Sulaymān Pashas zu Ḥaim zu erwähnen. Ḥaims Aufstieg in Regierungskreisen ist ohne Zweifel zum großen Teil auf die Hilfe Sulaymāns während des Machtkampfs um das Amt des Gouverneurs nach

---

[105] Über den Verdacht Ḥaims diesbezüglich, siehe Al-'Aura, S. 118, 127 und vergleiche mit Gibb und Bowen, Teil 1, S. 127-128.

[106] Al-'Aura, S. 92.

[107] Ibid., S. 127, wie der Besitzer der Chronik, der Sohn von Ḥannā Al-'Aura, beschreibt.

[108] Ibid., S. 226-227, der Beweis für die Etablierung von Ḥaims Stellung ist das Haus, das er sich 1813 baute.

dem Tode al-Jazzārs zurückzuführen, ebenso wie auf Ḥaims Treue ihm gegenüber während seiner gesamten Regierungszeit. In ihrer Beschreibung der Beziehung zwischen Ḥaim und Sulaymān begnügen sich die Quellen im allgemeinen damit Sulaymāns "Zuneigung" zu Ḥaim[109], oder Ḥaims Einfluß auf Sulaymān zu erwähnen[110]. Solange jedoch 'Alī Agha, der *katkhuda*, lebte, der, wie auch Sulaymān[111], einer der Mameluken al-Jazzārs gewesen war, war das Verhältnis Sulaymāns zu 'Alī und Ḥaim sowie deren Einfluß auf ihn mehr oder weniger ausgewogen. [112] Die Beziehung zwischen Ḥaim und 'Alī war indessen die ganze Zeit über gespannt. Dieses nahm jedoch auf Grund des Verhältnisses von Sulaymān zu jedem Einzelnen keine extremen Ausmaße an[113].

Kurz vor 'Alī Pashas Tod (1814) war das Gewicht Ḥaims innerhalb der internen Machtbeziehungen von derart großer Bedeutung, daß 'Alī ihn bat seinem Sohn 'Abd-Allāh das Amt des *khatkuda* zu sichern. Dies deutet jedoch nicht nur auf das Ausmaß seiner Macht und seines Einflußes hin, sondern auch auf dessen Grenzen: er selber konnte das Amt, wahrscheinlich auf Grund seines Judentums, nicht übernehmen.

Zusätzlich zu den drei, bereits erwähnten Faktoren (seine Expertise im osmanischen Verwaltungswesen, sein Reichtum und die Machtverhältnisse in der Provinz), die zur Etablierung seiner Stellung in Akko beitrugen, ist ein weiterer Faktor zu erwähnen, auch wenn er im Vergleich zur Relevanz der anderen Faktoren zweitrangig ist: die Präsenz von Ḥaims Bruder in Damaskus und dessen Einfluß dort.

In den Quellen erscheinen einige Beispiele der Zusammenarbeit zwischen Ḥaim und seinem Bruder in Damaskus[114]. Aus diesen Beispielen geht hervor, daß eine

---

109 Ibid., S. 229-230.

110 Ish Shalom, S. 410, führt die Beschreibung Turners an: "Der Gouverneur ist ein guter Mensch ... jedoch schwach und völlig unter Einfluß seines jüdischen Bankiers und in den Händen einer Bande von türkischen, korrupten und tyrannischen Ministern", vergleiche mit Al-'Aura, S. 229, "Sulaymān Pasha war Ḥaim zugeneigt, hörte auf alles was er sagte und hielt daran fest... .".

111 Al-'Aura, S. 253.

112 Al-'Aura, S. 229, seine Unterscheidung zwischen dem Verhältnis Sulaymāns zu Ḥaim und 'Alī ist interessant. In Bezug auf Ḥaim begnügt sich der Autor mit der Beschreibung: "كان يميل لحيم", während er 'Alī als "كان يميل قلبيًا لعلي" beschreibt.

113 Ibid., S. 229-231.

114 Ibid., S. 64, Ḥaim animierte seinen Bruder in Damaskus bezüglich der Überprüfung der Kassen von Jazzār durch einen Gesandten der Pforte; und S. 433, die Brüder Ḥaims schlagen vor,

Art Zusammenarbeit bestand. Dies verlieh Ḥaim Manövrierfähigkeit und Möglichkeiten in Damaskus, über die seine Kollegen nicht verfügten. Die Bedeutung dieses Vorteils war vielfältig, besonders, wenn man die Tatsache beachtet, daß die Beziehungen zwischen den Provinzen Damaskus und Sidon (auch wenn sie in der Zeit von Sulaymān im allgemeinen gut waren) durch Grenzkonflikte leicht zu trüben waren[115].

8.5.5. Warum sind in Damaskus Nicht-Muslime im Regierungsapparat integriert, jedoch in Aleppo nicht?

Auch wenn es zutrifft, daß das türkische Element in Aleppo zahlreicher als in Damaskus war [116], und daß als Grund für die fehlende Integration der Nicht-Muslime im Establishment die von außen kommenden, osmanischen Gouverneure angesehen werden könnten, welche die Angehörigen des Apparats unter sich (d.h. innerhalb des türkischen Elements) auswählen konnten und als zuverlässiger betrachteten, so sind die Gründe m.E. jedoch anderswo zu suchen:

1. Wie bereits erwähnt, befanden sich im 18. und zu Beginn des 19. Jahrhunderts in Damaskus keine fremden Konsuln und Kaufleute[117]. Deshalb mußten, im Gegensatz zu Aleppo, die Regierung und ihre Repräsentanten weder Kontakte zwischen Nicht-Muslimen und Fremden im allgemeinen, noch zwischen *barā'atlis* und Fremden im besonderen, fürchten.

   Hätten in Damaskus dieselben Bedingungen wie in Aleppo geherrscht und es dort Fremde gegeben, wäre ein Teil der Nicht-Muslime zweifelsohne zu *barā'atlis* geworden und somit unter die Schutzherrschaft der Fremden gefallen. Da dies jedoch nicht der Fall war (es gab in Damaskus keine *barā'atlis*), konnte sich der Gouverneur auf die Nicht-Muslime verlassen

---

die Griechisch-Orthodoxen bei ihren Forderungen an die Kirchen in Akko zu unterstützen, S. 92, 97, in Bezug auf die Rivalität mit der Familie al-Baḥrī; Jelin, S. 8/1.

115 Al-'Aura, S. 96-97, vor allem die Aussagen Al-'Auras über den Grenzkonflikt, der im Jahr 1223H zwischen Sulaymān und dem Gouverneur von Damaskus, Yūsuf Kanj, ausbrach, sind hier von Interesse.

116 Siehe dazu: Kap. 3; Gibb und Bowen, Teil 1, S. 211.

117 Siehe dazu: Kap. 6.

ohne eine "doppelte Loyalītät" befürchten zu müssen.

2. Während des 18. Jahrhunderts, waren die arabischen Gouverneure in Damaskus Einheimische und dienten dort über lange Amtsperioden hinweg[118]. So kannten sie alle und wußten, durch wen sie am ehesten ihre Schatztruhen auffüllen konnten.

3. Wie bereits erwähnt, hatte die damaszenische Elite (in größerem Ausmaße als die Elite Aleppos) die Kontrolle über die *iltizāms* und Monopole inne[119]. Hätte der Gouverneur dieser Elite auch jene Ämter übergeben, die er den Familien Farḥī und Baḥrī anvertraut hatte, so wäre seine Abhängigkeit von ihnen absolut geworden. Dadurch, daß er die Familien Farḥī und Baḥrī (über ihre Eignung hinaus) ernannte, erzeugte er ein Gleichgewicht sowie Unabhängigkeit von der damaszenischen Elite und sicherte sich Bewegungs- und Manövrierfähigkeit zwischen den Mächten der Stadt.

4. Als Nicht-Muslime besaßen die Familien Farḥī und Baḥrī keinerlei Rückendeckung, wie z.B. in Form von Macht oder einer Gruppe (wie z.B. die damaszenische Elite). Dadurch war es dem Gouverneur möglich sie ggfs. einfach zu entlassen.

Die Integration vereinzelter Nicht-Muslime in das politische Establishment brachte, hinsichtlich der Gesamtheit der nicht-muslimischen Gemeinschaft, Vor- und Nachteile mit sich. Der Gouverneur ging in keinem der Fälle geschädigt hervor, da er sich ihrer entsprechend seiner Bedürfnisse bediente. Was in Bezug auf die Nicht-Muslime zum Vor- oder Nachteil wurde, wurde durch den CḤärakter des Gouverneurs festgelegt. Es gab solche, die als Ausbeuter der *ra'āya* bekannt wurden und solche, bei denen dies nicht der Fall war. Es ist interessant, daß diktatorische, tyrannische und profitgierige Gouverneure korrupte Nicht-Muslime beschäftigten, die zugunsten ihrer Gemeinschaft handelten und weniger ambitionierte und gierige Gouverneure nicht korrupte Nicht-Muslime beschäftigten, die sowohl zu Gunsten des Gouverneurs als auch ihrer eigenen Gemeinschaft handelten. Im Folgenden einige Beispiele:

---

[118] Siehe dazu: Kap. 4.

[119] Ibid.

1. Der 1738 in Damaskus amtierende Ḥusain Bāshā, wurde als ausbeuterischer Gouverneur bekannt. Er fand einen Christen namens Shimalkhān, der ihn bei seinen Raubtaten unterstützte, auch unter den Angehörigen der Gemeinschaft dieses Christen. In welchem Ausmaß dieser bereit war, die Angehörigen seiner eigenen Gemeinde zu berauben, geht aus Buraiks Beschreibung über die große Freude der Christen über seine Beseitigung (welche im gleichen Zeitraum wie die des Gouverneurs lag), hervor[120].

2. 'Alī Bāshā amtierte von 1739 bis 1741 in Damaskus und war für seinen positiven CḤārakter bekannt. Er beschäftigte einen christlichen Übersetzer, mit dessen Hilfe die Erlaubnis des Gouverneurs für die Renovierung einer Kirche eingeholt werden konnte[121].

3. Der Gouverneur von Damaskus 'Uthmān Bāshā al-Karajī beschäftigte 1762 einen Christen namens Ḥannā al-Ḥumṣī aus der Familie Yāzijī.

4. 1780 erreichte Farḥī , der zum *wakīl* ernannt wurde, vom Gouverneur Muḥammad Bāshā für die Christen von Damaskus die Erlaubnis eine Kirche zu bauen[122].

Die oben angeführten Beispiele führen zu der Schlußfolgerung, daß die Gesetze von *sharī'a* und *qanūn*, denen zufolge keine neuen Kirchen gebaut und keine alten renoviert werden durften, in Damaskus nicht wortwörtlich befolgt wurde. Manchmal wurden Kirchen mit dem Einverständnis und der Erlaubnis der osmanischen Behörden gebaut oder renoviert, manchmal geschah dies jedoch auf Grund einer Schwäche der Regierung. Im Jahr 1750 baute der Patriarch Sylvesterus eine neue Kirche sowie ein neues Kloster. 1755 wurde die al-Jawāniyah Kirche renoviert und eine neue in Ma'lūla erbaut. 1779 wurde eine neue Kirche in Damaskus errichtet[123]. Im Jahr 1757, als Damaskus keinen Gouverneur hatte und die

---

120 Buraik, S. 9-10.
121 Ibid., S.10.
122 Ibid., S. 73, 111.
123 Ibid., S. 28, 33, 110, 111.

Angelegenheiten der Stadt nicht geordnet und organisiert waren, nutzten die Christen diese Gelegenheit aus, renovierten eine Kirche und erbauten neue. Der Patriarch Sylvesterus baute die Kubriyanus- und die Yustina-Kirche[124]. Betrachtet man die Einstellung der lokalen Behörden zu diesem Thema, muß - im positiven Sinne - erwähnt werden, daß, als 1762 eine Kirche auf Grund eines Erdbebens zerstört wurde, die Christen die Erlaubnis erhielten, sie wiederaufzubauen. Interessanterweise wurde diese Erlaubnis mit Hilfe der Intervention des *mufti* und *shaykh* 'Alī al-Murādi erwirkt[125].

Ist von *sharī'a* und *qānūn* die Rede, so muß deren Praktizierung in Bezug auf die Kleiderfrage untersucht werden. In Damaskus war es Brauch einen *kawak* zu tragen. Die Muslime umschlungen ihn mit einem weißen, die Christen mit einem blauen und die Juden mit einem roten Seidenband. Es gab noch einen weiteren Brauch, von dem niemand abwich: wer einen *shāl* trug, trug keinen *kawak* . Im Jahr 1799 standen dem Gouverneur von Damaskus nicht-einheimische Militärtruppen aus Rumeli zur Verfügung. Diese hatten ein fremdartiges Aussehen und beleidigten die Christen. Sie wandten sich an Christen, die einen *kawak* trugen, weil sie sie für wohlhabend hielten. Sie erpressten und beschämten diese Christen sowie auch Juden so sehr, daß sowohl Christen als auch Juden gezwungen waren andere Kleidung zu tragen und statt eines *kawak* einen blauen *shāl sinjānī* aufsetzten. Juden hörten auf Rot zu tragen und begannen sich wie Christen zu kleiden[126]. D.h. ein außergewöhnliches Ereignis hat die Veränderung der Situation und des Brauchs in einem derartigen Ausmaß bewirkt, daß neue Gewohnheiten und Sitten entstanden.

Der Aspekt der Kleidung kommt in Damaskus mit den Auswirkungen der *wahhābiya* zum Ausdruck. Der Gouverneur gab Erlasse heraus, nach denen Christen das Tragen von Grün und Olivgrün nicht erlaubt war und Frauen schwarze Kleidung tragen mußten, die bis auf den Boden reichte[127].

Die Herausgabe dieser Erlasse sind vor allem auch ein Beweis dafür, daß die

---

[124] Ibid., S. 48.
[125] Ibid., S. 74.
[126] Ad-Dimashqī, S. 11.
[127] Ibid., S. 24.

Anordnungen von *sharī'a* und *qānūn* zuvor nicht ordnungsgemäß befolgt wurden. So wurde eine Gruppe von grüne Wollkleidung tragenden Fellachen aus Jabal und Zāhle gefaßt, vor den Gouverneur gebracht und gefragt, wer sie seien. Es stellte sich heraus, daß sie Christen waren. Als sie gefragt wurden, warum sie grüne Kleidung trugen, antworteten sie, daß man sich so in Jabal kleide. Der Gouverneur zwang sie zum Islam überzutreten [128]. D.h. die Frage "Islam oder Tod" trat in Damaskus mit dem Eindringen der *wahhābiya* in Erscheinung. Im Nachfolgenden wird eindeutig werden, daß diese Schritte das Resultat der religiösen Atmosphäre der *wahhābiya* in Damaskus und der Rückkehr des Gouverneurs vom *ḥajj* waren, als dieser von der religiösen Atmosphäre der *wahhābiya* beeinflußt war, und nicht als politischer Schritt gegen die *wahhābiya,* mit der Absicht Legitimation nachzuweisen, angesehen werden müssen.

Zwischen der Beziehung von Gouverneur und Nicht-Muslimen in Damaskus und der Persönlichkeit des jeweiligen Gouverneurs besteht eine Verbindung:

1. Handelte es sich um einen habgierigen und ausbeuterischen Gouverneur, bestand kein Unterschied zwischen der Lage von Muslimen und Nicht-Muslimen. 'Abd-Allāh Bāshā Ash-Shatiji, der Gouverneur der Stadt im Jahr 1758, trieb innerhalb von 70 Tagen 4.000 Beutel von der Bevölkerung ein und forderte darüberhinaus dafür, daß er Damaskus erobert hatte, Geschenke im Werte von 200.000 *ghurūsh* aus Gold. Das Eintreiben des Geldes von den Einwohnern oblag seinen Regimentern. Die Lage war so prekär, daß seine muslimischen und christlichen Untertanen sich eine Woche in ihren Häusern versteckten. Niemand verließ das Haus, es sei denn der Gouverneur und seine Regimenter befanden sich auf einer *dawra* und hatten Damaskus verlassen. Eine ähnliche Situation herrschte im Jahr 1790, während der Regierungszeit von al-Jazzār in Damaskus. Damals waren die jüdischen Bankiers Zielscheibe seiner Erpressungen. Entkam einer seinem Griff, wurde das gesamte jüdische Viertel durchsucht. Im Jahr 1799, während der zweiten Regierungszeit von 'Abd-Allāh Bāshā, raubte dieser sowohl Muslime als auch Christen aus[129].

---

[128] Ibid., siehe im Folgenden: Anm. 183.

[129] Buraik, S. 52-53, 66, 92; auf Seite 92 wird berichtet, daß 'Uthmān Basha im Jahr 1772 von den Christen 30.000 ghurūsh für die Armee verlangt, die die ägyptische Invasion bekämpfte;

2. Als die Gouverneure in Damaskus einheimische Araber aus dem Haus al-'Aẓm waren, verbesserte sich ihre Lage im Vergleich zu jener Zeit[130] in der die Gouverneure (dies war der Fall, weil die Familie al-'Aẓm den Anteil der einheimischen Christen am Handel zu entwickeln und zu verbessern begann[131]), oder Amtsinhaber von außen kamen, wie z.B. die Familien Musul und Karak. Hier muß jedoch erwähnt werden, daß diese Situation auch auf Muslime zutrifft[132]. Eine aufschlußreiches Beispiel ist Buraiks Beschreibung der Lage der Christen zur Zeit von As'ad al-'Aẓm. Seiner Beschreibung nach erlebten die Christen eine Zeit wirtschaftlicher Blüte. Dies fand seinen Ausdruck im Bau von Häusern, Kleidung und einer Lebensweise, die Picknickausflüge in den *bustāns* und das Trinken von Arak und Wein einschloß. Auch ihre Frauen trugen prächtigere Kleidung. Die Frauen begannen sogar in ihren Häusern, den *hammāms* und *bustāns*, Tabak zu rauchen und ebenfalls Arak und Wein zu trinken[133].

Dieses übertriebene Verhalten zog eine scharfe Reaktion seitens des Gouverneurs nach sich. 'Abd-Allāh Bāshā Ash-Shatijī (der nicht aus Damaskus stammte) nahm 1759, mit der Behauptung, sie hätten in ihren Häusern Kirchen errichtet, dreizehn griechische Katholiken fest und setzte eine Bestrafung von 50 Beutel *ṣāgh* aus. Diese Summe wurde alleinig von den Katholiken bezahlt, da die Griechisch-Orthodoxen nicht bereit waren sich an dem Bußgeld zu beteiligen[134]. Ibrāhīm Bāshā verfuhr während seiner dritten Amtszeit in Damaskus, im Jahr 1804, ähnlich mit Christen und Juden. [135] Überhaupt war einer der häufigsten Vorwände zur Auferlegung von Strafen an Christen die Beschuldigung der Renovierung oder des Baus von Kirchen[136]. Im Jahr 1807 kehrte Yūsuf Bāshā, der von Herkunft Kurde war, vom *ḥajj* nach Damaskus zurück. Während des *ḥajj* wurde er von den

---

Ad-Dimashqī, S. 6-7, 8, 10; Gibb und Bowen, Teil 1, S. 224.

[130] Buraik, S. 63, 110.

[131] Philipp, Syrians, S. 20.

[132] Buraik, S. 52, 53, 61, 62, 66, 71; Ad-Dimashqī, S. 6, 7, 21, 49; auf S. 37 führt Ad-Dimashqī auch ein Beispiel aus Jerusalem an. Diese Schlußfolgerung steht im Gegensatz zur Einstellung von Hourani, Arabic, S. 30, der der Ansicht ist, daß die Gesetze der *sharī'a* in Damaskus strenger gehandhabt wurden als in Aleppo.

[133] Buraik, S. 62, 63.

[134] Ibid., S. 64.

[135] Ad-Dimashqī, S. 15.

[136] Buraik, S. 65.

wahhābiya beeinflußt und verbot Christen und Juden Wein zu trinken[137]. Dieses Verbot macht deutlich, daß sie zuvor nicht daran gehindert worden waren.

In Damaskus lief die Verbindung zwischen den Christen und den Regierungsbehörden über den *shaykh al-Ḥāra* (den Anführer des Wohnviertels), den sie als *wakīl* gewählt hatten. Mikhā'il Tūmā war dreißig Jahre lang der *wakīl* der Christen in Damaskus. Die Christen von Damaskus betrachteten ihn als Verräter und Ausbeuter. Sie wandten sich an den Gouverneur, der gegen Bezahlung Mikhā'il Tūmā seines Amtes enthob und anstatt seiner Jirjis al-Ḥalabī ernannte. Seitdem wurde der *wakīl* in Damaskus durch einen Erlaß des Gouverneurs ernannt. Diese Ernennung wurde zu einer Einkommensquelle für den Gouverneur. Der neue *wakīl*, Jirjis al-Ḥalabī, initiierte eine neue Steuer für die Christen. Seit seiner Amtszeit wurde eine Steuer von 10 *fiḍḍa* auf Verlobungen erhoben. Diese entwickelte sich zu einer weiteren Steuer: Erbschaftssteuer auf den Nachlaß eines reichen Mannes. Die Erhebung dieser Steuern oblag dem *shaykh al-Ḥāra* [138].
Als der *wakīl* Jirjis im Jahr 1768 auf Grund einer Verletzung durch den *qapūqūl* starb, wollte der Gouverneur den Christen einen neuen *wakīl* ernennen. Diese flehten ihn an, daß er ihnen den Brauch des *wakīl* erlassen, stattdessen einen *shaykh al-Ḥāra* ernennen und somit zum alten Brauch zurückkehren möge. Gegen Bezahlung gewährte ihnen der Gouverneur dieses[139].
Zu diesem Aspekt der Beziehungen zwischen Nicht-Muslimen und Repräsentanten der Regierung wäre noch der Brauch hinzuzufügen, nach dem der Patriarch und die Christen auszogen um den vom *ḥajj* zurückkehrenden Gouverneur, oder einen neuen Gouverneur, zu empfangen[140].

---

[137] Ad-Dimashqī, S. 20.
[138] Buraik, S. 73.
[139] Ibid., S. 92.
[140] Ibid., S. 73.

8.6. Die Beziehungen der Nicht-Muslime untereinander

8.6.1. Der individuelle und interne Aspekt der Gemeinschaften

Da in Damaskus während des hier behandelten Zeitraums keine fremden Konsuln und Kaufleute anwesend waren [141], gab es folglich auch keine *barā'atlis* unter den Nicht-Muslimen. Dies trug, im Vergleich zu Aleppo, zweifellos dazu bei, daß weniger Eifersucht zwischen Einzelnen bestand, da es keine Inhaber von Privilegien, Sonderrechten oder Schutzherrschaft gab. Ohne Zweifel war dies für die gesellschaftliche Ruhe unter den Nicht-Muslimen förderlich, ebenso wie es weniger Möglichkeiten von Ungleichgewicht und fehlender gesellschaftlicher Gleichberechtigung gab[142].

Sowohl in Aleppo als auch in Damaskus war es unter den Nicht-Muslimen, Christen wie Juden, Brauch sich gegenseitig zu helfen und eine Tradition der Nachbarschaftshilfe zu pflegen. So war es unter den Christen z.B. üblich, sich um die Armen der Gemeinschaft zu kümmern und bei Familienfesten Essen an sie zu verteilen. Die Christen in Damaskus waren aber auch diejenigen, die mit diesem Brauch brachen. In Damaskus gab es einen reichen, geizigen Bräutigam, der nach dem *tufinkgi* rufen ließ, um die armen Christen vor seiner Tür zu vertreiben. Diese Veränderung, nämlich das Herbeirufen des *tufinkgi*, kostete ihn viel Geld und wurde darüberhinaus für den *tufinkgi* zur Gewohnheit und zum Mittel Gelder zu erpressen[143].

Bei den Juden in Damaskus lag, wie in Aleppo, der Brauch der Nachbarschaftshilfe und Wohltätigkeit in den Händen der Wohlhabenden der Gemeinschaft. In Damaskus war dies beispielsweise die Familie Farḥī[144].

Auf der anderen Seite gibt es auch negative Beispiele: jüdische Frauen, die von ihren Männern verlassen und mittellos zurückgelassen worden waren. Sie erhielten jedoch, entsprechend dem Brauch der Nachbarschaftshilfe, Hilfe und Unterstützung

---

[141] Siehe im Folgenden: Kap. 8.2., und siehe dazu: Kap. 2, Kap. 6.1., sowie 7.2.

[142] Eine Indikation dafür erhält man auf dem Wege der Eliminierung aus den Archivdokumenten Montefioris, die sich auf das 19. Jahrhundert beziehen: M.S 576/110; M.S 576/21; 576/72.

[143] Buraik, S. 15.

[144] M.S 576/110.

von den Rabbinern und Notabeln der Stadt[145]. Zu diesen Beziehungen innerhalb der Gemeinde ist ein Aspekt aus dem Bereich der Wirtschaft hinzuzufügen: Es gab Juden, die Geld schuldeten und es nicht an ihre Schuldner, die zur selben Gemeinde gehörten, zurückzahlten [146] und solche, die ihre Schulden nicht an nichtjüdische Schuldner zurückzahlten, ihre Ehefrauen als Bürgschaft zurückließen und sie verließen[147].

Wie in Aleppo, neigten auch in Damaskus Mitte des 18. Jahrhunderts viele Angehörige der griechisch-orthodoxen Gemeinde zum katholischen Glauben und nahmen ihn auch an. In Damaskus stammten die, die den griechisch-orthodoxen Gemeindeoberhäuptern nicht nachfolgten, aus allen Schichten der Bevölkerung. Zur Schlichtung wandte man sich in Damaskus, ebenso wie in Aleppo, anläßlich gemeindeinterner Konflikte an den muslimischen Herrscher oder ein anderes muslimisches Element. In Damaskus beschwerten sich die Oberhäupter der griechisch-orthodoxen Gemeinschaft bei den Gouverneuren darüber, daß viele ihrer Gemeindeangehörigen zum katholischen Glauben übertraten. Die Gouverneure von Damaskus "behandelten" diesen Aspekt auf ihre Art und erzwangen von ihnen beträchtliche Geldsummen[148].

In der griechisch-orthodoxen Gemeinschaft in Damaskus verhielten sich die Geistlichen in beschämender Weise, indem sie von den Angehörigen ihrer Gemeinschaft unter der Behauptung Gelder einzogen, daß dies für den Patriarchen in Istanbul oder zum Unterhalt von Waisenkindern bestimmt sei, während sie in Wirklichkeit das Geld für sich behielten[149]. Dieses Verhalten führte zweifelsohne zu einem Antagonismus und Zerwürfnis zwischen den Geistlichen und den einheimischen Zugehörigen der Gemeinschaft. Dieses Zerwürfnis drückte sich u.a. in ihrer Zuwendung zum Katholizismus und ihrer Einstellung gegenüber den

---

145 M.S 576/66.

146 M.S 576/63.

147 M.S 576/117; dieses letzte Beispiel gilt auch für solche, die nicht zur selben Gemeinde gehörten.

148 Buraik, S. 16; Philipp, Syrians, S. 17-18.

149 Buraik, S. 24, 26.

katholischen Priestern aus. Nach 'Alī Bey war das Leben der katholischen Priester einsam. Sie pflegten von Familie zu Familie zu gehen, um dort ein Abendessen und Unterkunft zu erhalten. Am Morgen predigten sie in dem Haus, in welchem sie übernachtet hatten, erhielten ein Frühstück und machten sich dann erneut auf den Weg[150].

8.6.2. Die Beziehungen zwischen den Gemeinschaften

In Damaskus und Aleppo gab es aus den gleichen Gründen einen Kampf zwischen Griechisch-Orthodoxen und griechischen Katholiken, dessen zentrales Thema die Stellung und das Wesen der Arabisch sprechenden Patriarchen war. Die Christen von Damaskus kämpften gegen von außen kommende Griechisch sprechende Geistliche und dafür, daß der Patriarch ein lokaler, Arabisch sprechender sein sollte[151].

Die Tatsache, daß der erste arabische Patriarch in Damaskus am 20. *elul* 1724 ernannt wurde, ist interessant. Es handelte sich hierbei um den Patriarchen Seraphim Ṭānās, der aus Damaskus stammte und Cyrillus genannt wurde. Er war einer der ersten Araber, die in diese Position berufen wurden. Er wurde vom Gouverneur 'Uthmān Bāshā ernannt, nachdem er schon von der griechisch-orthodoxen Gemeinde in Damaskus gewählt und beim Gouverneur zur Ernennung vorgeschlagen worden war[152]. Die Christen von Damaskus kamen somit den Christen von Aleppo zuvor, dieser Prozeß entwickelte sich jedoch parallel zu den Entwicklungen in Damaskus ebenfalls in Aleppo. Die Tatsache, daß der Gouverneur von Damaskus zu diesem Zeitpunkt 'Uthmān Bāshā Abū Ṭūq war, der den Christen positiv gegenüberstand, wirkte sich zu Gunsten der Bewohner von Damaskus aus[153].

Von 1725 bis 1806 regierten in Damaskus, als Bestandteil der osmanischen Politik, oder schärfer ausgedrückt, als Resultat der Schwäche der Zentralregierung,

---

[150] 'Alī-Bey, S. 272-273; Lamartine, Bd. III, S. 96-97.

[151] Burckhardt, Travels, S. 28; Siehe dazu: Kap. 5.5., und Kap. 5.7. und wie im Folgenden ersichtlich wird.

[152] Buraik, S. 3, 4 und Appendix, S. 114-117; Rabbath, Bd. I, S. 566-569.

[153] Buraik, S. 3, 4.

einheimische Gouverneure[154]. In diesem Zusammenhang ist interessant, daß Buraik besonders erwähnt, daß die Gouverneure Araber aus dem Hause al-'Aẓm und al-Makkī waren und der Patriarch Cyrillus ebenfalls Araber war. Buraik nennt sie

"من اولاد العربين"، "من اولاد العرب"

Anscheinend war es seine Absicht die lokale Herkunft der Arabisch sprechenden Einheimischen hervorzuheben. Hiermit sind wir Zeugen eines parallel verlaufenden Entstehungsprozesses eines lokalen autonomen Machtzentrums gegenüber einem imperialen Machtzentrum. Einheimische Gouverneure standen einer imperialen Zentralregierung und Patriarchen gegenüber und einheimische Christen standen einem Patriarchat gegenüber, das seinen Sitz im Phanar hatte. Hier stellt sich die Frage, ob die einheimischen Gouverneure in Damaskus eine andere Einstellung als jene Aleppos bezüglich der Unruhen zwischen Griechisch-Orthodoxen und griechischen Katholiken einnahmen, und ob sich dies in einer größeren Unterstützung der einheimischen Katholiken oder Orthodoxen ausdrückte, die von einem arabischen, einheimischen und nicht von einem griechischen, von außen kommenden Gouverneur regiert werden wollten.

Die Ernennung Seraphims durch 'Uthmān Bāshā - der u.a. auf Grund wirtschaftlicher Überlegungen, den Christen positiv gegenüberstand und Euthismus, den Bischof von Tyre und Sidon, mochte [155], war eine lokale Ernennung. Fast zeitgleich traf jedoch aus Istanbul die Ernennung von Sylvestrus als Bischof ein, die vom 17. *elul* 1724 stammte [156]. Die Ernennung Sylvestrus traf ein, als 'Uthmān Bāshā Abū Ṭūq, der der Patron Seraphims war, von seinem Amt in Damaskus abgelöst wurde. Seraphim selbst zog die logische Schlußfolgerung hieraus und floh aus Angst, daß der *qapūji bāshi* einen *fermān* über seine Verhaftung und Enthauptung mit sich

---

[154] Siehe dazu: Kap. 4; Buraik, S. 5, 36, Ismail Al-'Aẓm ist der erste *pasha* Damaskus' aus der Familie Al-'Aẓm; Philipp, Syrians, S.7.

[155] Buraik, ibid., Rabbath, Bd. I, S. 591; Philipp, Syrians, S. 13.

[156] Die Ernennung von Seraphim stammte vom 20. *elul* 1724.

mit sich führte, nach Dayr al-Kamer[157].

Wie in Aleppo, so wurden auch in Damaskus die Machtkämpfe um den Stuhl des Patriarchen zum Machtkampf zwischen griechischen Katholiken und Griechisch-Orthodoxen. Die katholischen Missionare hatten Einfluß auf die Wahl des Patriarchen[158]. Die griechischen Katholiken in Damaskus wurden *ṭā'ifat al-'ifranj* genannt. In Damaskus wurde ein neues Element in den Kampf um das Patriarchat zwischen den Gemeinschaften eingeführt. Dieses neue Element waren die von den Katholiken zu leistenden *mīrī* -Zahlungen (*māl mīrī*) für das Amt des Patriarchen. Die Katholiken in Damaskus waren die ersten, die mit diesen Zahlungen begannen, welche natürlich von der Pforte begrüßt wurden. Im Gegenzug dazu wurde ein *fermān* erlassen, der Cyrillus in das Amt des Patriarchen von Anṭākiya ernannte[159].

Die Kämpfe bezüglich des Patriarchats in Damaskus dauerten während des 18. und bis zu Beginn des 19. Jahrhunderts an und hatten wie in Aleppo den Charakter eines Kampfes zwischen Arabern und Griechen, zwischen einem lokalen und einem imperialen Machtzentrum.

So herrschte unter den Griechisch-Orthodoxen in Damaskus große Verlegenheit, als 1767 der Patriarch Phylimus eintraf. Zusammen mit den Geistlichen und im Gegensatz zu den üblichen Regeln in Damaskus aßen sie während einer anläßlich seines Eintreffens abgehaltenen Feierlichkeit, öffentlich Fleisch[160]. Die Katholiken wiesen den Patriarchen natürlich zurück und als dieser nach Ma'lūla kam, vertrieben sie ihn[161].

Auf lokaler Ebene kamen diese Machtkämpfe in einem Kampf um die Benutzung der Kirche zum Ausdruck. Als 1745 Cyrillus ernannt wurde, erhielten die Katholiken die Kirche und die Griechisch-Orthodoxen mußten sie räumen. Der griechisch-

---

157 Buraik, S. 5; Rabbath, Bd. I, S. 574.
158 Siehe dazu: Kap. 5.; Rabbath, Bd. I, S. 534, 573, 592.
159 Buraik, S. 12.
160 Ibid., S. 84-85; Ad-Dimashqī, S. 49, bezieht sich auf die Unruhen 1818.
161 Buraik, S. 87.

orthodoxe *wakīl* Mikhā'īl Tūmā wurde verhaftet[162]. Die Gewinner dieser Machtkämpfe waren sowohl in Aleppo als auch in Damaskus[163], die Regierungsrepräsentanten in Damaskus, die den Griechisch-Orthodoxen gegen Bezahlung die Kirche zurückgaben und den *wakīl* Mikhā'īl Tūmā wieder einsetzten. So geschah es, daß sie sowohl durch Banden als auch durch Gouverneure ausgebeutet und zusätzlich auch noch durch die niedriggestellten Schichten der griechisch-orthodoxen Gemeinschaft [164] ausgeplündert wurden. Darüberhinaus nahmen die Kämpfe bezüglich des Patriarchats persönlichen Charakter an, als im Jahr 1777 die Christen von Damaskus sich an den Patriarchen von Istanbul, Seraphim, wandten und sich bei ihm darüber beschwerten, daß der einheimische Patriarch (der Griechisch-Orthodoxen) Daniel sie ausraubte und ausplünderte und nicht vor dem Heiligen und Verbotenen zurückschreckte (*ḥalāl* und *ḥarām*)[165].
Gab es in Aleppo eine Art "gegenseitige Bürgschaft" unter den nicht-muslimischen Gemeinschaften bezüglich der ihnen auferlegten Zahlungen, die für alle gültig waren, so sah die Situation in Damaskus folgendermaßen aus:

1. Es gab griechische Katholiken, die sich vor den Zahlungen mit der Behauptung drückten, sie stünden unter dem Schutz eines Patriarchen, der *barā'atli* war.
2. Bis 1751 beteiligten sich die Griechisch-Orthodoxen nicht an der *khasāra* -Zahlung. (Eine Zahlung, die von Zeit zu Zeit der griechisch-katholischen Gemeinschaft zur Zahlung an den osmanischen Gouverneur unter der Behauptung auferlegt wurde, daß sie dem Papst unterstellte Europäer seien und nicht *adh-dhimma.* Die Griechisch-Orthodoxen unterstanden einem Patriarchen, der über ein *barā'a* des *sultan* verfügte.)

---

162 Ibid., S. 12.
163 Ibid., S. 13; Rabbath, Bd. I, S. 595.
164 Buraik, ibid.
165 Ibid., S. 107; Ad-Dimashqī, S.9.

Im Jahr 1751, während der internen Kämpfe zwischen den *wakīls* der griechisch-orthodoxen Gemeinschaft, nutzten die griechischen Katholiken die Gelegenheit, zahlten den Gouverneuren ein Schmiergeld und erreichten, daß auch den Griechisch-Orthodoxen die *khasāra* -Zahlungen auferlegt wurden. Dieser Aspekt der *khasāra* -Zahlungen war Grund für lokale Auseinandersetzungen zwischen den Griechisch-Orthodoxen und den griechischen Katholiken in Damaskus, wobei die Griechisch-Orthodoxen diese Zahlungen auf die griechischen Katholiken abzuwälzen versuchten. Diese Zahlungen hing vor allem vom damaligen Patriarchen von Damaskus ab. So nahmen z.B. zu Zeiten des Patriarchen Daniel, im letzten Viertel des 18. Jahrhunderts, diese Versuche zu[166].

D.h. in Damaskus sowohl als auch in Aleppo wandten sich Nicht-Muslime an muslimische Elemente und zogen sie bei der Lösung von Problemen zwischen den Gemeinschaften und in vielen anderen Fällen heran, um der anderen Gemeinschaft nach dem Prinzip "Was-ich-nicht-habe-sollst-du-auch-nicht-bekommen" Schaden zuzufügen. So beschwerte sich im Jahr 1746 der griechisch-orthodoxe Bischof beim *qāḍī* darüber, daß die griechischen Katholiken bei den Missionaren beteten. Der Gouverneur legte ihnen dafür eine Geldstrafe auf. Nach Buraik waren die Ursachen für die Geldstrafen der Patriarch Sylvestrus und sein *wakīl*, die auf eigene Faust und ohne sich mit den Zugehörigen ihrer Gemeinschaft in Damaskus zu beraten, die Beschwerde einreichten. Dies wird durch die Tatsache bestärkt, daß die Angehörigen der griechisch-katholischen Gemeinschaft nach Rück- und Absprache mit der griechisch-orthodoxen Gemeinschaft (nicht mit der geistlichen Führung) dem Gouverneur Schmiergelder zahlten und mit ihm zu einer generellen Absprache gelangten, wonach die den Christen auferlegten *khasāra* -Zahlungen für beide Gemeinschaften gelten sollten. D.h., wenn den Katholiken diese Zahlungen auferlegt würden, würden sich auch die Angehörigen der griechisch-orthodoxen Gemeinschaft daran beteiligen[167].

---

[166] Buraik, S. 16; Ad-Dimashqi, S. 2, 9.

[167] Buraik, S. 19; Ad-Dimashqi, S. 3; Gibb und Bowen, Teil 2, S. 256.

Die lokalen Arabisch sprechenden Christen schlossen sich gegen die Griechisch sprechende, nicht einheimische geistliche Führung zusammen. Im Jahr 1818 wandten sie sich an ʻAbd Allāh Bāshā. In diesem Fall intervenierte der jüdische *ṣarrāf* Ḥaim Farḥī zugunsten der einheimischen christlichen Gemeinschaft in ihrem Kampf gegen einen Bischof, der in Istanbul Beschwerde eingelegt hatte[168]. Auch der *qāḍī* war den Katholiken zugeneigt. In der Sprache des alltäglichen Lebens im osmanischen Damaskus bedeutete dies: Geldzahlungen. Als Gegenleistung war es in vielen Fällen möglich, lokale Interessen zu sichern und Anordnungen aus Istanbul zu umgehen. Jedoch nicht auf lange Zeit. Auch die griechisch-orthodoxen Geistlichen verstanden es zu handeln. Sie bezahlten den *mütasallim* , drehten den Spieß um und führten somit zur Verhaftung eines Großteils der unierten Gemeinschaft (Syrianer, Armenier und Griechen) und zur Vertreibung der katholischen Priester nach Beirut[169].

Als den katholischen Missionaren untersagt wurde zu religiösen Themen zu predigen, wurde die Lage der Katholiken unerträglich. Dasselbe Verbot galt auch für die Priester der maronitischen, syrianischen und armenischen Gemeinschaften. Es wurde jetzt allen verboten die Häuser der Angehörigen ihrer Gemeinschaft zu betreten, so daß sie dies heimlich tun mußten[170].

Um der Wahrheit willen muß jedoch angemerkt werden, daß den Kämpfen nicht nur ein Kampf um Arabertum und lokale Herkunft gegenüber dem Griechentum, das ein externes Element mit Sitz in Istanbul symbolisierte, zugrunde lag, sondern auch theologische Aspekte.

In Istanbul herrschte ein Streit über die Frage der Taufe. Es ging darum, ob die Taufe der Ostkirche oder die lateinische und armenische gültig sei. Dieser Streit sickerte von Istanbul nach unten durch, erreichte auch Damaskus und nährte den dortigen Kampf. Da es noch keinen Nationalismus im heutigen modernen Sinne gab, war die Diskussion über das theologische Beispiel Ausdruck der Lokalität

---

168 Ad-Dimashqī, S. 39-40; und siehe im Folgenden: Kap. 8.5.2.

169 Ibid., S. 40-41.

170 Ibid., S. 42, und dies im Gegensatz zur Lage 1803-1807, als nach ʻAli Bey, S. 272, die Geistlichen von Haus zu Haus gingen, dort übernachteten und als Gegenleistung für eine Predigt ein Frühstück erhielten.

des Machtkampfes[171]. Die damaszenischen Quellen betonen jedoch eher (natürlicherweise) den Aspekt des Arabertums und der lokalen Herkunft, als den theologischen Aspekt.

Jedenfalls verschärfte sich die Situation in Damaskus in den Jahren 1818-19 derart (d.h. während der Kollision griechischer Katholiken und Griechisch-Orthodoxer), daß eine für die nicht-muslimischen Untertanen der Pforte seltene Erscheinung auftrat: sie besaßen Waffen. Als 1819 Darwīsh Bāshā zum Gouverneur ernannt wurde, erhielt er einen Erlaß des *sultan* , den Patriarchen von Damaskus, Seraphim, zu ermorden. Der Gouverneur rettete ihn jedoch. Daraufhin traf ein Erlaß ein, der die Entwaffnung und die Konfiszierung der Waffen der Christen anordnete. Der Gouverneur "verminderte" jedoch den Ernst der Tat durch die Ausrede, daß sich die Waffen nur "aus Zufall" bei den Christen befänden und machte den Erlaß dadurch praktisch undurchführbar[172]. D.h., die grundsätzliche Einstellung der osmanischen Zentralregierung in Bezug auf die Machtkämpfe zwischen den nicht-muslimischen Gemeinschaften in Aleppo und Damaskus war die gleiche. Burckhardts Ansicht, nach der die Gouverneure "lächelten", da sie die Hauptgewinner waren, ist, wie später ersichtlich wird, richtig[173]. Daß es arabische, einheimische Gouverneure in Damaskus gab, bedeutet nicht, daß sie die einheimischen, katholischen Araber unterstützten, welche gegen die, ein imperiales Machtzentrum repräsentierende, griechische Geistlichkeit kämpften. Was diese Machtkämpfe in Damaskus von denen in Aleppo unterschied, ist die Tatsache, daß in Aleppo Nicht-Muslime die Möglichkeit hatten, sich auch an Fremde zu wenden. Durch deren Abwesenheit in Damaskus bestand dort diese Möglichkeit nicht, und in den meisten Fällen begnügten sich die Nicht-Muslime mit einem Gesuch an einheimische Elemente. Besaßen die Nicht-Muslime einen hochgestellten Fürsprecher beim *pasha*, so hatte dies Einfluß auf ihre Stellung in der Gesellschaft

---

[171] Buraik, S. 36-40.

[172] Ad-Dimashqi, S. 43, der Erlaß den Patriarchen Seraphim zu ermorden war nicht außergewöhnlich. Wie bereits erwähnt, wurde der Patriarch Cyrillus exekutiert.

[173] Burckhardt, Travels, S. 29.

von Damaskus und unter den Nicht-Muslimen. So war die Stellung Ḥaim Farḥīs zur Zeit Sulaymān Pashas derart stark, daß die Christen sagten: "Die Juden regieren sich selbst und beglückwünschen sich dazu (wie die Christen hier sagen), daß Israel wieder innerhalb seiner alten Grenzen regiert".[174] Diese Tatsache war zweifellos eine Quelle der Eifersucht, obwohl, wie bereits erwähnt, die Familie Farḥī auch zugunsten der Christen zu intervenieren pflegte und auf diese Weise im Grunde eine einheitliche Front zwischen den nicht-muslimischen Gemeinschaften wahrte. In diesem Zusammenhang wäre die "Blutsverleumdung von Damaskus" als uncharakteristisch für die Beziehungen zwischen Juden und Christen anzusehen[175].

8.7. Die Beziehungen zwischen Muslimen und Nicht-Muslimen

Die Schwäche der Zentralregierung in Damaskus in Zeiten in denen der Gouverneur von der Stadt abwesend, oder mit Aufgaben beschäftigt war, die seine Konzentration und Anstrengung erforderten, wirkte sich auf die Beziehungen zwischen Muslimen und Nicht-Muslimen aus. Um der Wahrheit willen wäre sogar zu betonen, daß diese Situationen und Fälle auch einen ähnlichen Einfluß auf die Beziehungen der Muslime untereinander hatten. D.h. grundsätzlich unterschied sich die Lage der Nicht-Muslime nicht von der der Muslime in ähnlichen Situationen, war jedoch vielleicht ernster. So attackierten z.B. die Einwohner von Damaskus jene, die mit dem *pasha* kollaboriert und ihn bei seinen Raubzügen unterstützt hatten und rächten sich an ihnen, als 'Uthmān Bāshā Abū Ṭūq seines Amtes in Damaskus enthoben wurde. Sie zerstörten aus Rache die Häuser des jüdischen *ṣarrāf* Ibn Juban Ad-Dagh'alī, des Ibrāhīm Al-Aṣā'iṣa, *shaykh* al-Arḍ und der *shūbāshi*. Die beiden letzteren wurden sogar getötet[176]. Als Sulaymān Bāshā in den Jahren 1741-1743 in Damaskus regierte und mit einem Kampf mit Ẓahir Al-'Umar in Tiberias beschäftigt war, vollzog sich der Umwandlungsprozeß der *janitscharen* zu Banden (*al-zurbāwāt*). Dieser Prozeß entsprang der Tatsache, daß ihnen in Damaskus, im

---

[174] Burckhardt, Nubia, S. 38, ein Brief aus Damaskus vom 15. August 1810; Sim, S. 89.

[175] Siehe dazu: Kap. 5, Anm. 303-307; M.S 561.

[176] Buraik, S. 5; Rafeq, The Province, S. 20-21, die Kollaborateure wurden *al-'Awāniyya* genannt.

Gegensatz zu Aleppo, keine einheimische bewaffnete Gruppe gegenüberstand. Diese Banden beuteten und raubten die Untertanen, insbesondere Christen, aus[177]. In den Jahren 1757, 1758 und 1804, während der Machtkämpfe zwischen *janitscharen* und *qapūqūl*, schloßen sich Muslime, Christen und Juden in ihren Häusern ein und versteckten ihren Besitz, damit ihnen dieser nicht von den *janitscharen* weggenommen werden konnte. Die *qapūqūl* versteckten sich im *qal'a* [178]. Im Jahr 1185 (1771), als Muḥammad Bāshā zum *ḥajj* auszog und sich nicht in Damaskus befand, kehrten die Banden der *janitscharen* zurück und raubten sowohl Christen als auch Muslime aus[179].

Die Lage der Nicht-Muslime hinsichtlich der Beziehungen zu Muslimen der Stadt änderte sich zum Negativen, als nicht-einheimische Elemente oder Ereignisse ins Spiel kamen. 1772 kehrte Abū Adh-Dahab nach Ägypten zurück und hinterließ in Damaskus einen *mütasallim*. Die Soldaten der al-'Askar ash-Shāmī kehrten in die Stadt zurück. Mit ihnen kam der *emir* Yūsuf Shihāb, der Gouverneur der Shuf-Region. Mit der Armee des *emir* trafen Truppen der Drusen und auch Christen ein. Diese drangen in ihrer Wut auf die Damaszener in die Umayya-Moschee ein, ohne ihre Schuhe abzustreifen. Den "Preis" für dieses Verhalten zahlten die Christen von Damaskus. Nachdem sich diese Streitkräfte aus der Stadt zurückgezogen hatten, kamen die Banden von Damaskus und rächten sich an den Christen. Die Feindschaft, die Ausbeutung und der Druck erreichten ein derartiges Niveau und Ausmaß, daß die Christen in die Berge flüchteten[180]. Die *wahhābiyya* -Bewegung hinterließ in Damaskus Spuren. Dies wurde durch Anordnungen und Erlasse des *pasha* ausgedrückt und schuf für die muslimischen Massen eine Legitimation zum Handeln.

Die Behandlung dieses Aspektes - die Beziehungen zwischen Muslimen und Nicht-Muslimen - liefert einen Hinweis dafür, daß die Nicht-Muslime in Damaskus, wie

---

177 Siehe dazu: Kap. 4. und 5.; Buraik, S. 11.
178 Ibid., S. 45; Ad-Dimashqī, S. 14.
179 Buraik, S. 98.
180 Ibid., S. 96.

in Aleppo, sich der muslimischen Lebensweise angepaßt hatten. Dieser Aspekt soll zunächst behandelt werden. Die Christen von Damaskus benutzten gemeinsam mit den Muslimen den gleichen *ḥammām* [181]. Beweis für diesen Brauch, der auch von den Beziehungen zwischen Muslimen und Nicht-Muslimen zeugt, ist der Erlaß, den der Gouverneur Yūsuf al-Kinj nach seiner Rückkehr vom *ḥajj* im Jahr 1807 erließ, als er unter dem Einfluß der *wahhābiyya* stand. Der Erlaß untersagte Christen und Muslimen denselben *ḥammām* zu benutzen und dort gemeinsam zu verweilen. Den Christen wurden zwei Tage pro Woche zugeteilt, während derer sie den *ḥammām* alleine nutzen konnten[182]. Ein weiterer Beweis für die Übernahme muslimischer Bräuche durch Nicht-Muslime und für den Einfluß des Geistes der *wahhābiyya*, ist das Verbot, das derselbe Gouverneur für die muslimischen und christlichen Frauen erließ. Es wurde ihnen untersagt mit Gold- und Silberfäden bestickte Kleidung zu tragen und Gold- oder Silberschmuck anzulegen. Ad-Dimashqī erwähnt, daß ein Großteil der Anordnungen dieses Gouverneurs nicht ausgeführt wurden, außer jenen, welche die Christen angingen[183]. Gerade außergewöhnliche Anordnungen und Erlasse geben Auskunft über die in Damaskus üblichen Bräuche. Der Brauch stellte im allgemeinen das Gegenteil dieser Anordnungen dar, die sowieso nicht vonnöten waren. Derselbe Gouverneur gab nach seiner Rückkehr von der *dawra* folgende Anordnungen heraus:

1. Christliche Männer und Frauen müssen schwarze, bis zum Boden reichende Kleidung tragen.
2. Christen müssen die Türen ihrer Kirchen erhöhen, damit ein vorbeigehender Muslim nicht hineinschauen kann.
3. Christen müssen den Islam und die Muslime respektieren.
4. Christen dürfen gegenüber einem Muslim ihre Stimme nicht erheben.

---

[181] Ibid., S. 17.
[182] Ad-Dimashqi, S. 20.
[183] Ibid., S. 21.

Die Anordnungen des Gouverneurs können aus zwei verschiedenen Blickwinkeln betrachtet werden. Einerseits könnte man in ihnen einen Widerhall des Geistes der *wahhābiya* sehen, andererseits können sie auch als Mittel betrachtet werden, die, auf Grund der Abweichung vom Geiste von *sharī'a* und *qānūn* gegen die Christen als Schritte zur Festigung und Stabilisierung der einheimischen Orthodoxie gegenüber den *wahhābiya* angewandt wurden. Diese Anordnungen wurden sofort von den muslimischen Massen als "Freigabe des Besitzes und Blutes der Christen" verstanden und vergrößerten ihre Habgier und die Schändungen von Christen[184].
1807 provozierten muslimische Massen die Missionare. Diese wandten sich an den *qāḍī*, der sie gegen Bezahlung schützte. Der Gouverneur stand abseits und intervenierte nicht zugunsten seiner, vom *qāḍī* bedrohten, muslimischen Untertanen. Wie immer, so ließ sich auch in diesem Fall die Neutralität des Gouverneurs für 200 *ghurūsh* ändern, die ihm seine muslimischen Untertanen für die Erlaubnis der Renovierung einer zerstörten Moschee hinter dem Kloster der Missionare zahlten. Die Muslime begannen mit der Renovierung und legten sich selbst eine Abgabe von 1-5 *ghurūsh* pro Kopf auf. Die so gesammelte Summe reichte nicht aus um die Grundfeste zu errichten, und so überfielen sie - um zu mehr Geld zu gelangen - Häuser von Christen in Sāḥa und vertrieben sie. Die meisten Häuser in der oben erwähnten Saha waren *waqf khāṣ* der Maroniten. Einer der Maroniten beschwerte sich beim *kathkuda* , der einen Muslim festnahm, welcher einen Christen überfallen hatte. Am nächsten Tag kehrte der Christ zurück und bat den Muslim freizulassen[185]. Dies ist natürlich kein Beweis für die guten Beziehungen zwischen Muslimen und Nicht-Muslimen, sondern für ein "Gleichgewicht des Schreckens" und der Angst vor Folgen. De facto untersagte der Gouverneur die Nutzung der Moschee[186].
Ein weiterer Beweis dafür, daß die Nicht-Muslime in Damaskus lokale Bräuche und die einheimische Lebensweisen übernommen hatten, ist die Tatsache, daß, wie in Aleppo auch, die meisten Häuser in denen Nicht-Muslime wohnten, von außen Ruinen und von innen prächtig ausgestattet waren. In Damaskus und Aleppo

[184] Ibid., S. 21, 22.
[185] Ibid., S.22.
[186] Ibid.

gab es dafür ähnliche Gründe - die bösen Blicke einer habgierigen Regierung und der Nachbarn zu vermeiden[187]. D.h. die Annahme dieser Sitte deutet auf eine Unterlegenheit der Nicht-Muslime in Bezug auf Sicherheit ihres Besitzes sowie darauf hin, daß es Fälle von Raub durch muslimische Bewohner der Stadt gegeben hat. Nicht-Muslime und Muslime waren in Bezug auf Raub und Habgier seitens der Regierung gleichermaßen gefährdet.

Es wurden allerdings nicht alle Sitten vollständig übernommen. War bei Nicht-Muslimen ein Fremder zu Gast, so konnte er (im Gegensatz zum muslimischen Brauch) sich mit ihren Frauen unterhalten [188]. In den Beziehungen zwischen Nicht-Muslimen und Muslimen ist in den sich auf Damaskus beziehenden Quellen eine Erscheinung zu finden, die in Aleppo nicht vorkommt. Mit dem Ziel für sich selbst Geld zu sammeln, gaben sich Muslime aus Damaskus als griechischen Bischof, einen aus Istanbul kommenden, Spenden sammelnden, Geistlichen und einen armen, um Almosen bittenden Christen aus[189]. Aus diesen Ereignissen und der Tatsache, daß die Bevölkerung darauf reinfiel, können einige Schlußfolgerungen gezogen werden:

a. Beziehung der Christen auf ihre Armut und Gefühle der Solidarität gegenüber Zugehörigen ihrer Gemeinschaft.

b. Die Kenntnis der Muslime darüber und die Ausnutzung dessen für Betrügereien. Dies soll jedoch nicht bedeuten, daß Muslime nur Nicht-Muslime betrogen, sondern generell Schwächen gewissenlos ausnutzten.

Informationen über die Beziehungen zwischen Muslimen und Nicht-Muslimen kann man auch auf dem Wege der Analogie über Ereignisse in Notzeiten erhalten. Als der Gouverneur in Damaskus eine zwangsweise Islamisierung durchführte ("Islam oder Tod"), erklärten sich die *ʿulamāʾ* von Damaskus bereit, die Nicht-Muslime vor dem Gouverneur zu vertreten. Nachdem der Gouverneur von den

---

[187] Lamartine, Bd. III, S. 77-78.

[188] Ibid., S. 78-79.

[189] Buraik, S. 29.

'ulamā' dazu überredet werden konnte den kurdischen *shaykh*, der ihn dazu angestiftet hatte, zu entfernen und vertreiben, ließ er sich auch davon überzeugen, die zwangsweise Islamisierung einzustellen. Die Vertreibung des *shayks* stellte die vorherige Situation wieder her und nach der Beschreibung der Quelle:

"ومشى الذيب والغنم سواء ولا احد تعدّى على احد مسلم نصراني اي يهودي" [190]

Dieses schwerwiegende Ereignis stellt eine Ausnahme, die Einstellung der 'ulamā' jedoch die Regel der Beziehungen dar.
Diese Einstellung der 'ulamā', die die Nicht-Muslime beim Gouverneur vertraten, führt zu einem weiteren Aspekt der Beziehungen. Als die Nicht-Muslime einen hochgestellten Fürsprecher beim *pasha* hatten, hatte dies Auswirkungen und Einfluß auf ihre Stellung in der Gesellschaft von Damaskus. Als Sulaymān Bāshā regierte und Ḥaim Farḥī sein Ratgeber war, erfreuten sich Juden völliger Freiheit und seines Schutzes. In dieser Zeit waren sie jeden Abend außerhalb der Stadtmauern bei verschiedenen Vergnügungen zu beobachten, während ihnen die Gläubigen (Muslime) mit großer Freude dabei zusahen[191].
Was Damaskus bezüglich der Beziehungen zwischen Muslimen und Nicht-Muslimen von Aleppo unterschied, war die Abwesenheit fremder Konsuln und Kaufleuten. Deren Abwesenheit in Damaskus kann als Grund dafür angesehen werden, daß Nicht-Muslime dort weniger Antagonismen erweckten als in Aleppo. Wie in Aleppo, gab es jedoch auch in Damaskus unter den niedriggestellten Schichten Beziehungen von Erniedrigungen und Überheblichkeit. Diese Einstellung beruhte auf Unwissenheit und Vorurteilen, die durch religiöse Denkweisen genährt wurden. Im Großen und Ganzen kann man sagen, daß die Nicht-Muslime in Damaskus nicht unter antagonistischen Beziehungen zu leiden hatten. Die Lage der Nicht-Muslime änderte sich mit den Reformen Muḥammad 'Alīs[192], die jedoch

---

[190] Ad-Dimashqī, S. 24.
[191] Ish Shalom, S. 415, Brief von T.S. Buckingham, 1816, S. 428, Brief von Count Forbin, 1817, S. 433, Brief von John Carne, 1821.
[192] Siehe dazu Kap.5.: Durbin, S. 68, 69; Lamartine, Bd. III, S. 83; Kinglake, S. 345; Badger, The Travel of Ludvico, S. 15.

nur für eine begrenzte Zeit gültig waren. Die Nachricht über die Niederlage von Ibrāhīm Bāshā war das Zeichen für einen Aufstand und einen Krieg der Spaltung in Syrien und Damaskus. Die Reformen gefährdeten die Christen von Damaskus, weil die Muslime der Stadt über die Gleichberechtigung der ersteren verärgert waren. Hier bliebe noch hinzuzufügen, daß eine Anzahl von Christen in Aleppo durch diese Toleranz in Versuchung geriet Muslime zu beleidigen und zu verletzten und somit die Massen gegen sich aufbrachten[193].

8.8. Nicht-Muslime und die Wirtschaft von Damaskus

Die Verbindung zwischen der Wirtschaft von Damaskus und den *ḥajj* - Karawanen sowie die Tatsache, daß es in Damaskus keine fremden Konsuln und Kaufleuten im hier behandelten Zeitraum (mit Ausnahme der Regierungszeit von Ibrāhīm Bāshā) gab, hat m.E. entscheidenden Einfluß auf den Anteil und die Position der Nicht-Muslime in der Wirtschaft von Damaskus.

Auf Grund der Abwesenheit fremder Kaufleute, ist in Damaskus, anders als in Aleppo, die Gruppe der Nicht-Muslime, der *barā'atlis* , nicht zu finden. Auch die Beschäftigungsmöglichkeiten, die die Fremden in großem Umfang den Muslimen und Nicht-Muslimen in Aleppo eröffneten, existierten in Damaskus eben nicht, da es dort keine Fremden gab. Es muß jedoch erwähnt werden, daß französische Kaufleute aus Sidon durch französische Agenten aus Damaskus (darunter Christen, wie Ḥannā Mārūn) [194] mit Damaskus geschäftliche Beziehungen unterhielten. Auch die Engländer erhielten bis Mitte des 18. Jahrhunderts über Damaskus Kaffee, Gewürze und Edelsteine aus der arabischen Halbinsel[195].

Während in Aleppo Nicht-Muslime in bestimmten Berufen tätig waren, da sie Fachleute waren oder weil der Islam diese Berufe als verachtungswert und

---

[193] Lamartine, Bd. III, S. 87.

[194] Rafeq, The Province, S. 138, 178, 179; Masson, XVII, S. 386, 387, 517, 518; AE B1 1024 Sidon, 29.7.1739, Nr. 2 und Nr. 5; AE B1 1024 Sidon, 11.10.1738, 10.2.1740; AE B1 1030 Sidon, 27.3.1753, 30.3.1753, 31.3.1753; SP 110.35 Aleppo, 17.3.1761; SP 110.38 Aleppo, 19.7.1767.

[195] Ab Mitte des 18. Jahrhunderts begannen die Engländer diese Produkte mit Schiffen der "East India Company", direkt aus Jeddah, zu importieren; Rafeq, Province, S. 74, zitiert die Dokumente SP 110.25, S.2, Aleppo, 19.10.1726, und AE B1 1026 Sidon 2.1.1745 und 11.5.1756; Masson, XVII, S. 387, zitiert d'Arvieux 1, S. 339-465, und Lucas, S. 349 und Thevenot, Bd. II, S. 25-40 und Fermanel, S. 312-321.

unangemessen betrachtete, konnten Nicht-Muslime in Damaskus nicht mit den *ḥajj* -Karawanen Handel treiben, da sie Mekka nicht betreten durften. Da um die Karawane herum auch eine muslimisch-religiöse Atmosphäre herrschte, konnten sie ebenfalls kein Handwerk betreiben, das in direkter Verbindung mit der Karawane stand. Dies heißt jedoch nicht, daß Christen und Juden nicht in den Handel und das Handwerk in Damaskus involviert waren[196]. Die jüdischen *ṣarrāfs* in Damaskus waren gänzlich in den Handel einbezogen[197]. Es wird behauptet, daß auf Grund ihrer Expertise und ihrer finanziellen Talente, seit dem Jahr 1721 kein Geschäft in Damaskus ohne Vermittlung und Involvierung von Juden abgewickelt wurde[198]. Viele Christen und Muslime verdienten ihren Lebensunterhalt durch ein Handwerk, wie Weben, Seidenspinnerei, Baumwollmanufaktur und Seifenherstellung. Während in Aleppo Christen Kupferschmiede waren, waren es in Damaskus Juden[199]. M.E. beruht die Erklärung für die Arbeitseinschränkungen auf der Tatsache, daß die Anzahl der Nicht-Muslime kleiner als die in Aleppo war. Dies wird durch eine Untersuchung des wirtschaftlichen und gesellschaftlichen Potentials von Damaskus, im Vergleich zu Aleppo, deutlich. Beruht, wie bereits erwähnt, das Florieren Aleppos hauptsächlich auf seiner geographischen Lage an der Kreuzung weltweiter Handelswege, so liegt das Potential von Damaskus in drei zentralen, dominanten Faktoren:

1. Die Heiligkeit von Damaskus für den Islam.
2. Ihre Eigenschaft als Sammel- und Ausgangspunkt für die *ḥajj* -Karawanen.
3. Ihre Eigenschaft als Provinzhauptstadt und Sitz des Gouverneurs, der für die Verwaltung der *ḥajj* -Karawanen verantwortlich war.

Die oben erwähnten Faktoren und die Tatsache, daß ein Großteil der Wirtschaft in

---

[196] Philipp, Syrians, S. 16; Gibb und Bowen, Teil 1, S. 292; al-Ma'lūf, Industries; Quadsi, S. 30; W. Browne, S. 456-457; Badger, The Travels of Ludvico, S. 15; Siehe dazu: Kap. 8.4. und 8.5.

[197] Über die Familie Farḥi siehe oben.

[198] Rafeq, The Province, S. 20, zitiert Sainr Maure, Nouveau voyage de Grece d'Egypte de Palestine fait 1721, 1722, 1723, Hague 1724, S. 172.

[199] Gibb und Bowen, Teil 1, S. 299; Browne, S. 456-457.

Damaskus religiöse Hintergründe hatte, hinderte nicht-muslimische Elemente generell daran in diesem Bereich tätig zu werden. Arbeits- und Verdienstmöglichkeiten waren somit begrenzt. Folglich konnte sich die nicht-muslimische Bevölkerung in Damaskus wirtschaftlich nicht entfalten. Dies beantwortet auch grundsätzlich die zu Beginn dieses Kapitel aufgeworfene Frage hinsichtlich der Nicht-Bezugnahme der Quellen auf die Nicht-Muslime als Gruppe und Individuen in wirtschaftlicher Hinsicht. Eine fast symbiotische Situation auf der einen sowie ein geringes Potential an Reibungen im alltäglichen Leben und der Wirtschaft auf der anderen Seite, erzeugten eine Situation mit sehr wenig Problemen und wirtschaftlichen Reibungen, die für die Quellen von wenig Interesse war.

9. Zusammenfassung und Schlußfolgerungen

Die Besonderheit dieser Studie liegt in ihrer Erstmaligkeit. Sie ist ein erster Versuch die gegenseitigen Beziehungen der verschiedenen Elemente des politischen und gesellschaftlichen Gewebes in zwei arabischen, muslimischen, benachbarten Städten innerhalb einer bestimmten Periode der osmanischen Regierung, zu untersuchen und zu vergleichen. Die Beziehungen zwischen Regierungselementen, der muslimischen Bevölkerung und der Minderheit der Nicht-Muslime und der europäischen Fremden wurden untersucht. Weiterhin wurden die Beziehungen der Nicht-Muslime untereinander und die Beziehungen innerhalb der Gemeinschaften der Fremden betrachtet.

Zu Beginn der Studie und in deren Verlauf wurden Fragen und Aspekte aufgeworfen, die wie es scheint, durch deren Widerlegung oder der Umkehrung geläufiger Ansichten unter Islamwissenschaftlern gelöst wurden:

- Die geläufige Ansicht, daß der Fanatismus der Bewohner von Damaskus zur Abwesenheit europäischer Fremder in der Stadt führe, ist nicht richtig. Es besteht kein Unterschied zwischen dem Ausmaß des religiösen Fanatismus der Bewohner DamaskusŌ und Aleppos. Die Bewohner von Damaskus waren in ihren Beziehungen zu Fremden und Nicht-Muslimen nicht weniger fanatisch oder tolerant als die Bewohner Aleppos. Der Fanatismus der Bewohner von Damaskus war an wirtschaftliche Interessen gebunden, d.h. europäische Fremde waren nicht auf Grund des FanatismusŌ der Bewohner von Damaskus nicht dort ansässig, sondern da sie in dieser Stadt keine wirtschaftlichen Interessen verfolgten. Als Anfang des 19. Jahrhunderts wirtschaftliche Interessen an Damaskus erwachten, ließen sich europäische Fremde dort nieder. Der "Fanatismus" der Bewohner DamaskusŌ stellte für sie keinen Hinderungsgrund dar. Vielleicht könnte dies ein Hinweis sein, wie der Westen heute mit den Wogen des Fundamentalismus umzugehen versuchen sollte.

- Die geläufige Meinung, daß Nicht-Muslime keinen Faktor im Machtkampf Aleppos darstellten, wurde widerlegt. Es wurde aufgezeigt, daß die Fremden eine Gruppe unter Gruppen mit Interessen waren, zu denen Regierungselemente in der Stadt ebenso gehörten, wie lokale kämpfende Gruppen, die sich ihrer bedienten. Auch Nicht-Muslime waren am Machtkampf beteiligt. Dieser Machtkampf war Teil der Machtkämpfe zwischen Zentralregierung und Peripherie und Teil des Verfalls des Osmanischen Reiches. Auch die Bekämpfung der Nicht-Muslime untereinander verlief parallel zum Kampf von Zentralregierung und Peripherie.

- Unter vielen Islamwissenschaftlern herrscht die Meinung vor, daß die Stellung der Nicht-Muslime im Osmanischen Reich im Vergleich zu der der Muslime schlecht war, und daß sie schlecht behandelt wurden. Diese Einstellung wurde widerlegt, indem dargestellt wurde, daß es sich hier um ein Problem von Herrschern und Beherrschten, und nicht von Muslimen und Nicht-Muslimen handelte. Als die Herrscher den Nicht-Muslimen Beschränkungen auferlegten, geschah dies im Zuge der Anstrengungen der Gouverneure die öffentliche Meinung zu beruhigen und sich selbst eine, auf religiösen Emotionen basierende, Legitimation zu verschaffen. Darüberhinaus stellten sich große Unterschiede in der Anwendung der *sharī'a* -Gesetze heraus. Diese Unterschiede fanden ihren extremen Ausdruck im Waffenbesitz der Nicht-Muslime und ihrer Integration in Regierung und Verwaltung. In Damaskus waren, im Gegensatz zu Aleppo, Juden und Christen in der Spitze des wirtschaftlichen und administrativen Establishments integriert. Dieser Unterschied wurde durch die einheimischen Gouverneure in Damaskus erklärt, die nicht jedes Jahr wechselten. Als Ortansässige kannten sie die Talente und das Können einheimischer Christen und Juden. Darüberhinaus verhinderten sie durch die Förderung lokaler Christen und Juden die Etablierung anderer lokaler Elemente, welche ein Gegengewicht zu ihrer Regierung bilden und diese hätten gefährden können. Juden und Christen konnten die Regierung nicht gefährden.

- Die Lebensweise der Nicht-Muslime und ihrer Anführer ähnelte, wie aus dieser Studie ersichtlich wurde - abgesehen von religiösen Bräuchen - der Lebensweise ihrer muslimischen Nachbarn. Des weiteren wurde im Gegensatz zur geläufigen Meinung festgestellt, daß sie nicht nur ausschließlich in separaten, sondern auch in gemischten Wohnvierteln mit Angehörigen von zwei oder drei verschiedenen Religionen, lebten. Weiterhin wurden geschäftliche Partnerschaften, Mitgliedschaft in gemeinsamen Gilden, aber auch berufliche Spezialisierung nach Religion festgestellt. Es handelt sich also um ein beinah symbiotisches Seite an Seite Leben.

- Die Einwohnerzahl in Aleppo und Damaskus sank im 19. Jahrhundert. Der zahlenmäßige Rückgang von Christen und Juden war im Verhältnis geringer als der der Muslime und hatte nicht die gleichen Ursachen.
Der Rückgang der Anzahl der Christen beruhte nicht auf einem wirtschaftlichen Niedergang, sondern auf der Emigration griechischer Katholiken nach Ägypten auf Grund wirtschaftlicher und soziologischer Veränderungen sowohl als auch auf Kämpfen zwischen den Gemeinschaften.

Die Studie weist nach, daß das gesellschaftliche und wirtschaftliche Gefüge in Aleppo und Damaskus sich selbst ausglich - die Nicht-Muslime unterschieden sich zwar von den Muslimen als Teil einer unterschiedlichen Gemeinschaft hinsichtlich anderer Bräuche, Anführer, gerichtlichen Status und Organisation. Im alltäglichen Leben, in ihrer Lebensweise und wirtschaftlich gesehen, waren sie jedoch ein Teil dieses Gefüges.
Das gesellschaftliche Gleichgewicht bestand solange externe Elemente, Einflüße und Modernisierungsprozesse in den Augen der Muslime ihre Sonder- und Vorrangstellung als Muslime weder störten noch gefährdeten.

Bibliographie

Eklärung der Abkürzungen

EI - The Encyclopedea of Islam

EH - Encyclopadea Hebraica Jerusalem and Tel-Aviv

JAOS - Journal of the American Oriental Society

REJ - Revue des Etudes Juives Paris

BIJS - Bulletine of the Institute of Jewish Studies

AE - Archives des Affaires Etrangeres, Archives Nationals.

AMAE - Archive du Ministere des Affaires Etrangeres

PRO - Public Record Office

SP - State Papers

FO - Foreign Office papers

Sphunot - Annual for Research of the Jewish Communities in the East, Ben Zvi Institute, Jerusalem.

BSOAS - Bulletin of the School of Oriental and African Studies, University of London.

MS - Montefiore Archive, London.

ACCM - Archives de la Chambre de Commerce de Marseille.

Archiv- Dokumente

Archives Nationals, Paris: Affaires Etrangéres, Correspondence Consulaire d'Alep, Série BI 76-97

Archives du Ministère des Affaires Etrangéres, Paris:
Correspondence Consulaire Commerciale d'Alep, tome 23-28
Correspondence Consulaire Commerciale, Damascus, Bd. I-II

Public Record Office, States Papers und Foreign Office Papers:
SP 97/24, 105/129-141, 332, 343;
SP 110/23-27, 35, 38, 41-43, 53, 72, 92.
FO 78/16, 280, 412, 871, 872; FO 195/207, 266

Montefiore Archive, London.

Quellen in europäischen Sprachen

Ainsworth, Patrick Campel, A Personal Narrative of Euphrates Expedition, London 1888.

Ashtor. E. The Social Isolations of Ahl adh-Dhimma in: P. Hirschler, Memorial Book, Budapest, 1949.
(nachfolgend Zit. als: Ashtor, The Social Isolations).

Ashtor, E., Levantine Jews in the Fifteenth Century, B.I.J.S 1975.
(nachfolgend Zit. als: Ashtor, Levantine Jews).

D'Arvieux, Memoire du Chevalier D'Arvieux, Envoyé Extraordinaire du Roi à la Porte, Consul du Alep 1653-1685, hrsg. J.B. Labat de l'Ordre des Frères Prêcheures, 6 Bd., Paris 1735.

'Alī Bey: Travels of 'Alī Bey in Syria and Turkey between the Years 1803 and 1807, London 1816.

Babinger, F., Köprülü, in: E.I. Bd. 2, Leiden 1927.

Baer, Gabriel, The Administrative, Economic and Social Functions of Turkish Guilds, in: International Journal of Middle East Studies, Cambridge University Press 1970.
(nachfolgend Zit. als: Baer, Administrative).

Idem., The Structure of Turkish Guildes and its Significance for Ottoman Social History, in: The Israel Academy of Sciences and Humanities, Bd. 4, 1969 - 1970, Jerusalem 1971.
(nachfolgend Zit. als: Baer, Structure).

Barbir, Karl. K., Ottoman Rule in Damascus 1708-1758, Princeton University Press 1980.

Barker, E., Syria and Egypt under the Last Five Sultans of Turkey, London 1826.

Badger, George Percy, The Travels of Ludovico Di Varthema in Egypt, Syria, Arabia Deserta, Arabia Felix, in Persia, India and Ethiopia, AD 1503 to 1508, N.Y. ohne Datum.
(nachfolgend Zit. als: Badger, The Travels of Ludovico).

Bodman H.L., Political Factions in Aleppo 1760-1826, The University of North Carolina Press, Chapel Hill 1963.

La Boullaye, Les Voyages et Observation du Seur de la Boulaye le Gouz, Paris 1657.

Bowring, J., Report on the Commercial Statistics of Syria, London 1840.

Braude, Benjamin, Foundation Myths of the Millet System, in: Benjamin Braude and Bernard Lewis: Christians and Jews in the Ottoman Empire, N.Y. 1982.
(nachfolgend Zit. als: Braude, Foundation Myths).

Brockelmann, C., History of the Islamic People, N.Y. 1960.

Browne, W.G., Travels in Africa, Egypt and Syria from the Years 1792-1798, 2. Ausgabe, London 1806.

Burckhardt, J.L., Travels in Nubia, Memories, London 1822.
(nachfolgend Zit. als: Burckhardt, Nubia).
Idem. Travels in Syria and the Holy land, London 1822.
(nachfolgend Zit. als: Burckhardt, Travels).
Idem. Notes on Bedouins and Wahabys Collected During his Travel in the East, London 1830.
(nachfolgend Zit. als: Burckhardt, Notes).

Braune, W., Abd Al-Kadir al Dji'lani, in: E.I. New Edition, Leiden 1960.

Chadwick, Henry, The Early Church, Bd. I, Hasmondsworth 1967.

Chardin, Sir John, Travels into Persia, (1671), London 1686.

Chevallier, Dominique, Non-Muslims Communities in Arab Cities, in: Christians and Jews in the Ottoman Empire, N.Y. 1982, Bd. 2, hrsg. Benjamine Braude and Bernard Lewis.

Clément, P., Histoire de Colbert et de Son Administration, 2 Bd., Reimpression de l'Edition de Paris 1874, Geneve 1980.

Davison, Roderic, Reform in the Ottoman Empire 1856-1876, Princeton University Press 1963.

Davis, Ralf, Aleppo and Devonshire Square, London 1967.

Drummond, A., Travels Through Different Cities of Germany, Greece and Several Parts of Asia as far as Euphrates, London 1754.

Durbin, John, P., Observations in the East, Chiefly in the Egypt, Palestine, Syria and Asia Minor, 2 Bd., N.Y. 1845.

Eisenstadt, S.N., The Political System of Empire, N.Y. 1963.

Eloy, Aucher, Relations de Voyages en Orient de 1830 à 1838, Paris 1843.

Eton, W.E., Survey of the Turkish Empire, London 1799.

Fattal, A., Le Statut Légal des Non-Musulmans en Pays d'Islam, Beirut 1958.

Fedden, Robin L., Syria an Historical Appreciation, London 1947.

Fermanel, M., Le Voyage d'Italie et du Levant de M. Fermanel en 1630/32, Rouen 1687.

Ferriol, Marquis de, Correspondance du, Antwerp 1870.

Frampton, R., Life of, hrsg. T. Simpson Evans, London 1876.

Gottheil, R.J.H., An Answer to the Dhimmie, in: JAOS 1921.

Grunebaum, G., Medieval Islam, 2 Ausgabe, Chicago 1953.

Guys, Henry, Esquise de l'Etat Politique et Commercial de la Syrie, Paris 1862.

Gibb, H.A.R. und H. Bowen, Islamic Society and the West, Bd. I, 2 Teile, London-N.Y.-Toronto 1962.
(nachfolgend Zit. als: Gibb and Bowen, Teil 1 und 2).

Haslip, Jean, Lady Hester Stanhop, London 1934.

Hakyluyt, Richard, Voyage, 10 Bd., London 1962.

Hasselquist, F., Voyages and Travels in the Levant 1749-52, London 1766.

Heffening, Willi, Das Islamische Fremdenrecht, Hannover 1925. Copyright Osnabrück 1975.

Heyd Uriel, The Ottoman 'Ulema and Westernization in the Time of Selim III. and Machmud II, Publiziert als: scripta Herasolymitana, Bd. IX, Studies in Islamic History Civilization, Jerusalem 1961.
(nachfolgend Zit. als: Heyd, Ottoman 'Ulama).

Idem., The Ulema in Modern History: Studies in Memory of Professor Uriel Heyd, hrsg. Gabriel Baer, Asian and African Studies, Bd. 7, Jerusalem 1974.
(nachfolgend Zit. als: Heyd, the 'Ulama).

Hitti, P.K., Syria a Short History, N.Y. 1959.

Holt, P.M., Egypt and Fertile Crescent 1516-1922, A Political History, London 1966.

Hourani, Albert, Ottoman Reform and Politics of Notables, in: W.R. Polk und Richard L. Chamber: The Beginning of Modernization in Middle East, The Nineteenth Century, Chicago and London 1968,
(nachfolgend Zit. als: Hourani, Reform).

Idem., Arabic Thought in the Liberal Age 1798-1939, London 1967.
(nachfolgend Zit. als: Hourani, Arabic Thought).

Idem., Minorities in the Arab World, London 1947.
(nachfolgend Zit. als: Hourani, Minorities).

Hurewitz, J.C., Diplomacy in the Near and Middle East, A Documentary Record 1535-1914, Princeton 1956.

Ibby, Leonard Charles, The Travels in Egypt and Nubia, Syria and Asia Minor During the Years 1817-1818, London 1985.

Karpat, Keml H., Millet and Nationality, The Root of the Incongruity of the Nation and State in the Post - Ottoman Era, in: Benjamine Braude und Bernard Lewis, Christians and Jews in the Ottoman Empire, N.Y. 1982, Bd. I, S. 141-147.

Kinglake, A.W., Eothen, Lincoln, 1970.

Lamartine, Alphonse de, Impressions, Pensées et Paysages Pendant un Voyage en Orient 1832-1833, Stuttgart 1839.

Lambton, Ann K.S., Persia the Breakdown of Society, in: P.M. Holt, The Cambridge History of Islam, Cambridge 1970, Kap. 6.

Lande, Carl H., Introduction, The Dyadic Basis of Clientalism, in: Friends, Followers und Factions, hrsg. Steffen Schmidt, Berkeley University of California 1977.
(nachfolgend Zit. als: Lande, Clientalism).

Larpent, G., Turkey its History and Progress, London 1854.

Lenski, Gerard, Power and Privilege, N.Y. 1966.

Levi, R., The Social Structure of Islam, Cambridge 1962.

Lewis, Bernard, Notes and Documents from the Turkish Archives, Jerusalem 1962.
(nachfolgend Zit. als: Lewis, Notes).

Idem., The Emergence of Modern Turkey, London-N.Y.-Toronto 1965.
(nachfolgend Zit. als: Lewis, Emergence).

Idem., Islam and other Religions, in: The Jewish of Islam, Princeton 1984.
(nachfolgend Zit. als: Lewis, Islam).

Lewis, M.N., Levantine Adventurer the Travels and Missions of the Chevalier d'Arvieux 1653-1697, London 1962.
(nachfolgend Zit. als: Lewis, Levantine).

Lucas, P., Voyage du Seur Paul Lucas fait en 1714, Rouen 1724.

Macpherson, D., Annals of Commerce, 4 Bd., London 1805.

al-Ma'lūf, The Industries of Damascus, Journal of Damascus Chamber of Commerce 1922.

Michael of Damascus, La Syrie et le Liban de 1782 - 1841. Arabic text hrsg. Ma'lauf S.J., Beirut 1912.

Ma'oz, Moshe, Changes in the Position of the Jewish Communities of Palestine and Syria in Mid-Nineteen Century, in: Studies on Palestine during the Ottoman Period, hrsg. Moshe Ma'oz, Jerusalem 1975.
(nachfolgend Zit. als: Ma'oz, Changes in the Position).

Idem., Ottoman Reform in Syria and Palestine 1840-1861, Oxford 1968.
(nachfolgend Zit. als: Ma'oz, Ottoman Reform).

Idem., The Balance of Power in the Syria Town during the Tanzimat Period 1840-1861, in: Bulletin of School of Oriental and African Studies, Bd. XXIX, Teil 2, London 1966.
(nachfolgend Zit. als: Ma'oz, Balance of Power).

Idem., Communal Conflict in Ottoman Syria during Reform Era, in: Benjamine Braude und Bernard Lewis, Christians and Jews in the Ottoman Empire, N.Y. 1982, Bd.. II, S. 91-105.
(nachfolgend Zit. als: Ma'oz, Communal Conflict).

Masson, P., Histoire du Commerce Français dans le Levant aux 17 Siécle, Paris 1911.
(nachfolgend Zit. als: Masson, XVIIe).

Idem., Histoire du Commerce Français dans le Levant aux 18 Siécle, Paris 1911.
(nachfolgend Zit. als: Masson, XVIIIe).

Maundrell, Henry, A Journey from Aleppo to Jerusalem in 1697, Beirut 1963.

Marcus, Abraham, The Middle East on the Eve of Modernity, Aleppo in the Eighteenth Century, N.Y. 1989.

Morison, A., Relation Historique d'un Voyage Nouvelement, Paris 1705.

Montraye, A. de la, Travels through Europe, Asia and into Parts of Africa (1696), 3 Bd. London 1732.

North, R., Lives of the Norths, London 1826, 3 Bd.

Niebuhr, K., Travels through Arabia and Other Countries in the East (1761-1767), 2 Bd., Edinburgh 1792.

Olivier, G.A., Voyage dans l'Empire Ottoman l'Egypte et la Perse, 6 Bd., Paris 1807.

Paris, Robert, Histoire de la Chambre du Commerce de Marseille de 1660 à 1789, Bd. V, Paris 1957.

Paton, A.B., The Modern Syrians, London 1844.

Philipp, Thomas, The Syrians in Egypt 1725-1975, Stuttgart 1985.
(nachfolgend Zit. als: Philipp, Syrians).

Idem., French Merchants and the Jews in the Ottoman Empire during the

18th Century, Darwin Press, Sephardim, ms S. 1.
(nachfolgend Zit. als: Philipp, French Merchants).

Idem., The Syrian Land in the 18th and 19th Century, Stuttgart 1992.
(nachfolgend Zit. als: Philipp, The Syrian Land).

Idem., Social Structure and Political Power in Acre in the 18th Century, in: The Syrian Land in the 18th and 19th Century, hrsg. Thomas Philipp, Stuttgart 1992, S. 91-109.
(nachfolgend Zit. als: Philipp, Social Structure).

Pococke, Richard, Description of the East, London 1743-1745.

Polk, William, R., The Opening of South-Lebanon 1788-1840, Massachusetts 1963.

Porter, L., Five Years in Damascus, London 1855.

Poullet, Nouvelles Relations du Levant, Paris 1668.

Qattan, Najwa al-, The Damascene Jewish Community in the Later Decades of the Eighteenth Century, Aspects of Socio-Economic Life, Based on the Registers of the Shari'a Courts, in: Thomas Philipp, The Syrian Land in the 18th and 19th Century, Stuttgart 1992, S. 197-217.

Qoudsi, E., Notice sur le Corporation de Damas Publié par Carlo Landberg, in: Actes du VIe Congres des Orientalistes, Teil II, Leiden 1885.

Rabbath, Antoine, Documents inédits pour servir à l'Histoire du Christianisme en Orient, 2 Bd., Neuauflage von 1905, 1910 hrsg., N.Y. 1973.

Rafeq, Abdul Karim,City and Countryside in Traditional Setting, The Case of Damascus in the First Quarter of the 18th Century, in: Thomas Philipp, The Syrian Land in the 18th and 19th Century, Stuttgart 1992, S. 295-333.
(nachfolgend Zit. als: Rafeq, City and Countryside).

Idem., The Province of Damascus 1723-1783, Beirut 1966.
(nachfolgend Zit. als: Rafeq, The Province).

Rambert, Gaston, Histoire du Commerce du Marseille, Paris 1954.

Rauchwolffen, L., Beschreibund des Reis Morgenländer, in: Feirabend (hrsg.), Reisbuch de Heyligen Landes, Frankfurt 1583, S. 276-349.

Rogan, Eugene L., Moneylending and Capital Flows from Nablus, Damascus and Jerusalem to Qada' al-Salt in the Last Decade of the Ottoman Rule, in: Thomas Philipp, The Syrian Land in the 18th and 19th

Century, Stuttgart 1992, S. 239-261.

Rondot, Pierre, Les Chretiens d'Orient, Paris 1955.

Rosental, E.I.J., Political Thought in Medieval Islam, Cambridge 1962.
(nachfolgend Zit. als: Rosental, Political Thought).

Roux, Fr. Charles, Les Echelles de Syrie et de Palestine aux 18 Siécle, Paris 1928.

Russell, A., The Natural History of Aleppo, 2. Ausgabe, 2 Bd., London 1794.

Rycaut, P., History of the Turks, London 1682.

Sanderson, John, Travels of 1584-1602 Hakluyt Society, London 1931.

Savory, R.M., Safavid Persia, in: The Cambridge History of Islam, hrsg. P.M. Holt, Cambridge 1970, Kap. 5, S. 394-430.

Shamir, S., As'ad Pasha al-Azm and Ottoman Rule in Damascus, in: Bulletin of School of Oriental and African Studies, Bd.. XXVI, 1963.

Sauvaget, J., Alep. Essai sur le Développement d'une Grande Ville Syrienne, des Origines au Milie du XIXe Siécle, Paris 1941.
(nachfolgend Zit. als: Sauvaget, Alep).

Idem., Esquisse d'Une Histoire de la Ville de Damas in Revue des Etudes Islamiques, Paris 1935, Bd. VIII.
(nachfolgend Zit. als: Sauvaget, Damas).

Sim, Katherine, Desert Traveller. The Life of J.L. Burckhardt, London 1969.

Stanhope, Hester, Travels of Lady Hester Stanhope, London 1846.

Tourneffort, M. Pitton de, Relation d'un Voyage du Levant Fait par Ordre du Roi - Par M. de Tourneffort 1700, Amsterdam 1718.

Teonge, Revd Henry, Dairy 1675-1679, hrsg. Sir E., Denison Ross und Eileen Power, London (1825) 1928.

The'venot, J., Relation d'un Voyage Fait au Levant, Rouen 1665.

Turner, John, "Social Groups", in: Henri Taifel (hrsg.), Social Identity and Inter Group Relations, European Studies in Social Psycology, Paris 1982.

Vitta, E., The Conflict of Laws in Mettre of Personal Status in Palestine, Tel-Aviv 1947.

Volney, M.C.F., Voyage en Egypte et en Syrie 1783, 1784, 1785, Paris 1959.

WEYL, J., Les Juifs Protegés Français aux Echelles du Levant et en Barbarie, REJ Bd. XIII, 1886, S. 267-282.
(nachfolgend Zit. als: WEYL, Les Juifs Protegés).

Idem., La Residence des Juifs à Marseille, in: REJ, Bd. XVIII, 1888.
(nachfolgend Zit. als: WEYL, La Residence des Juifs).

Wilson, J., The Land of the Bible, Edinburgh 1847.

Wilson, W.R, Travels in Egypt and the Holy Land, London 1831.
(nachfolgend Zit. als: Wilson, Travels).

Wood, A.C., History of the Levant Company, London 1964.

Yardeni, M., Religion Race et Code Moral - Les Juifs dans les Recits de Voyage du XVIIe Siécle "le point theologique", Bd. 33, (1979), S. 117-135.

Quellen in hebräisch

Ashtor, E., Ḥalab,	אשתור אליהו, חלב. אנציקלופדיה עברית, כרך 17, ירושלים 1965, ע"ע 434–438.
Ashtor, E. & Marcus, S., Damascus,	אשתור אליהו ומארכוס שמעון, דמשק, אנציקלופדיה עברית, כרך 12, ירושלים 1959, ע"ע 819–830.
Ashtor.E.,	אשתור אליהו, תולדות היהודים במזרח וסוריה תחת שלטון הממלוכים. 2 כרכים, ירושלים 1944. (nachfolgend zitiert als: Ashtor, toldot)
Asaf, S.,	אסף שמחה, קובץ של איגרות רבי שמואל בן עלי ובני דורו, תרביץ א., ירושלים 1929–1930.
ʻAntebi, A.,	ענתבי. א, אוהל ישרים, שער הנס, ליוורנו (LIVORNO) 1943.
Ashton T.S.,	אשטון ת.ס, המהפכה התעשייתית, תל אביב 1981.
Ben-Zvi Izhak,	בן צבי יצחק, ארץ ישראל וישובה בימי השלטון העותומני, ירושלים 1955.
Baer, Gabriel,	בר גבריאל, ערבי המזרח התיכון, אוכלוסייה וחברה, תל אביב 1960. (nachfolgend zitiert als: Baer, The Arabs)
Ben Ḥabib Levi,	בן חביב לוי, שאלות ותשובות, לאאמברג (Laamberge) 1865.
Bornstein, Leah.,	בורנשטיין לאה, מבנה הרבנות באימפריה העותומאנית במאה ה־16–17 בתוך ספרו של הירשברג ח', מקורות ומחקרים בתולדות היהודים במזרח ותרבותם, רמת גן 1974. (nachfolgend zitiert als: Bornstein, Mibneh)
Idem.	בורנשטיין לאה, ההנהגה של הקהילה היהודית במזרח הקרוב משלהי המאה הט"ו ועד סוף המאה הי"ח, עבודת דוקטורט, רמת גן 1978. (nachfolgend zitiert als: Bornstein, The Jewish)
Idem.	בורנשטיין לאה, קוים לאופי הריבוד החברתי בקהילות האימפריה העותומאנית במאה 16–18, בתוך ספרו של בן עמי יששכר, מחקרים במורשת יהודי ספרד והמזרח, ירושלים 1982. (nachfolgend zitiert als: Bornstein, Qavim)
Beirab, Y.,	בירב יעקב, זמרת הארץ, מהדורת בניהו, ירושלים תש"ו, 6–1945
Benayahu Meir,	בניהו מאיר, הסכמה ורשות בדפוסי ונציה, ירושלים 1971.

Brawer, A., — ברור א, חומר חדש לידיעת עלילות דמשק, ספר היובל לפרופסור שמואל קרויס, ירושלים, תרצז 1937.

Caldwell Wallace E. und Merrill Edward H., — קולדוואל ו.א ו- מאריל .א.ה, קורות העולם, רמת גן 1977.

Crington, G.A. und Hempaden, — קרינגטון ג.א ו- המפאדיין, ההסטוריה של אנגליה, תל אביב 1930.

Dayyan, Moshe, — דיין משה, ישיר משה, ליוורנו (LIVORNO) 1879.

Dwek, Eliyaho, — דוויכ אליהו, ברכת אליהו, ליוורנו (LIVORNO) 1793.

Dotan, A., — דותן א, לתולדות בית הכנסת הקדמון בחלב, ספונות א, ירושלים 1957.

Dinur Benzion, — דינור בן ציון, ישראל בגולה, תל אביב 1960.

Epstein J.N., — אפשטיין י״נ, רבי ברוך מחלב, תרביץ א, ירושלים 1930.

Eliezer De Toledo, — אליעזר דה טולידו, משנת רבי אליעזר, שאלוניקי תרי״ג 1853.

El'azar, Daniel, — אלעזר דניאל, קהילה, אנציקלופדיה עברית כרך 29 ירושלים 1977.

Ya'acov Shaol Elisar, — רבי יעקוב שאול אלישר, שאלות ותשובות, ירושלים 1896.

Fluser David und Vardi Ḥaim, — פלוסר דוד וחיים ורדי, נצרות, אנציקלופדיה עברית כרך 25 ירושלים 1974.

Garber Ḥaim, — גרבר חיים, היהודים ומוסד ההקדש המוסלמי באימפריה העותומאנית, ״ספונות״ כרך ב, ירושלים 1973.
(nachfolgend zitiert als: Garber, Hayehudim)

Idem. — גרבר חיים, יהודי האימפריה העותומאנית במאה ה 16-17, ירושלים 1983.
(nachfolgend zitiert als: Garber, yehudai)

Ginzburg, Mordechei Aharon, — גינצבורג מרדכי אהרון, חמת דמשק,
[Account of the Damas Affairs, 1840, M.S 561, Montefiore Archive, London.]

Goitein, S.D. und Ben Shemesh, — גויטיין ש.ד, מבוא אל המשפט המוסלמי, בתוך ספרם של גויטיין ש.ד ו א. בן-שמש, המשפט המוסלמי במדינת ישראל, ירושלים 1957.

Goldziher, Y., — גולדציהר יצחק, הרצאות על האסלאם, ירושלים 1951.

Israel, Ḥazan, — ר׳ ישראל משה חזן, תשובה בענין ירושת משפחת פרחי, כתב יד, אוסף בניהו.

Heyd, Uriel,	הד אוריאל, דאהר אל עומר שליט הגליל במאה הי״ח, ירושלים 1943.
Hofman, Y.,	הופמן יצחק, מחמד עלי בסוריה, עבודת דוקטורט, ירושלים 1963.
Ish-Shalom, Michael,	איש שלום מיכאל, מסעי נוצרים לארץ ישראל, תל אביב 1965.
Abraham B"R Mordechei Halevi,	ר׳ אברהם בר מרדכי הלוי, שאלות ותשובות, קושטיניאדה 1716–1715.
Katzin, Yehoda,	קצין יהודה, ספר מחנה יהודה, ליוורנו (LIVORNO) 1803.
Katz, Ya'acov,	כץ יעקב, שנאת ישראל, תל אביב 1979.
Laniado Ephraim,	לניאדו אפריים, דגל מחנה אפריים, ירושלים 1901. (nachfolgend zitiert als: Laniado, Degel)
Laniado, Raphael Shlomo,	לניאדו רפאל שלמה, בית דינו של שלמה, אסתאנבול 1774. (nachfolgend zitiert als: Laniado, Bet dino)
Laniado, Shlomo,	לניאדו שלמה, כסא שלמה, ירושלים 1900. (nachfolgend zitiert als: Laniado, Kiseh Shlomo)
Laniado, David,	לניאדו דוד ציון, לקדושים אשר בארץ, ירושלים תשי״ב 2– 1951. (nachfolgend zitiert als: Laniado, La Qdoshim)
Lewis, Bernard,	לואיס ברנרד, עלי הסטוריה, ירושלים 1988. (nachfolgend zitiert als: 'Lewis, 'Alei Historia)
Luzki, Alexander,	לוצקי אלכסנדר, הפרנקוס בחלב והשפעת הקפיטולציות על תושביה היהודים, ציון 6, ירושלים 1940.
Luria, Benzion,	לוריא בן ציון, היהודים בסוריה בימי שיבת ציון והתלמוד, ירושלים 1940.
Maurois Andre, Histoire de la France,	אנדרה מורואה, דברי ימי צרפת, תל אביב 1960.
Maurois Andre, Histoire d'Angleterre,	אנדרה מורואה, דברי ימי אנגליה, תל אביב 1960.
Ma'oz, Moshe,	מעוז משה, תמורות במעמד של היהודים, בתוך מקדם וים, בעריכת יעקב ברנאי, יוסף שטרית ובוסתנאי עודד, חיפה 1971. (nachfolgend zitiert als: Ma'oz, Tmurot)

ר

R' Moshe B"R Yosef Mitrani, — בי משה ב"ר יוסף מיטראני, שאלות ותשובות, שני כרכים ונציה 1629–1630.

R' Moshe B"R Moshe Mitrani, — רבי משה ב"ר משה מיטראני, שאלות ותשובות, פיורדא 1768. ניימרק אפריים, מסע בארץ הקדם, ירושלים 1947.

Nisim, Y., — ניסים יצחק, צדקה חוצין, תולדות הרב והמחבר בספר בעריכת מ. כהן, פרקים בתולדות יהודי המזרח, ירושלים 1981 (ע"ע 232–236)

Palaji, Haim, — פלאג'י חיים, חקות חיים, אזמיר 1973.
(nachfolgend zitiert als: Palaji, Ḥaqut Ḥaim)

Idem. — פאלאג'י חיים, רוח חיים, אזמיר 1876.
(nachfolgend zitiert als: Palaji, Ruaḥ HaḤaim)

Patrik, Yosef, — פטריק יוסף, המאבק הכריסטולוגי במאות החמישית והשישית, סקירה היסטורית מתוך עבודת דוקטורט בנושא מנזרי סבאס הקדוש באגן נחל קידרון, ירושלים 1992.

Philipp, Thomas, — פיליפ תומאס, בית פרחי והתמורות במעמדם של יהודי סוריה וארץ ישראל 1750–1860 בתוך קתדרה לתולדות ארץ ישראל מס' 34, ירושלים 1985.
(nachfolgend zitiert als: Philipp, Beth Farḥii)

Poliak, A.N., — פולק א.נ., תולדות היחסים הקרקעיים במצריים, סוריה וארץ ישראל בסוף ימי הביניים והזמן החדש, ירושלים 1940.

R' Israel B"R Yosef Saasson, — רבי ישראל ב"ר יוסף ששון, שאלות ותשובות, ליוורנו 1856 (LIVORNO).

Scholem, Gershom, — שלום גרשום, שבתאי צבי ותנועת השבתאות, שני כרכים, ירושלים 1957.

Shimoni, Yaacov, — שמעוני יעקב, ערביי ארץ ישראל, תל אביב 1946.

Tawil, Abraham, Cohen, — טויל אברהם כהן, מגורשי ספרד בקהילת ארם צובא (חלב) במאה השש עשרה, בספרו של בן עמי ישכר, מחקרים במורשת יהודי ספרד והמזרח, ירושלים 1982.

Yelin, A., — ילין אבינועם, ר' חיים פרחי, "התור" כרך ד, גליון לח, ירושלים 1924

Ya'ari, Abraham, — יערי אברהם, מסעות בארץ ישראל, תל אביב 1946.

Idem. — יערי אברהם, מסעות שליח צפת בארצות המזרח, ירושלים 1942
(nachfolgend zitiert als: Ya'ari, Schliah Safad)

Quellen in arabisch

'Abd al-'Atī, Jallāl (hrsg.)	عبد العاطي جلال، الذبائح البشرية التلمودية، القاهرة ١٩٦٢
al-'Aura Ibrāhīm,	العورة ابراهيم، تأريخ ولاية سليمان باشا، صيدا ١٩٣٦.
al-Bāshā Qusṭanṭin, (nachfolgend zitiert als: Qustantin al-Bāshā).	الباشا قنسطنطين: تأريخ الشام ١٧٢٠-١٧٨٢، لبنان ١٩٣٠.
Bukhārī, Muḥammad Ismā'īl	البخاري محمد ابن اسماعيل، صحيح كتاب الجنائز، القاهرة ١٩٣٢
al-Budairī, Aḥmad	بديري، أحمد الحلاق، حوادث دمشق اليومية ١١٥٤-١١٧٥. القاهرة ١٩٥٩.
Buraik, Mikhā'īl	بريك ميخائيل، تأريخ الشام ١٧٢٠-١٧٨١. حريصًا ١٩٣٥.
al-Balādhūrī, Aḥmad Ibn Yaḥya ibn Jābir	البلانوري أحمد ابن يحيا ابن جابر، كتاب فتوح البلدان، القسم الاول، القاهرة ١٣١٩هـ/١٩٠١
ad-Dimashqī, Mikhā'īl	ميخائيل الدمشقي، تأريخ حوادث الشام ولبنان من سنة ١١٩٧ الى سنة ١٣٥٧هـ. بيروت ١٩١٢
al-Ghazzī, Kāmil	الغزي كامل، نهر الذهب في تأريخ حلب، ٣ مجلدات. حلب ١٣٤٢-١٣٤٥ هجريًا/١٩٢٦-١٩٢٣
al Ghazzi, Najm al-din, (Manuskript NR 3662 im National Indian Archive, New Delhi). (nachfolgend zitiert als: al-Ghazzī, Dhīl li-alkawākib).	الغزي نجم الدين محمد العامري، لطف السمر وقسف الثمر من تراجم أعيان الطبقة الاولى من القرن الحادي عشر وهو ذيل للكواكب السائرة.
al-Ḥuṣnī, Muḥammad Adib	الحصني محمد اديب، كتاب منتخبات التواريخ لدمشق، مجلدان، دمشق ١٣٤٦ هجريًا.
Ibn Khaldūn, 'Abd al-Raḥmān	ابن خلدون، المقدمة، القاهرة ١٩٣٠.
Ibn al-'Asākir	ابن العساكر، التاريخ الكبير، دمشق ١٣٢٩-١٣٥٨هـ.
al-Qur'ān	القرآن، القدس ١٣٨٤ هـ.
al-Murādī, Muḥammad Khalīl	المرادي محمد خليل، كتاب سلك الدرر في أعيان القرن الثاني عشر، ٣ مجلدات. بولاق ١٢٩١-١٣٠١ هجريًا.

al-Murādi, Muḥammad Khalil, Manuskript NR. 659 im British Museum, London. (nachfolgend zitiert als: Murādī, Maṭmaḥ al-Wājid].

المرادي محمد خليل، مطمح الواجد في ترجمة الوالد الماجد.

al-Muḥibbī, Muḥammad al-Amin

المحبي محمد، خلاصة الاثر في أعيان القرن الحادي عشر، ٤ مجلدات. القاهرة ١٢٨٤ هجرياً

Mudhakkirāt Ta'rīkhiyya

مذكرات تاريخية، حريصاً ١٩٢٦.

Mishāqa, Mikhā'il

مشاقة ميخائيل، مشهد الاعيان في حوادث سوريا ولبنان. القاهرة ١٩٠٨.

al-Maghrabi al-Shykh 'Abd al-qādir,

المغربي، الشيخ عبد القادر، "يهود الشام منذ مئة عام" في مجلة المجمع العلمي العربي، المجلد ٩، الجزء ١١، ص ٦٤١-٦٥٣. دمشق ١٩٢١.

al-Munajjid Ṣalāḥh ad-din,

المنجد صلاح الدين، ولاة دمشق في العهد العثماني وهو يتضمّن: "الباشات والقضاة" لابن جمعة المقار "والوزراء الذين حكموا دمشق" لابن القاري. جمعها وحققها ونشرها صلاح الدين المنجد (دمشق ١٩٤٩).

al-Māwardi 'Ali ibn Muḥammad,

ماوردي علي بن محمد، كتاب، أحكام السلطانية. القاهرة ١٩٠٩.

al-Monjid fi al-logha wa'l-a'lām

المنجد في اللغة العربية والاعلام، بيروت ١٩٧٥.

Qarā''li, Yusuf

الخوري بولس قرا لي: أهم حوادث حلب في النصف الاول من القرن التاسع عشر. الطبعة السورية بمصر الجديدة (بدون تاريخ).

al-Qasāṭili, Nu'man

قساطلي نعمان، كتاب الروضة، العناء في دمشق الفيحاء، بيروت ١٨٧٩.

Rustum, Asad, (nachfolgend zitiert als: Rustum, Maḥfūẓāt).

رستم أسد، المحفوظات الملكية المصرية، ٤ مجلدات، بيروت ١٩٤٠-١٩٤٣

Rustum Asad, (nachfolgend zitiert als: Rustum, al-Uṣūul).

رستم أسد، الاصول العربية لتاريخ سوريا في عهد محمد علي باشا، ٤ مجلدات (بيروت ١٩٣٠-١٩٣٤).

al-Shihābi Ḥaydar Aḥmad (nachfolgend zitiert als: Ḥaydar).

الشهابي حيدر احمد، لبنان في عهد الامراء الشهابين، ٣ مجلدات، بيروت ١٩٣٣.

ash-shihābi, Ta'rikh	الشهابي حيدر احمد، تاريخ احمد باشا الجزار، بيروت ١٩٥٥.
aṣ-Ṣiddīq, Ḥasan, Manuskript Nr. 9832 in der Universitäts Bibliothek Tübingen).	حسن ابن الصديق، غرائب البدائع وعجائب الوقائع،
Taoutel Ferdinand (ed), Wathā'iq Ta'rikhīyya 'an Halab fi'l-qarn al-thāmin 'ashar, al-Mshariq, 1947. (nachfolgend zitiert als: Taoutel, Wathā'iq qarn 18).	الاب فردينان توتل اليسوعي، وثائق تاريخية عن حلب، بيروت ١٩٤٠.
aṭ-Ṭabbākh, Muḥammad	محمد راجب ابن محمد ابن هاشم الطباخ الحلبي: اعلام النبلاء بتاريخ حلب الشهباء. حلب ١٩٨٨، أ، ب، ج.
aṭ-Ṭabari, Muḥammad	محمد ابن جعفر بن جرير الطبري، جامع البيان، تفسير، القاهرة ١٩٥٤
aṭ-Ṭabrisi Abū 'Ali ibn Ḥasan,	الشيخ ابو علي ابن حسن الطبرسي، مجمع المبيان في تفسير القرآن، بيروت١٩٥٨.

Bei Fragen zur Produktsicherheit wenden Sie sich bitte an:
If you have any questions regarding product safety,
please contact:

Walter de Gruyter GmbH
Genthiner Straße 13
10785 Berlin
productsafety@degruyterbrill.com